即学即用 受益一生

“收获胜利成果”的超赞Excel工作法

全彩印刷

Excel
最强教科书
[完全版]

THE FIRST-BEST TEXTBOOK OF MICROSOFT EXCEL
[COMPLETE EDITION]

[日]藤井直弥 [日]大山啓介 著

王娜 李利 祁芳芳 译

中国青年出版社

图书在版编目（CIP）数据

Excel最强教科书：完全版：即学即用、受益一生："收获胜利成果"的超赞Excel工作法：全彩印刷／（日）藤井直弥，（日）大山启介著；王娜，李利，祁芳芳译. 一北京：中国青年出版社，2019.6（2025.1重印）
ISBN 978-7-5153-5521-4

I.①E… II.①藤… ②大… ③王… ④李… ⑤祁… III. ①表处理软件 IV. ①TP391.13

中国版本图书馆CIP数据核字（2019）第033584号

版权登记号：01-2018-5654

Excel最强教科书：完全版
即学即用、受益一生："收获胜利成果"的超赞
Excel工作法：全彩印刷

著　　者：［日］藤井直弥　［日］大山启介
译　　者：王娜　李利　祁芳芳

编辑制作：北京中青雄狮数码传媒科技有限公司
主　　编：张鹏
策划编辑：张鹏
责任编辑：张军
执行编辑：王婧娟
书籍设计：邱宏
出版发行：中国青年出版社
社　　址：北京市东城区东四十二条21号
网　　址：www.cyp.com.cn
电　　话：010-59231565
传　　真：010-59231381

印　　刷：北京瑞禾彩色印刷有限公司
规　　格：880mm×1230mm　1/32
印　　张：11
字　　数：390千字
版　　次：2019年8月北京第1版
印　　次：2025年1月第24次印刷
书　　号：ISBN 978-7-5153-5521-4
定　　价：69.90元
（附赠超值秘料，含全书案例素材文件+超实用快捷键一览表）

如有印装质量问题，请与本社联系调换
电话：010-59231565
读者来信：reader@cypmedia.com
投稿邮箱：author@cypmedia.com

前言

感谢购买本书。这是一本非常厚实的书，不仅体现在外观上，内容也非常丰富充实。请一定阅读一下内容。

在这里，对本书的特征和内容做一下简单说明。

首先想要告诉大家的事

首先想要告诉大家以下两件事。

- **能让大家平日进行的各种Excel操作得到巨大改善**
- **这个方法，所有人很简单就能学会，从今天开始就能运用**

请先记住这两点。这里所说的“改善Excel操作”，既代表了**可以正确快速地进行平日较麻烦的Excel操作**，也代表了**可以进行更加高效的数据统计和精准的数据分析**。

如果能改善这些方面的话，在业务上的所有方面都能获得很大益处。通过大幅缩短Excel的操作时间，自由支配的时间就相应增多了，这是益处之一。此外，通过大大减少失误，也能提升工作质量，而且还能进行数据分析，与成果直接挂钩。

本书**汇集了许多人的烦恼、挫折以及必须掌握的知识和技巧**。它将很多公司人事部或经营企划部的人认为“公司职员一定要知道的”Excel用法全部包含在内。请在享受阅读本书的同时，掌握实用的知识方法吧。本书的作用就是辅助你的成功。

本书的主要目标读者

撰写本书，希望对以下人群有所帮助。

- **工作中使用Excel**
- **偶尔会犯简单的失误**
- **自己摸索办法完成Excel工作**

- 在Excel操作中频繁使用鼠标
- 想了解Excel中的数据统计方法、数据展示方法和数据传达方法
- 想要高效地进行数据分析或营销分析
- 想要更熟练地运用Excel
- 真心觉得Excel操作很麻烦

本书适用于以上人士。希望那些不擅长用电脑或者讨厌Excel操作的人，一定要阅读一下。你一定会惊讶：“**竟然还有这样的办法！以前觉得那么麻烦的操作竟然这么简单！**”

不需要任何死记硬背！

学一些新知识的时候，我们总会下意识地以为“需要背下来”，这样让学习本身也变得麻烦了。之所以有这种意识，是因为深受学生时代的学习习惯影响。

但是，“死记硬背式学习”顶多就是运用到大学考试中。**要提升Excel实务操作技能的话，不需要任何死记硬背！**如果想要了解某些操作方法的话，只要去书籍或互联网上找就行了。只需要几秒钟，就能知道操作方法。

本书虽然介绍了让Excel操作更高效的方法、正确无误地创建工作表的方法、容易后期维护的表格创建方法等，但没必要背下来操作顺序。“还有这样的思考方式呀”“还有这样的方法啊”等，只需要大概看一下即可。几天后，操作Excel的时候，想到本书内好像有可以用的技巧或知识就可以了。从本书中寻找答案，无须背诵。

需要有“能立即有效的商务用书”

笔者至今已经面向一万多人举办过以“让Excel操作更高效的方法”或“针对失误防患于未然的方法”为主题的培训、讲座了。并且，还为各个行业的人士提供过业务改善咨询服务，实际看到过其中很多人使用Excel的方法。

大家都非常认真、努力地使用Excel。然而，遗憾的是，其中大部分人的用法绝不能算是高效的。其中有些人如果知道“一些小技巧”（本书中介绍的），可能几秒就能完成5~6个小时的操作任务。

为什么有这么多人会在实际使用Excel时如此苦恼呢？走进书店就会发现与Excel相关的书籍堆积成山。从可爱封面的入门书，到功能全面的大厚书，再到

聚焦某些功能用法的书等，可能有多达数百本吧。我一开始觉得，读了这些书的话，就能解决Excel业务操作上的问题了吧。但是，仔细分析这些与Excel相关的书籍后，发现它们其实存在一些共同点。那就是：**对“功能性用法”的讲解很详细，但是对“在实际的商务场合该如何使用”却很少提及**。

现有的Excel书，每本都做得非常好，但都是关于“软件功能用法”的解说书籍，这些功能如何运用到实际业务中，就需要靠读者自行判断了。这些电脑专业书籍，对于已经明确知道要做的事情，只是想知道实现方法的人来说有用，但对以下人群并不能立即见效。

- 不知道该如何操作Excel才能让工作更高效
- 想要知道避免Excel操作失误或因粗心大意而导致出错的方法
- 想要利用手上已有的数据，进行对工作有利的数据分析

在这样的现实基础上，笔者开始执笔撰写本书。本书的特征用一句话概括，就是“**在工作中能立即有帮助的商务书（实用书）**”。尽量简洁地介绍对许多人都有效的业务上的思考方式和技巧，将在工作中立即能使用的知识点毫无保留地提供给读者。

本书介绍的内容

本书内容大致围绕以下5个方面进行撰写。

1. 谁看都觉得“清晰易懂”的表格的制作方法
2. 为了正确、快速完成复杂的Excel操作，介绍相应的专业技巧
3. 运用Excel基本功能，进行实际数据分析的方法
4. 统计大量数据，并汇总整理成有目的性的图形的方法
5. 介绍Excel的打印功能和自动化

特征❶ 谁看都觉得“清晰易懂”的表格的制作方法

在本书的第1章、第2章中，以“最初应该掌握的基本操作和思考方式”为主题，主要介绍了“清晰易懂的表格制作方法”。可能有的人听到“清晰易懂的表格”，会以为那是为了给别人看，外观（设计）的话题了，其实并非如此（虽然也有点这个意思）。**制作出“让谁看都觉得是清晰易懂的表格”的技巧，其实也是为了自己**。整理清晰，一眼就能知道哪里记录着什么数据，制作出这样的Excel表

的话，能将输入错误防患于未然，而且操作效率也大大提高。所以，不论什么行业、职业、业务内容，希望所有人都能学会这个基本技巧。其实真的只要知道一些小技巧，就能极大提升工作的质量。

特征❷ 为了正确、快速完成复杂的Excel操作，介绍相应的专业技巧

在本书的第3章~第6章，**会毫无保留地介绍为了正确、快速完成复杂Excel操作的相应专业技巧**。

知道Excel“高效使用方法”的人与不知道的人，其工作质量和效率可谓天差地别。了解相应的技巧之后，不仅能几十倍地提升工作效率，还能大幅度减少单纯的输入错误和计算错误。

例如，做同样的工作，有的人用5个小时，而有的人10秒就完成了。这并不是夸大其词，Excel真的是一款能让人有如此大差别的软件。

并且，“高效的使用方法”的知识点很简单，**谁都能掌握**，丝毫不难。也就是说，“知之者胜”。而且，**这些会成为终生受益的最强武器**。今天请大家务必拿起这个武器。

特征❸ 运用Excel基本功能，进行实际数据分析的方法

在本书的第7章，会对初学者贴心介绍运用Excel的基本功能（数据表、目标搜索、求解器、透视表等）进行实际数据分析的方法。一听到“数据分析”，不少人会有似乎很难的印象，请放心，难的计算可以全部交给Excel来进行。我们只要掌握Excel的基本操作方法，就能瞬间获得有用的数据了。

数据分析的基础知识，可以在各个行业、职业、业务内容中应用，所以希望所有人都能学会这项知识。我们会一步一步地细致介绍，请初学者放心阅读吧。

特征❹ 统计大量数据，并汇总整理成有目的性的图形的方法

在本书的第8章、第9章会介绍一些技巧，将Excel中积蓄的庞大数据或统计结果以恰当的图形化呈现出来。虽然都叫作“图形化”，其实展现方式千差万别。即使相同的数据，也因技巧不同而给人留下积极印象或者消极印象。

此外，因为制作图形的方式不同，可以做出让人一目了然的图形；但如果做

法不对，也可能会做出“让人不知道要表达什么的图形”。“**将信息正确地、有目的性地表达出来的能力**”是所有商务人士必学的基本技能之一。希望大家通过本书也能学到这个基础部分。

特征❺ 介绍Excel的打印功能和自动化

在本书的第10章，会详细介绍Excel打印功能的使用方法。Excel是优秀的软件，所以即使“小知识”也能打印出很漂亮的效果，**读了本章就能更加自由自在、随心所欲地打印Excel表了**。

在最后的第11章，会简单了解一下“**Excel的自动化**”。因为本书都只是在纸面上介绍，不能详细说明，所以就作为进行下一步的思路，只介绍一下基本操作而已。

由严谨的前辈不断锤炼，
与上万人共同学习的“Excel最厉害的使用方法”

笔者在本书中提出的各种技巧或知识点，并不是一个人思考出来的，也并非我个人经验的总结。在银行工作的时候，由严谨的各位前辈不断锤炼总结的“Excel的基本使用方法”为我打下基础，并且，通过现在的Excel讲师和业务改善顾问的工作遇到了一万多名学生，是在和他们交谈中慢慢摸索出来的。

很多人都说“不擅长Excel”，只要读了本书，就能自信地说“我能用Excel”。本书的内容就是这么充实。

笔者的人生目标是，极致追求让Excel业务更高效，并且将这些知识尽量多地告诉给每一个人。

Excel是非常优秀的软件。如果有好的使用方法，则能更好地激发出其能力。大家一定要学习众多前辈留下的“高效用法”或“方便功能”“数据分析的要点”，再试着改善自己的Excel操作。通过阅读本书，如果能让大家日常工作中复杂麻烦的Excel操作更高效一些，能增加一些在工作中的可利用时间的话，那就是笔者的无上荣幸。

前言冗长，接下来我们一起进入正文吧！

藤井 直弥（FUJII NAOYA）

Excel研修讲师。业务改善顾问。参加过他的研修或研讨会的学员已经有1万多人。研修的主要题目有《每天面对很多人的日常业务，如何更高效、零失误地顺利完成》等，提出改善业务的有效方法。他日日勤恳奋斗，以传授给更多人实践操作方法、运用Excel进行商业分析的手法等为使命，将最大限度提升Excel业务效率作为人生目标之一。

大山 启介（OYAMA KEISUKE）

编辑、著作家。以解说Excel的书籍为主，还从事Word、PowerPoint等Office产品类书籍的写作、编辑等工作。研究Excel已经20多年了，对所有功能的用法都颇为熟悉。日夜探求向不擅长使用Excel的人“如何讲解，才更容易懂”的方法，积累了很多经验。自称Excel博士。兴趣爱好是游览京都和骑自行车。

■ 范例下载

本书为读者准备了配套的Excel操作实例文件，配合实例文件操作学习效率更高，请灵活使用。

文件下载方式：扫码关注公众号“不一样的职场生活”，回复关键字55214，即可获取附赠独家秘料的下载链接。

■ 本书适用版本

本书适用于Excel 2010/2013/2016版本。但是，本书记载内容中有部分内容并不能适用于所有版本。另外，本书主要以Windows版的Excel 2016界面为模板进行介绍。因此，由于您所使用的Excel或OS的版本、种类等问题，可能项目的位置等会有一些不同。敬请注意。

目 录

第1章

首先应该掌握的 11个基本操作和思路

第2章

高效率工作者深谙技高一筹的“展示”技巧

第3章

直接影响业务成果的11个便捷函数

第4章

精通检查操作和绝对引用

第5章

大幅提高作业速度的快捷键技巧

第6章

超方便的复制粘贴、自动填充和排序功能

第7章

如何开始实践性的数据分析

第8章

玩转Excel图表功能

第9章

选择最合适的图表

【选择最合适的图表】

第10章

10分钟学会打印Excel

【实现自由打印】

第11章

Excel自动化带来的超高效率

【复杂的操作交给Excel】

这也很重要!

充分利用下载文件吧!

本书中解说的部分Excel表格（xlsx文件），可以通过以下方式进行下载。请充分利用起来，用于确认解说的功能操作等。本书不要光是读，真正使用Excel操作起来，能进一步加深对功能的理解。

●本书范例的下载方式
加读者交流QQ群870826941，在群文件中下载即可。

第1章

首先应该掌握的
11个基本操作和思路

基础知识之
设计易看表格

打开Excel后首先应该进行的7个操作

Excel的根本就在于制作“容易看”的表格

在制作Excel表格时，首要的一点就是要制作一个**任谁看都觉得容易看的表格**。对于是否“容易看”这一点，乍一看感觉好像主观性很强（看的人不同，判断也不尽相同），其实并非如此。本章中介绍的基本操作，是制作一个“容易看”的表格时最最基本的操作，在任何情况下都是行之有效的。

所谓容易看的表格，是指**任谁看都能够立刻明白是在哪里输入了什么数据的表格**。通过制作容易看的表格，可以很大程度上减少输入错误和计算错误，并且具备“出现错误时能够立刻发现”这样的优点。此外，和他人共享时也无须一一进行说明，重新再看自己以前制作的表格时也不会感到疑惑。像这样制作“容易看的表格”，不仅能够在制作发表资料或者报告书这类注重美观性的文档时发挥作用，而且凡是在涉及Excel的所有情况下都是大有用处的。

下图是一个刚刚开始制作的表格，输入了数据，没有做任何加工（称为“纯文本输入”），这还不能称之为“容易看的表”。

✕纯文本输入的表格不容易看

	A	B	C	D	E
1	营业计划				
2		计划A	计划B	计划C	
3	销售额（元）	320000	480000	640000	
4	单价（元）	800	800	800	
5	销售数量（个）	400	600	800	
6	费用（元）	23200	34800	58000	
7	人工费（元）	19200	28800	48000	
8	员工数（人）	2	3	5	
9	人均人工费（元）	9600	9600	9600	
10	租赁费（元）	4000	6000	10000	
11	利润（元）	296800	445200	582000	
12					

Excel中，纯文本输入的表不容易看。在该表中各数据表示什么，理解起来并不容易。

制作容易看的表格的基本规则

制作容易看的表格，开始时是关键。打开Excel后，在做任何操作之前，首先来研究思考以下7项规则，并根据需要进行设置。接下来的几页中，将依次对各个规则的具体操作方法进行详细说明。

基本规则1　**根据用途和输出来决定字体** ⇒p.6

基本规则2　**调整行高** ⇒p.10

基本规则3　**制表时不要从A1单元格开始** ⇒p.12

基本规则4　**文字左对齐，数值右对齐** ⇒p.14

基本规则5　**标明数值的千位分隔符和单位** ⇒p.16

基本规则6　**设置缩进** ⇒p.18

基本规则7　**调整列宽** ⇒p.20

上述7个规则是所有类型的Excel文件中应首先掌握的基本内容。虽然这7项在后续也可以很轻易地完成修改，但为了避免返工，推荐在一打开Excel时首先进行设置。下图的表格就是只设置了这7项之后的表格，是不是看起来清楚整齐些了呢？尽管只做了这么点操作，信息却得到了很好的整理。

应用了7个基本规则后，表格变得清楚整齐了

	A	B	C	D	E	F	G	H	I
1									
2		营业计划							
3						计划A	计划B	计划C	
4		销售额			元	320,000	480,000	640,000	
5			单价		元	800	800	800	
6			销售数量		个	400	600	800	
7		费用			元	23,200	34,800	58,000	
8			人工费		元	19,200	28,800	48,000	
9				员工数	人	2	3	5	
10				人均人工费	元	9,600	9,600	9,600	
11			租赁费		元	4,000	6,000	10,000	
12		利润			元	296,800	445,200	582,000	
13									
14									

遵循上述7个基本规则，进行了格式整理后的表格。各个数据变得清楚明白，通过设置缩进，明确了数据的作用。

提高表格的易看性的+α基本规则

某种程度上决定了表格的结构和内容后，为了提升表格的易看性，还需要研究思考以下列出的这几点。

- +α 规则1 **视情况隐藏网格线** ⇒p.22
- +α 规则2 **结合表格内容画出边框** ⇒p.24
- +α 规则3 **区分使用数值的颜色** ⇒p.26
- +α 规则4 **设置背景色** ⇒p.28

应用上述+α规则后，上页中的Excel表就成为下图所示表格，更清晰易看。并不是说这样就完美了，其他应该进行的操作还有很多，但毕竟作为第一步，这样做也足够了。

○设置边框和背景色后，表格变得更为明了

营业计划

		计划A	计划B	计划C
销售额	元	320,000	480,000	640,000
单价	元	800	800	800
销售数量	个	400	600	800
费用	元	23,200	34,800	58,000
人工费	元	19,200	28,800	48,000
员工数	人	2	3	5
人均人工费	元	9,600	9,600	9,600
租赁费	元	4,000	6,000	10,000
利润	元	296,800	445,200	582,000

与纯文本输入所创建的表格一对比，当前表格的易看性可谓更上一层楼了。这些规则操作起来都是非常简单的，是任何人都能够很快完成的操作。

制作易看表格的另外1个要点

上面说明的这些规则，字体的设置、余白的设置、千位分隔符、背景色这些都是和“外观”相关的内容。像这样对表格的外观多加留意，是制作易看表格时的首要步骤。还有另外一点也很重要，那就是“**以我们熟悉的形式进行制作**”。

即便是制作出十分美观的表格，而且也很注重细节，但当人们没有理解该表格制作者的规则时，或者对表格并不熟悉时，猛地看到的一瞬间，会产生违和感。上面的表格是按照笔者的规则来制作的，因此可能有的人在乍见之时会感到不太容易看或者有点别扭吧。

结果就造成了“总觉得看不明白”“要花很长时间才能找到需要的数据”等这样的心理压力。

有这种别扭的感觉是**因为每个人的制表规则各不相同**。例如，负值有多种表示方式：-1234、-1234、(1234)等。即使在这种情况下，如果没有使用人们熟识的表示方式来记录的话，人们就会感到“不容易看”。这有时是因为行业和职业等而造成的差别，某种程度上也是没有办法的事，制作人人看来都完美的表格是不可能的。但是，虽说如此，并不是说制作“我行我素风格的表格”就可以了。那样的表格，在别人看来是非常难以看下去的。

工作中制作表格时，特别是在小组、组织、公司等一些单位中共同使用一个表格时，首先要制定一个该范围内适用的**共同规则**，然后按照该规则制作表格，贯彻这点是很重要的。笔者以前工作过的银行，由于业务上对数值的处理是非常严格的，会要求员工要彻底地按照公司准备的规则（格式）来进行操作。制新表时，会被严格检查，哪怕是有一点点和公司规则不一样的地方也会被严格指正。如果严格地按照所有人的共同规则来制作表格，就能够制作出谁都容易看的表格。

总而言之，对小组、公司而言，要制作“易看表格”，有两点是尤为重要的。第一，**考虑到表格外观来制表和整理信息**；第二，**将表格规则化（格式化），由所有相关人员共享**。请务必牢记这两点。

这也很重要!

制作规则时“思考”很重要

如上所述，制作Excel时并没有什么独一无二的正确答案。每个行业和职业都有多种多样的习惯和商业惯例，它们都有各自的正确答案。

在Excel表格的制作中重要的是，在理解这些习惯和商业惯例的基础之上，从中进一步思考“什么样的表格是更好的表格”。冷静思考之后，说不定会有前所未有的新发现。本书中大量介绍了关于Excel的多种多样的“思路”，以期能够在大家思考时提供一些启示。哪怕有一个能用到呢，笔者都会很开心。

相关内容 列宽的调整→p.20 网格线的基础知识→p.22 区分使用数字的颜色→p.26

基础知识之
设计易看表格

根据目的和用途来决定字体

MS PGothic和Arial是一对基本组合

Excel中一开始就包含了多种字体，笔者推荐的是“**MS PGothic和Arial的组合**”，理由如下。

Excel的标准字体在Excel 2016中是“**Yu Gothic**”，Excel 2013之前是“**MS PGothic**”。

Yu Gothic是一种很好看的字体，会给人正式的印象，特别是在高分辨率的画面中显得更好看。在画面中的可读性也很高，可谓是一种易看字体。但是，另一方面它在**低分辨率的画面**中比较难以辨认，**因此在台式机或者比较旧的笔记本的显示器中确认数字时，就不能说它是适合的字体了**。此外，Yu Gothic还有一个缺点，那就是它无法在Excel 2013之前的版本中使用※。

MS PGothic虽然不如Yu Gothic好看，但是它在低分辨率的画面中容易分辨，是一种好用的字体。另一方面它也有缺点，那就是数字不太好辨认，这就该“Arial”出场了。MS PGothic和Arial的组合可读性高，创建的表格打印出来很漂亮（两种字体的组合方法将在p.8中进行说明）。

※在Excel 2010/2013中可以通过另外安装字体包来实现使用（p.7）。

● **各字体的特点**

字体名称	特　点
Yu Gothic	一种正式的容易看的字体。由于文字的边缘较为柔和，在高分辨率的画面或者放大显示时方便阅读。缺点就是在低分辨率的显示器中可读性有所下降，并且在Excel 2013之前的版本中无法使用
MS PGothic	Excel 2013之前的版本中的标准字体。在日本是人们最为“眼熟”的字体之一。在低分辨率或者缩小印刷时也能看得清，缺点就是数值的纹理稍显粗糙
Arial	表现数值较为美观的西文字体，可以弥补MS PGothic显示数值时的缺点

● 各字体的特点汇总

字体名称	日文	数字	缩小时	放大时	环境依存
Yu Gothic	○	○	△	○	×
MS PGothic	○	×	○	×	○
Arial	无	○	○	×	○

从上述特征可以看出，当Excel的使用环境仅为Excel 2016，并且还要能够在高分辨率的画面中进行阅览时，可以说Yu Gothic是适合的。

设想一下在Excel 2013之前版本中的使用情况，打印使用情况较多时，最终还是MS PGothic和Arial的组合比较适合。可以试着实际变更字体来感受一下。

此外，**不论使用哪种字体，都要满足一个绝对条件，那就是要在小组内统一所使用的字体**。

● 3种字体的比较（显示比例为100%）

	A	B	C	D
10				
11		Yu Gothic	销售额的变化	123,456
12		MS PGothic	销售额的变化	123,456
13		Arial	—	123,456
14		MS PGothic＆Arial	销售额的变化	123,456
15				

推荐使用：仅Yu Gothic或者MS PGothic和Arial的组合。

这也很重要!

在Excel 2013/2010中如何使用Yu Gothic

Excel 2013/2010在初始状态下是无法使用Yu Gothic的，可通过在Microsoft的以下页面中下载Yu Gothic、Yu Mincho字体包并安装来实现使用。系统要求以及安装步骤在页面中都有明确的说明。

● Yu Gothic、Yu Mincho字体包

下载网址 https://www.microsoft.com/en-us/download/details.aspx?id=49114

变更字体的步骤

想要一并变更工作表内所有单元格的字体时执行如下步骤。

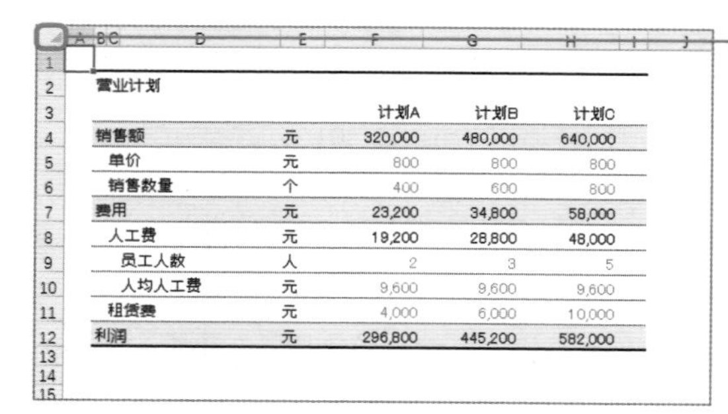

❶点击工作表左上方的按钮选中所有单元格。

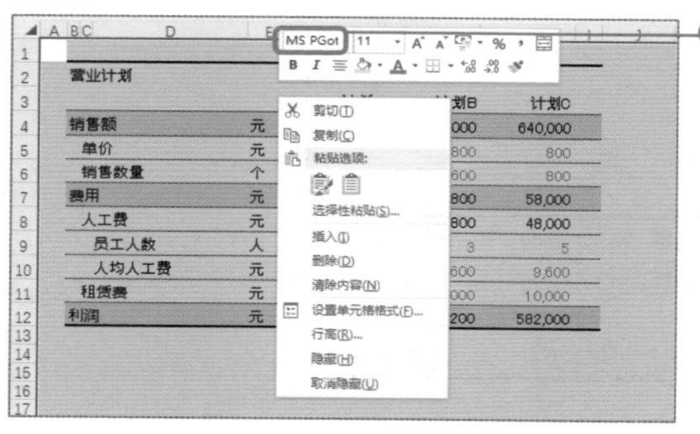

❷在任意单元格位置右击鼠标，在显示出的字体对话框的左上方指定字体“MS PGothic”“Arial”等。

只变更部分单元格而不是所有单元格时，选中对象单元格，后面操作同上。

MS PGothic和Arial的组合方法

Arial是西文字体，所以并不包含日文字符。因此，即便单元格中有日文，Arial字体的设置仅适用于半角字母和数字（数字、英文、符号）。为此，组合MS PGothic和Arial，将日文设置为MS PGothic，字母和数字设置为Arial，可以**按照将单元格字体设置为“MS PGothic”→“Arial”的顺序进行**。只需这样就可以把MS PGothic和Arial组合起来。

此外，需要注意的是，如果按照相反的顺序进行设置，所有的字体都会变成MS PGothic，这是因为MS PGothic中已包含半角字母和数字。

如何把初始设置确定为MS PGothic和Arial的组合

如果对于每次都要变更字体感觉很麻烦，可以从菜单中点击 **[文件]→[选项]→[常规]** 来打开 **[Excel选项]** 对话框，在 **[使用此字体作为默认字体]** 中将字体设置为[Arial]❶。这样，从下次启动Excel开始，“日文为MS PGothic，数字、英文为Arial”的组合就成为初始设置字体（默认字体）。

● **变更初始设置所使用的字体**

这也很重要!

不能使用Meiryo字体吗?

除了本文中所介绍的3种字体之外，使用“Meiryo”字体的人也是非常多的。笔者身边就有很多人喜欢Meiryo字体。当然，如果对于小组、公司还有顾客来说Meiryo字体易读且熟悉的话，也是可以使用的，是完全没有问题的。只是，Meiryo和其他字体相比较，给人的印象稍微有点随便，不太适合较为正式的文件。制表时尤为重要的一点是要考虑到表格的目的和用途。如果需要打印使用，不要忘记事先打印确认。

不论使用哪种字体，有两点很重要，那就是“在使用场景中选择最易读的字体”以及“在小组内统一字体”。

相关内容 调整行高→p.10 制表时不要从A1单元格开始→p.12 数字的千位分隔符→p.16

基础知识之
设计易看表格

调整行高确保可看性

易看的关键在于“留白”

制作易看表格最关键的要点在于“**留白**”，留出充足的余白会使得表格特别易看。留白可以设置在很多位置，“**行高（单元格的纵宽）**”就是其中之一。为了确保表格的易看性，调整行高，在文字的上下留出余白是非常重要的一件事。

Excel的标准设置（MS PGothic，11pt）行高为“**13.5**”，这样的话行高是不够的，看起来很狭窄。将标准设置变更为“**18**”~“**20**”，表格的易看性会提高很多。

✕ 标准设置时的行高不方便阅读

营业计划		计划A	计划B	计划C
销售额	元	320,000	480,000	640,000
单价	元	800	800	800
销售数量	个	400	600	800
费用	元	23,200	34,800	58,000
人工费	元	19,200	28,800	48,000
员工人数	人	2	3	5
人均人工费	元	9,600	9,600	9,600
租赁费	元	4,000	6,000	10,000
利润	元	296,800	445,200	582,000

行高为“13.5”的表，没有足够留白，尤其是数值不好理解。

○ 调整行高后变得好理解

营业计划		计划A	计划B	计划C
销售额	元	320,000	480,000	640,000
单价	元	800	800	800
销售数量	个	400	600	800
费用	元	23,200	34,800	58,000
人工费	元	19,200	28,800	48,000
员工人数	人	2	3	5
人均人工费	元	9,600	9,600	9,600
租赁费	元	4,000	6,000	10,000
利润	元	296,800	445,200	582,000

将行高改为“18”，各数值变得更显眼了，方便阅读。

变更行高的步骤

执行如下步骤来变更行高。

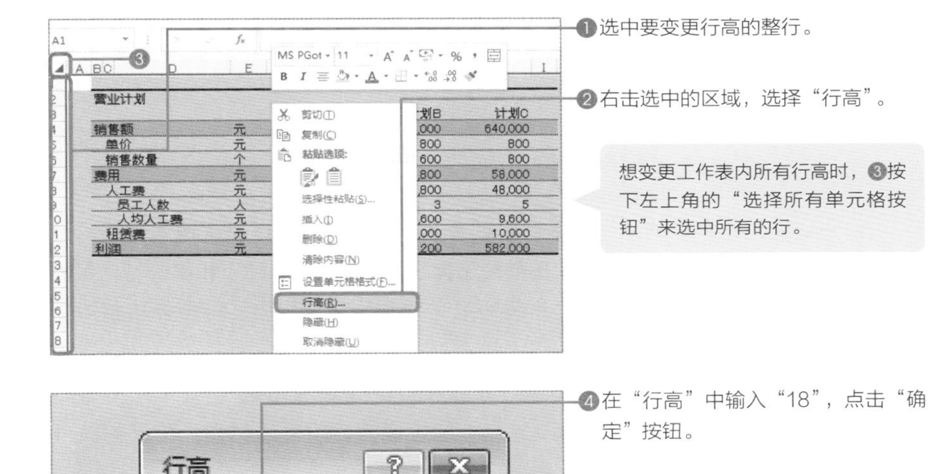

行间距也可以通过上下拖动行编号和行编号的分界线来实现变更。

此外，行高“18”~“20”是字号为“11pt”时的参考值。字号发生改变时，最适合的行高也会发生改变。虽说最合适行高的标准为“**字号的1.6倍左右**”，但也不是绝对的。大家可以参考这个标准，自己来实际确认一下，设置最合适的行高。

这也很重要!

字体为“Yu Gothic”时的行高

标准字体为“Yu Gothic”时，行高设置为“18.75”，无须特意变更行高，因为已经留足了余白。只是当小组内有提出想要更多的余白（行高），讨论之后需要变更时，请把它添加到格式的定义中。

相关内容　如何选择最合适的字体→p.6　制表时不要从A1单元格开始→p.12　调整列宽→p.20

基础知识之
设计易看表格

制表时不要从A1单元格开始

A列和首行是要“留白”的

在Excel表中，可以从工作表最前方的单元格A列、第一行起就输入数据。但是为了制作更为易看的表格，**建议不使用工作表的第一列（A列）和第一行，保持空白，从单元格B2开始使用。**通过将表的第一列和第一行留白，可使表格整体看起来清晰明了。

另外，从B2开始也可以防止“**忘记画边框**”。如果表格是从A1单元格开始的，画面中是无法确认左端和上端（p.22）的边框的，如果从B2单元格开始就可以确认所有的边框。

✕ 从A1开始输入数据的话，表格不太容易看

	A B C	D	E	F	G	H	I
1	营业计划						
2			计划A	计划B	计划C		
3	销售额	元	320,000	480,000	640,000		
4	单价	元	800	800	800		
5	销售数量	个	400	600	800		
6	费用	元	23,200	34,800	58,000		
7	人工费	元	19,200	28,800	48,000		
8	员工数	人	2	3	5		
9	人均人工费	元	9,600	9,600	9,600		
10	租赁费	元	4,000	6,000	10,000		
11	利润	元	296,800	445,200	582,000		

从A1单元格开始的表格，看起来太紧凑，也无法确认上端是否有边框。

○ 将第一列和第一行留白，表格的可看性有很大的提高。

	A	B C D	E	F	G	H	I	J
1								
2		营业计划						
3				计划A	计划B	计划C		
4		销售额	元	320,000	480,000	640,000		
5		单价	元	800	800	800		
6		销售数量	个	400	600	800		
7		费用	元	23,200	34,800	58,000		
8		人工费	元	19,200	28,800	48,000		
9		员工人数	人	2	3	5		
10		人均人工费	元	9,600	9,600	9,600		
11		租赁费	元	4,000	6,000	10,000		
12		利润	元	296,800	445,200	582,000		

第一列和第一行留白，表格整体易看，是否画了边框一眼就能看得出来。

在工作表的最前方插入1列、1行留白的方法

新建表格时，从B2单元格开始输入数据就可以。已经输入了数据的工作表，想为第一列和第一行插入留白列和留白行，可执行如下步骤。

另外，**建议留白列的列宽为“3”，留白行的行高设置为“和其他行同样的高度”**。

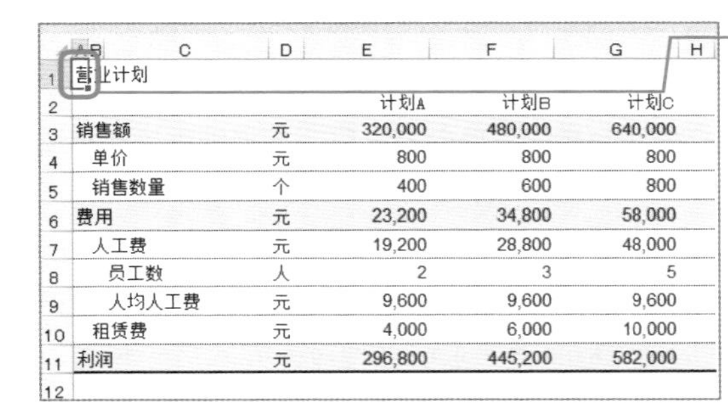

	B	C	D	E	F	G	H
1	营业计划						
2				计划A	计划B	计划C	
3	销售额		元	320,000	480,000	640,000	
4	单价		元	800	800	800	
5	销售数量		个	400	600	800	
6	费用		元	23,200	34,800	58,000	
7	人工费		元	19,200	28,800	48,000	
8	员工数		人	2	3	5	
9	人均人工费		元	9,600	9,600	9,600	
10	租赁费		元	4,000	6,000	10,000	
11	利润		元	296,800	445,200	582,000	
12							

❶将光标移动至单元格A1。

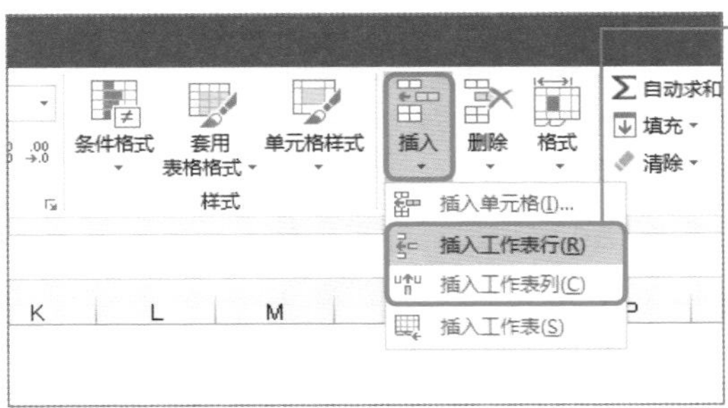

❷单击[开始]选项卡的[插入]，依次点击[插入工作表行] [插入工作表列]。

这也很重要!

列编号显示为数值时的修改方法

通常，列名是以A、B、C等字母来显示的，但是极少时候会显示为1、2、3这样的数字。这是因为工作表的显示设置为了“**R1C1 样式**”。

要将列名显示恢复为“A1样式”，可以从菜单中点击[文件]→[选项]→[公式]，将会显示出[Excel选项]对话框，去掉[使用公式]栏中[R1C1 引用样式]的勾选。

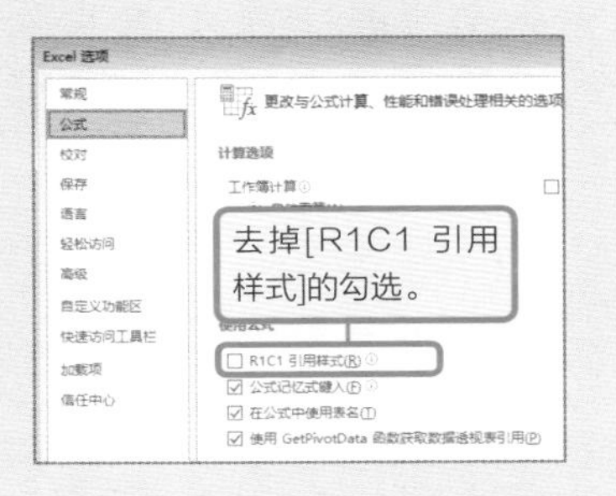

相关内容　最合适的行高→p.10　调整列宽→p.20　边框的基础知识→p.22

基础知识之
设计易看表格

文字左对齐 数值右对齐

制定文字对齐规则

制作易看、易读的Excel时，事先**为每种输入值制定文字对齐规则也是非常重要的**。Excel中可以指定左对齐、居中、右对齐的任意一种，请根据输入值的特点为其设置最合适的文字对齐方式。

笔者建议“**以文字为主的列左对齐，以数值为主的列右对齐**”。这种文字对齐方式有两个优点。第一，**纵向排列的项一目了然**。采取这种对齐方式后，每列的文字或数值都对齐在一端，因此纵向排列的项非常清晰明了。有时，为了使表格看起来整齐些而隐藏了边框，此时采取这种对齐方式，可以一目了然地看出数据位于哪一列。

第二，**容易发现数据的输入错误**。例如，右对齐的列中出现了本应左对齐的字符串，这时就可以判断出现输入错误的可能性比较高。平常贯彻好“文字左对齐、数值右对齐”的规则，就可以防止出现差错。

✕居中看起来很别扭

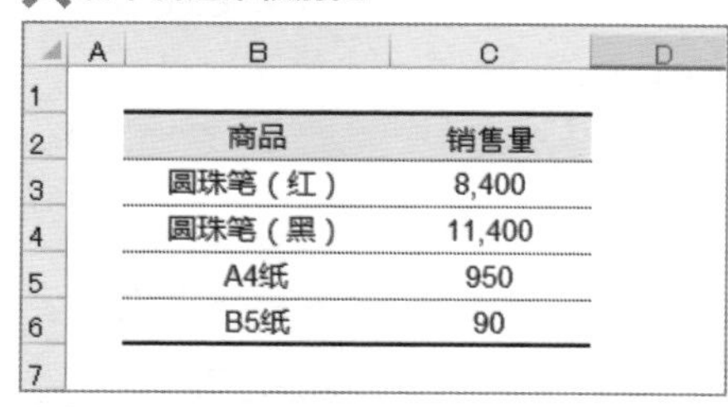

	A	B	C	D
1				
2		商品	销售量	
3		圆珠笔（红）	8,400	
4		圆珠笔（黑）	11,400	
5		A4纸	950	
6		B5纸	90	
7				

○文字左对齐，数值右对齐

D	E	F	G
	商品	销售量	
	圆珠笔（红）	8,400	
	圆珠笔（黑）	11,400	
	A4纸	950	
	B5纸	90	

左表的示例中将所有的输入值都设为了“居中”，右表中将文字（商品列）包括标题在内设置为了左对齐、数值（销售数量列）包括标题在内设置为了右对齐。根据输入值的种类，为每列统一文字对齐方式，即便隐藏了单元格的边框，也可以非常容易地理解每列的数据。

文字对齐方式的设置方法

为每列设置单元格的文字对齐方式可按如下步骤进行。

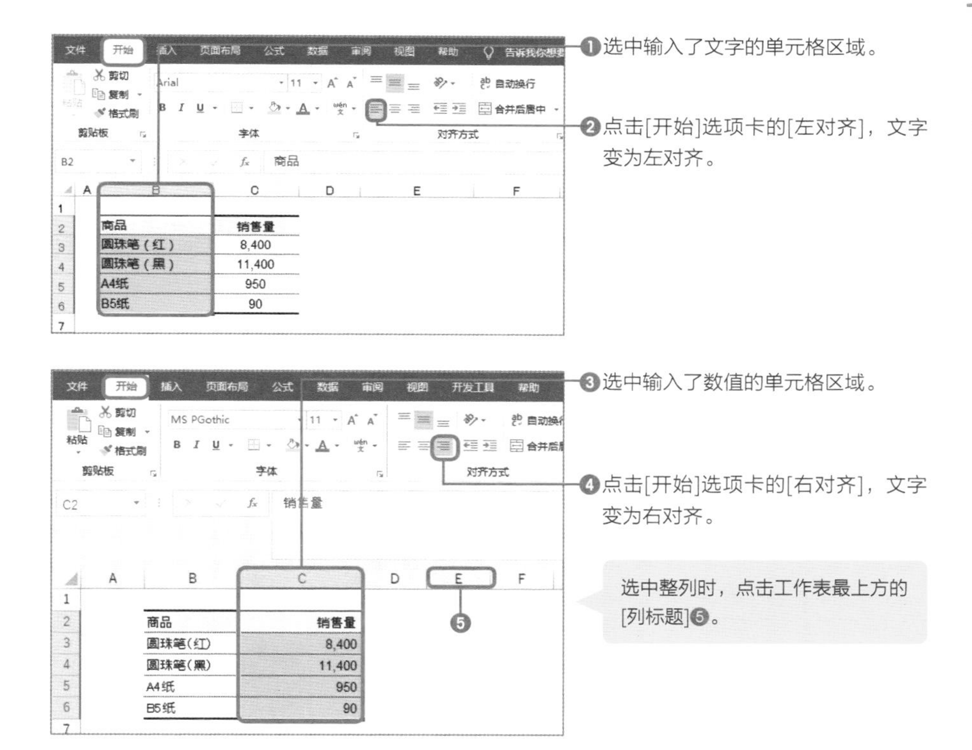

这也很重要！

"表格标题"的文字对齐方式

"文字左对齐，数值右对齐"是Excel的初始设置。因此，即便不特意像上面那样为每列设置文字对齐方式，输入文字会自动左对齐，输入数值会自动右对齐。那么是不是就不需要进行上面那样的文字对齐方式设置了呢？实际上，还是非常有必要的。

为什么呢？因为Excel的初始设置会导致表格的标题部分的文字也时常是左对齐的。但是，考虑到表格的易看性，**绝对是数值数据列的标题和列的值一并右对齐会使得表格更具易看性。**只标题左对齐的话，标题文字和列的值的位置会发生很大的偏移，表格会变得很别扭。同样的理由，也不太推荐"只标题居中"规则。**虽然只标题居中的表格非常常见，但还是尽量和列的值的对齐方式保持一致。**

相关内容　如何选择最合适的字体→p.6　制表时不要从A1单元格开始→p.12　数字的千位分隔符→p.16

基础知识之
设计易看表格

只用两个规则让数值变得容易看

制作单位专用列和千位分隔符

对于输入到Excel表中的数值，只需应用两个规则就可以戏剧性地变得非常容易看。请务必尝试一下。

首先，第一条规则是关于数值的“单位”，像下图中那样，并没有在各项标题的末尾或数值的末尾写明单位，而是专门为“单位”创建了单独的一列，在此列一起写明单位。如此一来，就可以一目了然地看出各数值所表示的内容，提高了表格的易看性。

✕ 在各项标题的末尾注明单位

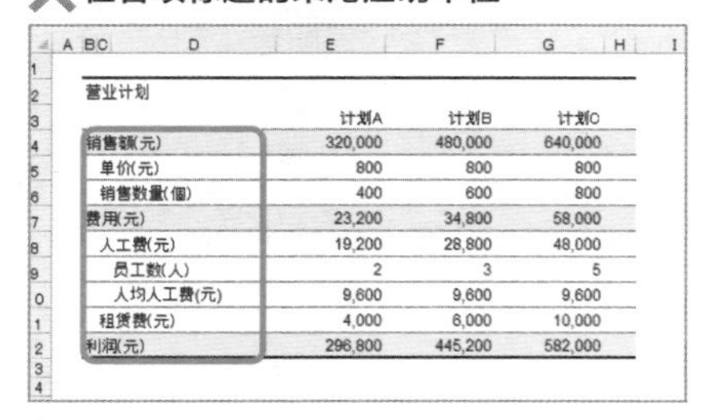

营业计划

	计划A	计划B	计划C
销售额(元)	320,000	480,000	640,000
单价(元)	800	800	800
销售数量(個)	400	600	800
费用(元)	23,200	34,800	58,000
人工费(元)	19,200	28,800	48,000
员工数(人)	2	3	5
人均人工费(元)	9,600	9,600	9,600
租赁费(元)	4,000	6,000	10,000
利润(元)	296,800	445,200	582,000

✕ 在数值的末尾注明单位

营业计划

	计划A	计划B	计划C
销售额	320,000元	480,000元	640,000元
单价	800元	800元	800元
销售数量	400个	600个	800个
费用	23,200元	34,800元	58,000元
人工费	19,200元	28,800元	48,000元
员工人数	2人	3人	5人
人均人工费	9,600元	9,600元	9,600元
租赁费	4,000元	6,000元	10,000元
利润	296,800元	445,200元	582,000元

○ 数值的单位记录在了“单位专用列”

营业计划

		计划A	计划B	计划C
销售额	元	320,000	480,000	640,000
单价	元	800	800	800
销售数量	个	400	600	800
费用	元	23,200	34,800	58,000
人工费	元	19,200	28,800	48,000
员工人数	人	2	3	5
人均人工费	元	9,600	9,600	9,600
租赁费	元	4,000	6,000	10,000
利润	元	296,800	445,200	582,000

将单位一起填入单独的列，表格的易看性得到了提升。

为数值设置千位分隔符的方法

为了方便查看数值，“**千位分隔符**”这一格式设置（即每三位加入逗号）也是很重要的。另外，数值为负时，负值也要一并设置。顺便说一下，财务的各种表类中的负值的表示方法，国内一般多是用括弧括起来。

为数值设置千位分隔符，按照如下步骤进行。

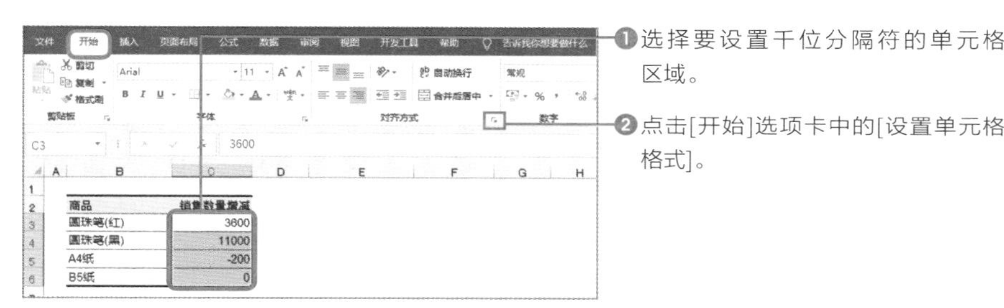

❶选择要设置千位分隔符的单元格区域。

❷点击[开始]选项卡中的[设置单元格格式]。

❸选择[数字]选项卡中的[数值]，勾选[使用千位分隔符(,)]。

❹然后，在[负数]中选择（1,234），按下[确定]按钮。

这也很重要!

单位的表示方法特例

虽然上一页中推荐“单位写在专门的一列中”，但是在**表达增长率、成本率这样的数字**时，使用“15%”这样的在数字旁边标明单位的表示方法要比“15”更方便看。

另外，当所有的单位都相同时，只在表格的开头写明单位就足够了（例如，表内所有数字的单位为“元”或者“千元”时，只需要在表格开头写上“单位：元”或“单位：千元”即可）。

关于单位的表示方法，最重要的一点就是要制定一个规则，即“**在哪里能看出单位**”，并贯彻到底。

相关内容　文字对齐→p.14　缩进→p.18　区分使用数字的颜色→p.26

基础知识之
设计易看表格

让“详细内容”缩进显示

明确地表现估算

销售总额、预算总额等是将各个值进行累计来计算总和，即所谓的通过“**统合**”来求值。当把这样的统合关系汇总到一张表中进行记录时，**要让详细内容的数值与统合内容错开一列**，这种方式称为“缩进”。添加缩进后，只看表中项目的名称就能够理解表的层次结构了，因而提升了表格的易看性。

✕没有缩进，各值之间的关系难以明确

营业计划

项目	单位	计划A	计划B	计划C
销售额	元	320,000	480,000	640,000
单价	元	800	800	800
销售数量	個	400	600	800
费用	元	23,200	34,800	58,000
人工费	元	19,200	28,800	48,000
员工数	人	2	3	5
人均人工费	元	9,600	9,600	9,600
租赁费	元	4,000	6,000	10,000
利润	元	296,800	445,200	582,000

数据没有层次结构，因此只凭看一眼是难以明白统合关系的。

○为详细内容添加缩进，整理值之间的关系

营业计划

项目	单位	计划A	计划B	计划C
销售额	元	320,000	480,000	640,000
单价	元	800	800	800
销售数量	個	400	600	800
费用	元	23,200	34,800	58,000
人工费	元	19,200	28,800	48,000
员工数	人	2	3	5
人均人工费	元	9,600	9,600	9,600
租赁费	元	4,000	6,000	10,000
利润	元	296,800	445,200	582,000

为项目名称添加缩进，统合项目之间的关系就变得清晰易懂。

为详细内容添加缩进的两种方法

为统合项的详细内容添加缩进有两种方法。

第一种方法，像如下步骤中那样，**通过将合计值与详细内容放在不同的两列来错开文字**，该方法简单好用。

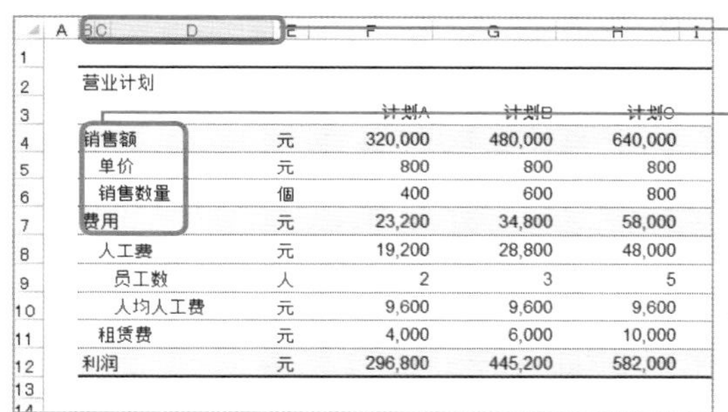

	营业计划		计划A	计划B	计划C
4	销售额	元	320,000	480,000	640,000
5	单价	元	800	800	800
6	销售数量	個	400	600	800
7	费用	元	23,200	34,800	58,000
8	人工费	元	19,200	28,800	48,000
9	员工数	人	2	3	5
10	人均人工费	元	9,600	9,600	9,600
11	租赁费	元	4,000	6,000	10,000
12	利润	元	296,800	445,200	582,000

❶准备和层次数目相同的列，错开输入，错开列的列宽为“1”。

❷由于错开了列，选中统合项目单元格，使用Ctrl+↓快捷键可以马上移动到下一个统合项中。

这个方法在步骤方面稍微有点麻烦，但是快捷键可以使统合项目间的移动（p.150）变得简单，这是它的优点。

第二种方法，利用格式设置中的缩进功能来错开文字。

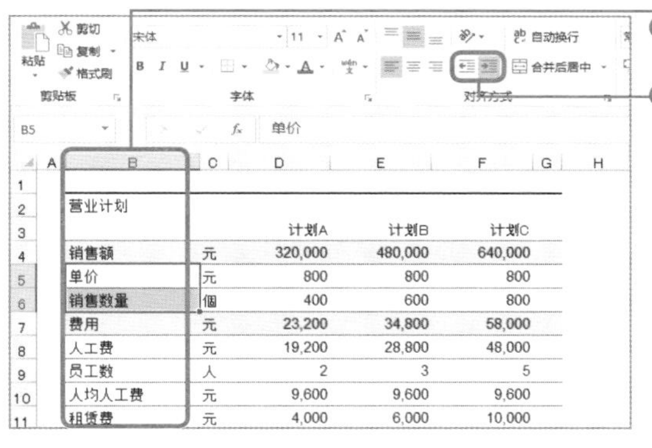

	营业计划		计划A	计划B	计划C
4	销售额	元	320,000	480,000	640,000
5	单价	元	800	800	800
6	销售数量	個	400	600	800
7	费用	元	23,200	34,800	58,000
8	人工费	元	19,200	28,800	48,000
9	员工数	人	2	3	5
10	人均人工费	元	9,600	9,600	9,600
11	租赁费	元	4,000	6,000	10,000

❶将所有的项目输入到同一列中。

❷选中想要设置缩进的单元格，单击[开始]选项卡中的[缩进]按钮。

	营业计划		计划A	计划B	计划C
4	销售额	元	320,000	480,000	640,000
5	单价	元	800	800	800
6	销售数量	個	400	600	800
7	费用	元	23,200	34,800	58,000
8	人工费	元	19,200	28,800	48,000
9	员工数	人	2	3	5
10	人均人工费	元	9,600	9,600	9,600
11	租赁费	元	4,000	6,000	10,000
12	利润	元	296,800	445,200	582,000

❸选中的单元格的缩进就设置好了。

使用这个方法，通过简单的步骤就可以添加缩进，但是不太方便使用快捷键。

相关内容　制表时不要从A1单元格开始→p.12　调整列宽→p.20　边框的正确设置方法→p.24

确定列宽

基础知识之
设计易看表格

当列的作用相同时统一列宽

Excel表的列宽要从下面两点来进行确认和确定。

第一，“**是否有充足的留白**”。制作易看表格时，输入值的左右必须有充足的留白。

第二，“**确认一下各列的作用，作用相同的列统一列宽**”。当列的作用相同时，把它们的列宽统一的话，可以大幅度提高表格的可读性。反之，列宽如果参差不齐，数值就不太好确认了。

✕ 列宽参差不齐，阅读困难。

	A	B	C	D	E	F	G	H	I	J
1										
2		营业计划								
3						计划A	计划B	计划C		
4		销售额			元	320,000	480,000	640,000		
5			单价		元	800	800	800		
6			销售数量		个	400	600	800		
7		费用			元	23,200	34,800	58,000		
8			人工费		元	19,200	28,800	48,000		
9				员工数	人	2	3	5		
10				人均人工费	元	9,600	9,600	9,600		
11			租赁费		元	4,000	6,000	10,000		
12		利润			元	296,800	445,200	582,000		
13										
14										

开头列（A列）的留白过多，因此表格整体失衡。另外，由于没有统一详细内容的缩进宽度（B列和C列），看起来别扭。还有，计划A、B、C的列宽（F~H列）不同，数值也难以进行比较。

○ 列的作用相同时统一列宽

	A	B	C	D	E	F	G	H	I	J
1										
2		营业计划								
3						计划A	计划B	计划C		
4		销售额			元	320,000	480,000	640,000		
5			单价		元	800	800	800		
6			销售数量		个	400	600	800		
7		费用			元	23,200	34,800	58,000		
8			人工费		元	19,200	28,800	48,000		
9				员工数	人	2	3	5		
10				人均人工费	元	9,600	9,600	9,600		
11			租赁费		元	4,000	6,000	10,000		
12		利润			元	296,800	445,200	582,000		
13										

为各列设置合适的列宽，统一作用相同列的列宽，提升表格的易看性。数值的比较也变得容易。

“合适的列宽”的标准和列宽的修改方法

关于列宽，“应该是这个宽度”并没有这样一个绝对的值。基本上按照“**容易看清输入到该列中的所有数值**”的原则来进行设置。修改列宽很简单，因此可以通过多次尝试来找到最合适的列宽。

但是，有的列也会有一个标准的数值。例如，A列（表格左端的留白列）的列宽约为3的时候刚刚好。还有，标题的缩进（p.18）的列宽统一设置为“1”比较好。

修改列宽可按如下步骤进行。

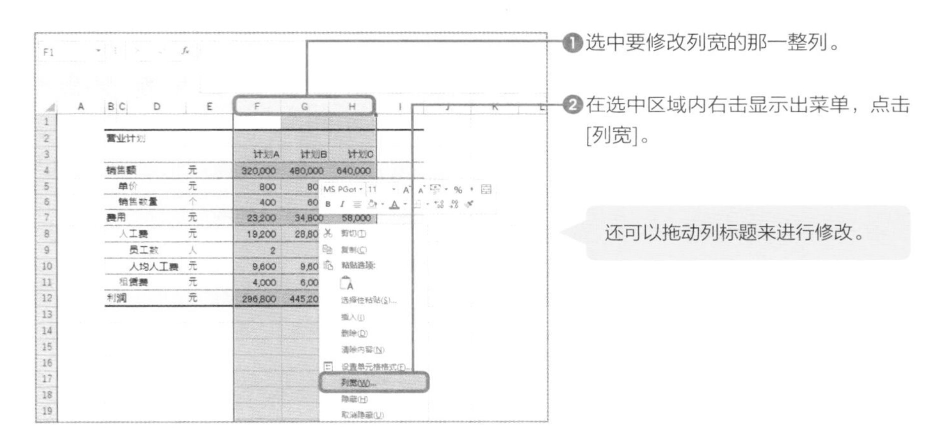

这也很重要!

双击列标题的分界线进行自动调整

双击列标题右端的分界线，Excel会结合输入该列的数值自动调整列宽。初次调整宽度的列，建议首先通过自动调整来确定一个大致的宽度，然后再从中设置一个更合适的列宽。

相关内容　调整行高→p.10　制表时不要从A1单元格开始p.12　添加缩进→p.18

掌握边框功能

边框的
正确使用方法

隐藏网格线只在需要的位置添加边框

Excel表的初始设置中显示有“**网格线**”，如果在需要的位置添加了边框，那么还是隐藏网格线会提升表格的易看性。因此，可以在作业时显示网格线，作业完成后和他人共享表格等情况时将网格线隐藏，根据情况来适当使用网格线。平常制作表格时做到“**尽量省去多余的线，只在需要的位置添加边框**”，这点非常重要。

此外，**网格线也无法打印**。因此，在制作报表、提案书这类打印之后交给对方的资料时，建议事先隐藏网格线，在画面上确认好边框的状态之后再打印。

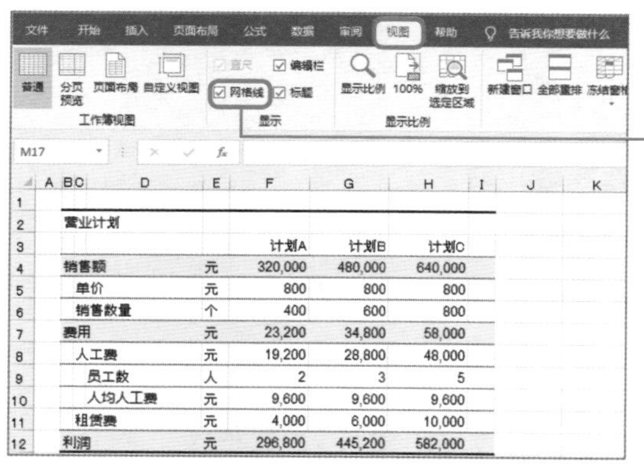

营业计划		计划A	计划B	计划C
销售额	元	320,000	480,000	640,000
单价	元	800	800	800
销售数量	个	400	600	800
费用	元	23,200	34,800	58,000
人工费	元	19,200	28,800	48,000
员工数	人	2	3	5
人均人工费	元	9,600	9,600	9,600
租赁费	元	4,000	6,000	10,000
利润	元	296,800	445,200	582,000

❶点击[视图]选项卡的[网格线]，去掉勾选。

营业计划		计划A	计划B	计划C
销售额	元	320,000	480,000	640,000
单价	元	800	800	800
销售数量	个	400	600	800
费用	元	23,200	34,800	58,000
人工费	元	19,200	28,800	48,000
员工数	人	2	3	5
人均人工费	元	9,600	9,600	9,600
租赁费	元	4,000	6,000	10,000
利润	元	296,800	445,200	582,000

❷隐藏网格线后，表格的易看性得到提升。

指定单元格区域一并添加边框

要为表格形式的单元格高效地添加边框，可以在选中表格整体之后，从[**设置单元格格式**]菜单中一并添加，这个方法操作起来很方便。步骤如下。

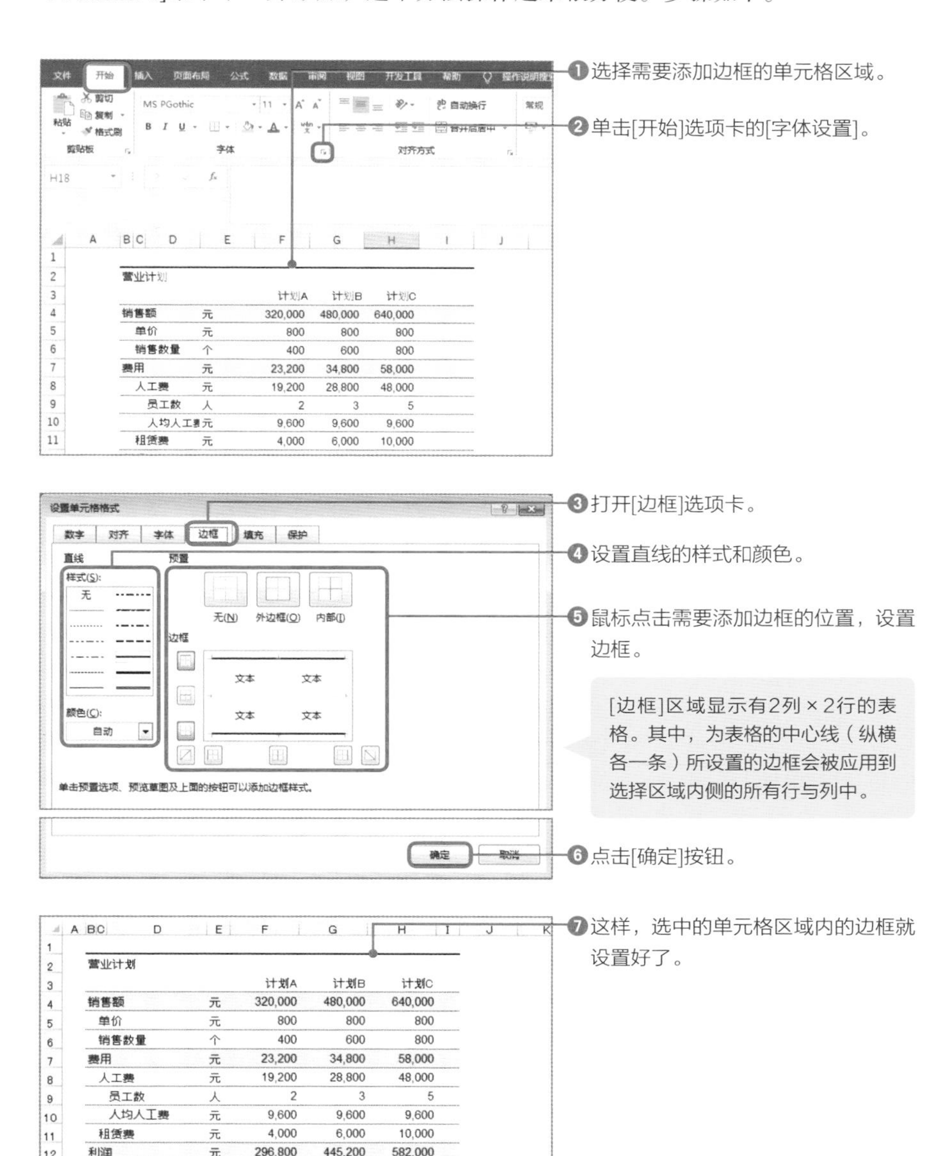

相关内容　最合适的行高→p.10　调整列宽→p.20　最合适的背景色→p.28

边框的
正确使用方法

表格边框的正确设置方法

上下为粗，中线为细，不需要纵线

为表格添加边框时，首先为了明确表格的范围，**可上下各添加一条粗线**。当在一张工作表中制作了好几个表时，只要看到这条粗线就能够一下子明白表格的范围。

另外，为了方便掌握各项目的数值，可横向添加一条细的中线。并且，**纵线基本上是不需要的**。如果很好地做到了前面所说的“文字对齐”（p.14）或“缩进”（p.18）的话，即便没有纵向的边框，也能很容易区别出各列中的数据。

此外，设置边框或背景色时，可在表格右侧添加多出来的一列，**只需一列效果就非常明显**（下图的I列）。此列中不输入数据，这列称为**装饰列**，是为了提升表格的美观性。添加装饰列后，表格整体也变得更加方便查看。只花了这一点心思，却收获了意外的效果。

● **为表格添加框线的规则**

营业计划				
		计划A	计划B	计划C
销售额	元	320,000	480,000	640,000
单价	元	800	800	800
销售数量	个	400	600	800
费用	元	23,200	34,800	58,000
人工费	元	19,200	28,800	48,000
员工数	人	2	3	5
人均人工费	元	9,600	9,600	9,600
租赁费	元	4,000	6,000	10,000
利润	元	296,800	445,200	582,000

推荐的边框种类

表格上下为粗线，中线为细线，推荐的边框分别为下图中的两个样式。此外，具体的添加边框的方法请翻阅p.23。

● 实际所使用的边框样式

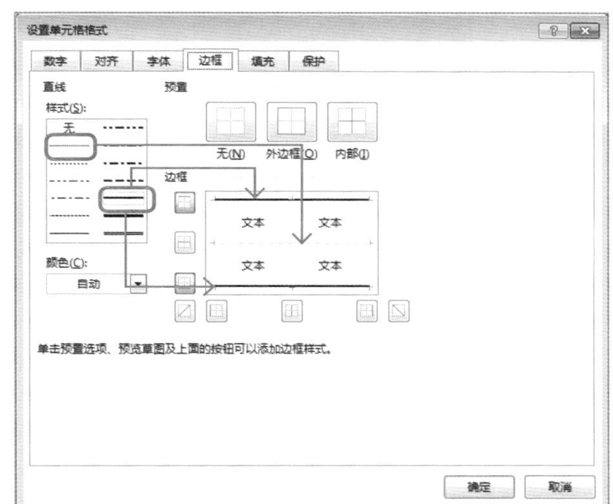

上下的粗线推荐右侧倒数第三个实线，恰到好处的粗细，可以很好地体现出边界感。中线推荐左上方最细的线，画面上看起来是虚线，实际打印出来是比较细的实线。

另外，上页中说明过“基本不使用纵向边框”，但是当在一个表格中一并出现实际业绩和预算这种情况时，**为了区分数据的作用**，可以破例使用。

这也很重要!

将背景色设为“白色”可以隐藏网格线

为了隐藏工作表中所显示的网格线（框线），通常是去掉[视图]选项卡中“网格线”的勾选（p.22），还可以通过将所选单元格区域的背景色设置为“白色”来进行隐藏。
这个方法的优点在于不针对整体工作表，只隐藏工作表任意区域内（所选单元格区域内）的网格线。请根据目的和用途区分使用。

相关内容　最合适的行高→p.10　调整列宽→p.20　边框的基本操作→p.22　错误一览→p.30

区分使用数值的颜色

易看性与
颜色的使用方法

改变纯文本输入的数字与计算结果的数字的文字颜色

Excel工作表中显示的数字有两类：一种是“**纯文本输入的数字**”（直接输入的数字），另一种是“**计算结果**”（“=F5*F6”这类算式或者某些函数处理的计算结果中的数字）。

制表时，为这两类数字设置不同的颜色。这样一来，**一眼就能分出某个数字是纯文本输入还是计算结果**。设置的结果就是可以提升表格的易看性，还可以防止一些简单的错误。

✕ 所有数字的颜色都是相同的，分不清数字的种类

	A BC D	E	F	G	H	I	J
1							
2	营业计划						
3			计划A	计划B	计划C		
4	销售额	元	320,000	480,000	640,000		
5	单价	元	800	800	800		
6	销售数量	个	400	600	800		
7	费用	元	23,200	34,800	58,000		
8	人工费	元	19,200	28,800	48,000		
9	员工数	人	2	3	5		
10	人均人工费	元	9,600	9,600	9,600		
11	租赁费	元	4,000	6,000	10,000		
12	利润	元	296,800	445,200	582,000		
13							
14							

没有区分数字颜色的表格，无法让人一眼就分出数字是纯文本输入还是某个值的计算结果。

○ 根据数字的种类区分使用颜色的表格。

	A BC D	E	F	G	H	I	J
1							
2	营业计划						
3			计划A	计划B	计划C		
4	销售额	元	320,000	480,000	640,000		
5	单价	元	800	800	800		
6	销售数量	个	400	600	800		
7	费用	元	23,200	34,800	58,000		
8	人工费	元	19,200	28,800	48,000		
9	员工数	人	2	3	5		
10	人均人工费	元	9,600	9,600	9,600		
11	租赁费	元	4,000	6,000	10,000		
12	利润	元	296,800	445,200	582,000		
13							

表格是按照“纯文本输入为蓝色，计算结果为黑色”的规则制定的，看一眼就能明白需要编辑哪个单元格。

区分颜色时的注意事项

数字的颜色可以按照个人的喜好设定，但是在区分颜色时要事先确定，像“纯文本输入为蓝色，计算结果为黑色”这样的规则，**全员切实遵守，这是非常重要的**。如果有人没有遵守规则，指定了其他的颜色或者相反的颜色，反而会让表格变得难懂，务必注意哦。

另外，还可以添加更细的规则，比如“**引用了别的工作表的值时用绿色**”。重要的是，“**制定能够看出数字出处的颜色区分法则**”和“**在小组内贯彻这条规则**”。

公式中不要混入纯文本输入的数字

在单元格中输入数字或公式时要注意一点，那就是“**公式中不要混入纯文本输入的数字**”。例如，“=B3***1.5**”这样的公式，“**1.5**”为纯文本输入的数字。尽量不要有这种混入纯文本输入的数字的公式。

如果有时需要进行“=ZB3***1.5**”这样的计算，可以在某个没有使用的单元格，比如单元格B4中，单独输入纯文本输入的数字“**1.5**”后，将公式改为“=B3*B4”。这样一来，即使“1.5”需要修改时，只需要修改B4的值就完成了所有的修改。

另外，当工作表内有多处“=B3***1.5**”这样的公式时，就需要确认所有的单元格来修改值。因此，**强烈建议彻底地区分纯文本输入的数字与公式。**

● **区分颜色规则的示例**

数字的出处	颜色	示例
纯文本输入的数字	蓝色	100、1.5
计算结果	黑色	=B3*B4、=SUM（B1:B5）
引用其他工作表	绿色	=Sheet!A1
包含纯文本输入的算式	无	=B3*1.5

这也很重要!

只选择特定单元格区域的纯文本输入数字和格式的方法

要确认工作表中已输入的数值是纯文本输入还是算式，可以使用“定位条件”功能，以方便我们查找。

相关内容　数字的千位分隔符→p.16　添加缩进→p.18　调整列宽→p.20　错误一览→p.30

易看性与
颜色的使用方法

为需要强调的单元格设置背景色

设置淡色的背景色

当表中有需要特别注意的数据或者统合表的统计条目等特别需要强调的地方时，为它们设置背景色可以达到强调的目的。修改背景色后，**可以快速向阅读表格的人传达表的要点所在**。背景色可按照个人喜好设置，但是建议尽量设置为**淡色**。

✕没有设置背景色，难以看出数据的重要度

营业计划

		计划A	计划B	计划C
销售额	元	320,000	480,000	640,000
单价	元	800	800	800
销售数量	个	400	600	800
费用	元	23,200	34,800	58,000
人工费	元	19,200	28,800	48,000
员工数	人	2	3	5
人均人工费	元	9,600	9,600	9,600
租赁费	元	4,000	6,000	10,000
利润	元	296,800	445,200	582,000

没有设置背景色的表格，表格整体很单调，因此难以看出其中的重要项。

○为需要强调的单元格设置背景色

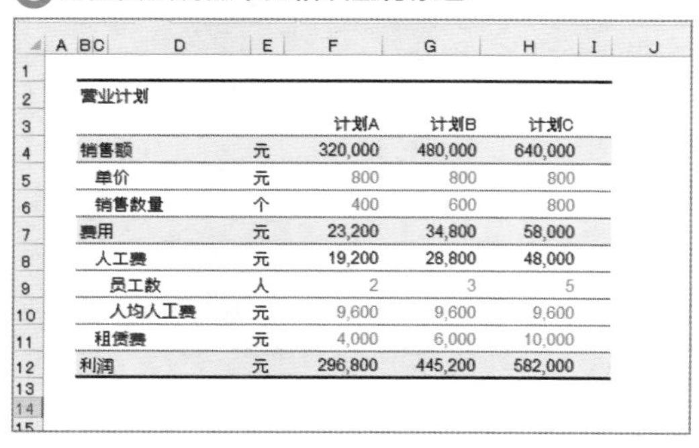
营业计划

		计划A	计划B	计划C
销售额	元	320,000	480,000	640,000
单价	元	800	800	800
销售数量	个	400	600	800
费用	元	23,200	34,800	58,000
人工费	元	19,200	28,800	48,000
员工数	人	2	3	5
人均人工费	元	9,600	9,600	9,600
租赁费	元	4,000	6,000	10,000
利润	元	296,800	445,200	582,000

为需要强调的地方设置了背景色，一眼就能够看出作为统合项的销售额、费用以及从中计算得出的收益等是表格的重要项。

背景色的颜色使用技巧和设置方法

设置背景色时需要遵守两个规则，那就是“**只对任谁看都觉得重要的项进行设置**”和“**颜色为两种颜色以内的淡色**”。结合这两条规则进行配色就能够制作出更易看的表格。相反，如果设置了3种以上的颜色或者设置了接近原色的很浓的颜色，表格就会变得难看了，一定要注意。另外，如果有企业色彩时，推荐把接近企业色彩的较淡的颜色设置为背景色，就可以不动声色地向人传达出这样的信息，“是某公司制作的资料啊”。

背景色的设置按如下步骤进行。

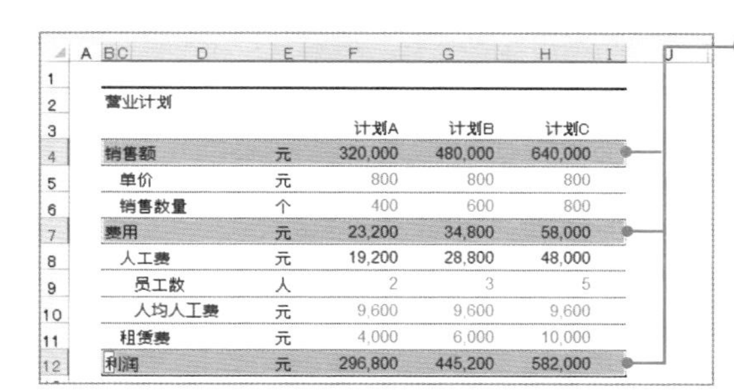

营业计划

		计划A	计划B	计划C
销售额	元	320,000	480,000	640,000
单价	元	800	800	800
销售数量	个	400	600	800
费用	元	23,200	34,800	58,000
人工费	元	19,200	28,800	48,000
员工数	人	2	3	5
人均人工费	元	9,600	9,600	9,600
租赁费	元	4,000	6,000	10,000
利润	元	296,800	445,200	582,000

❶选择需要设置背景色的单元格区域。按住Ctrl键拖动鼠标，松开鼠标后的区域也可以一并选择。

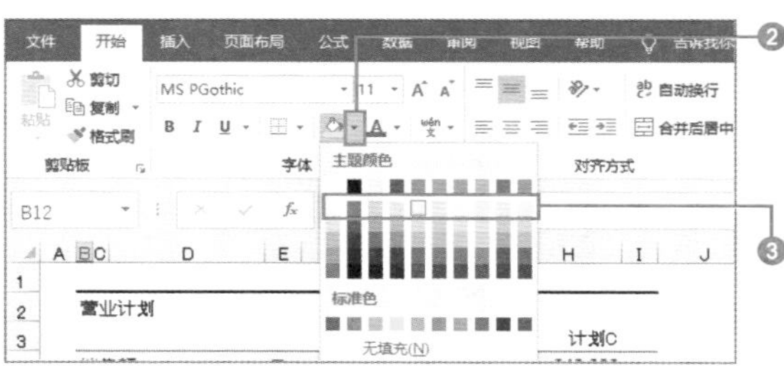

❷点击[开始]选项卡内[填充颜色]右侧的[▼]，显示出[主题颜色]。

❸选择任意颜色，建议选择各主题颜色中最淡的颜色。

这也很重要！

颜色使用不当的示例

当使用了颜色托盘最上方的原色或者一个表格中设置了3种以上的颜色时，表格就会像右图中那样反而变得很难看，需要注意一下。请牢记一点，比起使用多种颜色将用途种类细分，使用简单的颜色可以更方便他人查看。

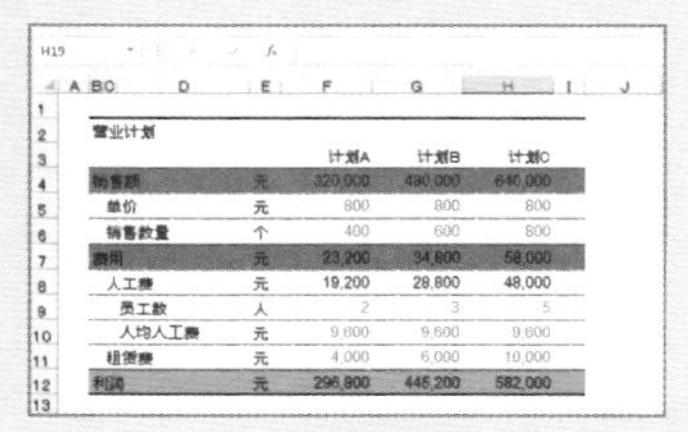

相关内容　添加缩进→p.18　边框的基本操作→p.22　区分使用数字的颜色→p.26

Excel的错误

单元格中所出现的主要错误提示一览

制表过程中经常会遇到的提示和错误信息的含义

在制作Excel的过程中，会突然地在一些单元格中显示出“#######”或者“#DIV/0!”这样的错误，有时单元格的左上角还显示有三角记号。这里以一览表的形式总结了一些单元格中显示的主要的提示和错误信息。什么时候会出现什么样的错误提示，事先做到心中有数，以便在错误出现时迅速地解决处理。

● Excel表中出现的主要的提示和错误信息

显示内容	错误信息的内容和处理方法
单元格左上角的三角记号	在设置了日期格式的单元格中输入了字符串时，或者输入了和周围单元格不同的算式时，会显示出三角记号，提示“是不是有输入错误”。如果是值和算式有误，修正后三角就消失了。 没有什么特别的错误时，可以单击对象单元格中所显示出的三角记号，选择“忽略错误”即可
#######	相对于输入的值列宽不足时的提示信息，拉大列宽后将正常显示
1E+10	输入非常大的数时，将会以指数来显示该值。设置千位分隔符或者拉大列宽后将显示为正常的数值
#NAME?	单元格名称指定或者函数不正确时的提示信息。可以确认一下输入值是否正确，然后进行修正
#REF!	无法引用指定单元格时的提示信息。该错误信息多出现在有删除操作时，可以确认一下输入值是否正确，进行修正
#VALUE!	输入了不恰当的值。可以确认一下输入值是否正确，进行修正
#DIV/0!	用0作除法运算时的提示信息。修正为除数不为0的算式
#N/A	缺少必要的值时的提示信息。可以确认一下输入值是否正确，进行修正
#NUM!	Excel计算中输入的值过大或者过小。可以确认一下输入值，进行修正
#NULL!	“半角空格运算符”是用来指定2个单元格区域的交集的，当半角空格前后的单元格区域内不存在交集时就会报错，将半角空格改为逗号(,)或者(:)

相关内容 调整列宽→p.20 IFERROR函数→p.75 如何减少作业错误→p.106

第2章

高效率工作者深谙技高一筹的“展示”技巧

工作表与单元格的基本操作

Excel工作表的正确管理方法

为工作表制定排列方式规则

制作一份有多个工作表的资料时，要充分考虑“工作表排序”、“标签颜色”和“工作表名”这三项，这是非常重要的。但令人吃惊的是，很多人并不以为然。针对这几项的设置，事先制定好一定的规则，贯彻到底，就能制作出既好管理，又不容易出错的Excel工作表。

首先是**工作表的顺序**。在1个Excel文件内制作多个工作表时，工作表的排序采用如“销售额→费用→利润”的**计算顺序**、“1月份销售额→2月份销售额”的**时间顺序**（月份顺序・年份顺序），既有一定的意义又简单易懂。

另外，统计各分店的销售额时，从左侧开始依次排列各分店的销售额工作表，将统计用工作表放在最右侧（即个别→统计结果的顺序）。按计算顺序对工作表进行排序的方法非常有效。

● **按照“有逻辑意义的顺序”排列工作表**

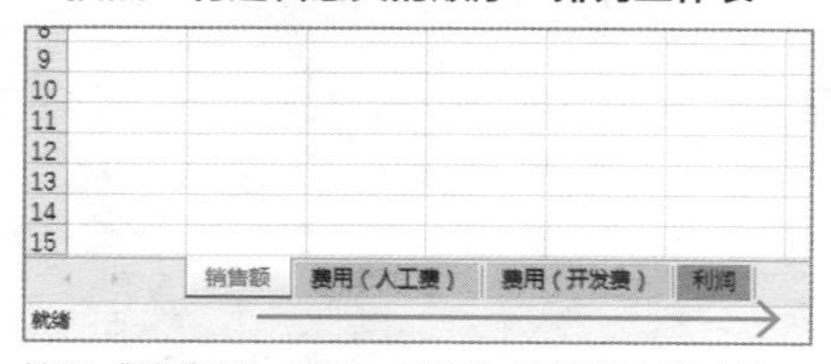

按照“销售额→费用→利润”计算顺序排序的工作表

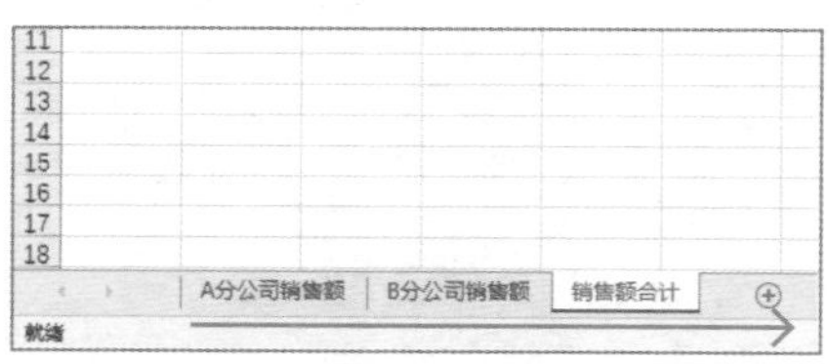

销售额统计工作表位于各分店工作表的右侧

排列已有工作表的顺序时，单击工作表名称拖拽移动到目标位置即可。工作表的顺序可以反复排列，最开始的时候多做几次尝试，找出既便于使用又容易看懂的排序方式。

根据内容和目的设置颜色

根据工作表的内容、数据用途和种类等，给各工作表的标签设置不同的颜色以示区分。工作表数量较多时，按照数据用途和种类，将工作表分为几组并标注不同的颜色以示区分（收入类·支出类等）。

如果有补充资料等不用于统计的数据工作表时，事先制定好规则“将此类工作表放在最右，标签设为灰色等不明显的颜色”，非常有效。

● **给工作表标签设置不同的颜色**

根据内容为工作表的标签设置不同颜色，以示区分。

更改工作表标签颜色的操作步骤如下。

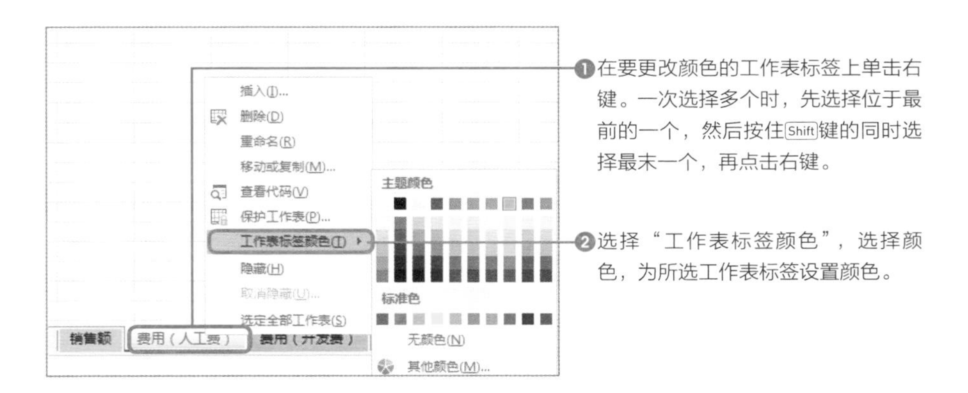

这也很重要!

“结论前置”排列方式的缺点

经常做提案、发表的人可能会认为，工作表的排列顺序应该是“第1张是汇总的结论（统计结果），随后是得出结论的各项论据”。

可是，这个排列方法与先统计各项数据，再推导出结果的计算过程相反，会导致难以追溯计算过程，也不容易发现错误，因此不推荐。建议至少在计算最终结果、得出验算结果之前，按照计算顺序排列工作表。

保持工作表数量最少，删除无用的工作表

即便需要用多个工作表，也尽量不要随意增加表的数量。一旦增加，就难以掌握全体工作表是采用什么方法计算的。所以**请整理一下工作表，将数量控制在最小范围**。

例如，以各分店为单位，将销售额、费用、利润分别输入单个工作表内，3个分店总计9个工作表，再加上3个合计表，工作表多达12个。在这种情况下，如下图所示，将各分店的数据汇总在1个工作表上，即“A分店→B分店→C分店→合计”，这样更好把握整体。

✕ 工作表数量太多，无法一次性看到所有的表

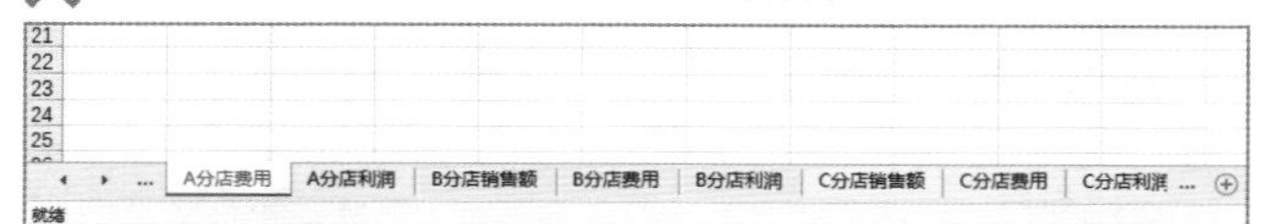

工作表数量过多，难以把握整体。

○ 工作表数量少，容易把握整体

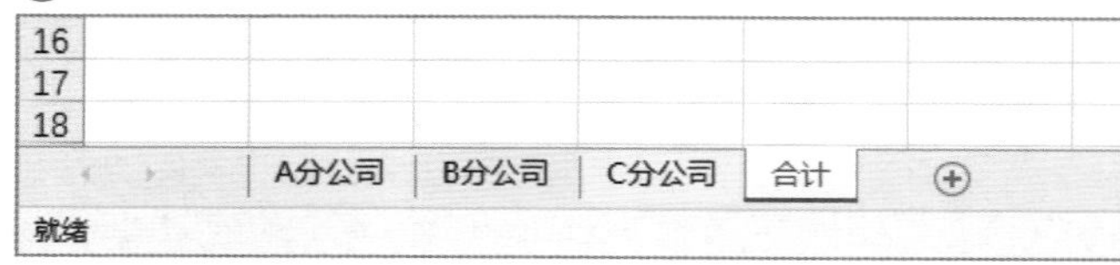

整理内容，控制工作表数量后，一眼便可看到所有的工作表。

删除**没用的工作表**。多余的工作表，会对把控整体工作表产生一定的干扰，而且其他人看到这些表后会误以为“可能还有别的计算”，导致消耗不必要的精力。

这也很重要!

删除工作表

删除工作表时，右击工作表，在所示菜单中选择“删除”。按Ctrl键和Shift键，选择多个工作表进行此操作，可一次性删除多个工作表。

将工作表表名设置为与内容相符的短名称

工作表名称不要沿用默认的“Sheet1”，设置成和表的内容相匹配的名字。关键是“**尽量简短**”。设置的名称较长，工作表数量增加时，无法在同一界面内显示全部表标签，选择时需要横向滑动。**工作表名称尽量设置得简短，让所有的工作表标签可以显示在同一个界面内**。

✕ 因名称较长，导致无法在画面内完整显示所有工作表

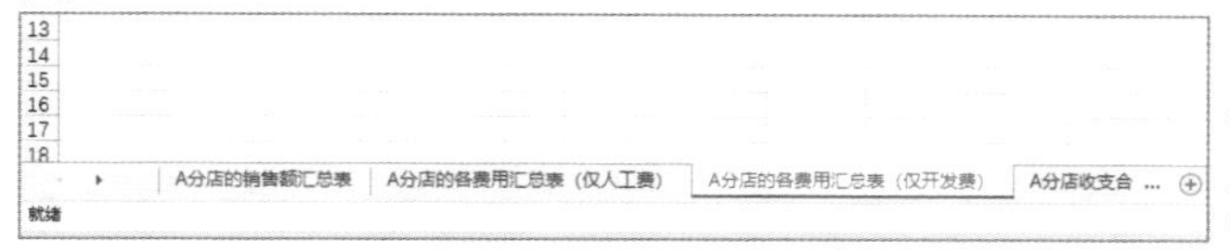

名称过长，导致显示出的工作表减少，难以看到所有工作表。

○ 设置较短的名称，一眼便可看到所有工作表

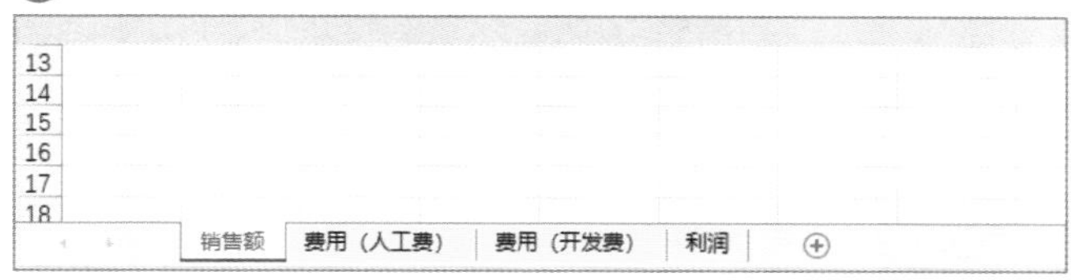

根据用途定义简洁的名称，方便查看。

要点1　**全部都是和“A分店”相关的数据，所以可以将工作簿命名为“A分店统计”，简化工作表名称。**

要点2　**省略一些符号、“的”和“汇总表”等非必要字样。**

按以下顺序更改工作表名称。

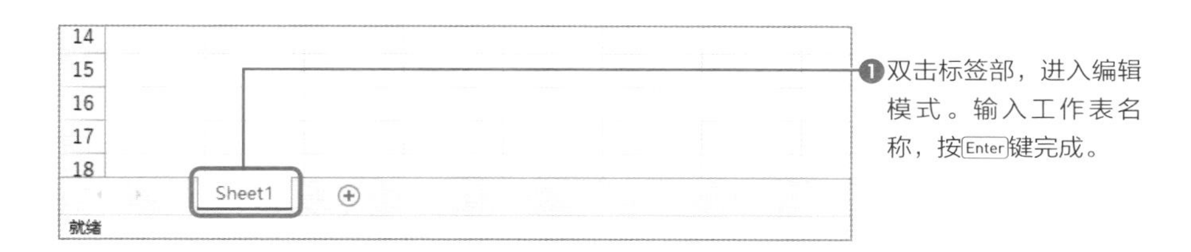

这也很重要!

不可用于工作表名称的符号

冒号（:）、货币符号（¥）、斜线（/）、问号（?）、星号（*）、方括号（[]），不可用于工作表名称。

相关内容　隐藏工作表→p.36　工作表分组→p.37　删除文件制作者名称→p.59

工作表与单元格的基本操作

不可使用“隐藏”功能

不要隐藏单元格和工作表

在Excel里，选择特定的行和列，右击鼠标→选择［隐藏］，所选单元格（行和列）被隐藏。右击工作表标签→选择［隐藏］，所选工作表被隐藏。**不过，绝对不要使用这个功能**。

不能用隐藏功能的最大理由在于，有被隐藏的行、列和工作表时，不好理解资料全体采用的是什么计算方法。这会增加判断数字正确与否的难度，提高漏判错误的可能。

另外，还可能造成一些失误，如一不小心将不能给客户传阅的数据发送过去等。

看上去隐藏功能是一项非常方便的功能，但如上所述，它有许多弊端（而且是致命性的弊端），请尽量不要使用。特别是隐藏工作表，除设置的人之外，其他人很难注意到还有被隐藏的表，所以严禁使用这个操作。

✕ 使用“隐藏”功能后，不好理解计算内容

	A	B	C	D	E	F	G	H	I	J	K
1											
2		营业计划									
3						A分店	B分店	C分店	合计		
4		销售额			元	320,000	480,000	640,000	1,440,000		
7		费用			元	23,200	34,800	58,000	116,000		
12		利润			元	296,800	445,200	582,000	1,324,000		
13											
14											

隐藏的行列，行号列标处显示为双划线

隐藏销售额与费用部分的明细后，不好理解这些数值是怎样计算得出。另外，一眼很难看出隐藏的行。

便利的“组合”功能

确实需要隐藏部分行和列时，使用**“组合”功能**。使用组合功能后，工作表的左/上**出现切换组合显示/隐藏的按钮**，明确标示出有“被省略的部分”，点击还可以切换显示/隐藏明细部分。

组合的操作如下。

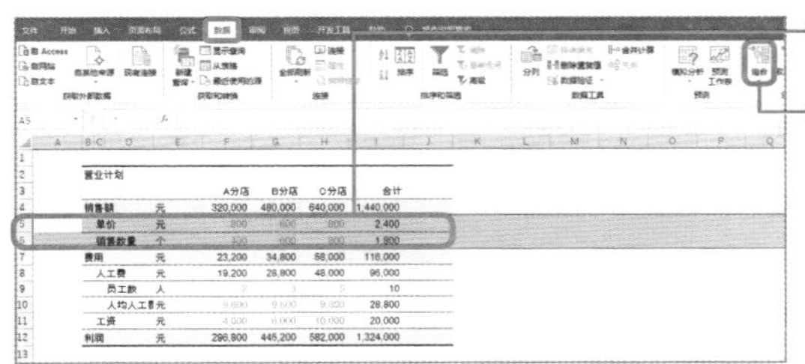

❶选择要隐藏的所有行或所有列。

❷点击[数据]栏的[组合]。

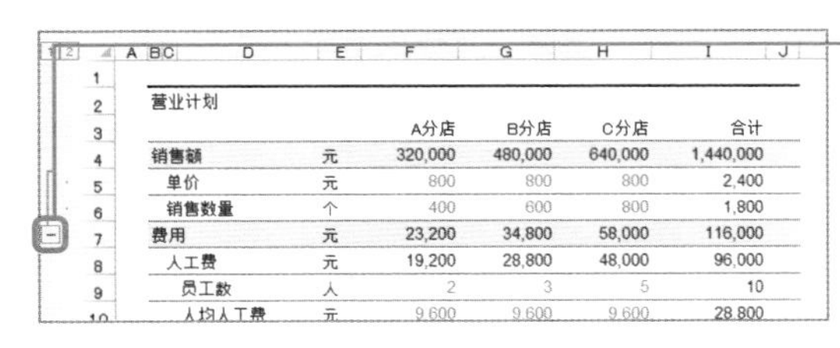

	D	E	F	G	H	I
2	营业计划					
3			A分店	B分店	C分店	合计
4	销售额	元	320,000	480,000	640,000	1,440,000
5	单价	元	800	800	800	2,400
6	销售数量	个	400	600	800	1,800
7	费用	元	23,200	34,800	58,000	116,000
8	人工费	元	19,200	28,800	48,000	96,000
9	员工数	人	2	3	5	10
10	人均人工费	元	9,600	9,600	9,600	28,800

❸组合所选全部行或列，想隐藏组合部分时，点击工作表外框上显示的[—]键。

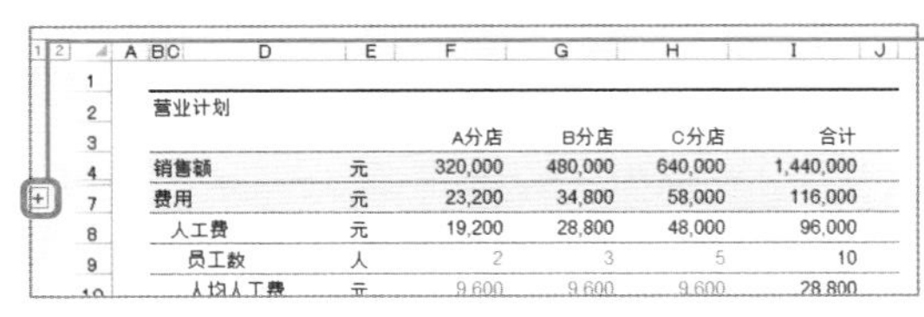

	D	E	F	G	H	I
2	营业计划					
3			A分店	B分店	C分店	合计
4	销售额	元	320,000	480,000	640,000	1,440,000
7	费用	元	23,200	34,800	58,000	116,000
8	人工费	元	19,200	28,800	48,000	96,000
9	员工数	人	2	3	5	10
10	人均人工费	元	9,600	9,600	9,600	28,800

❹组合后的行被隐藏。取消隐藏时，点击工作表外框处的[+]键。

这也很重要!

组合有三级

组合后的部分内部可以再次组合形成多级组合（最多三级），需要对特定级进行显示/隐藏操作时，点击工作表左上的“1、2、3”分级键。

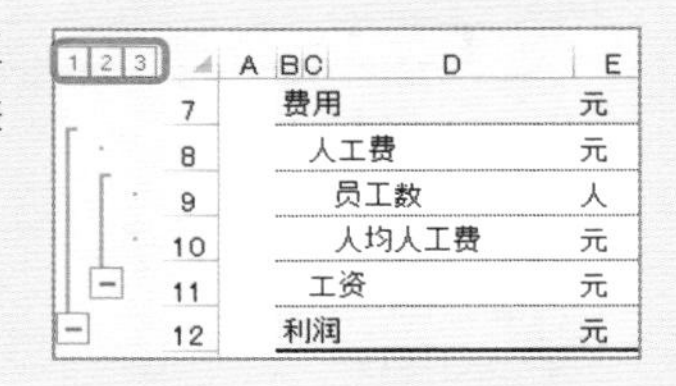

相关内容　为单元格加注→p.41　条件格式的基本操作→p.42

工作表与单元格的基本操作

选择“跨列居中”而不是合并单元格

尽量避免合并单元格

在Excel里，选择单元格，点击**[开始]**→**[合并后居中]**，可以合并单元格并使文字居中显示。这个功能看上去很方便实用，但实际上一旦合并单元格，会引发表不好复制、插入列和行的操作变得更复杂等问题，因此并不推荐。

想让文字在多个单元格内居中显示时，使用设置单元格格式中的“**跨列居中**”，它可以让且仅让所选的值位于所选单元格范围的中央位置。

✕使用[合并后居中]

销量走势

单位：个

	近5年销量				
	第1年	第2年	第3年	第4年	第5年
商品A总数	7,436	4,785	6,464	6,615	6,674
东京	2,666	1,466	1,883	2,538	1,420
名古屋	2,241	1,834	2,789	1,779	2,495
大阪	2,529	1,485	1,792	2,298	2,759
商品B总数	5,894	7,238	5,797	7,407	4,447
东京	2,467	2,574	1,745	2,996	1,671
名古屋	1,120	2,842	2,562	1,971	1,154
大阪	2,307	1,822	1,490	2,440	1,622

该表使用[合并后居中]，文字如愿居中显示。但单元格合并后，进行其他操作时会出问题，因此并不推荐使用。

○使用[跨列居中]

销量走势

单位：个

	近5年销量				
	第1年	第2年	第3年	第4年	第5年
商品A总数	7,436	4,785	6,464	6,615	6,674
东京	2,666	1,466	1,883	2,538	1,420
名古屋	2,241	1,834	2,789	1,779	2,495
大阪	2,529	1,485	1,792	2,298	2,759
商品B总数	5,894	7,238	5,797	7,407	4,447
东京	2,467	2,574	1,745	2,996	1,671
名古屋	1,120	2,842	2,562	1,971	1,154
大阪	2,307	1,822	1,490	2,440	1,622

该表使用[跨列居中]，和[合并后居中]一样，可使文字位于多个单元格的中心位置，笔者推荐使用（参考下页）。

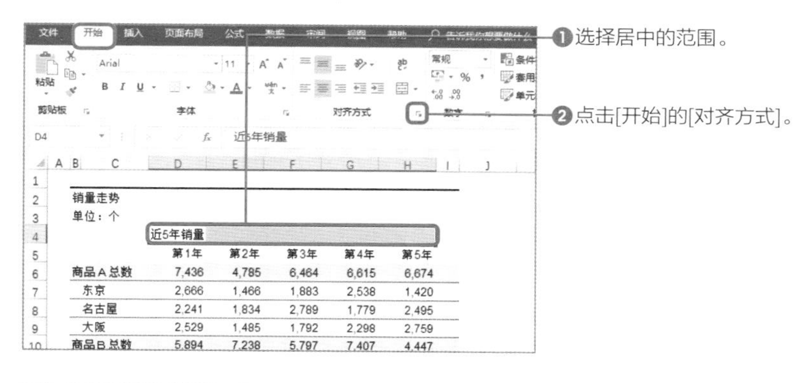

❶选择居中的范围。

❷点击[开始]的[对齐方式]。

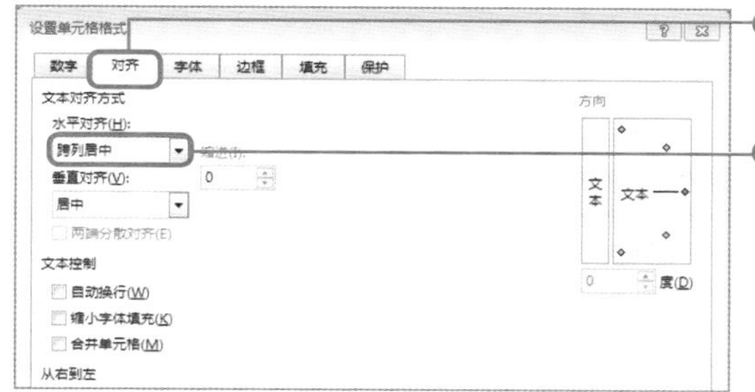

❸显示[设置单元格格式]对话框，选择[对齐]。

❹[水平对齐]处选择[跨列居中]，点击[确认]键。

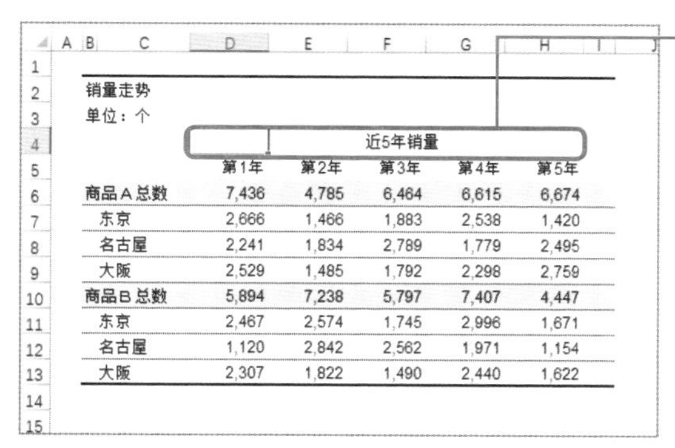

	第1年	第2年	第3年	第4年	第5年
商品A总数	7,436	4,785	6,464	6,615	6,674
东京	2,666	1,466	1,883	2,538	1,420
名古屋	2,241	1,834	2,789	1,779	2,495
大阪	2,529	1,485	1,792	2,298	2,759
商品B总数	5,894	7,238	5,797	7,407	4,447
东京	2,467	2,574	1,745	2,996	1,671
名古屋	1,120	2,842	2,562	1,971	1,154
大阪	2,307	1,822	1,490	2,440	1,622

❺文字位于所选范围的中心位置。

恢复原貌时，选择文字所在的单元格，点击[开始]的[文本左对齐]或[文本右对齐]（p.14）。

2 工作表与单元格的基本操作

这也很重要!

纵向合并时先合并再旋转90度

Excel的单元格格式中，没有设置跨行居中选项。因此，纵向方向合并时，先合并单元格，再在设置单元格格式[对齐]一项右侧的[方向]栏中，点击竖向[文本]完成居中显示设置（参见p.58）。

相关内容　文字对齐→p.14　跨单元格斜线的画法→p.40

跨单元格斜线的画法

工作表与单元格的基本操作

明确标注表内空白部分

在Excel里，经常通过**画斜线**的方式表示“此处无用”、“此处无数据”。**边框功能**（P.22）也可以画斜线，但无法画出“跨单元格的斜线”。需要画跨单元格斜线时，使用**形状中的直线**选项。

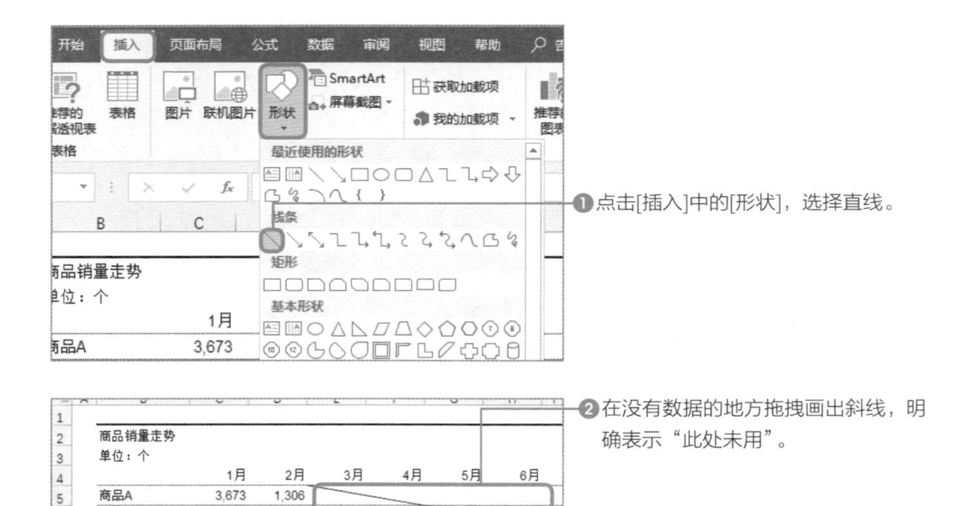

这也很重要!

按Alt键画能出对准单元格边框的线

画线时按下Alt键拖拽鼠标的话，则画线时是沿着单元格边框移动的，画出的线条会紧贴单元格边框。

相关内容 条件格式的基本操作→p.42 在空白单元格内输入“N/A”→p.258

为单元格添加批注

工作表与单元格的基本操作

以批注形式记录补充事项和评论

在单元格内添加和数据相关的补充说明、评论时，**[批注]功能**方便实用。

为单元格添加批注后，单元格右上角出现[红色三角标记]，鼠标靠近时自动显示批注内容。同时，还可以点击[审阅]中的[显示/隐藏批注]，切换批注的显示状态。通过以下操作为单元格添加批注。

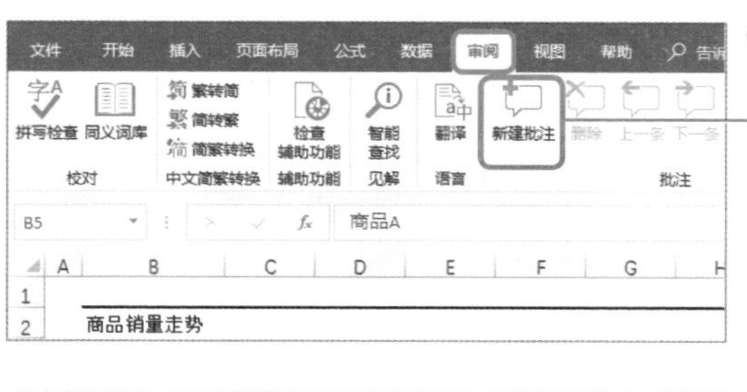

❶选择需要追加批注的单元格，点击[审阅]下的[新建批注]。

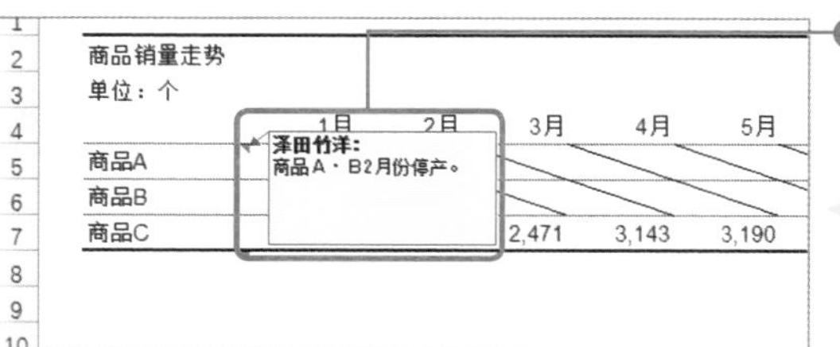

❷追加批注，输入批注内容。

批注对话框和图形一样，可通过拖拽边框变换位置和大小。

这也很重要!

显示所有批注

要显示所有批注时，点击[审阅]下的[显示所有批注]。

相关内容 为单元格命名→p.126 删除单元格命名→p.128

第2章 06 Excel

完全掌握
条件格式

条件格式的基本操作

让想强调注意的数据更加醒目

使用[**条件格式]功能**，**可以设置和更改满足指定条件的单元格的格式**。如可以对应“成绩是75分以上的单元格”、“输入值超过平均值的单元格”、“显示错误的单元格”等条件，更改单元格的文字颜色，设置背景色等。

使用这项功能对特定单元格进行设置，和普通单元格区别开来，**可以迅速找到要重点注意的数据和可能输入有误的地方等**。

这个功能可以优化表格外观，帮助制作出更清晰易懂的工作表。同时，还可以用于提示输入错误，事先知道是否输入有误。虽然输入什么样的数据，是因表格而各异的，但无论是怎样的数据输入都需经过输入检查。

“条件格式”功能是一项简单方便的功能，但使用时又非常强大。大家可以一边思考怎样用到工作中，一边继续向下学习。

● **更改分数高于“75”的单元格格式**

	A	B	C	D	E	F	G	H	I
1									
2		商品A的对比情况							
3					商品A	B公司	C公司		
4		2016年实际业绩							
5			单价	元	600	800	480		
6			销量	千个	350	480	300		
7		消费者调查结果							
8			好吃度	分	83	94	63		
9			分量	分	74	60	80		
10			设计	分	65	72	80		
11			价格	分	80	55	85		
12									

在调查结果中，设置单元格条件为“高于75分”，一眼便可看到想查看的数据在哪儿、有多少。

设置条件格式，让高于某一数值的单元格更醒目

这里我们设置的条件为“**单元格内的值高于75**”，满足这一条件则更改单元格格式。条件格式内有多个条件可选，示例中使用的是[突出显示单元格规则]中的[大于]条件。

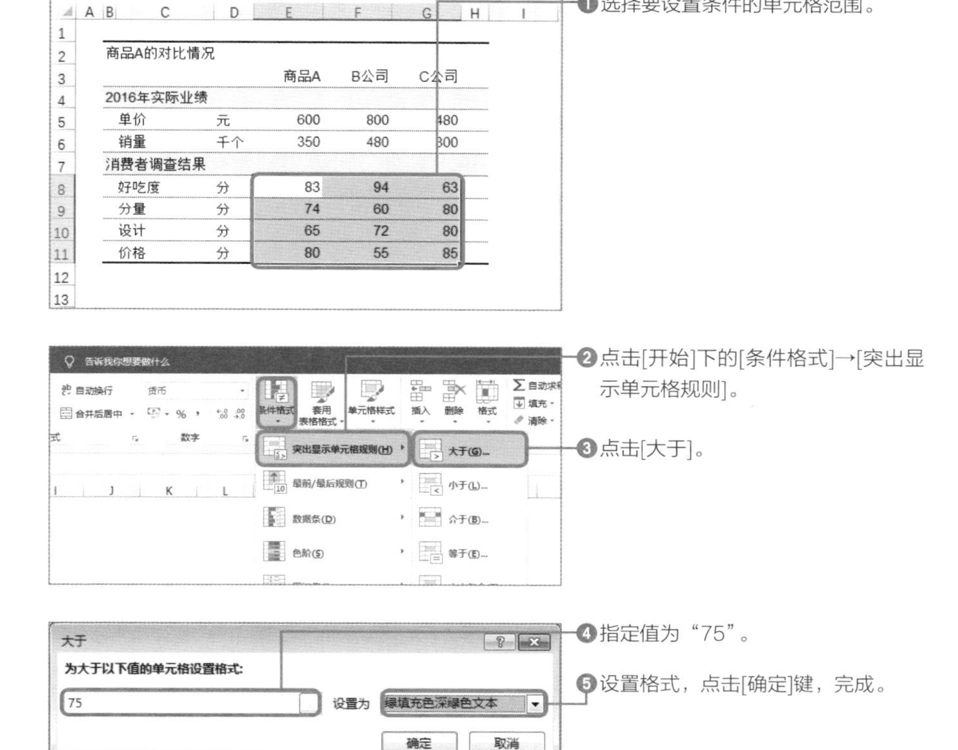

这也很重要!

1个单元格内设置有多个条件时的优先顺序

在Excel里，**可以对1个单元格设置多个条件**。同时，还可以指定条件的优先顺序。点击[开始]下的[条件格式]→[管理规则]，打开[条件格式规则管理器]对话框。

相关内容　更改高于平均值的单元格颜色→p.44　条件格式的确认和删除→p.48

第2章 07 Excel

完全掌握
条件格式

更改高于平均值的单元格颜色

自动计算选定范围内的平均值

设置条件格式中的第二条“**最前/最后规则**”，单元格范围内的数值会根据相应算法自动**进行计算**，并显示结果。使用该项功能，可以不通过公式，直接使用“前10%”、“最后10项”、“高于平均值”、“低于平均值”等指定条件。

● **改变高于平均值的单元格颜色**

商品A的对比情况				
		商品A	B公司	C公司
2016年实际业绩				
单价	元	600	800	480
销量	千个	350	480	300
消费者调查结果				
好吃度	分	83	94	63
分量	分	74	60	80
设计	分	65	72	80
价格	分	80	55	85

通过“最前/最后规则”改变高于平均值的单元格颜色，不需要指定函数公式即可确认目标值。

这也很重要!

制定详细规则的方法

“最前/最后规则”内预设有“前10项”、“前10%”、“最后10项”、“最后10%”、“高于平均值”、“低于平均值”6项，也可自行设置更详细具体的最前/最后规则。

自行设定更详细具体的规则时，点击最下处的[其他规则]❶，在出现的“新建格式规则”对话框内设置任意一值。可设置绝对值，也可通过自动计算算出标准偏差值等。

最前/最后规则的设置

通过条件格式功能更改高于**平均值**的单元格格式时，适用“最前/最后规则”。参照以下方法进行设置。设置好条件后，可自动计算所选范围内的单元格的值，仅对高于平均值的单元格做指定的修改，**无须输入任何函数公式**。

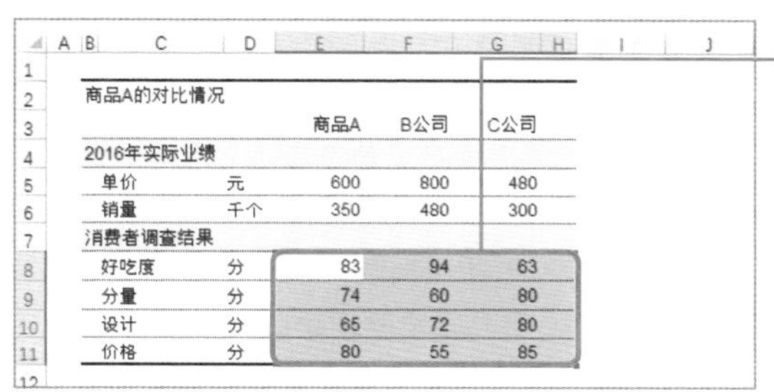

		商品A	B公司	C公司
商品A的对比情况				
2016年实际业绩				
单价	元	600	800	480
销量	千个	350	480	300
消费者调查结果				
好吃度	分	83	94	63
分量	分	74	60	80
设计	分	65	72	80
价格	分	80	55	85

❶首先选择需要应用条件格式的单元格范围。

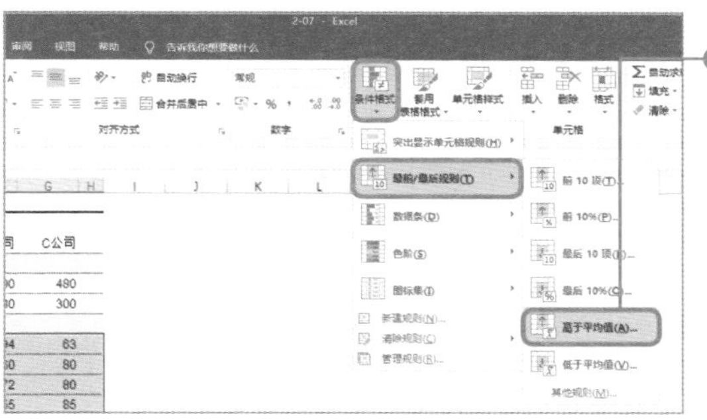

❷按顺序点击[开始]下的[条件格式]→[最前/最后规则]→[高于平均值]。

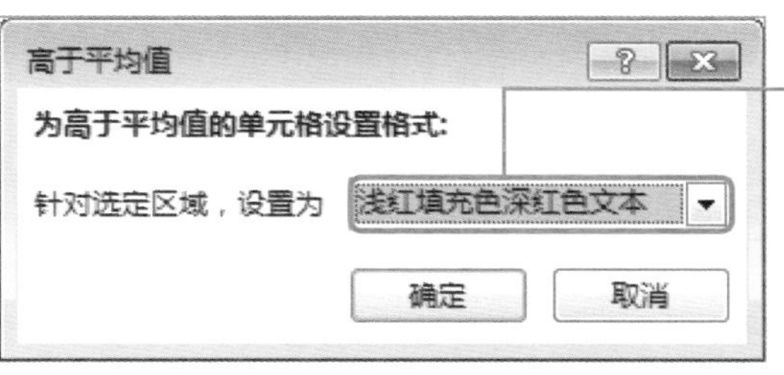

❸在[针对选定区域，设置为]设置任意格式，点击[确定]键，完成。

这也很重要!

详细设置单元格格式的方法

在[针对选定区域，设置为]里，预置有“浅红填充色深红色文本”等格式，可从选择菜单里选择要设置的格式。同时，还可以选择选择菜单最底部的[自定义格式]，自行详细设置。

相关内容　条件格式的基本操作→p.42　找出错误值的方法→p.46

完全掌握
条件格式

使用条件格式功能找出错误值

条件格式的简便用法

[条件格式]的基础功能，是**按照单元格的值更改单元格格式**，这里所说的“单元格的值”不仅仅指数值。选择条件格式中的[**新建规则**]，不仅可指定有特殊值的单元格，还可以指定“**有错误值的单元格**”和“**满足特定函数公式的单元格**”等条件规则。

通过根据具体业务内容制定详细规则，可以迅速找到有输入错误和记录有重要数据的单元格。有些工作内容要求“**单元格绝不能为负值**”（即正数之外的值均为错误），有些要求“**单元格不能为空**”（即未输入数值的单元格均为错误）。根据工种不同、职业不同、业务内容不同，各单元格应录入的值也不同。这时，则可以使用条件格式的[新建规则]功能，根据具体情况制定具体规则。希望务必掌握这一用法。

● **为错误值标记颜色**

	A	B	C	D	E	F	G	H
1								
2		订货单			2016/8/7	No.101		
3								
4		型号	商品名	价格	数量	小计		
5		A-001	圆珠笔（黑）	180	80	14,400		
6		A-002	圆珠笔（红）	180	60	10,800		
7		B-001	A4纸	980	未定	#VALUE!		
8		D-005	#N/A	#N/A	40	#N/A		
9			#N/A	#N/A		#N/A		
10			#N/A	#N/A		#N/A		
11						#VALUE!		
12								
13								

使用条件格式为错误值标记颜色，可以迅速且无遗漏地检查出问题单元格。

为错误单元格标记颜色

使用条件格式为错误的单元格标记颜色。在[新建规则]对话框里，选择[只为包含以下内容的单元格设置格式]。

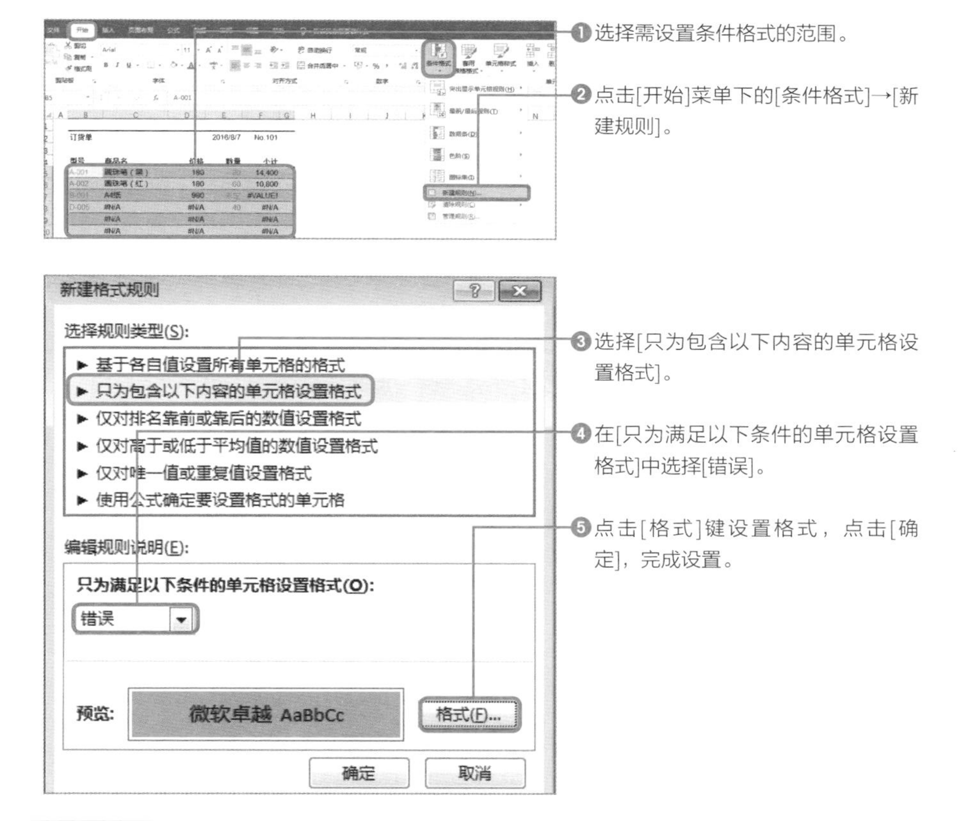

这也很重要!

使用公式设置更高难度的条件

在[选择规则类型]中选择最下面的[使用公式确定要设置格式的单元格]，设置为使用公式。这里的公式中还可以使用函数，根据所需所想实现多种应用。

例如，对所选单元格设置“=MOD（ROW（），2）=1”的条件格式，可以让选择范围内的单元格背景呈“条纹相间”状。这个公式的意思是“**行号除2余1的单元格**”，即对“**奇数单元格行**”进行设置。隔行更改单元格背景颜色本身是一项烦琐的操作，但是用这个公式可以简单实现。

相关内容　条件格式的基本操作→p.42　条件格式的确认和删除→p.48

完全掌握
条件格式

条件格式的确认和删除

统一管理条件格式

如果想知道工作表内设置了哪些条件格式，可以通过[**条件格式·管理规则**]**对话框**进行确认。在这个对话框内可以编辑已有的条件格式规则和格式内容、删除格式等。同时，设有多个条件格式时，还可以在这里设置、更改个别格式的优先顺序。

收到别人制作的Excel文件时，或者1个工作表内设置有多个复杂的条件格式时，**查看条件格式的内容，准确认识工作表，这一点非常重要**。

● **查看条件格式的内容**

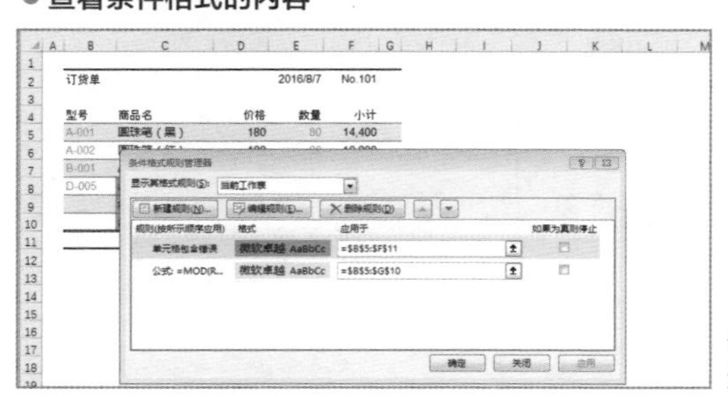

在[条件格式规则管理器]对话框里，确认有无条件格式并进行编辑、删除等操作。

这也很重要!

只删除时，无须打开对话框

如果只是删除工作表里的条件格式，不需要特意打开[条件格式规则管理器]对话框。选择单元格，从[开始]菜单下选择[**条件格式**]→[**清除规则**]→[**清除整个工作表的规则**]，点击即可删除工作表中所有的条件格式。

条件格式的确认和删除

打开[条件格式规则管理器]对话框，按以下顺序确认、删除工作表内设置的条件格式。

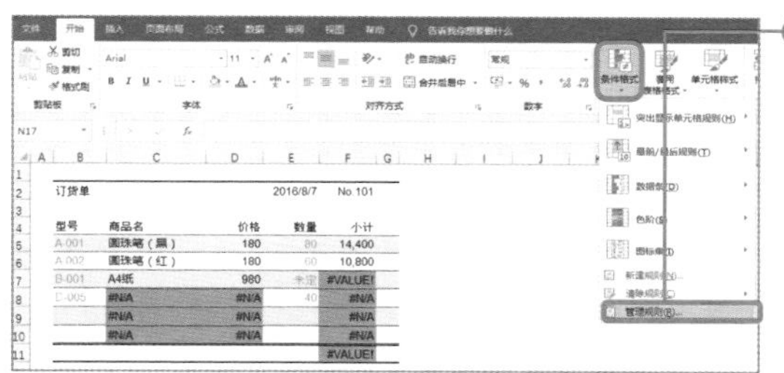

❶点击[开始]菜单下的[条件格式]→[管理规则]。

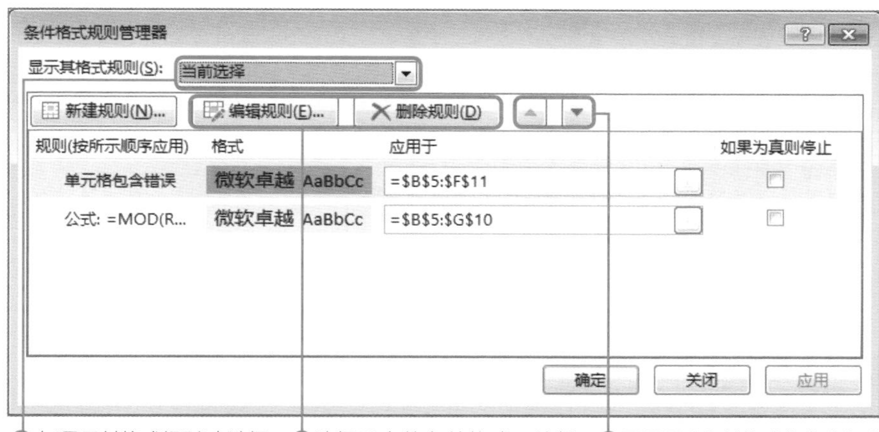

❷在[显示其格式规则]中选择[当前工作表]。

❸选择已有的条件格式，编辑时点[编辑规则]，删除时则点[删除规则]。

❹需要更改条件格式的优先顺序时，点击[▲] [▼]，最终将以框内显示的顺序逐一应用。

这也很重要!

事先制定好使用条件格式的规则

条件格式功能虽然很方便，但不熟悉的人可能会有一定困扰，产生诸如“为什么单元格有背景色，还消不掉”的疑问。因此，团队内部需要事先决定好，是否使用条件格式功能，并共同商定好使用时的设置规则，这一点非常重要。

相关内容　条件格式的基本操作→p.42　更改高于平均值的单元格颜色→p.44

固定标题单元格

实用专业技巧

滑动画面时保持标题可见

打开行列数较多、整体较大的工作表时，需拉动滚动条查看，这样一来**标题栏**可能会消失不见，导致难以分辨出显示出的数据属于哪一项。这时，使用[**冻结窗格**]功能，设置标题单元格为始终可见。

● **使用[冻结窗格]固定标题单元格**

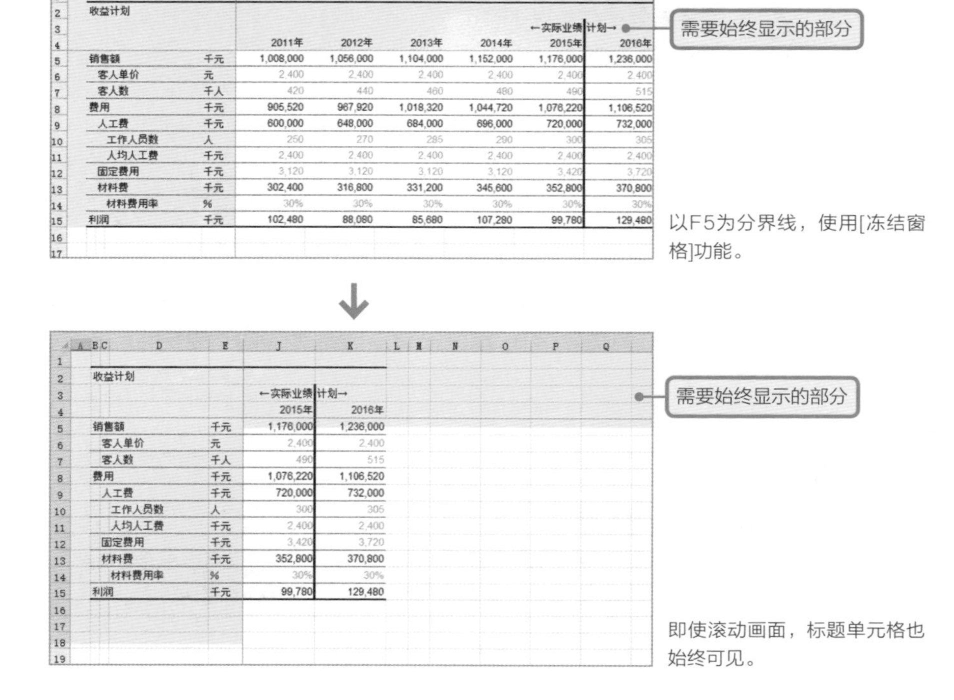

收益计划				←实际业绩			计划→
		2011年	2012年	2013年	2014年	2015年	2016年
销售额	千元	1,008,000	1,056,000	1,104,000	1,152,000	1,176,000	1,236,000
客人单价	元	2,400	2,400	2,400	2,400	2,400	2,400
客人数	千人	420	440	460	480	490	515
费用	千元	905,520	967,920	1,018,320	1,044,720	1,076,220	1,106,520
人工费	千元	600,000	648,000	684,000	696,000	720,000	732,000
工作人员数	人	250	270	285	290	300	305
人均人工费	千元	2,400	2,400	2,400	2,400	2,400	2,400
固定费用	千元	3,120	3,120	3,120	3,120	3,420	3,720
材料费	千元	302,400	316,800	331,200	345,600	352,800	370,800
材料费用率	%	30%	30%	30%	30%	30%	30%
利润	千元	102,480	88,080	85,680	107,280	99,780	129,480

以F5为分界线，使用[冻结窗格]功能。

收益计划		←实际业绩	计划→
		2015年	2016年
销售额	千元	1,176,000	1,236,000
客人单价	元	2,400	2,400
客人数	千人	490	515
费用	千元	1,076,220	1,106,520
人工费	千元	720,000	732,000
工作人员数	人	300	305
人均人工费	千元	2,400	2,400
固定费用	千元	3,420	3,720
材料费	千元	352,800	370,800
材料费用率	%	30%	30%
利润	千元	99,780	129,480

即使滚动画面，标题单元格也始终可见。

始终显示标题列、标题行

按照以下操作，使用[冻结窗格]功能设置标题列与标题行始终可见。示例中将第4行与B～E列设为始终可见，请注意设置[冻结窗格]时光标的位置。

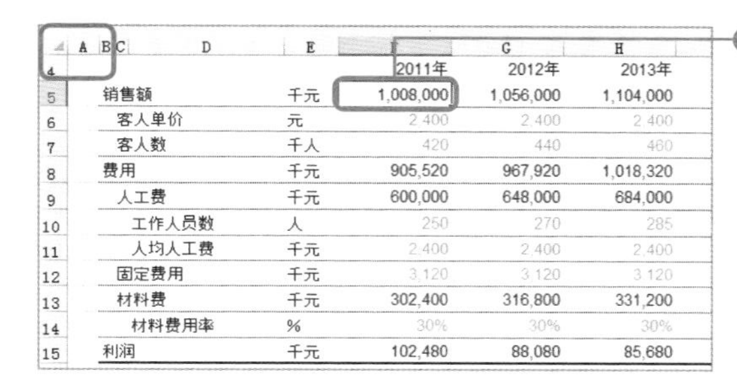

	A	B C	D	E	F	G	H
4					2011年	2012年	2013年
5		销售额		千元	1,008,000	1,056,000	1,104,000
6		客人单价		元	2,400	2,400	2,400
7		客人数		千人	420	440	460
8		费用		千元	905,520	967,920	1,018,320
9		人工费		千元	600,000	648,000	684,000
10		工作人员数		人	250	270	285
11		人均人工费		千元	2,400	2,400	2,400
12		固定费用		千元	3,120	3,120	3,120
13		材料费		千元	302,400	316,800	331,200
14		材料费用率		%	30%	30%	30%
15		利润		千元	102,480	88,080	85,680

❶将左上角固定在工作表的“第4行·B列（单元格B4）”上，选择单元格F5。

❷点击[视图]菜单下[冻结窗格]→[冻结拆分窗格]。

解除标题行的固定可见时，再次点击[视图]下[冻结窗格]→[取消冻结窗格]。

	B C	D	E	J	K	L	M	N
4				2015年	2016年			
8	费用		千元	1,076,220	1,106,520			
9	人工费		千元	720,000	732,000			
10	工作人员数		人	300	305			
11	人均人工费		千元	2,400	2,400			
12	固定费用		千元	3,420	3,720			
13	材料费		千元	352,800	370,800			
14	材料费用率		%	30%	30%			
15	利润		千元	99,780	129,480			

❸第❶步中位于光标左上部的行和列呈始终可见状态。

这也很重要!

如何将标题打印在所有页上

打印时，需要给所有页上打印标题行和标题列时，使用[页面布局]的[打印标题]功能（p.317）。

相关内容　隐藏功能区→p.52　修正汉字拼音→p.57

实用专业技巧

隐藏功能区，扩大画面

不用时隐藏

想扩大工作表的显示范围时，可暂时折叠Excel的功能区。操作十分简单，只需要在[开始]等**菜单处双击鼠标即可**。需显示时，再次双击，这样就可以扩大工作表的显示范围。Excel的功能区较大，使用笔记本电脑时，折叠功能区的操作就显得非常有用。

除此之外，功能区的显示/隐藏也可通过功能区右下的“**固定功能区**”实现，不过，双击鼠标更方便。

● 隐藏功能区，显示整个工作表

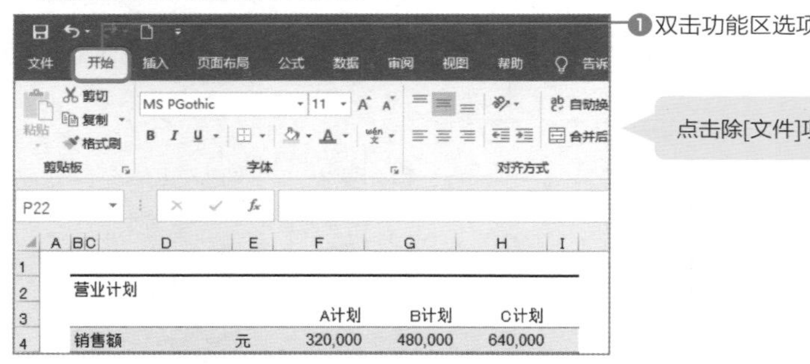

❶双击功能区选项。

点击除[文件]项外的任何一项。

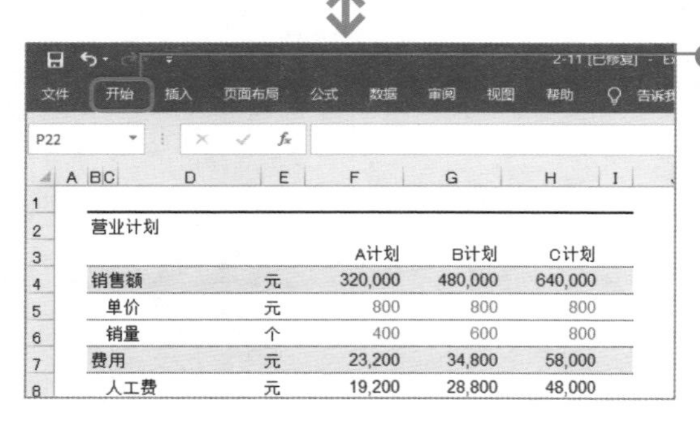

❷隐藏功能区。点击菜单栏，功能区可临时显示。需要显示功能区时，再次双击菜单栏即可。

相关内容 固定标题单元格→p.50 纵向排列文字→p.58

实用专业技巧

快速输入当时的时间和日期

时间日期快捷输入键

在Excel中使用快捷键，可以快速输入时间与日期。需要输入制作表格的时间与日期的人记住以下两组快捷键，操作更方便。

● **输入现在的时间与日期的快捷键**

值	快捷键
现在的日期	Ctrl+;
现在的时间	Ctrl+:

输入现在的时间的快捷键也可以理解为是Ctrl+Shift+;。

按下Ctrl键的同时，按;键，输入当时的日期。同样，按下Ctrl键的同时，按:键，输入当时的时间。这样，时间与日期便会自动输入到所选单元格内。

1		
2	制作日期	
3	制作时间	
4		

❶在要输入日期的单元格内，按下Ctrl+;键。

❷在要输入时间的单元格内，按下Ctrl+:键。

1		
2	制作日期	2017/1/12
3	制作时间	12:20
4		

❸使用快捷键可快速输入当时的时间和日期。

这也很重要!

可以这样记：因为输入的是时间，所以按“：”键，日期就是相邻按键。

记这两组快捷键时，时间的Ctrl+:更好记，然后再记住输入日期的;键与:键相邻就可以了。

相关内容　通过邮政编码输入地址→p.54　经过日期与串行值→p.60

实用专业技巧

通过邮政编码输入地址

快速输入地址

使用Windows搭载的日语输入法“Microsoft IME”的转换功能，**可以通过邮政编码输入地址**。手动输入地址一比较费事，二容易出错，尽量使用邮政编码自动输入地址。有人认为查找并记住邮政编码比较难，不过考虑到输入和修改地址花费的时间，还是通过邮政编码输入的方法更轻松、准确。

通过邮政编码输入地址，先在单元格内输入邮政编码，然后按Space键进行转换。这样，就会转换成与邮政编码相对应的地址。数字不分半角和全角，全角也可转换。

但这并不是Excel的功能，而是IME的转换功能。因此，也可用于Word和PowerPoint等其他软件中。

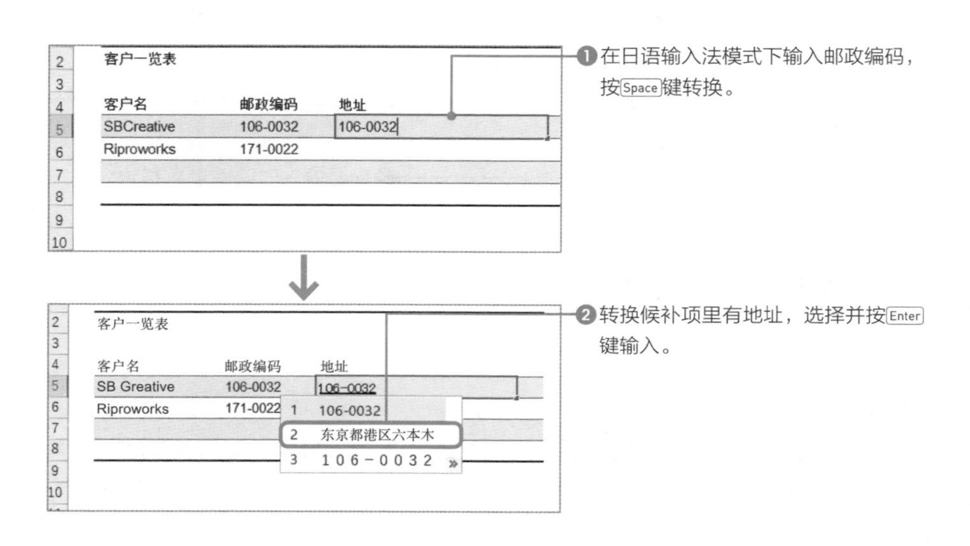

相关内容 快速输入当时的时间和日期→p.53 为文件设置密码→p.64

实用专业技巧

输入“0”开头的文本

以文字格式输入数值

一般，在Excel中输入诸如“001”、“002”之类的数字，开头的“0”会被自动忽略，单元格内只保留“1”、2”。不过，在输入商品型号、产品序号和工作人员序号等时，经常有需要保留“001”开头的“0”的情况。

输入开头的“0”时，像“'001”一样，在最前面加上“'”（撇号）。**有“'”的值会被看成是文字而不是数字，输入的值会被原样显示**（“'”不会被显示在单元格内）。

输入后会出现“此单元格中的数字为文本格式”的错误提示（p.30），选择“忽略错误”隐藏提示。

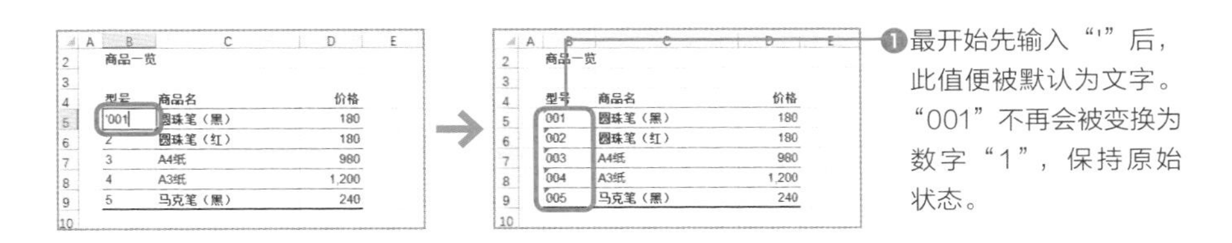

❶最开始先输入“'”后，此值便被默认为文字。“001”不再会被变换为数字“1”，保持原始状态。

这也很重要!

将单元格格式设定为“文本”的方法也行之有效

在单元格内输入数字（文本）而非数值时，除上述方法外，还可事先设定单元格格式为“文本”。更改单元格格式的方法请参考p.56。

相关内容 末尾追加敬称→p.56 固定标题单元格→p.50 经过日期与串行值→p.60

实用专业技巧

在人名后自动追加“先生/女士”的敬称

使用设置单元格格式调整表注

设置单元格格式时，选择数字中[分类]下的[**自定义**]，可指定各种表记形式。例如，在[设置单元格格式]对话框的[类型]栏里输入“@先生/女士”，会在输入的文本最末尾自动出现“先生/女士”字样。

另外，将数字项设置为 “000”，单元格显示成三位数，例如，输入“1”会自动转换为“001”。设置为“mm月dd日（aaaa）”，则输入“5/1”后自动变换为“05月01日（星期日）”。

这样，**掌握单元格格式的数字项功能，可以大幅减少输入麻烦，同时还可大幅减少输入错误**。

设置单元格格式时，在所选单元格上**单击右键**→点击[**设置单元格格式**]，打开[**设置单元格格式]对话框**，按以下步骤操作。

相关内容 输入“0”开头的文本→p.55 修正汉字拼音→p.57 纵向排列文字→p.58

实用专业技巧

汉字拼音的修改

确认・编辑拼音

在Excel中，在单元格内输入文字时会**自动为其设置拼音**，并把它作为按26字母排序时的依据。不过，有时有一些特殊的字，自动设置的拼音与正确拼音有出入。这时，需要编辑，修改成正确的拼音。

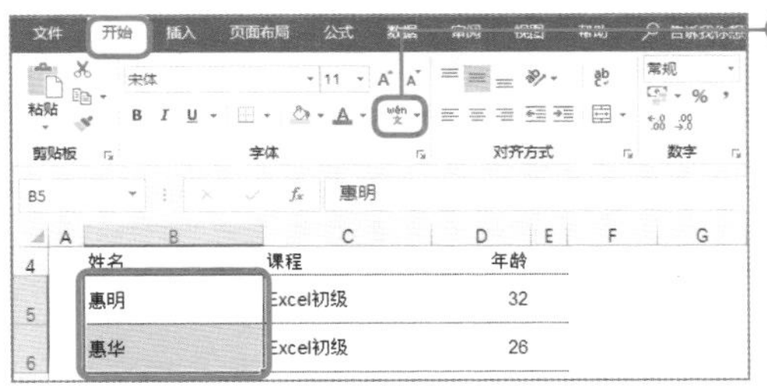

❶选择需要显示拼音的单元格范围，点击“开始”选项下的“显示或隐藏拼音字段”。

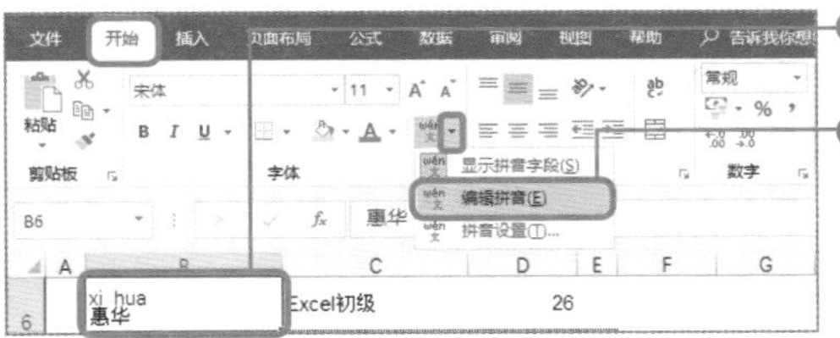

❷拼音显示。

❸需要编辑拼音时，点击“开始”下“显示或隐藏拼音字段”的“▼”，选择“编辑拼音”。

这也很重要!

不显示拼音时的解决办法

如果是从别的软件复制粘贴到Excel里的文字，以上操作无效，无法显示拼音。需要显示拼音时，先选择单元格内的文本，按“转换”键进行二次转换并确认。

相关内容　固定标题单元格→p.50　纵向排列文字→p.58　自动保存文件→p.63

纵向排列文字

实用专业技巧

合并单元格纵向排列文字

在Excel里，尽量不要**合并单元格**（p.38），不过，如果**纵向文字**看起来更清晰时，就需要先合并单元格，再更改文字方向。

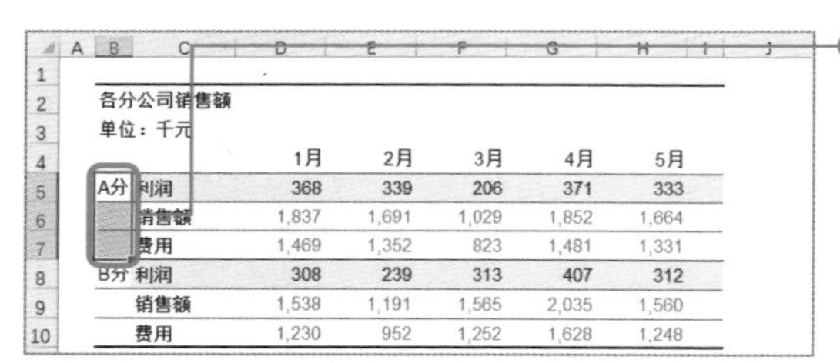

❶选定放置纵向文字的单元格，按下Ctrl+1键，打开[设置单元格格式]对话框。

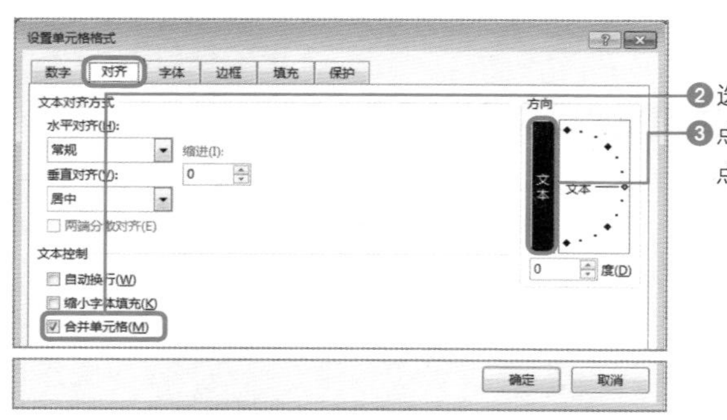

❷选定[对齐]项的[合并单元格]。

❸点击[方向]栏里的纵向“文本”，再点击[确定]键。

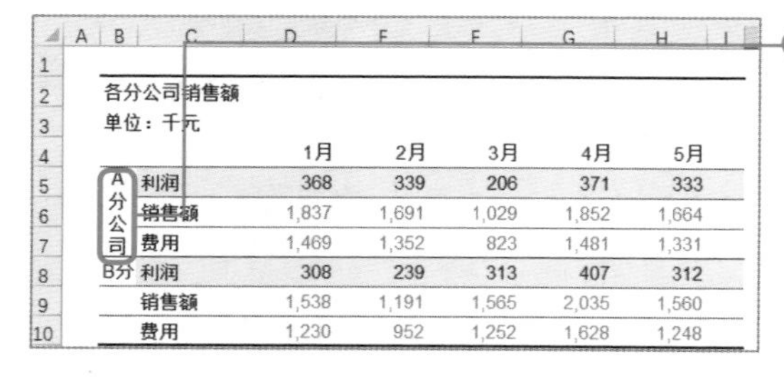

❹合并所选单元格，文本呈纵向排列。

相关内容 如何选择合适的字体→p.8 选择范围内居中→p.38 修正汉字拼音→p.57

实用专业技巧

删除文件制作者的名字

使用[检查文档]功能删除不必要的信息

Excel会**自动记录文件制作者的信息**，给客户发送Excel文件时，有时需要将这些信息删除。

制作者信息，可以通过Excel中的[**检查文档]功能**删除。

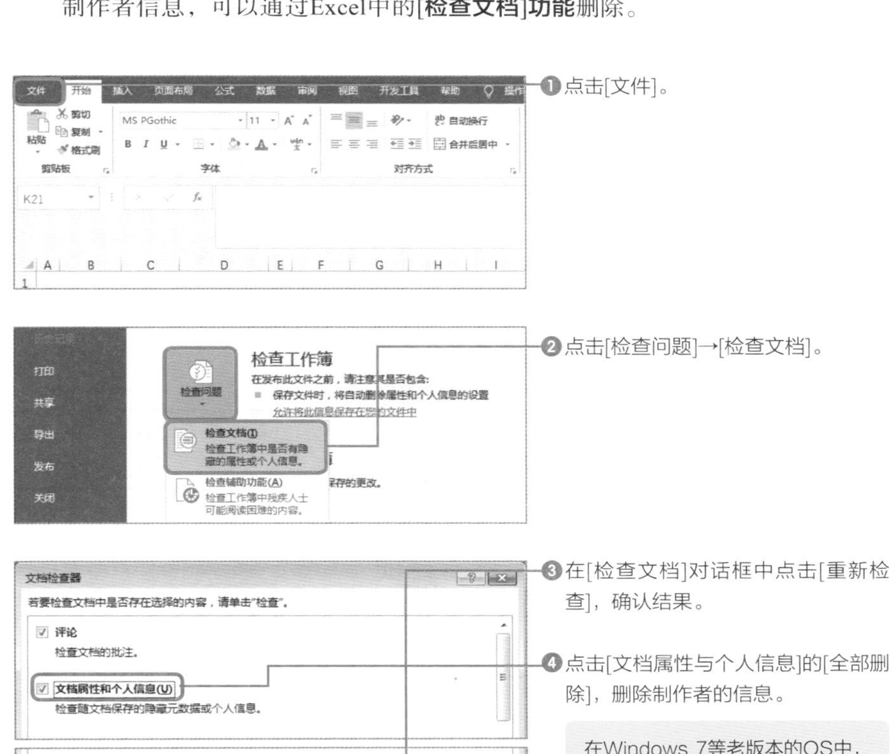

相关内容　禁止编辑工作表→p.62　自动保存文件→p.63

实用专业技巧

日期与时间的计算和 Serial number

Excel中计算日期与时间的“Serial number”规则

输入如“2016/8/1”和“8-1”等日期值时，计算机会自动记录成方便自己计算的“**Serial number**”。

Serial number是指，以“**设1900年1月1日为基准值‘1’，至今共经过多少天**”为条件，记录下来的数值。例如，“2016/8/1”会被认为是“自基准日起经过42583天后的日期”，被记录为“42583”。可是，“42583”对我们来说很难理解，于是又会被自动显示为“2016/8/1”和“2016年8月1日”等日期形式。

将时间转换为Serial number时，因“1天”的大小是“1”，所以24小时即是“1”。因此，12小时为“0.5”，6小时为“0.25”，依此类推。

● **日期被记录为Serial number**

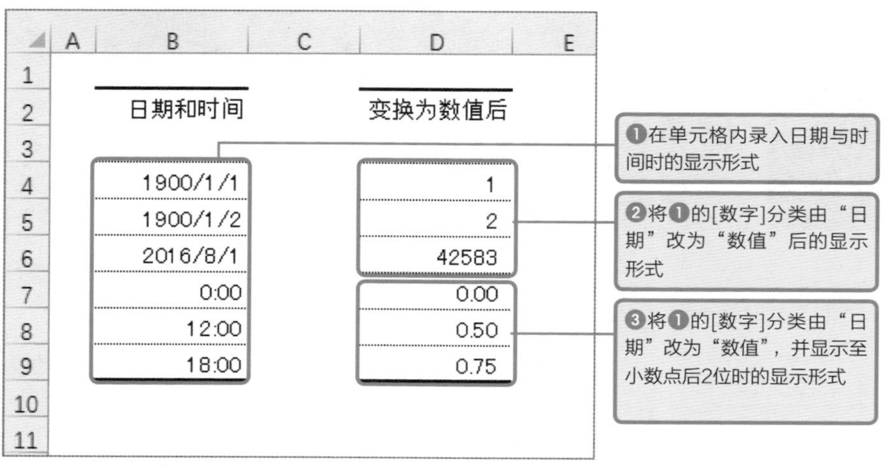

将录入有日期的单元格格式的[数字]分类由“日期”更改为“数值”后，显示Serial number。录入内容为时间时，显示为小数。

计算时间与日期的具体示例

理解了Serial number的原理后，**日期和时间的计算**就会容易很多。例如，给“2016/3/1”加上“10”，10天后的日期便是“2016/3/11”。同理，加上“-1”，1天前的日期便是“2016/2/29”，像2016年这样的闰年的计算也毫无误差。

● 对基准日期进行加/减算求得目标值

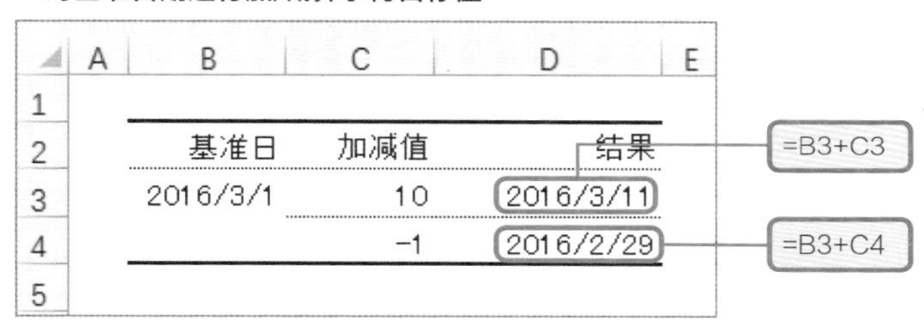

计算时间时也是同理，将两个时间相加可以得出**合计时间**。同时，还可以通过大的时间值与小的时间值之间的差计算出**经过时间**。

另外，计算计时工资时，希望把时间转换为可以用于计算的数值，如工时为2小时，计为“2”；为1个半小时，计为“1.5”。这种情况下，可以利用Serial number将1天（24小时）计为“1”的特点，通过给时间值加上“24”的计算，得出计时数。

● 求计时数时，将Serial number转换为可用于计算的数值

这也很重要!

超过24小时的计算格式设置

如果合计时间是“25小时”，超过了24小时，按照通常的时间显示格式，会显示为“1:00”而不是“25:00”。这时，如果将自定义格式设置为“[h]:mm”，可显示为“25:00”（p.56）。

相关内容　快速输入当时的时间和日期→p.53　通过邮政编码输入地址→p.54　在人名后自动追加“先生/女士”的敬称→p.56

实用专业技巧

禁止编辑工作表

保护工作表的内容不被改变

有些工作表，如果被阅览者随意改动会产生很多麻烦。这时，可以使用“审阅”里的“**保护工作表**”**功能**，禁止编辑工作表。通过该功能，可以详细指定不可进行的操作，按以下步骤进行设置。

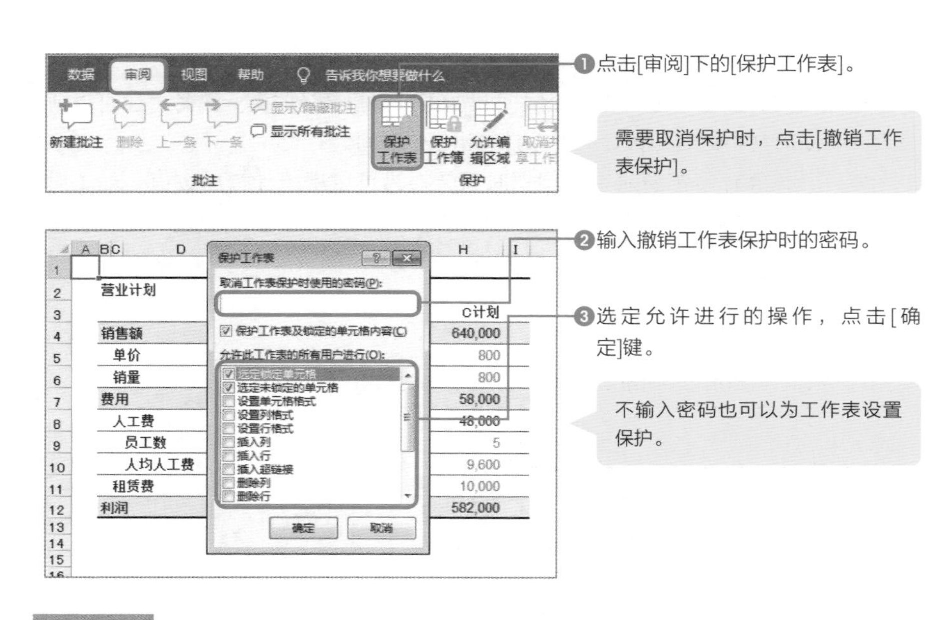

这也很重要!

编辑部分单元格

希望部分单元格可被自由编辑时，在设置保护工作表前选定这部分单元格，并取消设置单元格格式里[保护]下的[锁定]项。

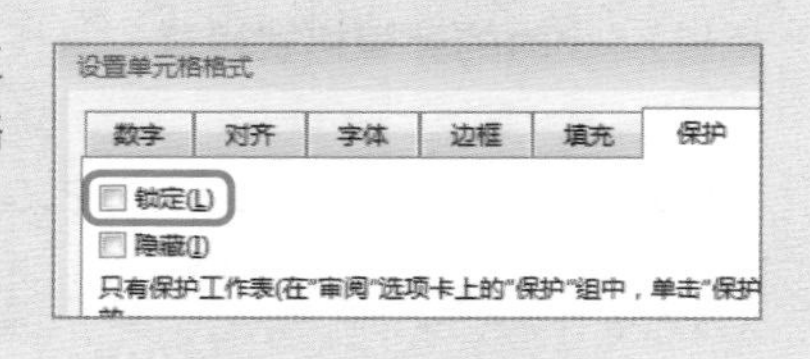

相关内容 删除文件制作者的名字→p.59 为文件设置密码→p.64

实用专业技巧

自动保存文件

在Excel选项中设置保存时间间隔

Excel中，默认每**10分钟**自动保存工作簿。这项功能很实用，即便发生一些想不到的问题导致Excel意外停止时，内容也会被保存，避免了重复制表。**减少重复操作，提高工作效率，先从防止丢失文件开始**。

点击功能区的[**文件**]→[**选项**]，再点击[Excel选项]对话框内的[保存]即可查看自动保存的时间间隔和备份工作簿的位置等。

● **保存对话框**

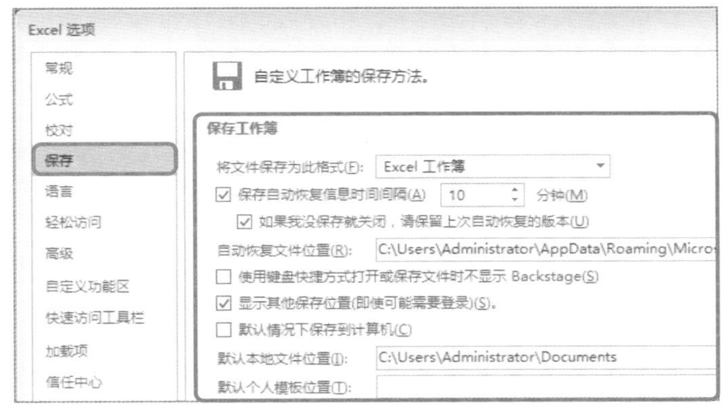

与自动保存相关的所有设置，都在[Excel选项]对话框内[保存]项的[保存工作簿]内。

这也很重要!

手动备份时如何起文件名

手动备份Excel文件时，在文件名末尾加上日期和序号，何时做的保存便一目了然。例如，1天之内多次备份的情况下，以“工作簿内容_日期_序号.xlsx”的形式保存（p.62），如“营业额分析_0805_1.xlsx”、“营业额分析_0805_2.xlsx”。

相关内容　删除文件制作者的名字→p.59　禁止编辑工作表→p.62

为文件加密

实用专业技巧

工作簿加密

保护记录有重要信息的Excel文件不被无关人员看到，也是一项重要的工作。千万不能在文件没有加密，任何人都可以打开的状态下添加到邮件中。共享文件时事先设置密码，仅让指定的人能看到具体内容，这非常重要。

使用[**用密码进行加密**]**功能**设置密码保护Excel文件内容。

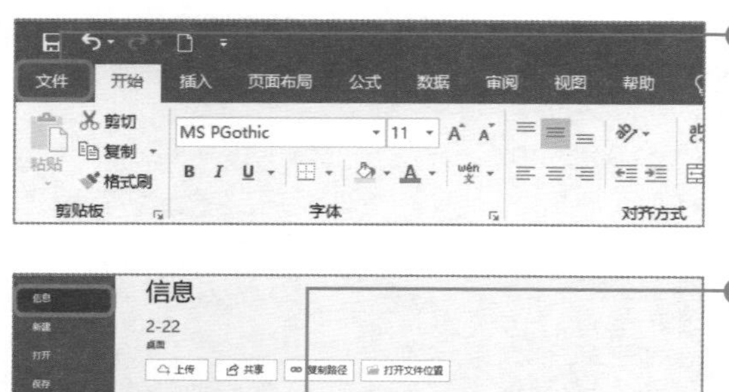

❶点击功能区的[文件]。

❷点击[信息]→[保护工作簿]→[用密码进行加密]。

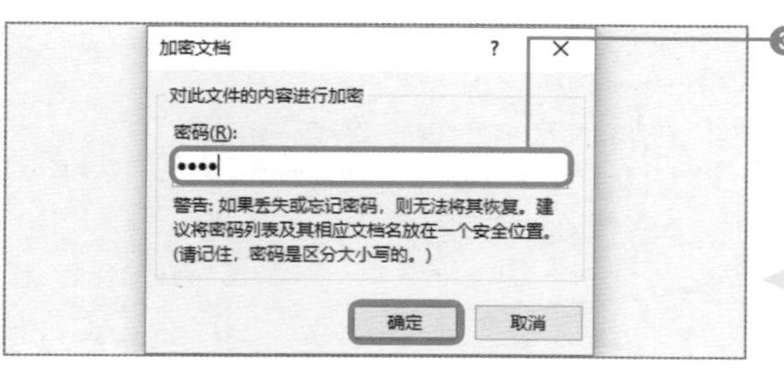

❸显示输入密码的对话框，输入密码，点击[确认]键。输入确认密码后完成设置。

撤销密码时，再次打开该对话框，将[密码]栏清空，点击[确认]键即可完成修改。

相关内容 删除文件制作者的名字→p.59 禁止编辑工作表→p.62

第3章

直接影响业务成果的11个便捷函数

熟练使用
基本函数

只靠基本的函数就能让工作效率和正确性提高10倍

Excel的基本函数只有11种

Excel中预备了应对所有运算的多种多样的函数，**对于所有人来说没有必要掌握所有的函数**。许多函数对于大多数来说都是使用频率很低的函数。Excel函数有一条铁则，那就是“在必要的时候，只查找所需函数的使用方法来进行使用”。首先请牢记这个基本的立场。

另外，**不管你是做什么工作，也不管你的工作内容是什么，有些函数需要所有人务必都掌握。**总共也就不过**11种**函数，这11种函数非常好用，通用性也很高，因此请认真阅读并准确使用。

● **务必掌握的11个函数**

函数名称	概要	说明页
SUM	求和	p.86
MAX、MIN	最大值・最小值	p.90
ROUND	四舍五入	p.92
IFERROR	错误时的显示切换	p.93
IF	条件判定	p.94
SUMIF	指定条件求和	p.98

函数名称	概要	说明页
SUMIFS	多条件求和	p.102
COUNTIF	符合条件的值的数量	p.108
COUNTIFS	符合多条件的值的数量	p.112
VLOOKUP	值的查找和显示	p.118
EOMONTH	月末等的日期计算	p.122

上述的11种基本函数，每一种都确实非常基本，因此可能有人“全部都见过”，但可能有人对部分函数的使用方法也不太了解，所以请看一下下面的具体说明吧。

函数使用的优缺点

函数的使用具有两面性。首先，列举一下它的两个优点。

- 不论多么复杂的运算都能够“瞬间”处理。
- 不论多么复杂的运算都能够“正确”处理。

另一方面，它还有如下两个缺点。

- 当阅读者不知道所使用的函数时，不会明白工作表内进行了什么样的运算（无法理解为什么得出这样的结果）。
- 别人制作的工作表中使用了大量函数，自己不会编辑和修正。

因此，“包括小组成员和顾客在内，牵涉到多人讨论研究数值”时，就需要考虑所使用的函数和指定方法了。尽量还是不要制作那种“小组内只有一个人了解计算内容”的表格为好。

但是，使用函数后，可以快速、正确地处理所有的计算，这是手动作业比不了的，因此在提高作业效率和正确性方面，函数的使用必不可少。建议大家首先学习掌握基本函数，然后再结合业务内容学习掌握所需要的函数。

这也很重要!

查找对计算行之有效的函数的技巧

Excel中的函数多如牛毛，不可能全部记住（也没有必要全部记下来）。前面说过一个基本的立场，那就是**“在需要时进行查找使用”**。这里为大家介绍一点小技巧，了解一下如何根据业务内容和作业内容查找到最有用的函数。

Excel软件的历史由来已久，已经积累了大量的各行各业的技术知识。现在这个时代，信息收集最有效的当属Web搜索了。搜索时除了**“Excel函数”，还要包含业务内容和搜索关键词**，这样便于查找到相应的内容。

另外，还可以在**Microsoft社区**（http://answers.microsoft.com/zh-hans）这样的网站进行提问，也是一种有效的方法。搜索和提问时，要注意方式，用“不会做○○”这样的形式要比“我想做○○”的形式更容易找到有用的答案。

相关内容　SUM函数→p.68　ROUND函数→p.74　IFERROR函数→p.75　IF函数→p.76

熟练使用
基本函数

想不到这么深奥 深入了解SUM函数 ——SUM函数

求和用SUM函数

SUM函数是一种**对指定单元格区域进行求和的函数**。它是Excel中具有代表性的函数，想必知道的人非常多。

SUM函数的基本格式如下。

=SUM（单元格区域）

在显示和值的单元格输入“SUM()”，在括号内指定**计算对象单元格区域**（函数中所指定的单元格区域或条件叫作“**参数**”）。

在单元格区域内拖动鼠标，就会像“A1:A3”这样，将单元格编号（单元格区域的开始和结束）以“:”（冒号）连接的形式，输入到参数单元格区域（**区域指定方式**）。

另外，要单独指定多个单元格时，要在按下Ctrl键的同时依次点击对象单元格。这样，就会像“A1,A3”这样，单独的单元格地址将会以“,”隔开输入（**单独指定方式**）。单元格地址、冒号、逗号也可以用键盘直接输入。

单元格区域指定以后，按下Enter键就会显示出和值了。

● **SUM函数单元格区域的指定方法（两种）**

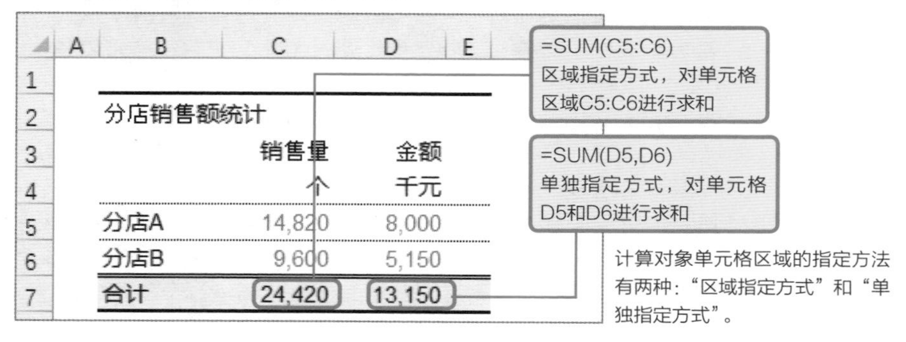

计算对象单元格区域的指定方法有两种：“区域指定方式”和“单独指定方式”。

SUM函数中的常见错误以及规避方法

利用函数进行计算也避免不了有“计算错误”。肯定有很多人认为，函数计算是不会出错的。确实如此，函数可以正确地进行计算。但是，那是在**指定了正确的单元格区域和正确的算式的前提下**，计算错误是由于指定了错误的单元格区域和算式而产生的。

例如，想在上页中的表格中**添加各分店商品的销售额数据**，结果如下图左表所示。乍一看，没有什么问题，但是注意看单元格D11，销售数量的合计值明显不同于上页图的结果。这里的计算错误是**由于插入了行之后，单元格区域也自动扩大了，SUM函数的计算对象中包含了多余的单元格**，因而发生了错误。通常这种计算错误主要是发生在通过**区域指定方式**指定单元格区域的时候。

● **发生计算错误时的状态**

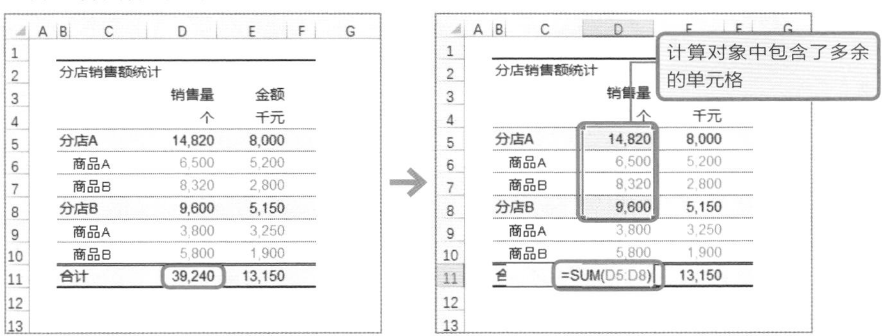

插入行时，参数单元格区域自动扩大，计算出了意图之外区域的合计值。

另外，通过**单独指定方式**所指定的E11的销售数量并不会受到新增行的影响，因此计算结果也不会出现偏差。像这样，**通过单独指定方式来指定单元格区域，更能够避免因为操作者的编辑而产生的计算错误**。有时，不使用SUM函数，而是笨拙地使用“+”来计算，反而不会发生计算错误。

只是，**根据行的增加和减少变更合计区域时，通过区域指定方式来指定更为方便**。换言之，把握两种指定方法的特征后，根据想要取得的计算结果来区分使用最合适的指定方法可谓非常重要。

如何把SUM函数的计算结果复制到其他的单元格

把用函数计算出的值复制到别的单元格后，通常是以**保留了引用的状态**复制了函数的内容（见下图）。这种结构以一个函数为基础，对有着**同样位置关系的**单元格进行计算非常方便。

● **对有单元格引用的函数式进行复制**

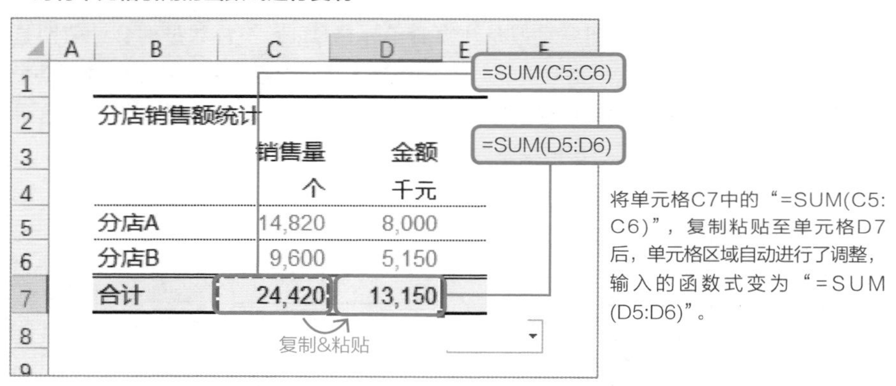

将单元格C7中的"=SUM(C5:C6)"，复制粘贴至单元格D7后，单元格区域自动进行了调整，输入的函数式变为"=SUM(D5:D6)"。

另外，如果有时候**只想复制计算结果值**该怎么办呢？可以在粘贴的时候❶点击[开始]选项卡中[粘贴]按钮下方的[▼]，❷在[粘贴数值]栏下方有3个按钮，点击任意一个。当前的示例中可以点击任意按钮。这样一来，粘贴的就不是算式，而是直接粘贴了计算结果值。

● **复制函数的计算结果值**

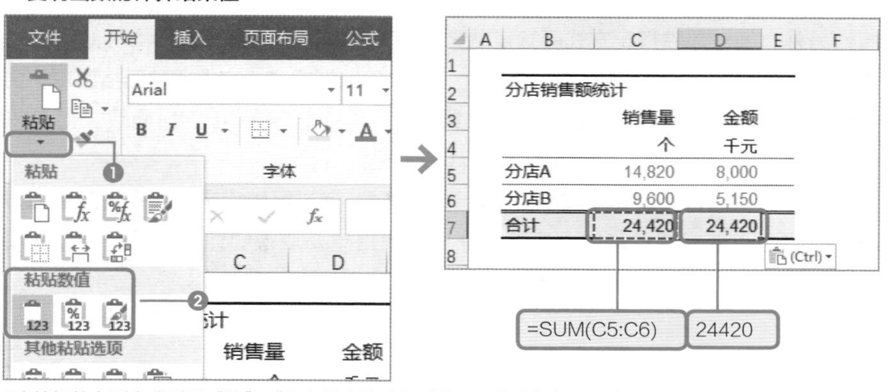

3个按钮从左到右分别是"值"、"值和数字格式"、"值和源格式"（p.172）。

如何提升SUM函数的输入速度

SUM函数的使用频率很高，如果能够掌握它的快速输入方法就可以提高作业效率。下面列举了3种代表性的输入方法。

①点击[公式]选项卡的[自动求和]按钮
②使用快捷键Alt+=进行输入
③输入“=su”，从显示出的候选函数中进行选择

● 快速输入SUM函数的方法

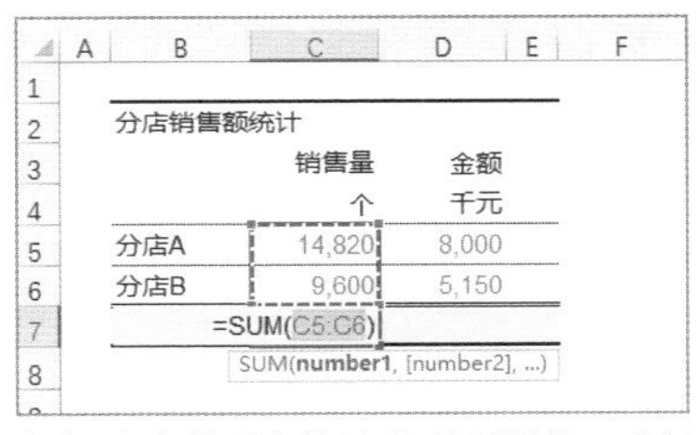

点击[公式]选项卡的[自动求和]按钮，或者按下快捷键Alt+=来输入SUM函数，并且会自动输入合计区域的候补内容。

		销售量	金额
4		个	千元
5	分店A	14,820	8,000
6	分店B	9,600	5,150
7	合计	24,420	=su

SUBSTITUTE
SUBTOTAL
SUM　计算单元格区域中
SUMIF
SUMIFS

在单元格中输入“=+函数名前面的字母”，根据输入内容会显示出候选函数列表。用方向键进行选择，然后按下Tab键，就会自动输入“=函数名称(”。

方法①、②在输入SUM函数时会自动输入**合计区域的候补内容**，非常方便。方法③不仅限于SUM函数，在输入一些已知函数时是十分方便的。“( )”这种需要使用shift键才能输入的字符（原文中还有“=”，但是=无须通过Shift就可以直接输入），可以不用手动输入就能完成，因此函数的输入变得很流畅。最后的“)”按下Enter键就能够自动键入。

这也很重要!

方便进行验算的状态栏信息

选中单元格区域后，该区域的平均值、求和会显示在状态栏（Excel画面的最下方）中。掌握了这点，在进行粗略的计算或演算时会非常方便。

相关内容 函数的优缺点→p.67 MAX函数与MIN函数→p.72 SUMIF函数→p.80

熟练使用
基本函数

找出异常值最简单的方法——MAX函数、MIN函数

计算出单元格区域内的最大值/最小值

求特定单元格区域内的最大值用**MAX函数**，求最小值用**MIN函数**。

```
=MAX(单元格区域)
=MIN(单元格区域)
```

MAX函数和MIN函数都可以通过两种指定方式来指定单元格区域。即“A1:A10”这种用“:”连接首尾单元格的**区域指定方式**以及“A1,A5”这种用“,”隔开并列出各单元格区域的**单独指定方式**。当然也可以两者并用。

● **计算最大值/最小值**

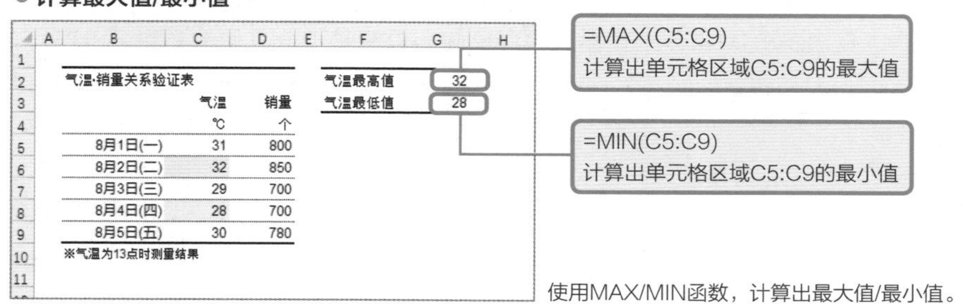

使用MAX/MIN函数，计算出最大值/最小值。

这也很重要!

也可以指定数值

MAX函数、MIN函数中也可以直接指定数值。例如，指定“=MAX(A1,100)”后，将会显示出单元格A1值和“100”中较大的值。也就是说，把直接指定的数值作为下限（这里为100）之后，求最大值。（下限：存在实数集合时，不大于属于该集合任一数的最大的数）

MAX函数和MIN函数的应用技巧

MAX函数和MIN函数只是用于计算最大值和最小值的简单函数，但是如果能够灵活使用，还可以用它们来进行**异常值检查**。

举个例子，假定销售额、问卷调查结果的值中混入了“不该出现的值”。销售额中出现“-500”这样的负值，满分100的调查问卷中填入了“1000分”。像这样的数据即使不小心出现一个，也会导致计算出的值与真实情况相去甚远。

数据量没那么大时，还可以用眼睛来确认。但是只要数据量增大，数据异常的检查作业就会变得麻烦了。这时，**通过应用MAX函数和MIN函数对数据整体进行验算，可以快速检查出是否混入了异常值。**

请看下图。下图的问卷调查中，评分范围为0~100分❶。但是，用MAX函数和MIN函数对数据整体求最大值和最小值后，发现数据中出现了“-500”和“1000”这样的异常值。

● **用MAX函数和MIN函数检查异常值**

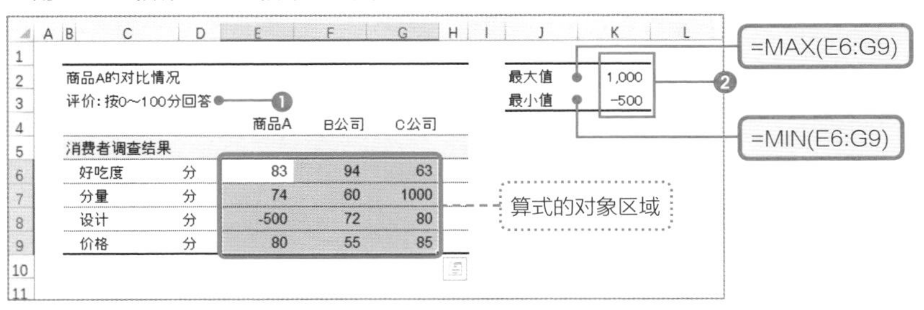

使用MAX/MIN函数计算出单元格区域E6:G9的最大值/最小值。可以看出，本应是0~100分的调查问卷，其中却输入了异常值。

这也很重要！

可以限定总和条件的MAXIFS函数和MINIFS函数

Excel 2016中还可以使用“**MAXIFS**”函数和“**MINIFS**”函数，在这些函数中可以设置求最大值/最小值的条件式。

例如，指定“=MAXIFS(A1:A10,A1:A10,“<101”)”，该算式是要求出“单元格区域A1:A10值中，小于101的值中的最大值”。

相关内容 SUM函数→p.68 IFERROR函数→p.75 IF函数→p.76

熟练使用
基本函数

把不合理的数值转换为正常值——ROUND函数

四舍五入到指定位数

在财务的各种表中，商品数量、价格、店铺数、人数等值中是**绝对不会带有小数点的**。大家所处理的数据中肯定也有“不带小数点的值”。

但是，对这些值进行类似“前年比1.5倍”、“70%OFF”这样的估算后，有时结果也会出现带小数点的值。此时，可以使用**ROUND函数**，将值四舍五入到任意位数。

```
=ROUND(单元格区域，位数)
```

“单元格区域”用于指定四舍五入对象的单元格区域，可以指定为算式。“位数”用于指定**小数点后的位数**。如果是四舍五入到小数点后1位，就指定为“1”。如果是四舍五入到小数点后2位，就指定为“2”。如果是四舍五入到小数点以后，就指定为“0”。

下面的例子是使用ROUND函数将计算结果中的小数点四舍五入到“第0位”。注意，可直接把原有公式指定为ROUND函数的第一个参数，将位数指定为“0”。

● **用ROUND函数进行四舍五入**

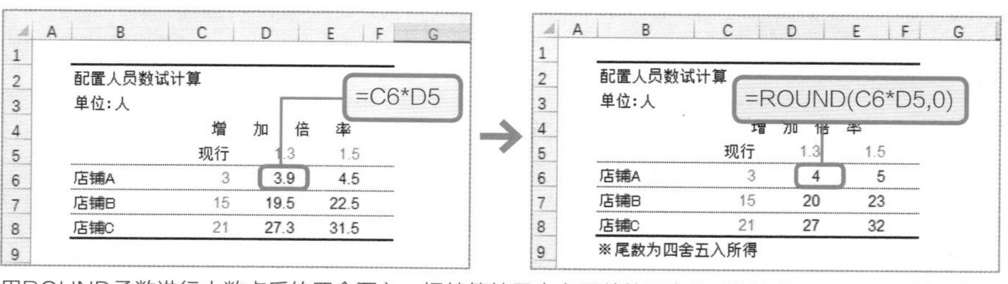

用ROUND函数进行小数点后的四舍五入，把结算结果中有尾数的原有公式指定为ROUND函数的第一个参数，位数指定为第二个参数。可进行舍入计算的函数还包括ROUNDDOWN、ROUNDUP函数。

相关内容 单元格的区域指定和单独指定→p.72 IFERROR函数→p.75 绝对引用和相对引用→p.120

熟练使用
基本函数

变更发生错误时的显示内容——IFERROR函数

避免漏看错误的基本技巧

有的函数或公式会由于**没有输入数据**而导致报错。例如，从经费和销售数量的实绩表中计算每台所用的经费，算法为“经费 ÷ 销售数量”，如果“销售数量”单元格中没有输入数据（空白），那么单元格中将会显示出“**#DIV/0**”（除数为0错误）（p.30）。

如果所有看这个表格的人都对Excel的操作很熟悉，那么这样的错误信息也无妨，但是如果看表格的人对Excel并不熟悉，那么这样的错误信息就让人感到很陌生了。此时，推荐使用**IFERROR函数**来把错误提示改为让人一看便知的内容。

```
=IFERROR(单元格区域,报错时所显示的文字)
```

“单元格区域”用于指定可能发生错误的单元格区域（包括算式）。下面的例子中，使用了IFERROR函数，把报错时的提示改为了“需确认”。把C列中的原有公式指定为该函数的第一个参数，把报错时的提示文字指定为第二个参数。

● 报错的单元格中显示“需确认”的提示信息

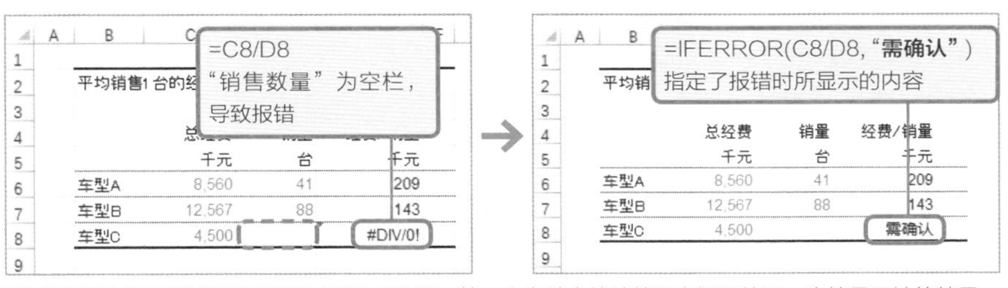

通过IFERROR函数设置了报错时所显示的值。第一个参数中的计算没有问题的话，直接显示计算结果，否则显示所指定的文字内容。

相关内容　错误信息一览→p.30　单元格的区域指定和单独指定→p.72　绝对引用和相对引用→p.120

熟练使用
基本函数

根据计算结果变更显示内容——IF函数

如何写“逻辑表达式”是关键

“年龄在20岁以上”、“居住地在东京”，根据这样的“**条件**”来切换显示单元格中所显示的值时，要用到**IF函数**。

IF函数可**根据所指定的逻辑表达式的计算结果，将两种显示内容中的其中一种显示到单元格中**。

=IF(逻辑表达式，为TRUE时的显示内容,为FALSE时的显示内容)

使用IF函数时的关键是“**逻辑表达式**”。所谓逻辑表达式，就是使用“=”、“<”、“>”这些用于进行比较的符号（运算符）所进行的提问。

例如，“A1=10”这个逻辑表达式，是对“单元格A1的值是否等于数值10”所进行的提问。当该表达式成立时，也就是单元格A1的值等于10时，计算结果为“TRUE”（正确），IF函数将会显示第二参数中所指定的“**为TRUE时的显示内容**”。另外，当单元格A1的值不为10时，则计算结果为“FALSE”（错误），IF函数将会显示第三参数中所指定的“**为FALSE时的显示内容**”。

可在逻辑表达式中进行指定的比较运算符如下表所示，以及什么时候为TRUE都可从下表中获知。

● **可在逻辑表达式中进行指定的主要运算符和计算结果**

逻辑表达式	运算符的含义	详细说明
A1=10	等于	A1的值等于10时为TRUE
A1< >10	不等于	A1的值不为10时为TRUE
A1<10	小于	A1的值小于10时为TRUE
A1>10	大于	A1的值大于10时为TRUE
A1<=10	小于等于	A1的值小于等于10时为TRUE
A1>=10	大于等于	A1的值大于等于10时为TRUE

可以组合使用“=”、（等号）“<>”（不等号）等运算符来写出多种逻辑表达式。满足逻辑表达式时为“TRUE”，不满足时为“FALSE”。

无法计算增长率时，显示“N.M.”

学习了逻辑表达式的结构之后，我们来试着使用一下IF函数来进行**增长率的计算**。增长率可通过“当年的利润 ÷ 上一年的利润-1”的算式来进行计算，但是**上一年的利润为负值时是无法进行计算的**。

因此，要根据“上一年的利润是否为负”这样的逻辑表达式来创建一个算式，以切换显示内容。上一年的利润为正时，将直接显示计算结果，为负时将显示“N.M.”（Not Meaning的首字母，表示无意义计算）。

● 条件表达式与其计算结果示例

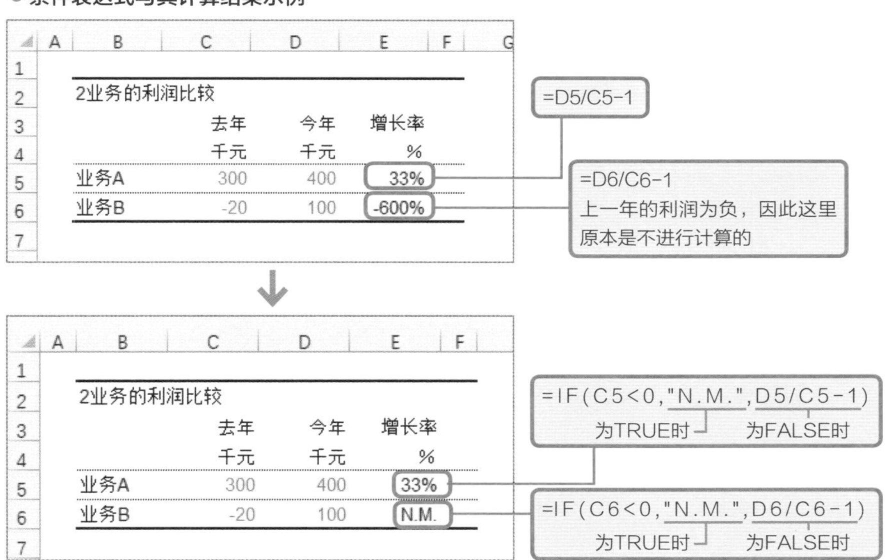

上图下方的表格中，在“增长率”列的E5单元格中输入IF函数，在逻辑表达式指定[C5<0]，表示“C列（上一年）的值是否小于0”。

进一步指定显示内容，当逻辑表达式为TRUE时，显示“N.M.”，为FALSE时，则显示“当年的利润 ÷ 上一年的利润-1”的计算结果。

单元格E6中，也输入了使用IF函数的算式。对比“增长率”列中两个单元格的计算结果，可以看出，逻辑表达式的结果不同，显示内容也会发生变化。

嵌套多个条件进行判定

嵌套使用IF函数，能够简单判定出是否同时满足两个条件。

例如，判定满分为100的问卷调查结果是否都在“0~100”之间，则需要判定它是否同时满足“0以上的值”（值>-1）和“100以下的值”（值<101）这两个逻辑表达式。这个例子中，我们为它指定如下的**IF函数的嵌套算式**。

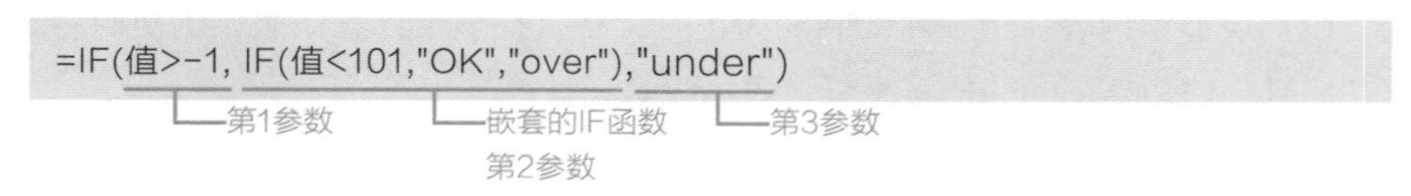

● **IF函数的嵌套示例**

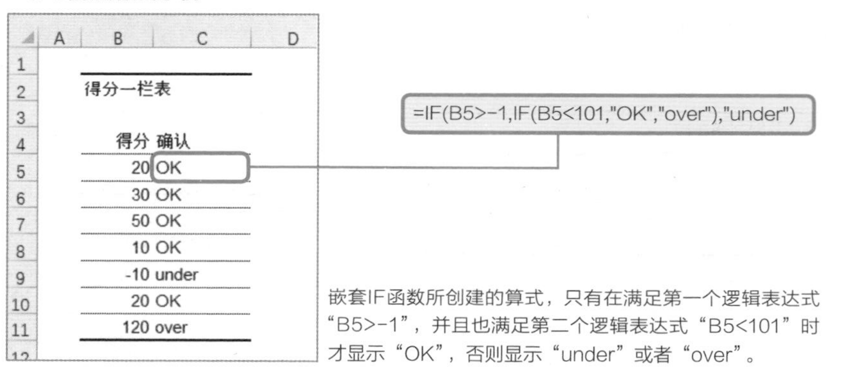

嵌套IF函数所创建的算式，只有在满足第一个逻辑表达式“B5>-1”，并且也满足第二个逻辑表达式“B5<101”时才显示“OK”，否则显示“under”或者“over”。

上面的算式中，**为外侧的IF函数的第2参数指定了另外的IF函数**，这种状态称为“**IF函数的嵌套**”。

这样一来，只有在第一个IF函数（值>-1）为TRUE时，才会处理第二个IF函数的逻辑表达式（值<101）。而且，只有在同时满足两个逻辑表达式时才会显示“OK”。

另外，算式较为复杂时还可以增加嵌套的数量，应用三重、四重嵌套到条件式中。

这种“**用IF函数来检查输入数据的方法**”可以在所有的场景中进行使用，是非常具有通用性的技巧。**掌握了这个技巧，就可以通过简单的操作，只对检查结果为OK的结果进行求和，只对不OK的结果通过[查找]或者[排序]功能来将其找出**。

逻辑表达式较为复杂时，为其专门设置一列

IF函数是一种极为方便的函数，但是当嵌套过多时，表达式的内容就变得较为难懂了，而且只有写它的人才能修改。我们应该设法避免这种情况的发生。

当需要多个逻辑表达式时，为了保持简洁，**推荐为每个逻辑表达式准备专门的一列**。下图的示例中分别为3个条件式准备的单独的一列，分别是“得分在0以上”、“得分在100以下”、“地点开头为东京”。另外，在“综合”列中使用**COUNTIF函数**（p.108），对3个条件式结果为“TRUE”的单元格进行计数。

● 为每个条件式准备单独的一列

新商品问卷调查结果

地点	得分	0以上	100以下	东京	综合
		确认项目			
东京都港区	20	TRUE	TRUE	TRUE	3
东京都世田谷区	30	TRUE	TRUE	TRUE	3
东京都新宿区	-10	FALSE	TRUE	TRUE	2
神奈川县横滨市	20	TRUE	TRUE	FALSE	2
神奈川县秦野市	120	TRUE	FALSE	FALSE	1

=COUNTIF(D5:F5,TRUE)

=C5>=0　=C5<=100　=COUNTIF(B5,"東京*")=1

分别在D、E、F三列中创建单独的逻辑表达式，在G列中对3个结果中为“TRUE”的单元格进行计数。F列中输入的逻辑表达式意义为：当B列中包含“东京”字符时，COUNTIF函数的结果为1。

上述示例中，**只有在“综合”列的值为“3”时，可以判定出数据同时满足3个逻辑表达式**。同样地，当值为“2”或“1”时，说明数据不满足一个或者两个逻辑表达式。

像这样，把逻辑表达式按列进行区分的方法，虽然外观上看起来稍显繁多，但是比起写在一个表达式中，各个表达式的简洁程度是占绝对优势的，因此他人也能立刻明白表达式的内容。这样的“**对易懂性的追求**”，在制作表格时是非常重要的，不仅易懂，还可以避免发生错误。

相关内容　SUMIF函数→p.80　SUMIFS函数→p.84　绝对引用和相对引用→p.120

零失误
秒速算出
重要结果

按月计算出每日销量总数——SUMIF函数

指定条件求和

在进行销售管理或者库存管理、商品企划等时，有时会使用到对各销量按日期顺序罗列出的数据一览来计算某个时期的总数，比如按周或按月。

这种情况下使用**SUMIF函数**是极为方便的。正如其名，SUMIF函数是将SUM函数（p.68）和IF函数（p.76）组合后的函数，使用SUMIF函数，**可以计算出只满足特定条件的值的总和**。例如，对“6月的销售数量”、“在东京的销售金额”、“各店铺的销售金额”等简单就能完成总数的计算。

SUMIF函数的格式如下，求和区域是可以省略的。

```
=SUMIF(区域,求和条件,[求和区域])
```

在第一个参数“区域”中指定“**以哪个单元格区域为对象进行条件判定**”，然后在第二个参数中指定**求和条件**，在第三个参数中**指定求和对象**的数据范围。看一下具体的示例，思考一下下列SUMIF函数所指定的内容。

```
=SUMIF(C5:C12,G6,D5:D12)
```

上面的例子中，对**G6**（求和条件）和单元格区域**C5:C12**的值依次进行比较，仅在满足条件时（比较结果为TRUE时），对单元格区域**D5:D12**中对应的值（相同行中的数据）进行求和并显示。下页中有实际操作的示例，我们结合示例来进行确认。

区域和求和范围的1对1关系

下图的示例中，单元格区域C5:C12中，只以值等于单元格G6（数值8）的行为对象，只对单元格区域D5:D12中的对应值进行求和。

● **使用SUMIF函数按月计算销售额总和**

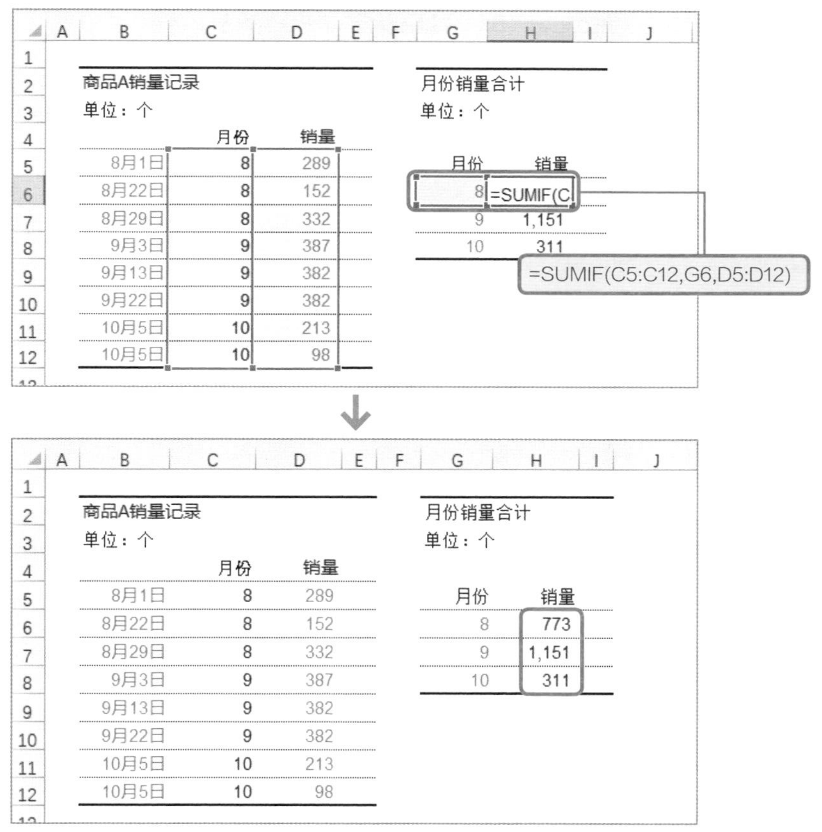

以一览表形式的数据为基础，使用SUMIF函数，对8月、9月、10月的销售数量进行求和。通过确认“月份”列的值，仅对每月所对应行的“销售数量”进行求和。

这也很重要!

省略了求和区域时进行的求和

作为SUMIF函数的第三个参数的求和区域是可以省略的。省略时，对第一个参数中所指定的单元格区域中所输入的值进行求和。

指定条件时的技巧

像上页的示例中那样，为SUMIF函数的第二个参数指定了诸如“8”、“9”或“东京”这样的固定值后，其求和条件即为“**是否等于对象值**”这样的条件判定（等号判定）。比较是否相等，相等时为TRUE，不相等时为FALSE。

另外，求和条件中还可以指定“**<10**”、“**>=0**”这类使用了不等号的表达式。此时，就分别表示“**是否小于10**”、“**是否大于等于0**”这样的判定式。

此外，当判定对象为字符串时，可以使用“*”（星号）或者“?”（问号）等通配符来指定“**模糊条件**”。

● **使用了“*”或“?”的“模糊条件”**

使用符号	说明
*	*（星号）是用于表示**任意字符串**的符号。例如，当指定为“东京*”时，以“东京”开头的所有字符串即为TRUE（参考p.97中的说明示例）。 例 东京都世田谷区、东京天空树、东京都知事等
?	?（问号）是用于表示**任意的一个字符**的符号。例如，当指定为“东京???”时，以“东京”开头的5个字符的字符串即为TRUE。像“东京都世田谷区”一共有7个字符，那么它为FALSE。 例 东京都知事、东京都港区等

● **条件式示例**

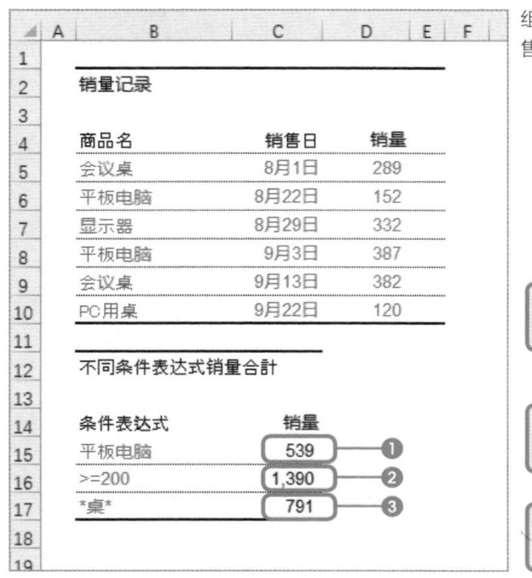

组合等号、不等号和通配符，以多种形式对销售数量进行求和。

❶ =SUMIF(B5:B10,"平板电脑",D5: D10)
条件是“商品名”为“平板电脑”

❷ =SUMIF(D5:D10,">=200")
条件是“销售数量”为“大于等于200”

❸ =SUMIF(B5:B10,"* 桌 *", D5:D10)
条件是“商品名”中包含“桌”

快速指定函数的初步准备与快捷键

使用SUMIF函数时，建议准备一列“**用于条件判定的列**”。例如，“基于日期，按月计算销售额总数”时，创建并准备好表示**月度的列**，基于该列的值来创建条件式。

● **准备用于条件判定的列**

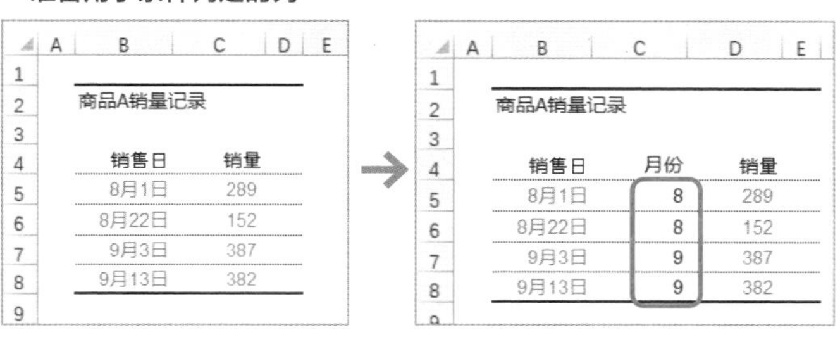

另行准备用于条件判定的列的话，求和会变得很容易。另外，从日期中提取月度时，使用MONTH函数就可以简单实现。

另外，复制SUMIF函数在其他地方使用时，**很多时候区域和求和区域是相同的单元格区域**，只是需要变更一下求和条件。

因此，创建好SUMIF函数式后，**将第一参数和第三参数设置为绝对引用，保持引用位置不变，将第二参数设置为相对引用**（p.120）。如此一来，就可以通过复制来快速创建大量的函数式了。

切换绝对引用和相对引用时，可拖动选择公式内的单元格区域处，按下F4键。这样，每次按下按键，选中区域的引用方式就会切换。

● **用F4键来切换引用方式**

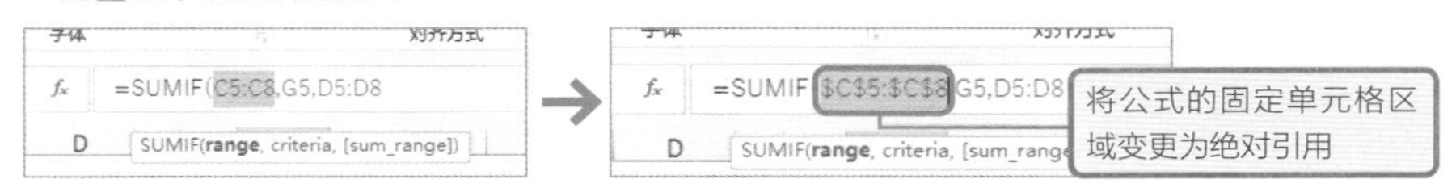

这也很重要!

SUMIF函数的验算

对所有的数据进行了分情况求和之后，需要对情况设定中是不是出现了疏漏来进行一下确认。通过SUMIF函数进行求和之后的值的总和与通过SUM函数对源数据进行求和之后的值相同的话，证明计算是没有出现纰漏的。

相关内容　单元格的区域指定和单独指定→p.72　IF函数→p.76　SUMIFS函数→p.84

零失误
秒速算出
重要结果

对只符合多个条件的数据求和——SUMIFS函数

SUMIFS函数是最强大的函数之一

在数据求和或者数据分析、市场营销研究等工作中，**SUMIFS函数**是最重要的函数之一。熟练使用之后，可以极大提高数据求和的速度。

使用SUMIFS函数，**可以对只满足多个条件的值进行求和**。上一节中说过的SUMIF函数中只可以指定一个用于限定求和区域的条件式（p.80），SUMIFS函数可以指定的条件式**多达127个**。

从这点看来，SUMIFS函数可以说是SUMIF的上级函数。

```
=SUMIFS(求和对象区域,条件区域,条件1,条件区域2,条件2……)
```

下表中，使用SUMIIFS函数，从一览表中对“商品名为台式机PC”并且“店铺为东京总店”的销售总数进行了计算❶。具体的指定方法将在下页中进行说明，首先请看下表。

● **用SUMIFS函数进行求和**

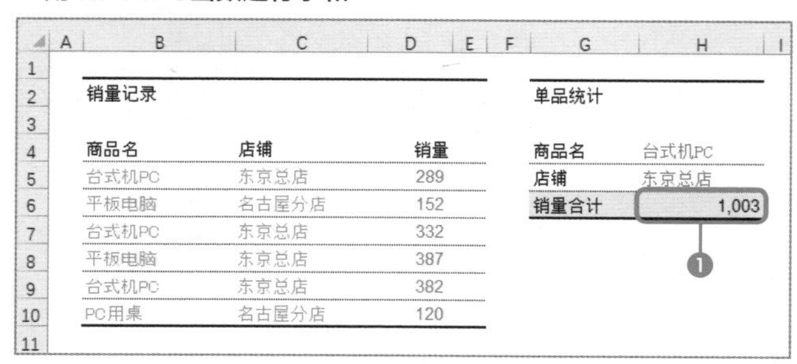

利用SUMIFS函数，对只满足“商品名为台式机PC”并且“店铺为东京总店”这两个条件的数据进行“销售数量”的求和。实际上就是根据单元格H4、H5的值来变换求和对象。

另外，该表中，当修改了单元格H4（商品名）和单元格H5（店铺）后，将会立刻显示出满足条件的总数的值。

首先指定求和对象区域，列出求和区域及条件

SUMIFS函数的算式动辄很长，乍一看很难的样子，但**结构很简单**。因此，只要按照顺序一一指定就好。

实际进行指定时，首先指定第一个参数**求和对象区域**（想要求和的单元格区域），之后再去成对指定**条件区域和条件**。只要指定判定条件数量，并指定配对的条件区域和条件就完成了。

SUMIFS函数的实际指定顺序如下。

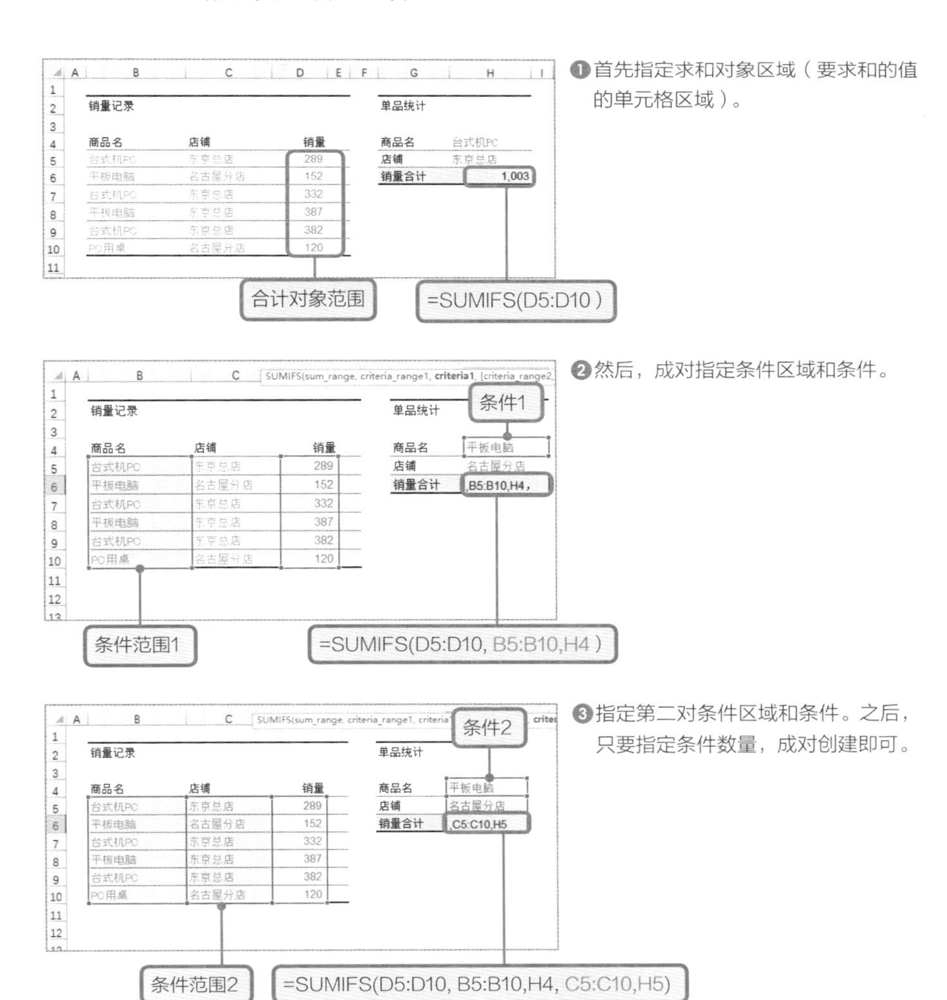

❶首先指定求和对象区域（要求和的值的单元格区域）。

❷然后，成对指定条件区域和条件。

❸指定第二对条件区域和条件。之后，只要指定条件数量，成对创建即可。

对特定时期的数据进行求和

不利用多个条件式就无法完成求和的代表性例子：**特定时期内的数据求和**及**特定区域内的数据求和**。例如，对“8月10日至8月15日间6天的销售额”进行求和，条件式中就需要两个条件：“**开始日期**”（本例中为8月10日）和“**结束日期**”（本例中为8月15日）。

● 对特定时期的数据进行求和，需要两个条件

下图中，通过使用SUMIFS函数指定两个条件来对8月10日至15日6天的“销售额”列进行求和。要点在于，**对相同的条件区域(B5:B15)指定两个条件(G4和G5)**，这样就对相同的对象设置了“时期”。

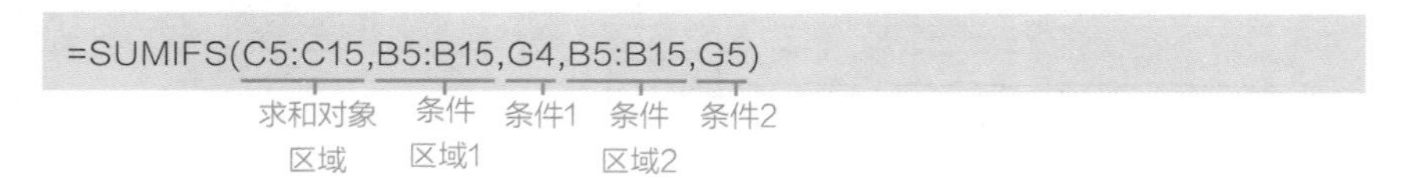

● 对特定区域内的数据进行求和

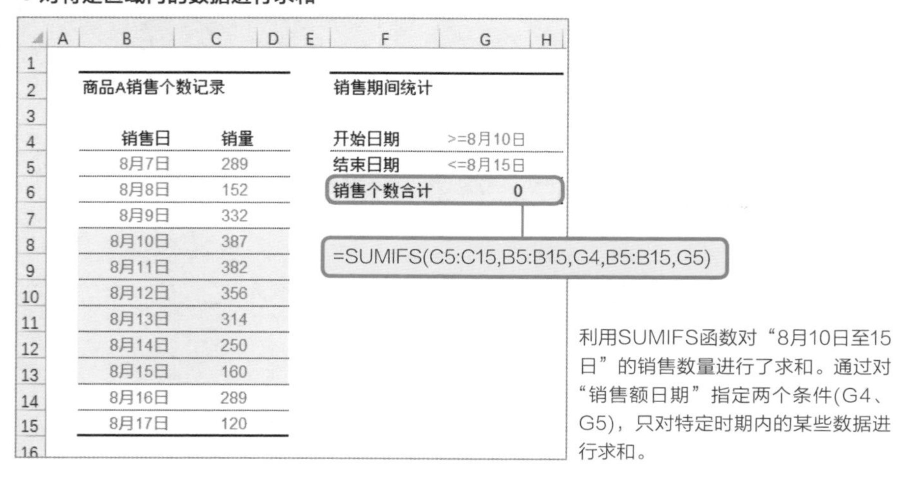

	A	B	C	D	E	F	G	H
1								
2		商品A销售个数记录				销售期间统计		
3								
4		销售日	销量			开始日期	>=8月10日	
5		8月7日	289			结束日期	<=8月15日	
6		8月8日	152			销售个数合计	0	
7		8月9日	332					
8		8月10日	387					
9		8月11日	382					
10		8月12日	356					
11		8月13日	314					
12		8月14日	250					
13		8月15日	160					
14		8月16日	289					
15		8月17日	120					
16								

利用SUMIFS函数对“8月10日至15日”的销售数量进行了求和。通过对“销售额日期”指定两个条件(G4、G5)，只对特定时期内的某些数据进行求和。

创建条件式时要下一番功夫

如上所述，对特定时期或区域进行求和时，最基本的是要对**同一列**（单元格区域）指定两个条件式，即“**>=开始值**”和“**<=结束值**”。

但是，看一下上页中“开始日期”和“结束日期”的值（G4、G5）便知，这种写法会使表格看起来不美观，更确切地说表格变得别扭了。下面的算式是改良后的结果。

```
=SUMIFS(C5:C15,B5:B15,">="&G4,B5:B15,"<="&G5)
```

在各条件前添加“>=”和“<=”

● **对条件式部分进行改良之后的表格**

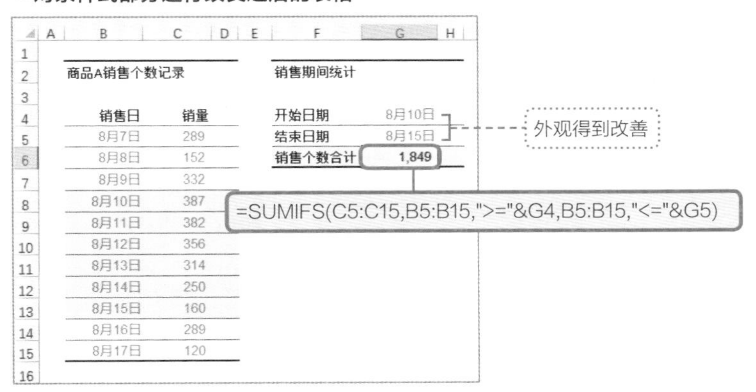

输入条件式的单元格G4、G5中只输入开始日期和结束日期。之后，把条件改为“**">="&G4**”和“**"<="&G5**”。像这样，把任意的字符串用" "括起，然后用“&”（and）连接，计算时就会按照“**>=8月10日**”、“**<=8月15日**”进行处理。这样，之前看着很别扭的日期就会很容易印入脑海。

这也很重要!

为相同的单元格区域指定两个条件时的易犯错误

对特定时期或特定区域的数据进行求和时，要为相同的条件区域（单元格区域）指定两个不同的条件。这时，很多人常会犯这样的书写错误，“SUMIFS(求和区域,条件区域,条件式1,条件式2)”，即只写了**一次条件区域**。这样是无法正确计算的。正确的书写应为“SUMIFS(求和区域,条件区域,条件式1,条件区域,条件式2)”。请牢记**条件区域和条件**必须成对指定。

按月和按年计算出每个店铺的销售额（交叉统计）

使用SUMIFS函数，**可基于按日期记录的销量数据，按月、按年计算出每个店铺的销售数量。**像这样，以一个项目为纵轴，另一个项目为横轴而制作表格来对数据进行求和，称为“**交叉统计**”。交叉统计是所有商务领域中被广泛使用的一种基本的数据分析方法。由于它是非常通用的技巧，因此请大家务必学习并掌握相关知识。

下图中，基于左侧的日期数据“商品销量记录”，按店铺、按月、按年进行统计。

● **使用SUMIFS函数进行交叉统计的示例**

商品销量记录

店铺	销售日	年份	月份	销量
东京	2016/1/4	2016	1	593
神奈川	2016/1/8	2016	1	323
东京	2016/1/10	2016	1	282
东京	2016/2/5	2016	2	161
神奈川	2016/2/22	2016	2	268
神奈川	2016/3/7	2016	3	385
神奈川	2016/3/14	2016	3	64
神奈川	2016/3/24	2016	3	195
神奈川	2016/3/29	2016	3	271
东京	2016/3/31	2016	3	234
东京	2016/4/2	2016	4	49
东京	2016/4/10	2016	4	58
神奈川	2016/4/15	2016	4	413
神奈川	2016/5/1	2016	5	397
东京	2016/5/13	2016	5	187
东京	2016/5/18	2016	5	289
神奈川	2016/5/22	2016	5	24

销量统计

店铺	月份	2016	2017
东京	1	875	804
东京	2	161	384
东京	3	234	667
东京	4	107	523
东京	5	476	901
东京	6	870	743
东京	7	564	1,978
东京	8	752	961
东京	9	483	816
东京	10	348	863
东京	11	853	1,214
东京	12	359	310
神奈川	1	323	162
神奈川	2	268	82
神奈川	3	915	953
神奈川	4	413	664
神奈川	5	975	595

左侧的“销量统计”表中，使用了SUMIFS函数进行交叉统计。通过把I列的“店铺”和J列的“月度”以及第四行的“年度”设置为SUMIFS函数的条件，对满足条件的数据的销售数量进行求和。

这也很重要!

研究一下透视表功能的使用

上图中这样的交叉统计，使用**“透视表”功能**（p.228）也可以实现。只不过，很多人感觉不擅长透视表的操作方法，或者对透视表的格式设置感到苦恼，因此还是用SUMIFS函数作业起来高效快捷。大家可以结合自身或小组成员擅长的方面来研究一下究竟要使用哪种功能。

对所使用单元格的配置和引用方法下一番功夫来提高速度

下面介绍一下用SUMIFS函数进行交叉统计时的两个要点。

第一，**求和对象区域和条件区域的指定方法**。求和对象区域和条件区域都是通过单元格区域来指定的，指定时不是像“B5:B40”这样详细指定的区域，**而是单击列标签，将整列指定为绝对引用（p.120）**（$B:$B）。指定整列后，当追加输入了数据时，该数据会自动添加到求和对象中，因此节省了编辑单元格区域的时间。算式也变得简单，因而能防止出现错误。另外，通过绝对引用来指定，在复制算式时还可以防止列的位置出现偏差。

第二，**条件中指定的单元格的引用方法**。引用表格左端的某个单元格时，**只对列进行混合引用**，如“$I5”、“$J5”，引用表格上方某个单元格时，**只对行进行混合引用**（p.122），如“K$4”。

如上面所设置的算式，输入1个后，后面就复制该单元格，然后粘贴到其他单元格中。这样，作为条件而制定的单元格的引用位置就会自动更新，所有的单元格会得出相应的计算结果。

● 用SUMIFS函数进行交叉统计时的两个要点

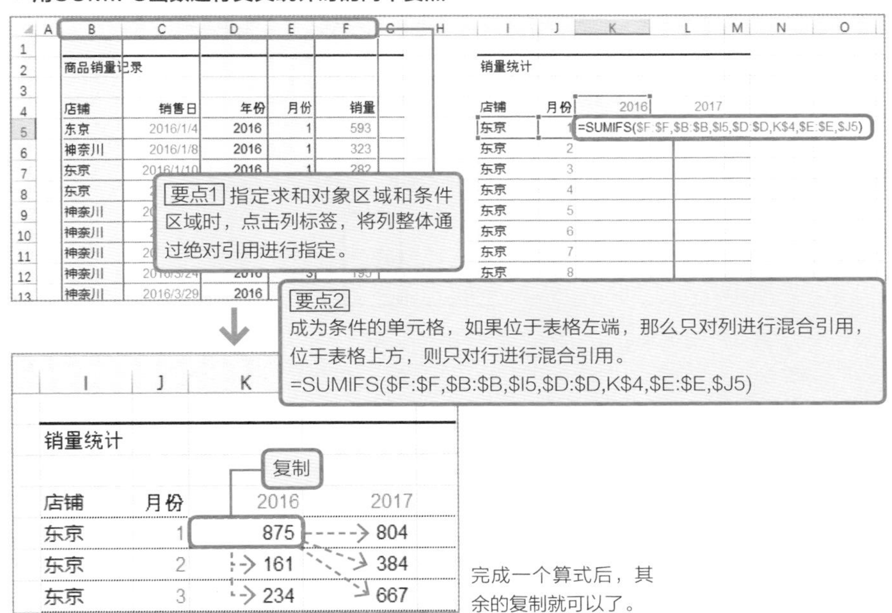

相关内容 单元格的区域指定和个别指定→p.72 IF函数→p.76 SUMIF函数→p.80 混合引用→p.122

零失误
秒速算出
重要结果

从所有的调查问卷回答者中计算出男女人数——COUNTIF函数

对满足条件的单元格个数进行计数

对“男性/女性”、“出席/缺席”这种只具有限定种类的值的单元格进行计数时，可使用**COUNTIF函数**。COUNTIF函数是**对满足特定条件的单元格进行计数的函数**。

```
=COUNTIF(区域,条件)
```

在“区域”中指定作为**处理对象的单元格区域**（将哪个单元格区域作为计数的对象）。另外，在“条件”中**指定用于对数据进行计数的条件**。下图中是基于每个人的出勤情况表对出席者和缺席者人数所进行的计数❶。单元格区域C5:C12为区域，单元格E4、E5、E6为条件（详细内容见下页）。

● **用COUNTIF函数对出席人数总数进行计算**

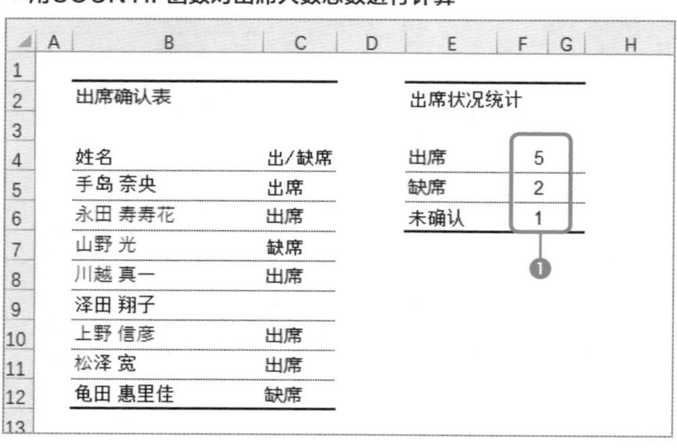

	A	B	C	D	E	F	G	H
1								
2		出席确认表			出席状况统计			
3								
4		姓名	出/缺席		出席	5		
5		手岛 奈央	出席		缺席	2		
6		永田 寿寿花	出席		未确认	1		
7		山野 光	缺席			❶		
8		川越 真一	出席					
9		泽田 翔子						
10		上野 信彦	出席					
11		松泽 宽	出席					
12		龟田 惠里佳	缺席					
13								

基于出席一览表数据，使用COUNTIF函数，分别对出席和缺席人数进行了计数。

COUNTIF函数的基本使用方法

要像下图那样，从出席确认表中对出席者和缺席者进行计数，就要在COUNTIF函数中指定如下参数。

```
=COUNTIF(C5:C12,E4)    ——对出席者进行的计数
=COUNTIF(C5:C12,E5)    ——对缺席者进行的计数
```

另外，对“未确认”（空白单元格）进行计数的方法，请参阅本页下方的“这也很重要”栏目。

● **对出席者、缺席者、未确认数的确认**

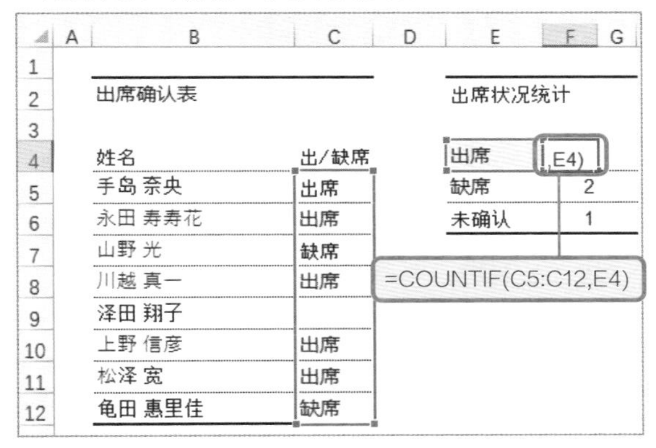

使用COUNTIF函数，对单元格区域C5:C12中“出席情况”列的值等于单元格E4的值（即“出席”）的数据的个数进行计数。“缺席”数据的个数也可以用相同的方法进行计数。

这也很重要!

对空白单元格进行计数的COUNTBLANK函数

上面的例子中有“未确认”的情况，对这样的空白单元格（没有输入任何内容的单元格）进行计数时使用COUNTBLANK函数。上面例子中，对“未确认”的单元格进行计数，在单元格F6中输入“=COUNTBLANK(C5:C12)”。

另外，如果想使用COUNTIF函数对空白单元格进行计数，可将第二个参数指定为“""”（空白字符串），即“=COUNTIF(C5:C12,"")”。

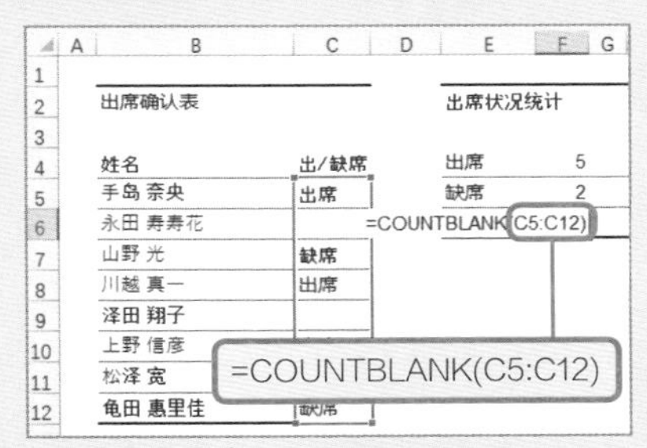

使用COUNTBLANK函数对空白单元格进行计数。

计算出问卷调查所有回答者中的男/女人数

我们来试着对问卷调查对象一览表中的男/女人数进行计数，执行如下步骤。

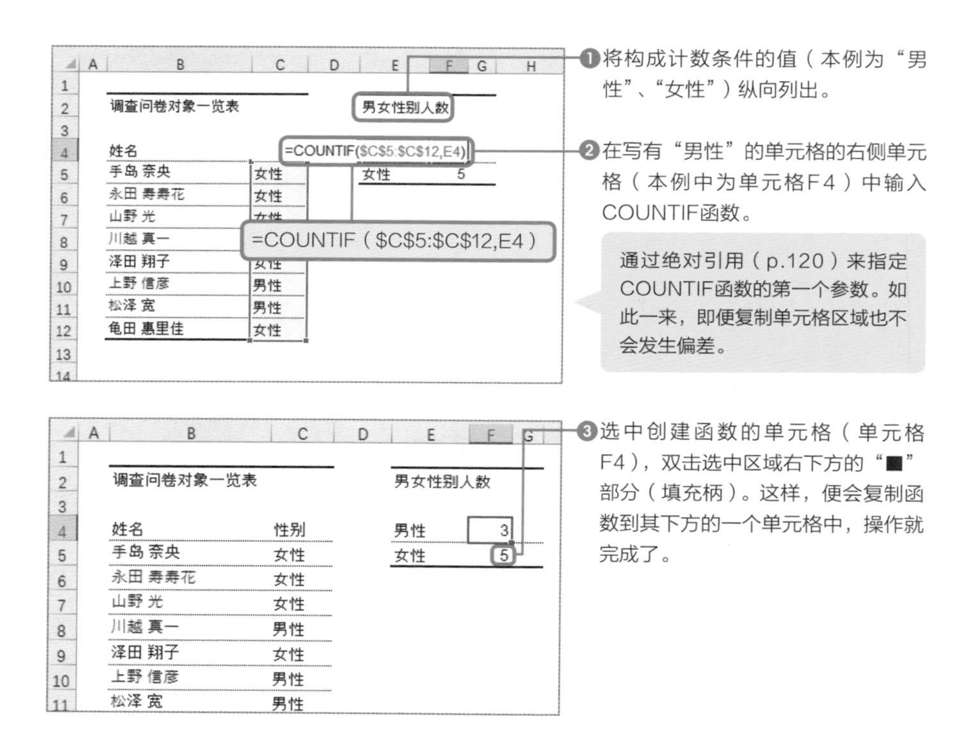

如上所述，当计算对象的单元格区域相同时，将该区域指定为“绝对引用”（p.120），这样就可以简单地完成算式的复制。

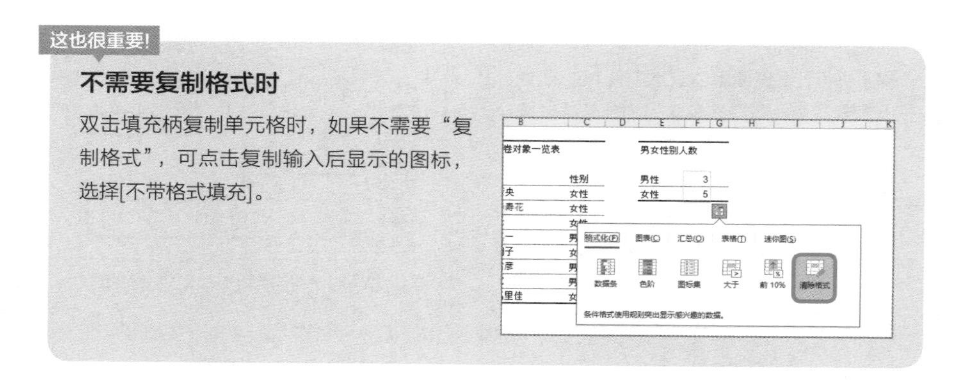

这也很重要!

不需要复制格式时

双击填充柄复制单元格时，如果不需要“复制格式”，可点击复制输入后显示的图标，选择[不带格式填充]。

仅对数值或文字以及未输入的单元格进行计数

下图的商品市场增长率一览表中的“增长率”列中所输入的值为如下任意一种：**①增长率数值②“N.M.”字符串，表示无法计算③空白。**使用这3种数据，对“可正常进行计算的数据”、“无法计算出增长率的数据”、“未输入的数据”进行计数，制成如下表格。

● **对可进行计算/无法进行计算的单元格进行计数和确认**

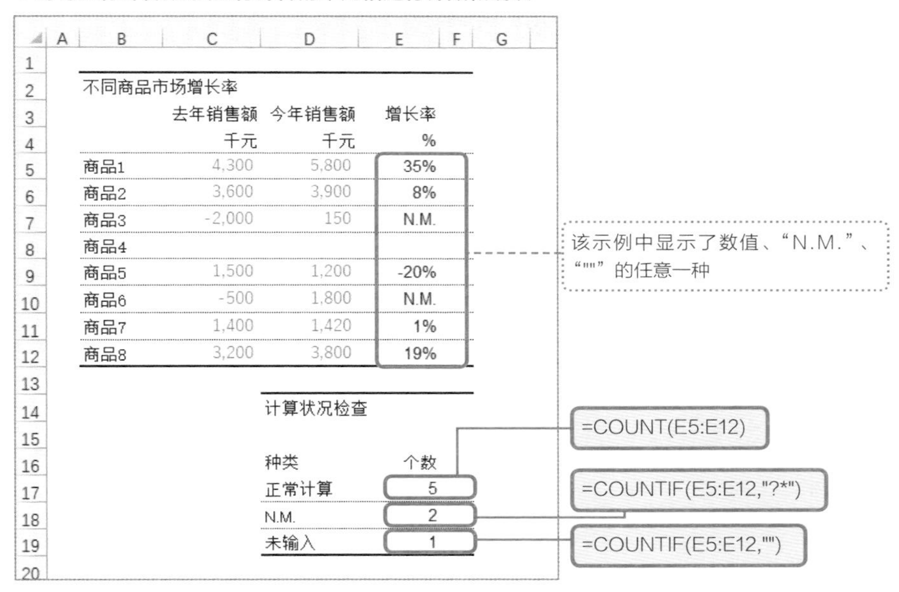

对输入了数值的单元格进行计数，适合使用**COUNT函数**。上图中指定了“=COUNT(E5:E12)”，对“可正常进行计算的数据”单元格进行计数。

另外，对“无法计算出增长率的数据”进行计数可通过“**COUNTIF(单元格区域,"N.M."**”完成，上图中使用了通配符（p.82），即“**COUNTIF(单元格区域，"?*"**”。指定后就可以对“输入了1个字符以上的字符串的单元格”进行计数操作了。

空白单元格的计数是通过“**COUNTIF(E5:E12,""**”来进行的，如前所述，这里也可以使用COUNTBLANK函数（p.91）来完成计数。

相关内容　单元格的区域指定和个别指定→p.72　IF函数→p.76　COUNTIFS函数→p.94

对满足多个条件的数据进行计数——COUNTIFS函数

仅对同时满足多个条件式的数据进行计数

对**满足多个条件的单元格**进行计数可使用COUNTIFS函数。使用该函数，可指定的“用于限制计数对象的条件”**最多可达127个**，而COUNTIF函数（p.90）只可以指定一个。从这点上来讲，COUNTIFS函数可以说是COUNTIF函数的上级函数。

```
=COUNTIFS(计数条件区域1,计数条件1,计数条件区域2,计数条件2……)
```

下图中，使用COUNTIFS函数对如下数据进行了计数。

- 商品名为“台式机PC”，对象店铺为“东京总店”的销售数量
- 商品名为“平板电脑”，对象店铺为“东京总店”的销售数量
- 商品名为“PC用桌”，对象店铺为“东京总店”的销售数量

● 用COUNTIFS函数进行计数

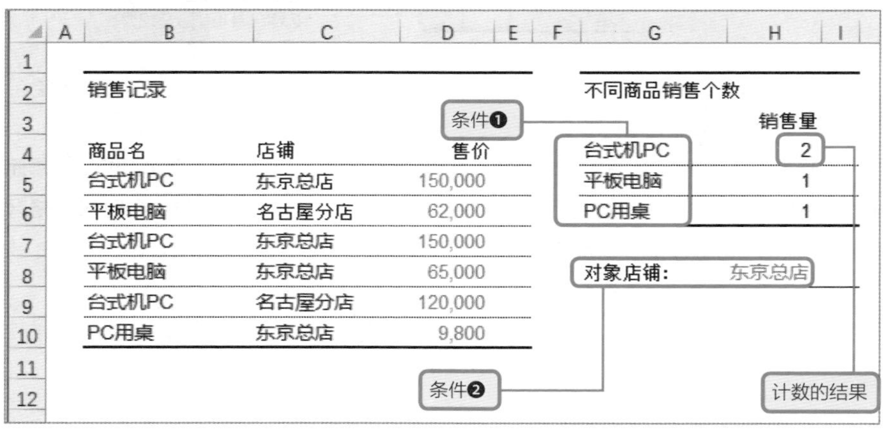

基于销售记录，对“店铺”列中值为“东京总店”的数据，分别计算出3种商品各自的销售数量。指定“商品名”、“店铺”这两列的值和条件，就可以对对象数据完成计数了。

依次成对指定单元格区域和条件

接着我们来实际写一下COUNTIFS函数。这里我们将介绍一下上页中提到的对象店铺为“东京总店”的不同商品的销售数量的计算方法。

要点在于“**依次成对指定单元格区域和条件式**”。因此，COUNTIFS函数的参数个数自然是**偶数个**了，请牢记这点。

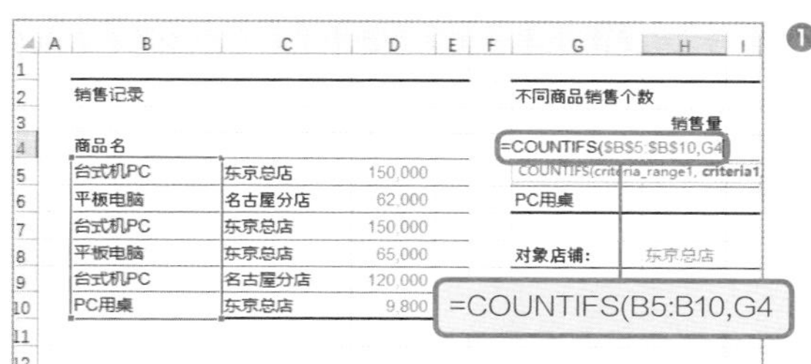

❶在单元格H4中输入“=COUNTIFS(”，成对指定第一个单元格区域和条件。

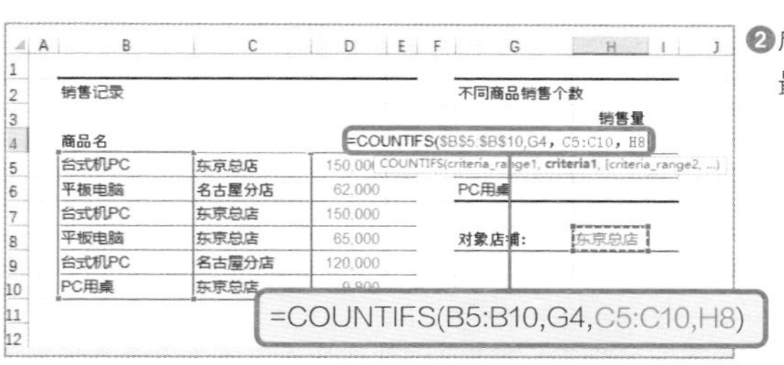

❷成对指定第二个单元格区域和条件，最后输入“)”，按下Enter键。

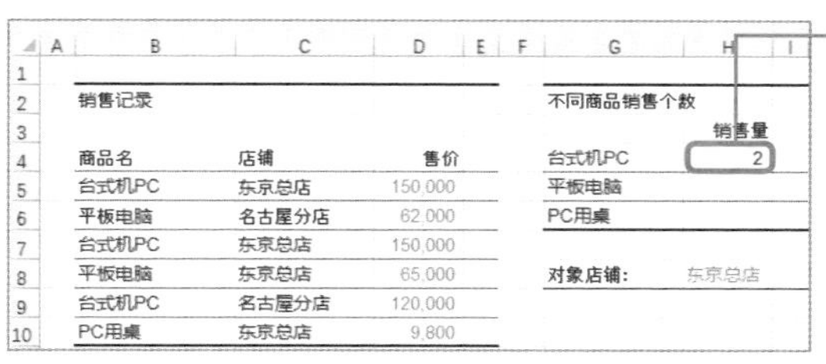

❸通过指定两组成对参数（共计4个），就可以对同时满足两个条件的数据进行计数了。

这也很重要!

COUNTIFS函数是非常方便的函数之一

COUNTIFS函数说起来是“只对符合条件的单元格进行计数的函数”，但实际上它的用途多种多样。本书中介绍了几种主要的用法，除此之外还有多种使用方法。

区分使用引用形式非常重要

对写有COUNTIFS函数的单元格进行复制粘贴，以再次使用时，恰当地区分使用单元格的**引用形式**（p.120）是很有必要的。具体来说，**通过绝对引用来指定参数“条件区域”（单元格区域），根据参数“条件”的内容来区分使用绝对引用和相对引用**。

例如，上页中，“对象店铺=东京总店”是所有的计数中要共同使用到的计数条件，因此用绝对引用进行指定。另外，作为另一个计数条件的“商品名”，每行都不同，所以将其设置为相对引用（参考下图）。

```
=COUNTIFS(B5:B10,G4,C5:C10,H8)
=COUNTIFS($B$5:$B$10,G4,$C$5:$C$10,$H$8)
```

以这样的引用形式进行指定后，后面只需将单元格H4复制到其他单元格中，就可以快速对多个项目进行计数了。另外，复制单元格时，双击填充柄的方法（p.92）是极其方便的。

● **指定引用形式并一次性输入**

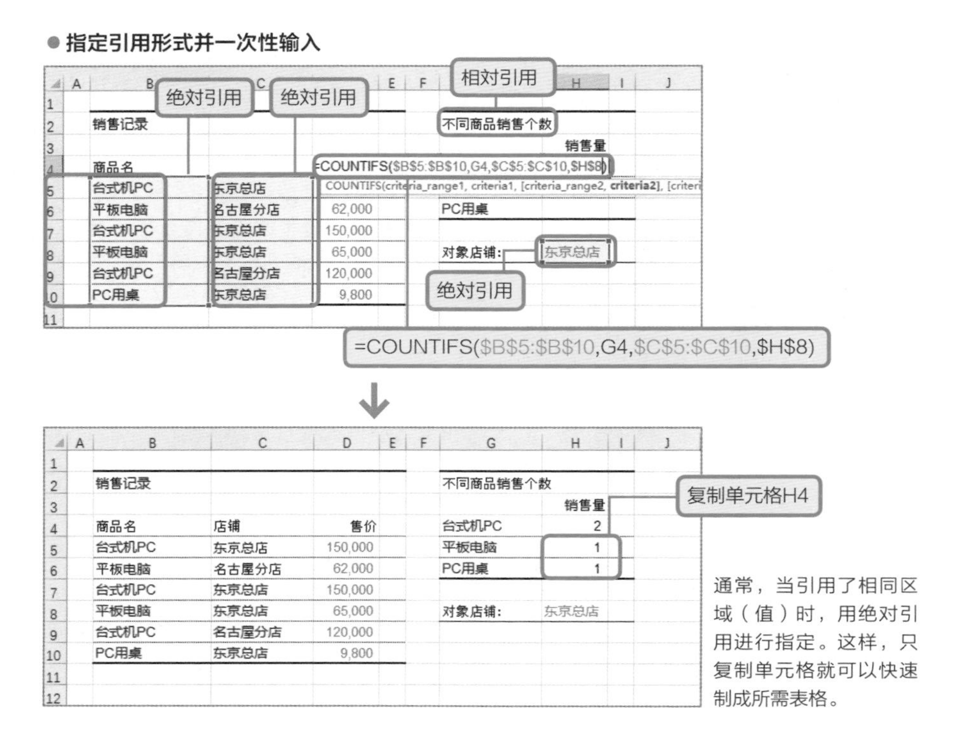

	A	B	C	D	E	F	G	H	I	J
1										
2		销售记录					不同商品销售个数			
3								销售量		
4		商品名	店铺	售价			台式机PC	2		
5		台式机PC	东京总店	150,000			平板电脑	1		
6		平板电脑	名古屋分店	62,000			PC用桌	1		
7		台式机PC	东京总店	150,000						
8		平板电脑	东京总店	65,000			对象店铺:	东京总店		
9		台式机PC	名古屋分店	120,000						
10		PC用桌	东京总店	9,800						
11										
12										

通常，当引用了相同区域（值）时，用绝对引用进行指定。这样，只复制单元格就可以快速制成所需表格。

判定数据是否同时包含“东京”和“营业”

COUNTIFS函数通常是把两个以上的多个单元格作为计数对象的，它还可以用在“正确、不正确”这种**正误判定中**。

例如，想判定对象单元格是否是同时包含“东京”和“营业”两种字符串的数据，此时，就可以像下图中那样准备好用于判定的列后❶，指定如下COUNTIFS函数。

```
=COUNTIFS(C4,$H$2,C4,$H$3)
             *东京*   *营业*
```

这样，当对象单元格中只含有两种字符串时，显示“1”，因此，就可以一眼判定出该单元格是否是符合指定条件的单元格。之后以该值为标记来找到目标数据，或者重新用其他函数来进行计数。

● **用两个以上的条件式来判定单一单元格的内容**

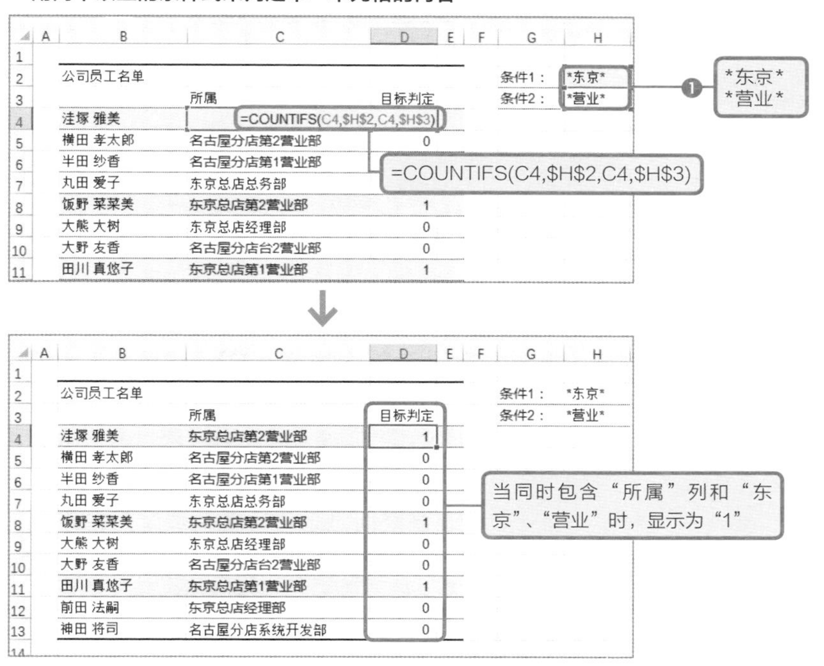

创建H2:H3作业列，用于对“所属”列的单一单元格的内容，用两种以上的判定式进行确认。通过对“*东京*”、“*营业*”这样的通配符字符串（p.82）进行组合，当同时包含“东京”、“营业”字符时，将显示“1”。

按店铺、男女、年份对数据进行计数并求出比率

使用COUNTIFS函数，可以很轻松地完成交叉统计表，如“**按店铺、男女、年份来计算人数和比率**”。

使用下图左侧的“销售记录”数据，按店铺、男女、年份计算出数据的个数，并分别计算出各自所占比率。这里我们介绍一下方法❶。

● **使用COUNTIFS函数进行交叉计数，并从中计算出比率**

销售记录

店铺	性别	年份	销售额
大阪	男性	2016	264,300
东京	男性	2016	152,900
名古屋	男性	2016	203,100
名古屋	男性	2016	247,100
名古屋	女性	2016	102,700
东京	女性	2016	262,900
大阪	女性	2016	215,700
大阪	女性	2016	171,200
大阪	女性	2016	157,500
大阪	女性	2016	272,500
名古屋	女性	2016	247,100
大阪	女性	2016	176,100

销售比率统计

		2016		2017	
		人数	比率	人数	比率
		人	%	人	%
东京	男性	4	40%	14	67%
	女性	6	60%	7	33%
名古屋	男性	8	44%	10	50%
	女性	10	56%	10	50%
大阪	男性	7	41%	11	79%
	女性	10	59%	3	21%

❶

将多个条件整理到右表的左端（H列和I列）和上端（第三行），制成交叉计数表。首先，使用COUNTIFS函数对满足“店铺”、“性别”、“年份”这三个特定条件的数据进行计数，然后使用计数结果来计算比率。详细内容见下页。

快速制成交叉计数表的要点

制作交叉计数表时的要点在于“**将作为计数条件的值汇总到表的左端（H列和I列）和上端（第三行）**”（POINT①）。另外，“**项目数较多的放到列（纵向）中**”，预先定好这样的规则也是很重要的（POINT②）。事先制定好这些规则，在制作表格时就不会有疑惑，最终可以快速地制成易看的表格。

还有，要快速地制作交叉计数表，剩余两点也很重要，那就是**在计数条件区域中指定整列**（POINT③：p.89），**根据单元格的特点区分使用引用形式**（POINT④：p.120）。这些要点同样适用于其他函数，是通用的技巧。务必一并掌握哦。

接着来看一下具体的表达式，分别在单元格J6（对人数进行计数）和K6（计算比率）中输入如下表达式。

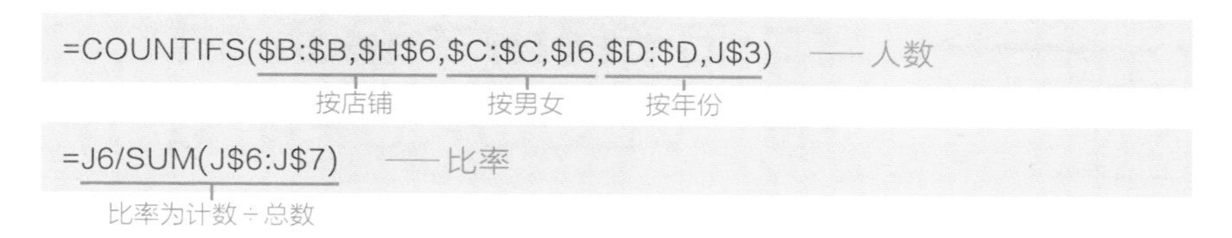

● **交叉计数表**

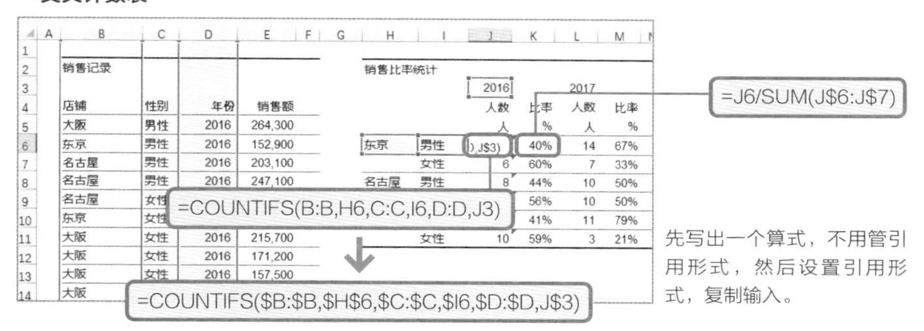

另外，在创建交叉计数表这种稍显复杂的表格时，**请务必进行验算确认函数是否正确输入**。通常，使用**SUM函数**（p.68）、COUNTA函数（对空白单元格以外的单元格进行计数的函数），对交叉计数表的各个计数进行求和，确认是否和源数据的个数一致。

● **创建交叉计数表时必须进行验算**

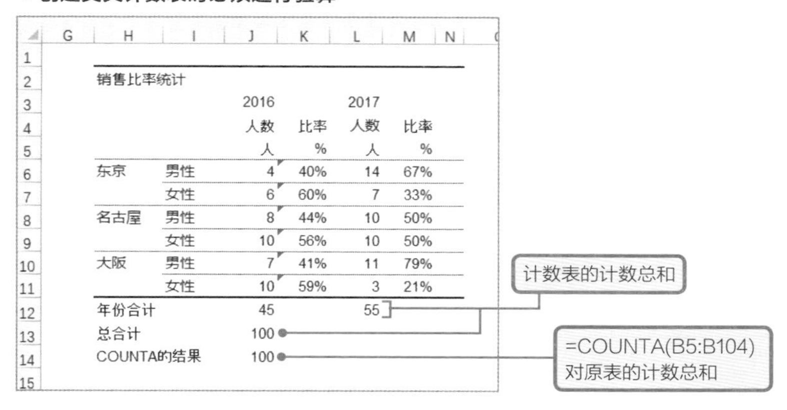

	H	I	J	K	L	M
2	销售比率统计					
3			2016		2017	
4			人数	比率	人数	比率
5			人	%	人	%
6	东京	男性	4	40%	14	67%
7		女性	6	60%	7	33%
8	名古屋	男性	8	44%	10	50%
9		女性	10	56%	10	50%
10	大阪	男性	7	41%	11	79%
11		女性	10	59%	3	21%
12	年份合计		45		55	
13	总合计		100			
14	COUNTA的结果		100			

相关内容　单元格的区域指定和个别指定→p.72　IF函数→p.76　COUNTIF函数→p.90

零失误
秒速算出
重要结果

从产品编号中提取产品名和产品金额——VLOOKUP函数

理解“表查找”结构

在报价单中输入商品信息时，如果在输入型号和商品ID后能够自动显示出商品名和价格的话，会十分方便。这样的结构称为“**表查找**”。

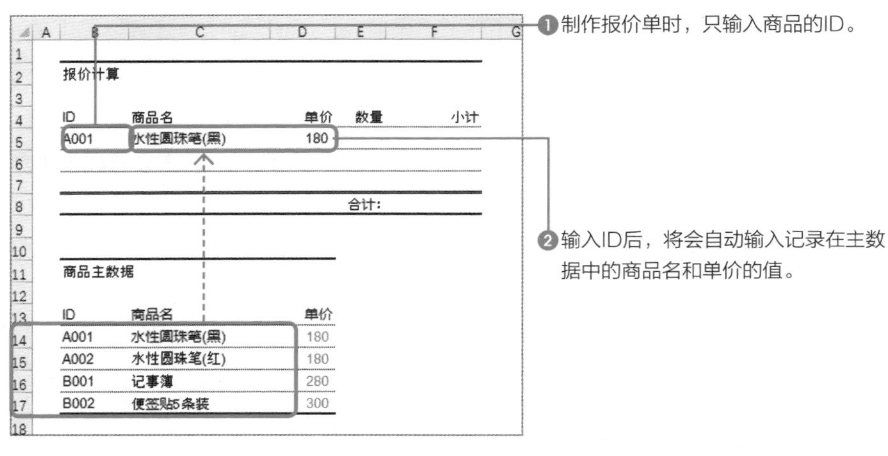

ID	商品名	单价	数量	小计
A001	水性圆珠笔(黑)	180		
			合计:	

商品主数据

ID	商品名	单价
A001	水性圆珠笔(黑)	180
A002	水性圆珠笔(红)	180
B001	记事簿	280
B002	便签贴5条装	300

❶制作报价单时，只输入商品的ID。

❷输入ID后，将会自动输入记录在主数据中的商品名和单价的值。

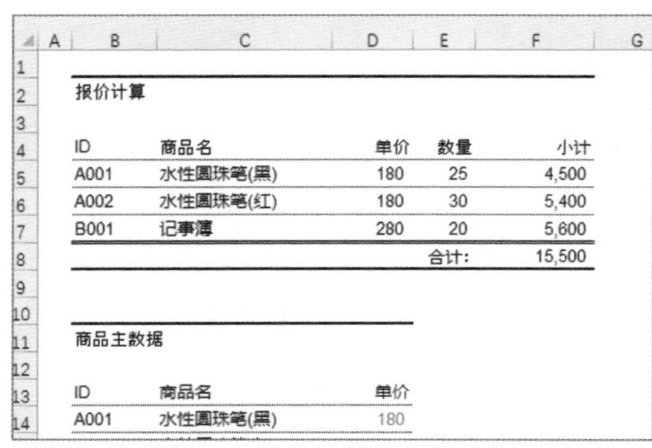

报价计算

ID	商品名	单价	数量	小计
A001	水性圆珠笔(黑)	180	25	4,500
A002	水性圆珠笔(红)	180	30	5,400
B001	记事簿	280	20	5,600
			合计:	15,500

商品主数据

ID	商品名	单价
A001	水性圆珠笔(黑)	180

❸然后输入每个商品的数量，小计、总计的算式，表格就完成了。自动输入可以完成一个没有输入错误和单价金额错误的表格。

实现表查找的VLOOKUP函数

使用**VLOOKUP函数**，可以实现像上页中的报价单那样的表查找结构。

```
=VLOOKUP(要查找的值,区域,列编号,FALSE)
```


为第一个参数“要查找的值”指定**查找键**，如商品ID等，为第二个参数“区域”指定输入了**主数据的单元格区域**。然后，为第三个参数“列编号”指定“**显示主数据的第几列的值**”。第四个参数可以指定数据的**查找方法**，通常在表查找指定为“**FALSE**”即可。

只用文字说明可能不太好懂，我们来看一个具体的示例。下图中，将单元格B5中所输入的值（商品ID）作为查找key，查找主数据（单元格区域B13:D17），查找表中相应的商品名（第二列）和单价（第三列）。

● **使用VLOOKUP函数进行表的查找**

主数据的第一列设置查找key。

错误值的含义及隐藏方法

使用VLOOKUP函数时，当主数据中找不到所查找的key时，将会报错为“#N/A”，表示“找不到对象”。**当算式内存在VLOOKUP函数所查找的单元格引用时，也会显示这个错误信息**。

●处理结果中有错误时，显示“#N/A”

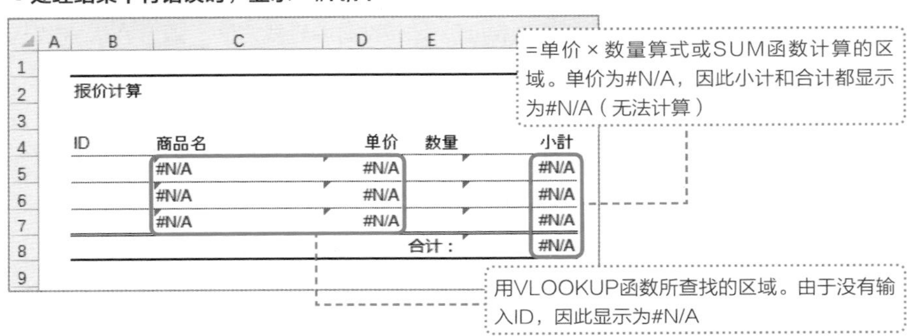

像上图中那样，当单元格中显示“#N/A”时，用IF函数（p.76）或IFERROR函数（p.76）进行如下指定，用空白字符替换报错位置，这样就可以隐藏“#N/A”。

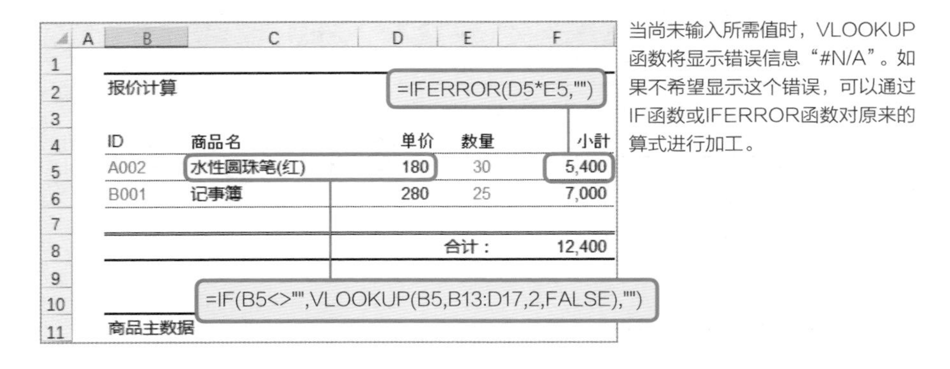

当尚未输入所需值时，VLOOKUP函数将显示错误信息“#N/A”。如果不希望显示这个错误，可以通过IF函数或IFERROR函数对原来的算式进行加工。

这也很重要!

主数据发生增减时，用绝对引用进行指定

当主数据有可能发生增减时，用“**绝对引用**”（p.120）或“**混合引用**”（p.122）对VLOOKUP函数的**第二参数**（指定主表的区域）进行指定。这样，当主数据的行或列发生增减时，关联的区域就会自动进行扩展，因此就无须修改VLOOKUP函数。例如，p.101中的VLOOKUP函数就可以指定如下。

```
=VLOOKUP(B5,$B$13:$D$17,2,FALSE)
```


检查主数据是否重复的方法

当主数据中的key值有重复时，VLOOKUP函数会使用上面一行的数据。但是，说起来key值发生重复本身就是错误的，那样的状态是非常危险的。事先使用**COUNTIF函数**（p.90）、条件格式（p.42）的“**重复值**”**项目**来检查是否有重复，事先确认好主数据中的值都是正确的。

● **使用COUNTIF函数对主数据中是否有重复进行检查**

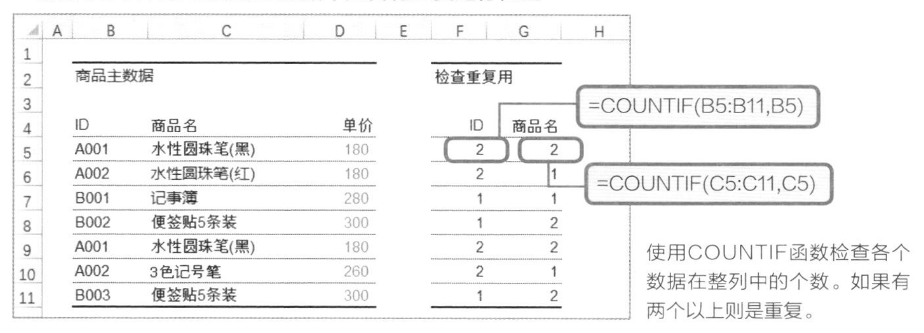

商品主数据　　检查重复用

ID	商品名	单价	ID	商品名
A001	水性圆珠笔(黑)	180	2	2
A002	水性圆珠笔(红)	180	2	1
B001	记事簿	280	1	1
B002	便签贴5条装	300	1	2
A001	水性圆珠笔(黑)	180	2	2
A002	3色记号笔	260	2	1
B003	便签贴5条装	300	1	2

使用COUNTIF函数检查各个数据在整列中的个数。如果有两个以上则是重复。

● **使用条件格式检查主数据中是否有重复**

商品主数据

ID	商品名	单价
A001	水性圆珠笔(黑)	180
A002	水性圆珠笔(红)	180
B001	记事簿	280
B002	便签贴5条装	300
A001	水性圆珠笔(黑)	180
A002	3色记号笔	260
B003	便签贴5条装	300

在[开始]选项卡中点击[条件格式]→[突出显示单元格规则]→[重复值]进行着色。改变每列的格式，可以让我们看得更明白。

零失误
秒速算出
重要结果

在付款通知单中自动输入下月的最后一天进行计数——EOMONTH函数

正确计算结算日的方法

向客户请款时，很多时候会有“签约当月的月末付款”、“次月末付款”、“下下月末付款”。其中“月末”日期使用**EOMONTH函数**就可以简单显示出来。

```
=EOMONTH(开始日期,月数)
```

EOMONTH函数中，为第一个参数指定“**起算开始日期**”，为第二个参数指定“**是要求开始日期后几个月后的月末日呢**”，通过月数来指定。指定为“0”的话就是当月月末，指定为“-1”的话就会显示上个月的月末。

下图中，基于单元格F2中输入的请款日（开始日），来计算下月末的日期。即便发生跨年的情况，也可以正确地进行计算。

● **用EOMONTH函数计算下月末的日期**

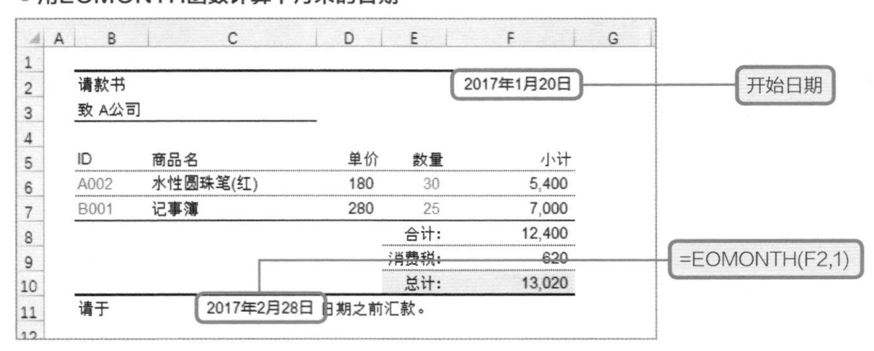

另外，将填写EOMONTH函数的单元格设置为**日期格式**（p.60）。还有，如果也输入请款日期，由于填写位置的不同，表现形式也是乱七八糟，为了避免这种情况的发生，事先统一好格式是非常重要的。

相关内容 输入当前的日期和时刻→p.53 经过的天数和序列值→p.60 绝对引用和相对引用→p.120

第4章

精通检查操作和绝对引用

检查计算的诀窍

熟练掌握F2的用法，大幅减少工作错误

使用F2，1秒检查单元格内容

想要制作出没有错误的表，**重点是保证有检查的时间**。但实际上，没有足够的检查时间是常态。这里为大家介绍一个实现准确快速检查的技巧。

首先，介绍一个检查单元格值的方法。想快速确认单元格值时，**选定单元格后按F2，进入编辑模式**。文本类型的值不发生变化，公式类型的值显示“**输入的公式**”和“**从属单元格范围**”。

● **按F2键，单元格进入编辑模式**

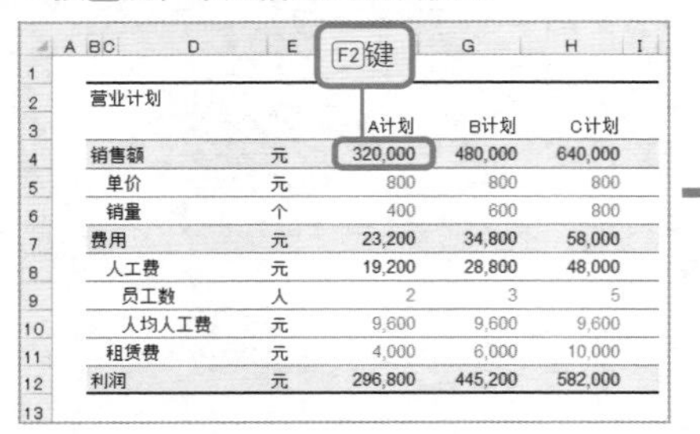

营业计划		A计划	B计划	C计划
销售额	元	320,000	480,000	640,000
单价	元	800	800	800
销量	个	400	600	800
费用	元	23,200	34,800	58,000
人工费	元	19,200	28,800	48,000
员工数	人	2	3	5
人均人工费	元	9,600	9,600	9,600
租赁费	元	4,000	6,000	10,000
利润	元	296,800	445,200	582,000

营业计划		A计划	B计划	C计划
销售额	元	=F5*F6	480,000	640,000
单价	元	800	800	800
销量	个	400	600	800
费用	元	23,200	34,800	58,000
人工费	元	19,200	28,800	48,000
员工数	人	2	3	5
人均人工费	元	9,600	9,600	9,600
租赁费	元	4,000	6,000	10,000
利润	元	296,800	445,200	582,000

按下F2键后，单元格进入编辑模式。单元格内的值为公式时，显示公式和从属单元格的范围。双击单元格也可获得相同效果，但习惯后会发现使用F2键要快捷得多。

使用该功能，可以检查各单元格的值是否正确。同时，输入值为公式时，还可以同时检查从属单元格的值是否正确。

另外，设置有前面提到的“**文本与公式的颜色区分规则**”（p.26）等规则时，还可以确认单元格内的文字颜色和背景颜色是否符合规则。出现不符合规则的单元格时，分析看它是单纯的输入设置错误，还是特殊设置另有用途。

ESC键退出编辑模式，Tab/Enter/箭头键移动

检查单元格内容时，用键盘操作更精确有效，用鼠标反而浪费时间。

按F2键检查过某一单元格后，按Tab键右移，按Enter键下移。

需上移、左移时，先按ESC键退出单元格编辑模式，再按↑和←箭头键移动。

● **交替重复按F2→Tab键实现快速横向移动**

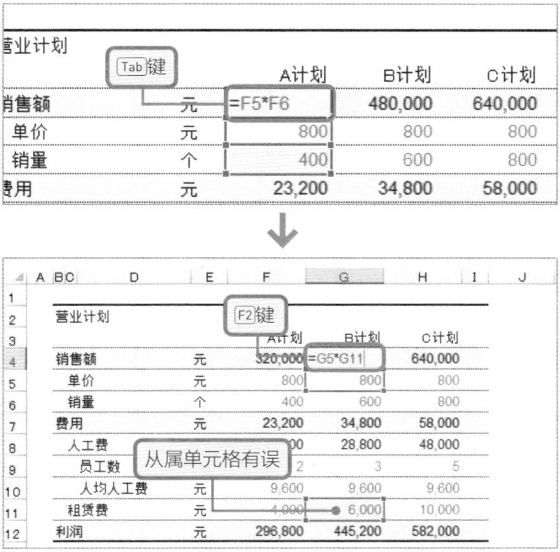

营业计划		A计划	B计划	C计划
销售额	元	=F5*F6	480,000	640,000
单价	元	800	800	800
销量	个	400	600	800
费用	元	23,200	34,800	58,000

↓

	D	E	F	G	H
1					
2	营业计划				
3			A计划	B计划	C计划
4	销售额	元	320,000	=G5*G11	640,000
5	单价	元	800	800	800
6	销量	个	400	600	800
7	费用	元	23,200	34,800	58,000
8	人工费		[illegible]	28,800	48,000
9	员工数		2	3	5
10	人均人工费	元	9,600	9,600	9,600
11	租赁费	元	4,000	6,000	10,000
12	利润	元	296,800	445,200	582,000

上图中，按F2键检查过左上位置的单元格后，按Tab键向右方单元格移动，再按F2键进行检查。从图中可以看出，计划B的从属单元格的设置有误。

快速检查单元格内容时，如果**表的列数很多，横向较宽**，将手指放在F2键与Tab键上，交替连续按下。同样，如果**表的行数很多**，纵向较长时，将手指放在F2键与Enter键上，交替连续按下。操作习惯后，你就会发现检查速度之快，鼠标根本没有可比性。

另外，检查多个单元格时，建议按“**计算顺序**”进行，一般是按左→右的顺序。这样，在一系列的操作过程中可以及时发现异常的值（比如和其他单元格用的是相同的公式，但从属单元格的位置和大小却不同等情况）。从属单元格的位置不对时，一定要认真检查公式。

相关内容　快速横向输入数据→p.108　追踪功能→p.110　有效的文件保存→p.118

检查计算的诀窍

快速横向输入数据

根据操作要求更改键的设定

在单元格内输入值并按Enter键后，**Excel默认确认输入内容的同时，自动移至下一单元格**。这个设置，在纵向输入数据时非常好用，但对需要经常横向输入数据的人来说，不得不一次次调整箭头选择单元格，很麻烦。

横向输入数据时，先打开[Excel选项]对话框，设置[高级]中[**按Enter键后移动所选内容**]为[**方向：向右**]，或**取消勾选**。取消勾选后，按下Enter键后仅确认输入数据，不再移动单元格。这样，虽然输入数据后需要再通过→键移动单元格，略显麻烦，但确认和修改数据时非常方便。哪种操作方法更好也是因人而异，所以第一次使用该功能的人可以两种操作都尝试一次，最终选择适合自己的一种。重点是，**不要拘泥于默认设置，根据操作内容适当调整**。

● **根据具体操作内容更改Enter键的设置**

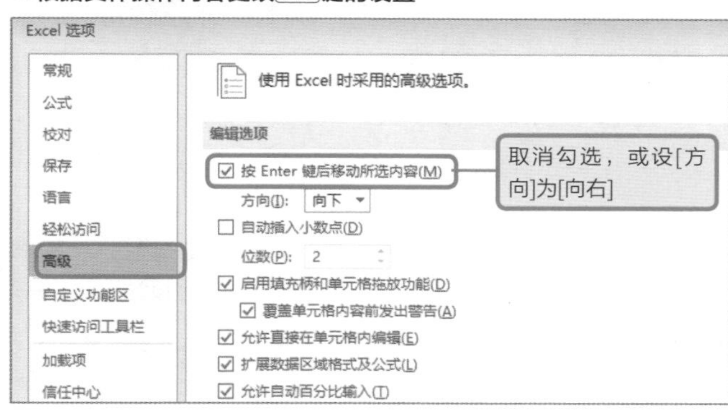

点击功能区[文件]→[选项]，或使用快捷键Alt→T→O，打开[Excel选项]对话框。

F2→Enter→→三键确认横向方向

前面在说明如何横向检查单元格的值时，为大家介绍了Tab键的用法（p.107）。当然，习惯了这个操作后可以高效检查输入的值，不过因为F2与Tab键都在键盘的左上方，实际操作时会有些难度。

这时，可以尝试使用前一页中介绍的更改Enter键设置的方法，F2→Enter（选择[方向：向右]状态下），和F2→Enter→→（取消勾选状态下）来进行检查。

● **用Enter键进行横向检查时的操作方法**

F2→Enter→→

		计划	B计划	C计划
	元	=F5*F6	480,000	640,000
	元	800	800	800
	个	400	600	800
	元	23,200	34,800	58,000
费	元	19,200	28,800	48,000
工数	人	2	3	5
均人工费	元	9,600	9,600	9,600
费	元	4,000	6,000	10,000

→

F2

营业计划		A计划	B计划	C计划
销售额	元	320,000	=G5*G6	640,000
单价	元	800	800	800
销量	个	400	600	800
费用	元	23,200	34,800	58,000
人工费	元	19,200	28,800	48,000
员工数	人	2	3	5
人均人工费	元	9,600	9,600	9,600
租赁费	元	4,000	6,000	10,000
利润	元	296,800	445,200	582,000

事先对Enter键进行设置后，无论是用F2→Enter还是F2→Enter→→，都可以有效地进行横向方向的确认操作工作。

上述关于Enter键的设置，会这个操作虽不是多么了不起的事情，不过需要检查的**单元格和工作表的数量**越多，用它就越能大大改善整体工作时间。建议务必将这个“**让工作更高效的方法**”运用到日常的工作中。经过积累，**之前需要花1个小时的工作15分钟就可以完成**。真的，速度提升得相当快。

这也很重要!

Enter键的设置还可以用于复制算式

将Enter键的设置改为仅确认而不移动单元格，这个改变在复制公式时也很有用。输入公式后，按Enter键不会改变单元格位置，这时只需按下Ctrl+C，即可快速复制公式。

相关内容　单元格的区域指定与单独指定→p.72　F2键的用法→p.106　追踪功能→p.110

检查计算的诀窍

用追踪功能确认引用单元格

追踪功能方便实用

使用追踪功能，可以快速确认各公式的“引用单元格”。在检查单元格内输入的公式是否正确方面，再没有比它更方便的功能。请务必掌握。

下图是使用追踪功能确认引用关系的实例。引用关系用箭头和●表示。●表示“**引用单元格**”，箭头表示“**输入公式的单元格**”。在下表中，可以一眼看出，“销售额”的数据是通过“单价”与“销量”计算得来。即F4单元格中的销售额，是以F5与F6单元格中的值为基础计算得来。掌握这项操作，可以在一秒钟快速确认公式内容是否正确。

● **使用追踪功能可以检查引用关系**

	A	BC	D	E	F	G	H	I	J
1									
2		营业计划							
3			追踪功能		A计划	B计划	C计划		
4		销售额		元	320,000	480,000	640,000		
5		单价		元	800	800	800		
6		销量		个	400	600	800		
7		费用		元	23,200	34,800	57,600		
8		人工费		元	19,200	28,800	48,000		
9		员工数		人	2	3	5		
10		人均人工费		元	9,600	9,600	9,600		
11		租赁费		元	4,000	6,000	10,000		
12		利润		元	296,800	445,200	582,400		
13									

使用追踪功能，可以一眼看出输入的公式是以哪一单元格的数据为基础计算得来。

标示追踪箭头

想要显示追踪箭头时，选定输入有算式的单元格，点击[公式]下的[**追踪引用单元格**]。快捷键为Alt→M→P（不同时按，按顺序按）。

● **追踪功能的用法**

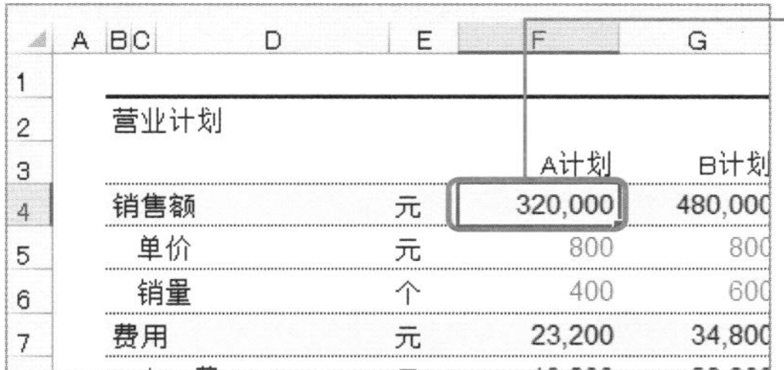

❶选择基准单元格。

检查引用单元格时，选择有公式的单元格。

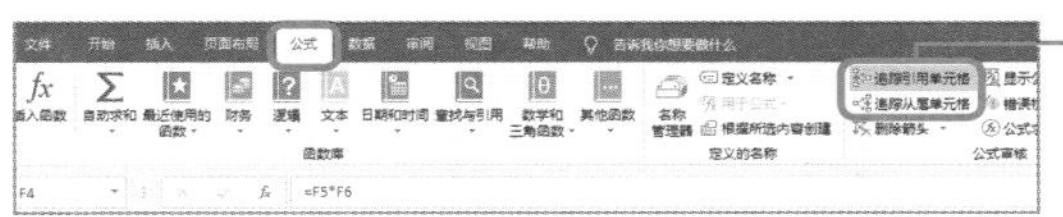

❷点击[公式]选项内的[追踪引用单元格]。

下页中说明[追踪从属单元格]和[删除箭头]功能。

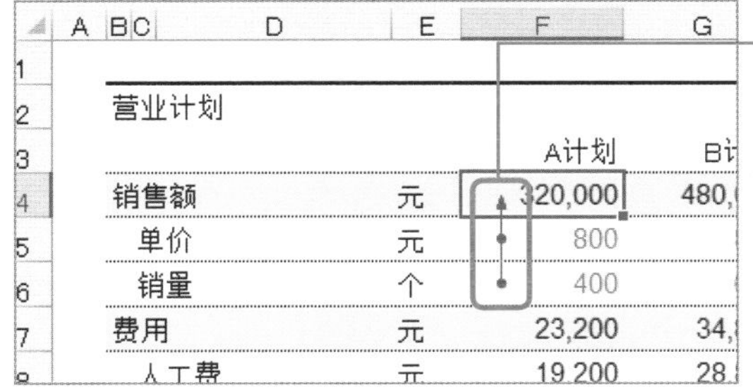

❸显示追踪箭头。

即便选择了多个单元格，追踪箭头也只出现在用鼠标箭头激活的单元格处。

这也很重要!

引用其他工作表的值

公式引用有其他工作表的值时，会出现“黑色箭头”和“工作表的图标”。

费用	元	23,200
人工费	元	19,200
员工数	人	2
人均人工费	元	9,600

有效使用追踪功能

使用追踪功能检查计算过程时，**同时显示出进行相同计算的几组单元格的引用关系作对比，更容易发现错误。**

在下图中，分别单独选择单元格F7、G7、H7并显示“追踪引用单元格”，同时标示出多个追踪箭头。在这个例子当中，一眼便可看出H列的箭头比F列·G列的短，●标记的位置也不同。

● **同时显示进行相同计算的几组单元格的追踪箭头**

	A	B	C	D	E	F	G	H	I	J
1										
2		营业计划								
3						A计划	B计划	C计划		
4		销售额			元	320,000	480,000	640,000		
5			单价		元	800	800	800		
6			销量		个	400	600	800		
7		费用			元	23,200	34,800	57,600		
8			人工费		元	19,200	28,800	48,000		
9				员工数	人	2	3	5		
10				人均人工费	元	9,600	9,600	9,600		
11			租赁费		元	4,000	6,000	10,000		
12		利润			元	296,800	445,200	582,400		
13										

同时选择输入有相同公式的单元格，标示追踪箭头。同时标示更容易发现错误。

单元格H7和其他单元格的追踪箭头不同，检查后发现，在本来应该以“人工费（H8）+租赁费（H11）”进行计算的地方，错误输入为“人工费（H8）+人均人工费（H10）”。

这类错误，多是由复制公式、制作表时插入和删除行列等操作引起的。输入公式后，一定要用追踪功能检查是否有以上错误，追踪功能让检查操作变得简单轻松。

另外，确认过后，不要忘记点击[公式]中的[**删除箭头**]，删除不需要的箭头。快捷键为Alt→M→A（不同时按，按顺序按）。

也可以检查使用特定单元格的值进行计算的单元格

点击追踪功能里[追踪引用单元格]下面的[**追踪从属单元格**]（p.111），可以检查“**使用特定单元格的值进行计算的单元格**”。

下图中，选定B4单元格，点击[公式]下的[追踪从属单元格]，可以一次性标示出消费税率为“1.08”的单元格。参看下图可知，“合计”列（D列）中所有的单元格均引用B4单元格。这个方法用于检查以绝对引用的方式所引用的值是否被用于恰当的单元格上，方便实用。

● [追踪从属单元格]使用例

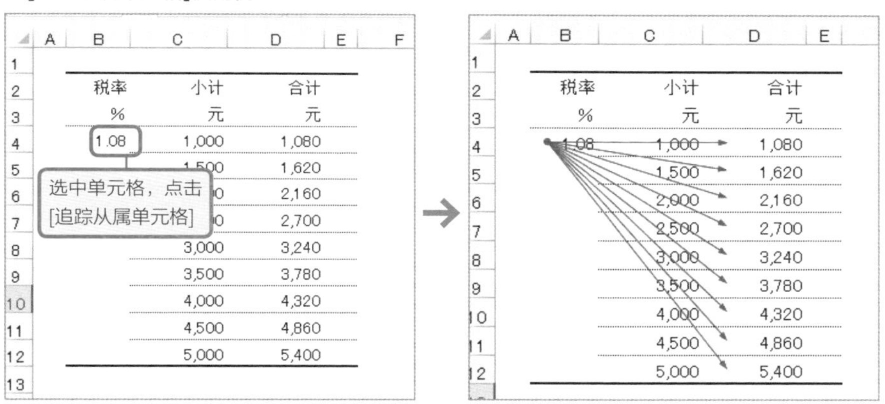

选定单元格B4，标示[追踪从属单元格]，一眼便可看出所有使用“1.08”消费税率这个值的单元格。

熟练掌握 [**追踪引用单元格**]和[**追踪从属单元格**]功能，可以快速检查Excel内的各种计算。制作一份完美无误的工作表，对快速完成工作而言非常重要。为了避免重复犯同样的错误，做重复作业，请务必学会“**输入公式后，用追踪功能检查**”这种方法。

这也很重要！

追踪功能的分级

多次点击[追踪引用单元格]和[追踪从属单元格]，可以在基准单元格上分级追加追踪箭头。有多级计算时，可以通过多次点击追溯计算流程。

相关内容　F2键的用法→p.106　快速横向输入数据→p.108

检查计算的诀窍

通过折线图查找异常值

通过图表检查异常的值

使用折线图检查以日、月、年为单位的连续性数据更有效率。操作简单，只需把数据转成**折线图**，肉眼观察判断是否有不自然的地方。

下图是以月为单位的销售额、费用和利润一览表，以及相应的折线图。生成折线图后发现，简单罗列数值时不容易被发现的极端值，在折线图里一目了然。

● 生成折线图后更方便肉眼确认

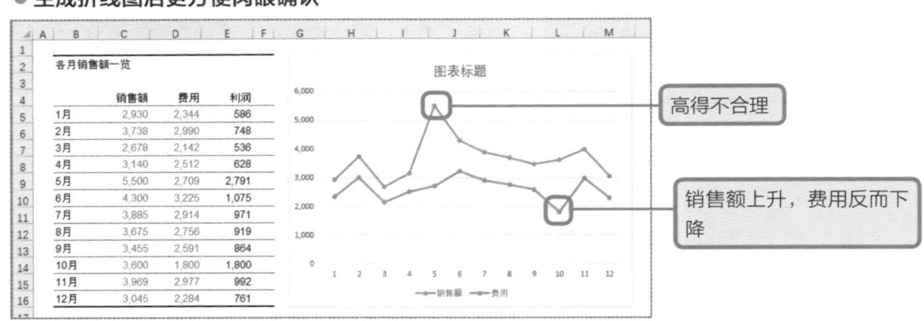

各月销售额一览

	销售额	费用	利润
1月	2,930	2,344	586
2月	3,738	2,990	748
3月	2,678	2,142	536
4月	3,140	2,512	628
5月	5,500	2,709	2,791
6月	4,300	3,225	1,075
7月	3,885	2,914	971
8月	3,675	2,756	919
9月	3,455	2,591	864
10月	3,600	1,800	1,800
11月	3,969	2,977	992
12月	3,045	2,284	761

数据图形化后，一眼便可以发现整体走势中的异常部分。

图形化后有两种情况值得注意：一是**比其他地方明显要高/低的部分**（上图中5月份的销售额数据）；二是**在相对关系上不合逻辑的部分**。例如，上图中10月份的数据，销售额上升，然而费用下降。这说明有数据输入错误和计算错误的可能，请检查输入和计算是否正确。

折线图的简易制法

用于检查数据的折线图，不需要像用于发表和做报告的折线图那样注意颜值（p.260）。

用于检查数据的折线图中最重要的两点是，根据数据种类选择“**折线图**”和“**事先标好数据标记**”，以便能够快速确认异常值的位置和值。事先标好数据标记后，只需要在数据标记上移动鼠标，就可以确认数值系列内的序号与值。找到异常值时，依靠标记的信息，找到可能发生错误的单元格，进行修改。

各月销售额一览

	销售额	费用	利润
1月	2,930	2,344	586
2月	3,738	2,990	748
3月	2,678	2,142	536
4月	3,140	2,512	628
5月	5,500	2,709	2,791
6月	4,300	3,225	1,075
7月	3,885	2,914	971
8月	3,675	2,756	919
9月	3,455	2,591	864
10月	3,600	1,800	1,800
11月	3,969	2,977	992
12月	3,045	2,284	761

❶选定想通过图形来检查值的单元格范围。

❷点击[插入]项下的“折线图”。

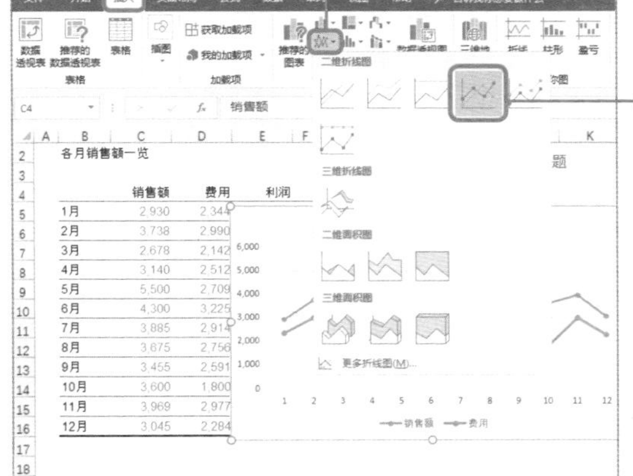

❸选择带数据标记的折线图，生成用于确认数据的折线图。

选择带数据标记的折线图，更容易检查和发现异常值。

相关内容　F2键的用法→p.106　追踪功能→p.110　图表的基本功能→p.260

低级错误，
防患于未然

开始工作前务必复制文件

随时可恢复到“过去”

编辑已有的Excel文件（.xlsx文件）时，考虑到可能发生的操作失误和系统错误（文件的破损等），应事先定好如何保存文件和如何为文件命名的规则。

作者的建议是，“**每次开始编辑前一定先备份文件，另命名保存**”。给备份的文件命名时，文件名中加入日期和管理序号等，和最新的文件区别开来（p.118）。同时，把备份的文件放入“old”文件夹中进行管理。这样，有意外发生时也可以恢复到之前的状态。

● **Excel文件保存规则示例**

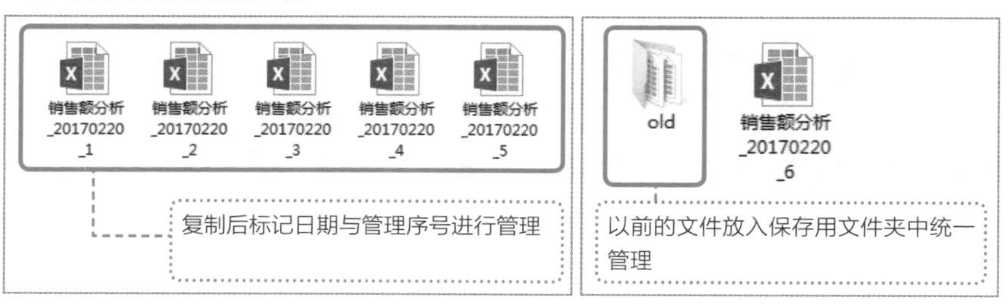

为防止操作失误和文件破损，开始编辑前先复制文件，并起一个能看出保存时间的文件名。同时，准备一个备份专用文件夹，统一管理。

除了在开始编辑前，也可以在其他时间点复制文件。例如，经过一段时间的编辑和对文件做了较大改动后，选择[另存为]而不是[**保存**]，保存为新文件。这样做，无论发生什么意外，都能迅速找回之前的内容。

规定好保存方法和操作方式

接下来看一下实际操作，读者朋友们也可以边看边思考自己怎么做。

这次的例子中，首先创建一个编辑当天专用的文件夹，再创建一个新文件。文件名的起名规则为“**内容_日期_当日序号**”。比如如果创建的是2017年2月20日当天的销售额分析文件，那么文件名即为“**销售额分析_20170220_1**”。同时创建备份用文件夹“old”，开始编辑。

● **保存方法与操作方式实例**

根据需要边[保存]边操作，到某一阶段后选择[另存为]，将文件命名为“销售额分析_20170220_**2**”另保存，将之前的老文件“销售额分析_20170220_**1**”移至old文件夹。后续操作中，重复与以上相同的操作。

第二天开始工作时，先把前一天的最终文件复制保存为“销售额分析_201702**21**_1”，再将原文件移动到old文件夹。

另外，将备份用文件夹完整复制到其他硬盘上，升级安全保障。

这也很重要!

使用另存为的频率多少合适

根据具体操作内容，改变和调整另存为的频率。以作者为例，一般1～2小时进行一次另存为操作，不过，进行错误发生率较高、较复杂的操作时，不要考虑时间，而是以工作进度为基准，耐心地进行另存为操作。

相关内容 删除文件制作者的名字→p.59 自动保存文件→p.63

低级错误，
防患于未然

文件名里注明日期和序号

文件名重在“简明易懂”

使用Excel管理数据时，文件名非常重要。为文件起一个恰当的名字，无论何时都方便管理。提前定好适用于所有文件的“**起名规则**”很重要。这一点不仅适用于团队，也适用于个人。

讨论起名规则时需注意两点：第一，**文件名要能体现该文件是何时的数据**；第二，**排序时文件可以按我们所希望的顺序进行排列**。

作者建议的起名规则是，“**内容_日期_当日序号**”。日期部分，建议年（4位）、月（2位）、日（2位），月和日是个位数时用“0”补充完整（“2017年2月20日”→“20170220”）。这样，以文件名排序时，也是按照操作顺序排列。

● **按起名规则命名并保存的文件一览**

更改浏览窗口的风格

一般在浏览窗口查看文件和文件夹，根据具体用途**调整浏览窗口的风格**（图标的大小和显示的信息种类等），让操作更有效。

切换浏览窗口的风格时，选择[视图]，如下图所示，点击各选项钮（注意此[视图]不是指Excel的[视图]）。

● **浏览窗口的[视图]选项**

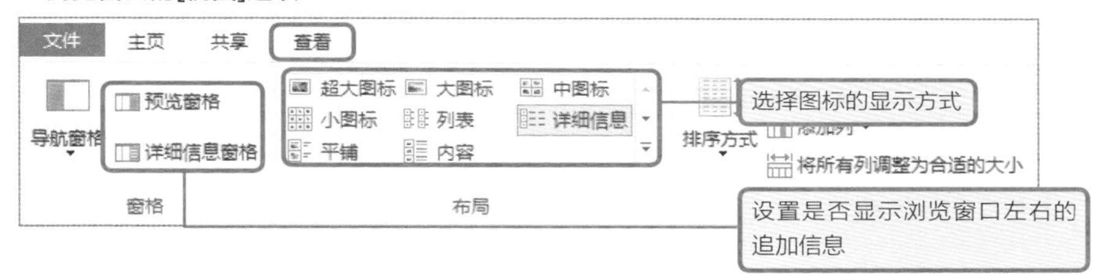

作者推荐选择[详细信息]，经常用鼠标的人选择[大图标]更方便操作。不过，查看历史信息时，设置成[小图标]和[详细信息]竖向排列，再按名称排序更方便。实际操作试试看。

● **切换显示方法**

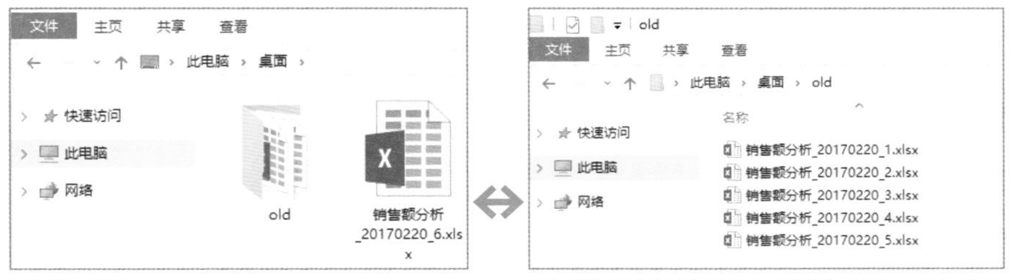

显示[大图标]。

显示[详细信息]模式下点击[名称]部分，按工作簿名称重新排序。

相关内容　删除文件制作者的名字→p.59　为文件加密→p.64

低级错误，
防患于未然

理解相对引用和绝对引用

复制时，注意区别需要固定的单元格和需要变化的单元格

熟练掌握Excel，**需要先准确理解相对引用和绝对引用**。

相对引用是指，将含有公式的单元格复制到其他地方时，**公式内的从属单元格会根据目的单元格发生一定变化的引用方式**。例如，假设在单元格D4内输入“=D5+D6”，再将单元格D4复制至E4中。这时，选择相对引用方式，则E4中被输入“=E5+E6”。

绝对引用是指，**不受目的单元格的影响，公式内的从属单元格恒常不变的一种引用方式**。绝对引用时，需要在行号列标前添加“$”。例如，设单元格J5为绝对引用时需输入“$J$5”。另外，还可以指定仅固定列（$J5）和仅固定行（J$5）（混合引用：p.140）。

● **相对引用与绝对引用**

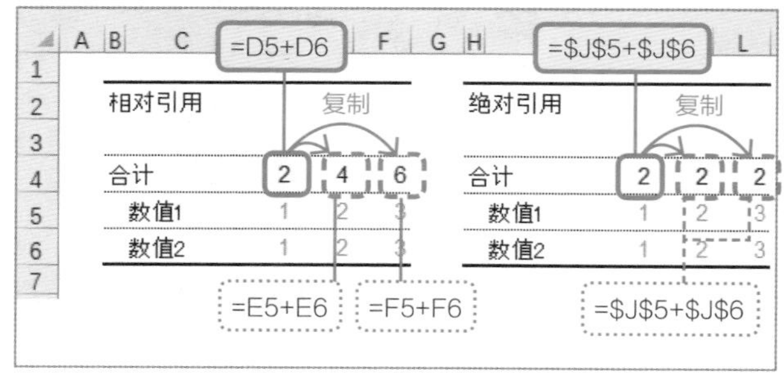

在单元格D4内输入“=D5+D6”和相对引用的公式，在单元格J4内输入“=$J$5+$J$6”和绝对引用的公式，再分别复制至横向方向的单元格上。在相对引用的表内，被复制公式中的从属单元格发生改变，显示的结果也发生变化。另一方面，在绝对参照的表里，因从属单元格被固定，复制公式后显示的结果不发生变化。

在下一页的图里，将制作一张各产品的销售金额和在总销售额中所占比率一览表。为计算产品A的销售额比率，单元格E6中将被输入含义为“**产品A销售额÷总销售额**”的公式“=D6/D5”。

单元格E7、E8、E9中，采用单元格自动填充的功能（p.182），向下复制E6

的公式即可，不过在复制过程中需将单元格D5（总销售额）的引用指定为绝对引用，否则可能引起计算错误。

● **设置为相对引用产生计算错误的实例**

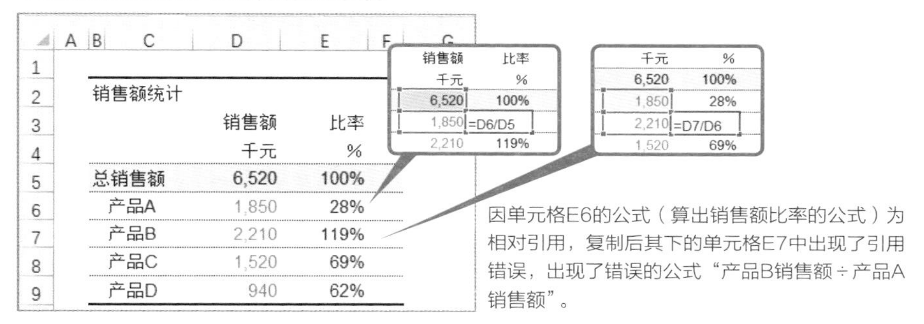

将“固定值”和“固定范围”设为绝对引用

为公式指定单元格的操作是相对引用。想将相对引用变更为绝对引用时，选定需变更引用形式的区域并按F4键。通用在所有计算的“固定值”和“固定范围”等，务必设置为绝对引用。另外，按F4键可自动切换选定部分的引用形式。

● **通过F4键切换相对引用与绝对引用**

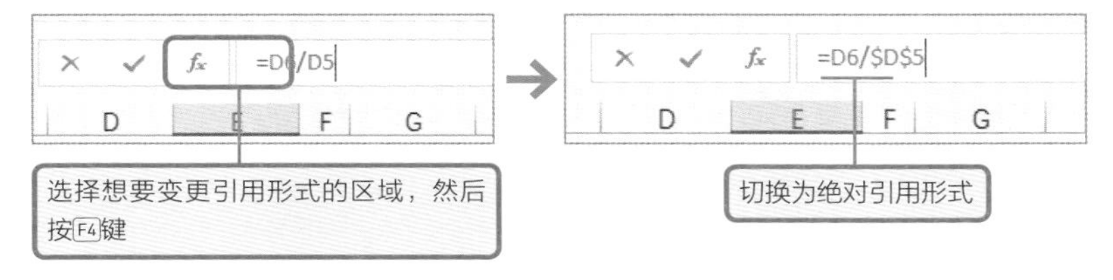

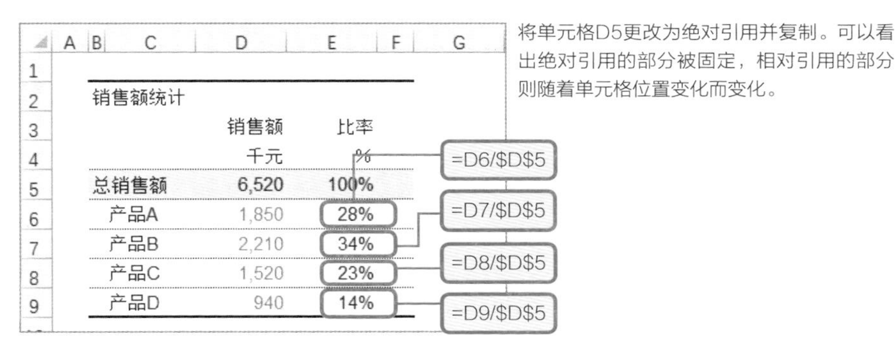

将单元格D5更改为绝对引用并复制。可以看出绝对引用的部分被固定，相对引用的部分则随着单元格位置变化而变化。

相关内容 单元格的区域指定与个别指定→p.72 混合引用→p.122 引用其他表→p.124

使用混合引用，秒速生成矩阵

低级错误，
防患于未然

仅固定行或列

前面介绍的绝对引用，可以用来固定单元格，也就是说可以同时固定行和列（p.120）。

本篇中将要介绍的**混合引用**是指，**仅固定行和列中一方的引用方式**。混合引用是一种生成矩阵表时非常实用的引用方式，类似以纵轴为销量，横轴为价格的一览表，**行和列上分别罗列计算用值，在交叉位置显示计算结果（所谓矩阵）**。

下面用实例来说明混合引用的用法。下图中，设C列为“销量”，第4行为“价格”，来制成销售额估算表。在两个数据出现交汇的D5:G10单元格中，输入与“销量×价格”相对应的公式。**将公式应用于其他单元格时，复制D5单元格内的混合引用公式到目标单元格即可。**也就是说，如下图所示的矩阵，如果使用混合引用，仅需要输入一个公式，一次性复制至余下的单元格即可。具体的指定方法将在下一页说明。

● **使用混合引用制作出的销售额一览表**

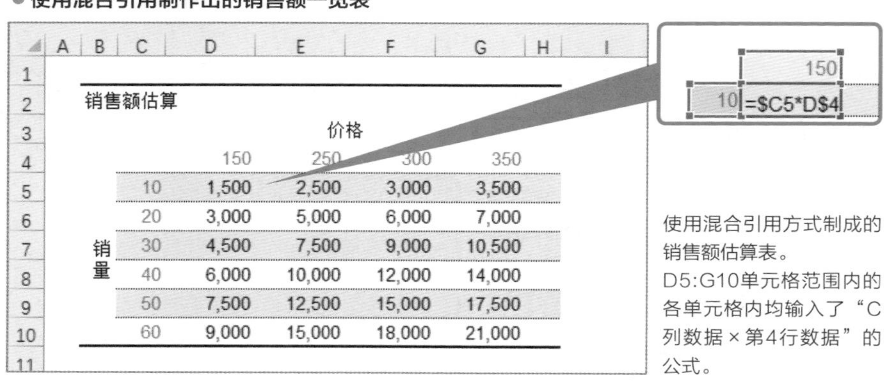
销售额估算

		价格			
		150	250	300	350
销量	10	1,500	2,500	3,000	3,500
	20	3,000	5,000	6,000	7,000
	30	4,500	7,500	9,000	10,500
	40	6,000	10,000	12,000	14,000
	50	7,500	12,500	15,000	17,500
	60	9,000	15,000	18,000	21,000

使用混合引用方式制成的销售额估算表。D5:G10单元格范围内的各单元格内均输入了“C列数据×第4行数据”的公式。

按F4键切换引用形式

把引用方式改为混合引用时，选定想要改变引用方式的区域，按F4键。这样一来，引用方式会按**“相对引用”→“绝对引用”→“混合引用（仅固定行）”→“混合引用（仅固定列）”**的顺序切换，按F4直至切换为想要的形式。

制作前页的销售额估算表时，在D5单元格内输入“=C5*D4”后，再设置C5为“$C5”（仅固定列），设置D4为“D$4”（仅固定行）。随后再复制该单元格设置给D5:G10范围内的其他单元格，完成操作。

● **指定混合引用制作矩阵的操作方法**

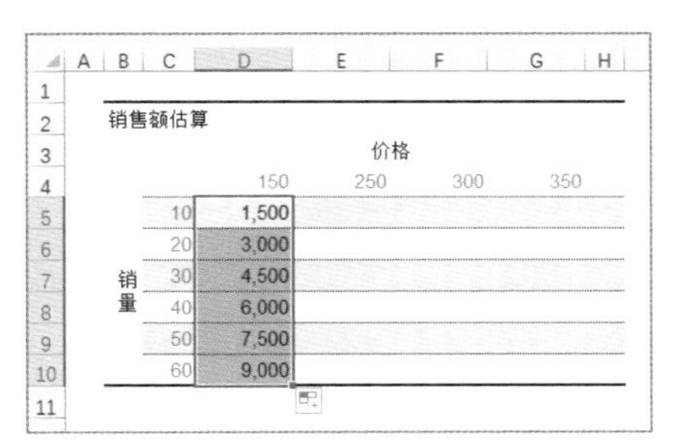

❶输入公式“=C5*D4”。

销售额估算		价格			
		150	250	300	350
销量	10	=$C5*D$4			
	20				
	30				
	40				
	50				
	60				

❷按F4键，切换为“=$C5*D$4”，固定C列与第4行。

销售额估算		价格			
		150	250	300	350
销量	10	1,500			
	20	3,000			
	30	4,500			
	40	6,000			
	50	7,500			
	60	9,000			

❸纵向复制。

销售额估算		价格			
		150	250	300	350
销量	10	1,500	2,500	3,000	3,500
	20	3,000	5,000	6,000	7,000
	30	4,500	7,500	9,000	10,500
	40	6,000	10,000	12,000	14,000
	50	7,500	12,500	15,000	17,500
	60	9,000	15,000	18,000	21,000

❹再横向复制，完成。

这也很重要!

为什么固定引用的符号为“$”

在绝对引用和混合引用中，固定从属单元格时要标记“$”。为什么选符号“$”呢？有一种说法是，因为“$”的外观与固定船时用的“锚”非常相似，即“用锚固定船”，很形象。

相关内容 绝对引用与相对引用→p.120 引用其他表→p.124

引用其他表的值

低级错误，
防患于未然

多处引用的数据集中到专用表中

在Excel中还可以引用其他表中的值。**输入引用公式时，只需要切换工作表，选择目的单元格即可**。以“sheet1!B4”即“表名！单元格名”的形式指定从属单元格，也可以通过键盘直接输入“表名！单元格名”。另外，和同一个工作表内的引用操作一样，引用其他的工作表时也可以指定绝对引用（p.120）和混合引用（p.122）。

在下图中，在“报价计算”工作表中用VLOOKUP函数（p.100）引用“商品”工作表中的商品名和价格。

```
=VLOOKUP($B5,商品！$B$4:$D$9,2,FALSE)
```

引用“商品”工作表中的B4：D9单元格范围

● **引用其他工作表中的值的公式例**

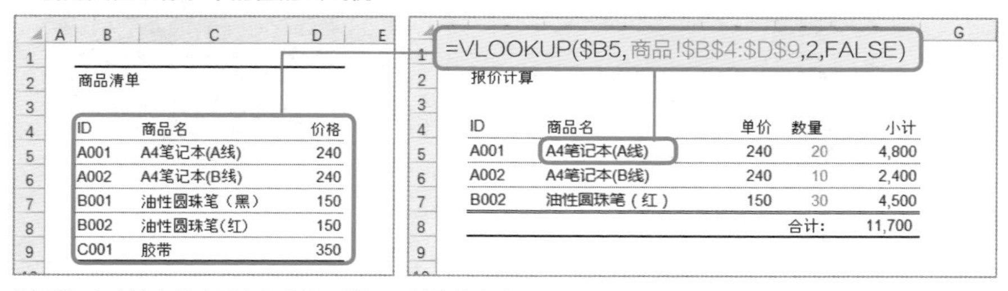

“商品”表中输入的商品名和价格，被用于其他的表中。

这也很重要!

工作表名称如果是数字开头，需用加“''”

“1月销售额”等以数字开头的工作表名，应像“'1月销售额'！A1”一样，用“''”标注整个工作表名称。

常见错误及应对办法

文字的类型错误、拼写错误和数值的输入错误等，无论多小心也难以避免。即便意识到“统计结果有问题”，从查找原因到最后修正还是会花不少时间。

例如，半角文字“A4笔记”与全角文字“Ａ４笔记”，肉眼看上去两者相同，但是在Excel中会被当作不同的数据处理。因此，不会被应用到SUMIF函数（p.80）等函数中。

● **常见错误**

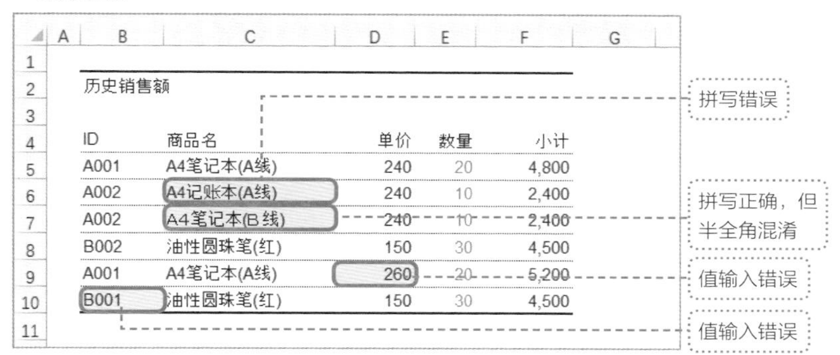

历史销售额

ID	商品名	单价	数量	小计
A001	A4笔记本(A线)	240	20	4,800
A002	A4记账本(A线)	240	10	2,400
A002	A4笔记本(B 线)	240	10	2,400
B002	油性圆珠笔(红)	150	30	4,500
A001	A4笔记本(A线)	260	20	5,200
B001	油性圆珠笔(红)	150	30	4,500

拼写错误和值的输入错误一般比较难发现。统计之后才会注意到“哪里不对”，开始查找原因，解决起来要花不少时间。

为防止以上小错误发生，**把需要反复用于各个表的数据（例如，商品和服务一览表等）汇总在一个独立的专用工作表上，再从各个表建立引用**。这样，就可以防患于未然，避免名称和价格的输入错误。

另外，引用其他工作表时，即便名称和价格有变动，只需要修改从属工作表的内容，就可以修改整个工作簿内的所有相关数据。如果分别在各工作表内输入的话，就不得不在工作簿中，逐一检索出记录有商品名的地方，逐个修改，而且有时还可能会“忘记修改”。

快速制成正确的表，重要的一点便是尽可能地减少错误。输入的数据出现错误，不仅单纯造成表出错，还会导致与函数相关的计算结果出现错误。

相关内容 单元格的区域指定与个别指定→p.72 绝对引用和相对引用→p.120 混合引用→p.122

低级错误，
防患于未然

为重复使用的数字命名
——设置单元格名称

为单元格“命名”

在Excel中可以给任意单元格和单元格范围“**命名**”。而且，命名还可直接用于公式。

例如，假设在A1单元格内输入表示消费税率的数值“0.08”，在B1单元格内输入销售额。使用单元格号指定位置时输入“=B1*A1”。不过，将A1单元格命名为“消费税”后，可以输入“=B1*消费税”。这样一来，与“=B1*A1”相比，更容易明白计算的内容。

● **为单元格命名**

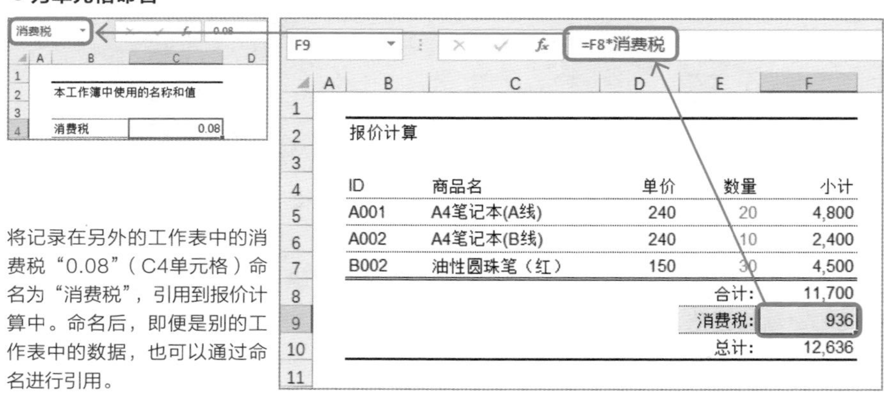

将记录在另外的工作表中的消费税“0.08”（C4单元格）命名为“消费税”，引用到报价计算中。命名后，即便是别的工作表中的数据，也可以通过命名进行引用。

除消费税率外，还有其他各种命名后更方便操作的数值。如**表示位数用的数值**（千元、百万元）、**汇款金额**和**各种业务中单独另外计算的单位**（一批300个）等（参见下页图示）。

事先为用于各处的数值命名，会让公式内的内容更好懂。

在首个工作表中统一“命名”

可以在任意一个工作表内的任意一个单元格内为单元格命名，不过，如果在各个表中分别对单元格进行命名，会导致名称的管理陷入混乱，同时还存在出现重名的风险。因此，**建议统一在首个工作表内为单元格命名**。

另外，**命名后的名称可以引用到所有工作表中**，所以在多个工作表内为单元格命名的做法百无一利。只要没有特殊理由，尽量在首个工作表中完成对单元格的命名。

为单元格“命名”时，选定要命名的单元格，在左上的[名称]框内输入名称，按Enter键确定。

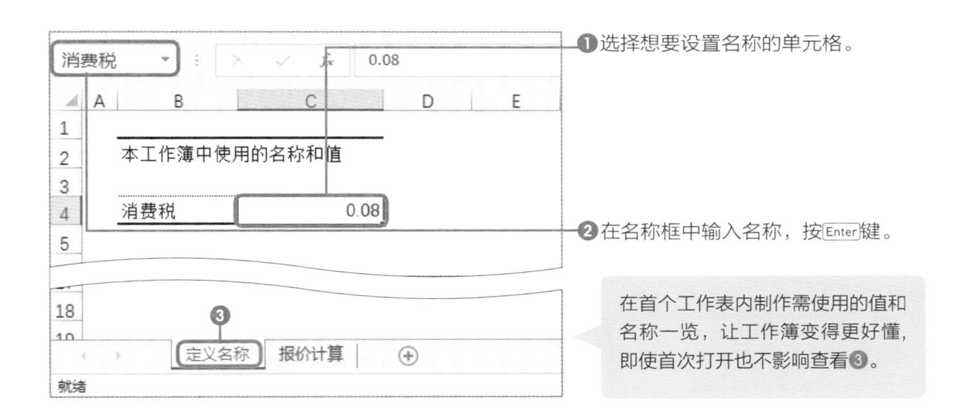

这也很重要！

还可以给值命名

在Excel中，还可以给“值”而不是记录值的单元格命名。

给值命名时，点击[公式]项下[定义名称]，在[名称]栏内输入数值的名称❶，[引用位置]栏内输入数值❷，点击[确认]键。

不过，这样操作后，对其他人而言，名称与值的关系变得不好理解，所以并不推荐。基本上还是建议使用上述方法，按“在首个工作表内定义名称”的规则，为单元格命名。这样制作出来的工作簿任何人都容易看懂。

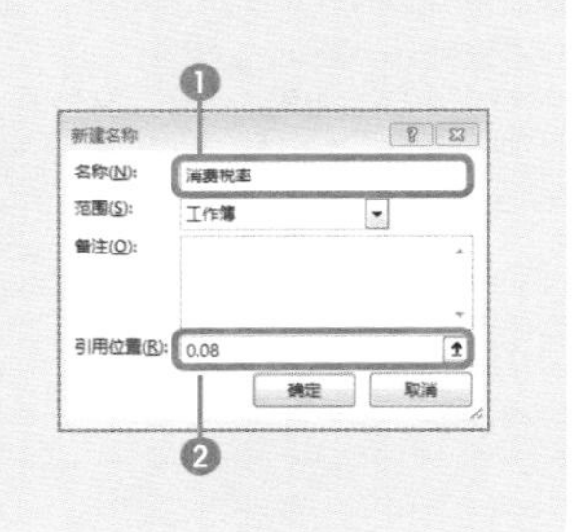

相关内容 对单元格加注→p.41 撤销单元格的命名→p.128

低级错误，
防患于未然

删除单元格的命名

在专用对话框内管理“名称”

确认·编辑工作簿内使用的“名称”（p.126）时，点击[**公式**]内的[**名称管理器**]，打开[**名称管理器**]**对话框**（参考下图）。特别是将含有使用“名称”的公式的工作表复制到其他工作簿和新建工作簿时，务必先确认“名称”的情况。

在Excel中，将含有使用“名称”的公式的工作表复制到其他工作簿和新建工作簿时，**会在对源工作簿设置链接的状态下复制**“名称”的信息。不过，**在Excel中尽量不要使用工作簿之间的链接，保持各工作簿的独立更安全**（p.134）。因此，如果存在有与其他工作簿产生链接的“名称”时，建议在[名称管理器]对话框中编辑或删除该“名称”。

“名称”的编辑与删除

编辑・删除“名称”时，在[名称管理器]对话框选择对象“名称”，并点击位于对话框上方的[**编辑**]或[**删除**]键。点击[编辑]键，重新指定新的单元格或单元格范围，即可改变“名称”的赋予位置。

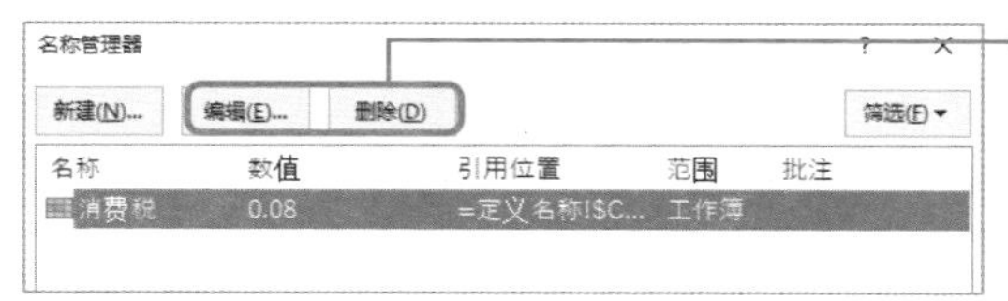

❶从名单中选择任一“名称”，点击[编辑]键或[删除]键。

删除“名称”后，使用有该名称的公式的单元格处会出现“#NAME？”。这是由于找不到“名称”的定义导致的错误提示。修正该错误时，可以重新在自己的工作簿内定义与被删除名称相同的“名称”，或者将公式内的“名称”换为单元格号。

● **删除名称后，使用该名称的公式处显示错误**

商品名	单价	数量	小计
A4笔记本(A线)	240	20	4,800
A4笔记本(B线)	240	10	2,400
油性圆珠笔（红）	150	30	4,500
		合计:	11,700
		消费税:	936
		总计:	12,636

→

=F8*消费税

商品名	单价	数量	小计
A4笔记本(A线)	240	20	4,800
A4笔记本(B线)	240	10	2,400
油性圆珠笔（红）	150	30	4,500
		合计:	11,700
		消费税:	#NAME?
		总计:	#NAME?

删除“消费税”名称后，使用该“名称”的公式仍被保留，但因名称不明最终显示为“#NAME？”。

这也很重要!

自动命名

定义打印范围后，会自动命名其为“Print_Area”。另外，使用[table]等功能导入外部数据时，Excel也会自动为其命名。

相关内容　为单元格加注→p.41　为单元格命名→p.126

从“输入”到“选择”——[数据验证]功能

低级错误，
防患于未然

制作可能会用到的值一览表，变“输入”为“选择”

为了防止单纯的文字输入错误、计算错误和表述不统一的情况，数据录入人员应该事先准备好有可能用到的文字，制作工作表时进行“**选择**”操作，而不是“**输入**”操作。

从输入文字改为从表单中选择文字后，不仅能避免输入数据时经常会发生的错字、少字等错误，还能避免“销售额”和“营业额”，“打印机”和“印刷机”，半角“Excel”和全角“Ｅｘｃｅｌ”这样的表述错误。

需要对输入到单元格内的数据设置一定的限制时，使用[**数据验证**]**功能**。将本功能应用在经常输入的值上，非常有效。

● **使用[数据验证]功能对单元格的可输入值进行限制**

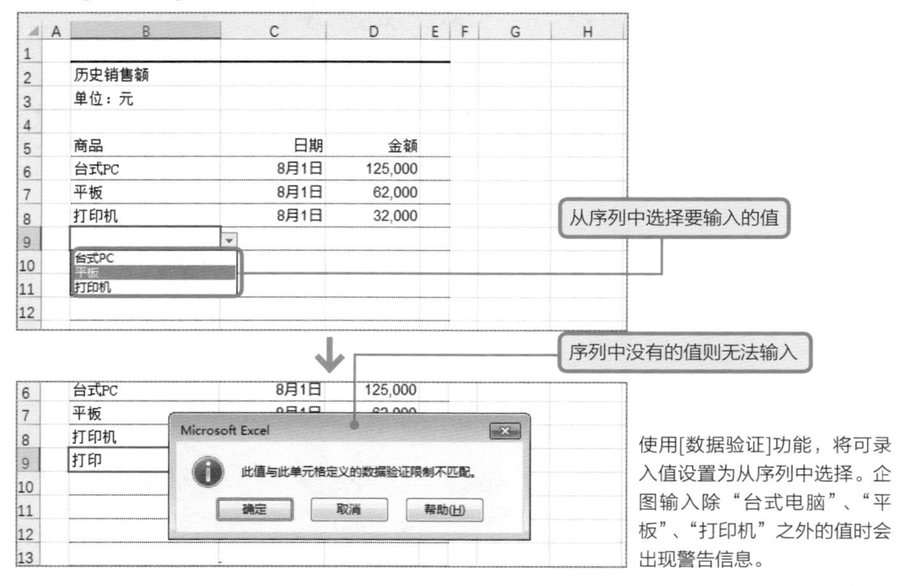

使用[数据验证]功能，将可录入值设置为从序列中选择。企图输入除“台式电脑”、“平板”、“打印机”之外的值时会出现警告信息。

设定输入规则

为单元格或单元格范围设置[数据验证]后，该单元格将只能输入规定的值。按以下步骤设置[数据验证]。

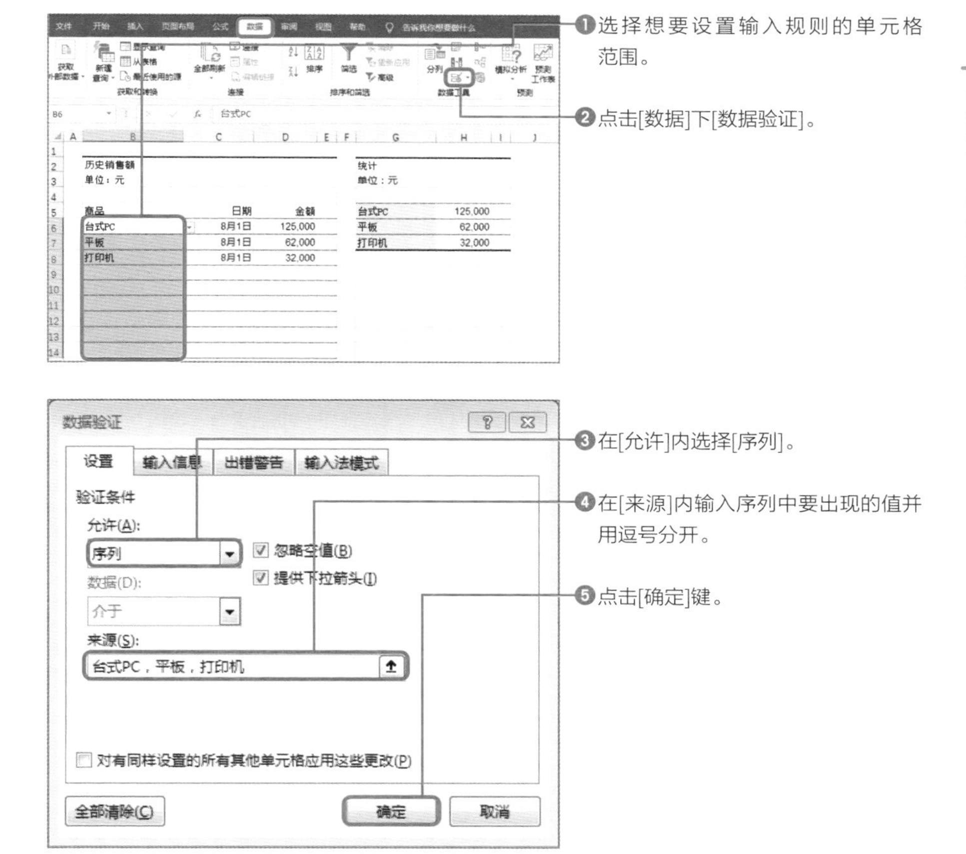

这也很重要!

如何撤销[数据验证]

需要撤销[数据验证]时，点击位于[数据验证]对话框左下的[全部清除]即可（参考上图）。

通过单元格内已录入的值生成序列

除了直接输入并用逗号隔开这种直接指定序列内的值的方法外（请参考前一页），还可以指定已输入到单元格内的值为序列值。

指定已输入到单元格内的值为序列值时，在[数据验证]对话框内的[来源]栏内，通过**绝对引用**（p.120）表达方式指定已录入对象值的单元格范围。

另外，也可以用单元格的“名称”（p.126）指定单元格范围。

● 引用已输入单元格的值生成序列

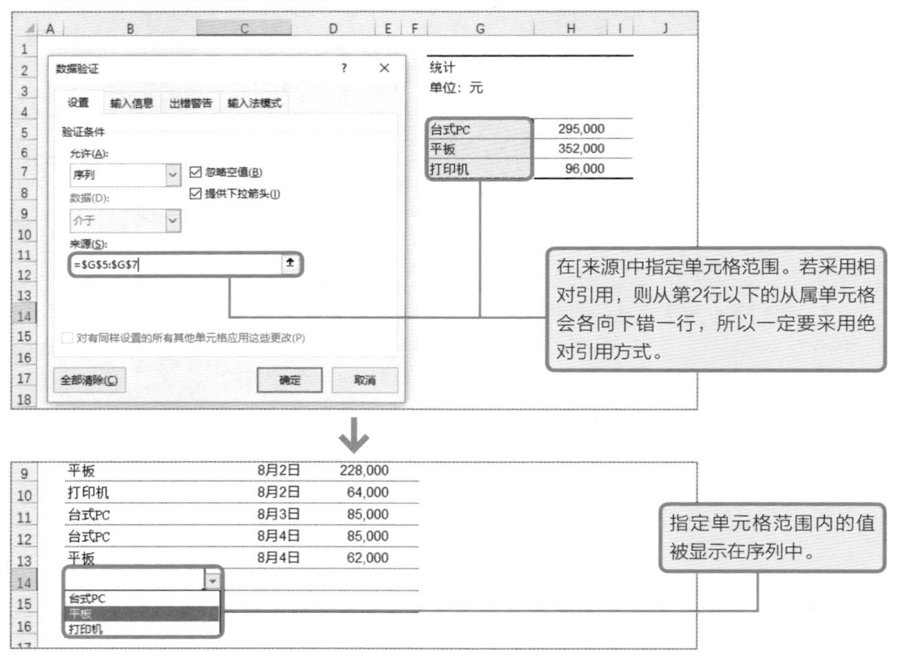

这也很重要!

使用键盘选择序列

在设置[数据验证]的单元格里，可以通过Alt+↓键展开序列，用↑和↓键选择需要的值。选择后，按Enter键确定。

另外，在没有设置[数据验证]的单元格内进行相同操作，Excel会以相同列的值为基础自动生成“输入候补序列”并显示出来。这个功能格外好用，请一并记下来。

设置输入值的容许范围

设置[数据验证]后，默认完全无法输入序列之外的值。不过，有时会出现“为避免将客户名录入错误而选用序列方式，同时也希望可以录入新客户的数据”的情况。

这时，可以通过更改[出错警告]的[样式]内容，允许输入序列之外的值。

通过以下步骤更改出错警告中的[样式]内容。

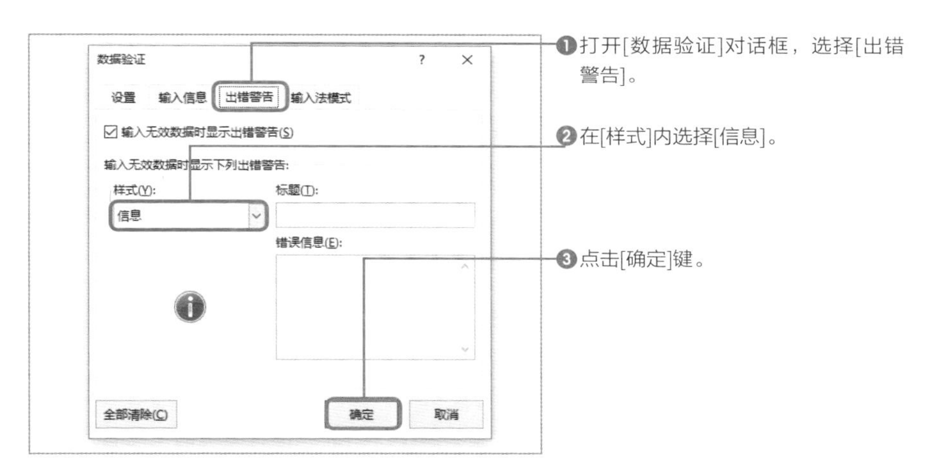

❶打开[数据验证]对话框，选择[出错警告]。

❷在[样式]内选择[信息]。

❸点击[确定]键。

❹输入序列中没有的值时会出现出错警告，点击[确定]键后，序列中没有的值会被保留。

点击[取消]键，恢复到输入前的状态。

这也很重要!

[样式]中可以设置的项目

[出错警告]中的[样式]中，除有上述[信息]外，还有[停止] [警告]两项可选。选择[停止]，则序列外的值无法被输入。选择[**警告**]，会出现标有[是] [否] [取消]选项的对话框。选择[是]，无效值将被录入，选择[否]，将返回到时编辑无效值的状态。选择[取消]，将取消输入，单元格恢复原状态。

相关内容　单元格的区域指定与个别指定→p.72　绝对引用和相对引用→p.120　混合引用→p.122

第 4 章

13

Excel

不要引用其他工作簿

引用文件和源数据

“工作簿应单独使用”的铁律

在Excel中，通过以下操作，可以达到引用其他工作簿中的单元格值的效果。

- 事先打开两个工作簿，输入公式时选择另外一个工作簿的单元格
- 以“'[工作簿名.xlsx]工作表名'！单元格号”的形式指定单元格的引用目的地
- 使用VLOOKUP函数进行查表，把引用有其他工作表里的值的表，复制到另一个工作簿中

引用（链接）其他工作簿的功能看上去方便好用，一旦从属的工作簿消失、更名，就会出现错误。同时，每次打开工作簿时，都会显示与外部引用相关的警告信息，有时还需要确认·修正链接信息。

因此，**作者并不推荐引用其他工作簿的操作**。一般，**最好是保证工作簿处于单独使用的状态**。

● 引用其他工作簿的示例

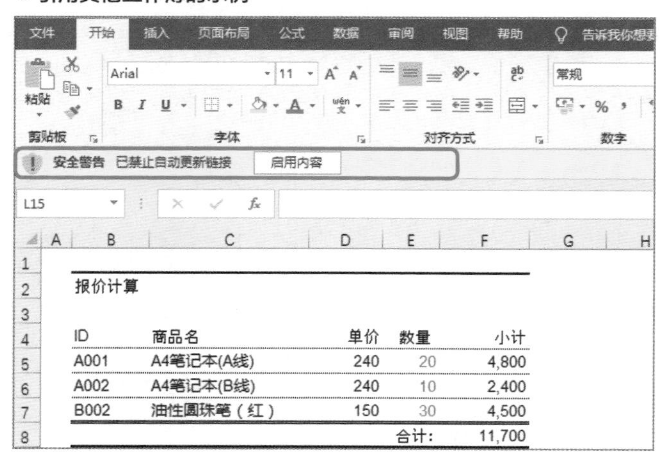

引用其他工作簿后，每次打开工作簿时都会显示警告信息。

将其他工作簿内的值录入当前工作簿后再引用

虽说，最好不要引用其他的工作簿，**但有时也会出现需要使用其他工作簿中记录的数据和在其他工作簿中统计**、分析过的数据的情况。或者说，使用其他工作簿中记录的经过严格验证的数据，远比使用重新录入的数据要能更有效率、更快速地得出值得信赖的数据。

这种情况下，将其他工作簿中的值以**纯文本值**形式复制到当前工作簿中使用，更安全。不需要原公式的情况下，使用[**粘贴数值**]（p.172），粘贴至当前工作簿后便可直接使用。这样一来，有用的数据可以在安全的状态下被再次使用。

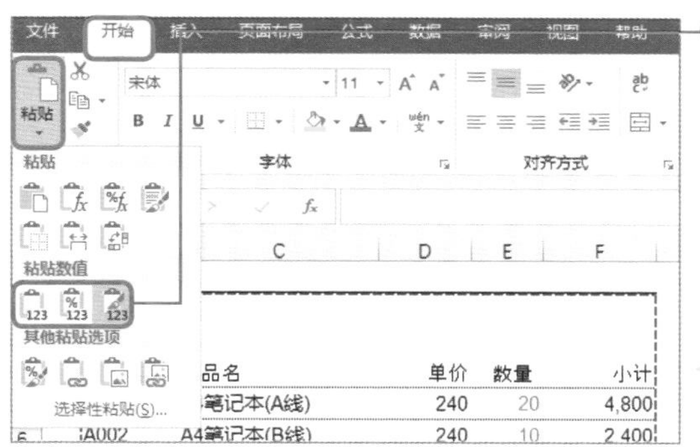

❶复制其他工作簿中的单元格范围，之后选择[开始]下[粘贴]的[粘贴数值]。

[粘贴数值]的三个选项的不同请参考p.173。在这里，选择任何一个均可。

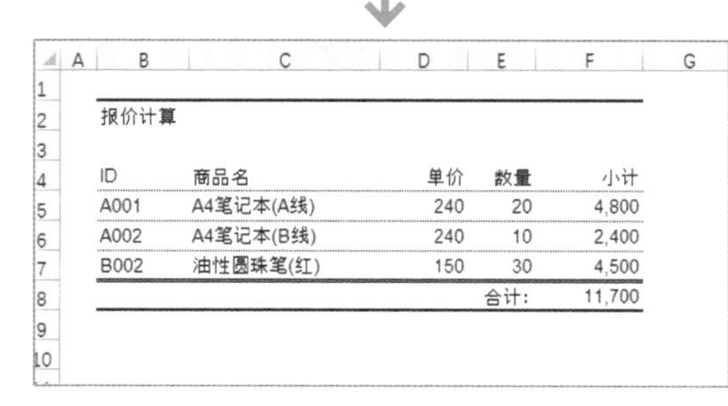

❷复制纯文本状态下的单元格，粘贴至自己工作簿的任一表中。

这也很重要!

想使用原公式时的处理方法

如果想将其作为公式而不是纯文本值使用到当前工作簿中，要分别将公式中引用的工作表复制到当前工作簿中。例如，想复制其他工作簿中的“报价计算”工作表的值，就要将“报价计算”工作表和“报价计算”工作表内的公式所引用的“商品”工作表同时复制到当前工作簿内。

相关内容　绝对引用和相对引用→p.120　引用其他表→p.122

引用文件和源数据

检查是否被引用到其他工作簿

利用[查找和替换]功能检查是否被引用到其他工作簿

因被引用到其他工作簿产生错误时，查看当前工作簿内的公式，检查是否"**被引用到其他工作簿**"，是一件非常棘手的工作。

查找引用有其他工作簿的公式时，可以利用引用其他工作簿时的格式"**'[工作簿名.xlsx]表名'! 单元格号**"，再通过Excel的[查找和替换]功能检索"["（方括号）。"["，通常很少用于普通数据的录入中，用它找出引用至其他工作簿的公式的概率非常高。

● **查找引用其他工作簿的公式**

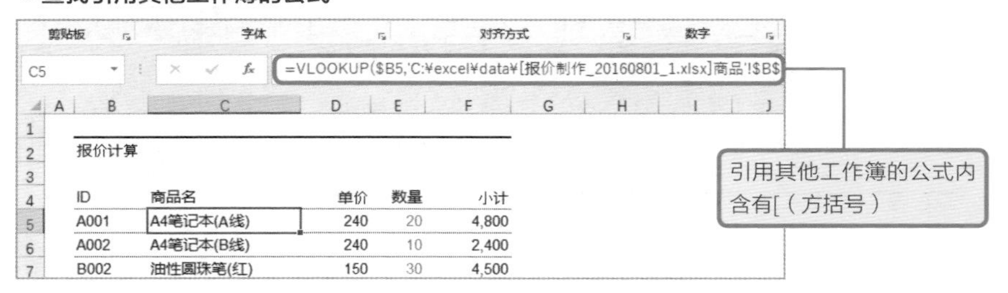

这也很重要!

还要确认是否定义有"名称"

单元格被命名"名称"（p.126）时，请务必使用[名称管理器]对话框确认一下名称的内容（p.128）。

复制A工作簿中录入带有"名称"公式的单元格，粘贴至B工作簿上时，每个"名称"都会被复制到B工作簿上。不过这个"名称"，是引用的A工作簿中的名称。修改公式后仍出现警告信息时，建议确认"名称"是否引用自其他的工作表。

在“全体工作簿”范围内查找

检查是否被引用至其他工作簿时，按Ctrl+F键打开[查找与替换]对话框，设置[**范围：工作簿**][**查找范围：公式**]。同时，取消勾选[**单元格匹配**]项。

设置后，在[查找内容]中输入“[”，点击[查找全部]键。显示“可能引用其他工作簿的单元格”一览。想保留这些单元格的公式时，将从属工作表复制至当前工作簿，只删除从属工作簿的簿名，直接引用别的工作簿的单元格。

另外，点击一览表中的项，可以直接跳至查找出的单元格。这个设计非常方便进行快速修改。

● [查找与替换]对话框的内容

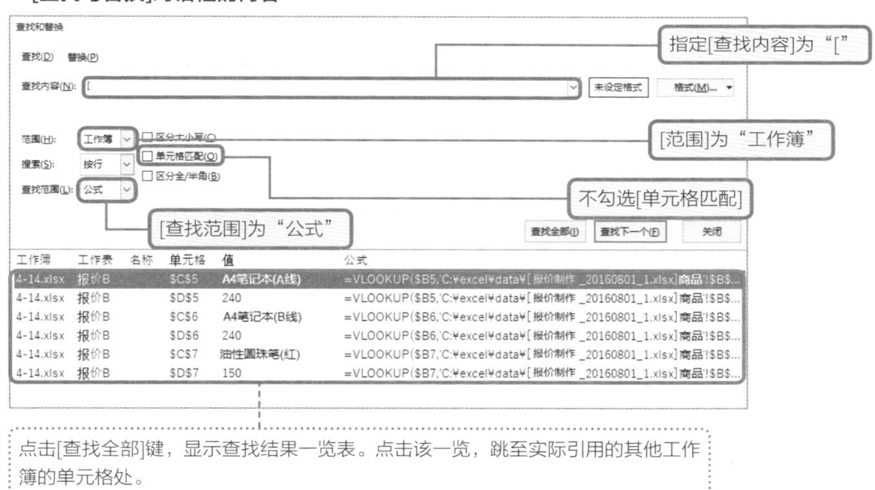

点击[查找全部]键，显示查找结果一览表。点击该一览，跳至实际引用的其他工作簿的单元格处。

这也很重要!

[取消链接]功能

对其他工作簿的引用，可以通过[数据]下的[编辑链接]统一取消。取消链接后的单元格内的值会以纯文本形式保留。不需要以公式形式保留单元格内容时，这个操作更简单。

相关内容　绝对引用和相对引用→p.120　引用其他表→p.124　引用其他工作簿→p.134

明确数据的出处

引用文件和
源数据

保留显示数据正当性及出处的信息

给表中录入数据时，请尽量养成详细记录“数值出处”信息的习惯。数据有很多种，如计算得来的数据、从财务资料中引用的数据、政府发表的数据等，出处各不相同。不如实记录数据的出处，随后想要确认数值的正当性时会束手无策。特别是，**录入第一次出现的纯文本数值**时，一定要明确记录出处。记录有数据的详细出处的表，被认为是“信赖度极高的表”，受到的评价很高。

记录数据出处时，专门设“出处”列，文字较多时可以使用脚注记录在表格外，更方便查看。

● **记录数据的出处**

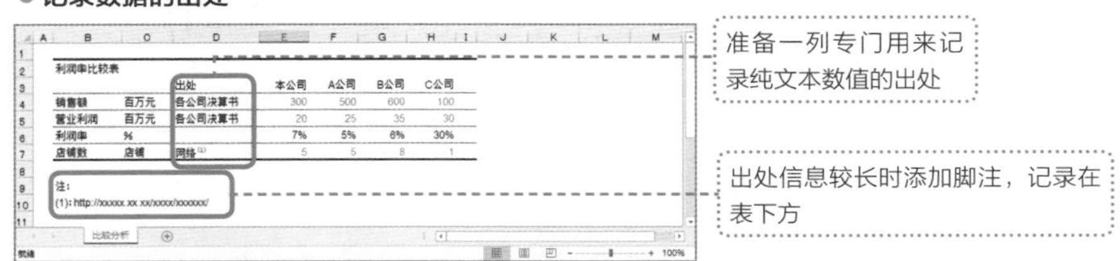

这也很重要！

如何设置注释

指定注释的顺序时经常使用“（1）”等上标文字，设置上标文字时选定需要设置上标文字的区域，打开[设置单元格格式]对话框，在[字体]下的[特殊效果]中勾选[上标]选项卡。

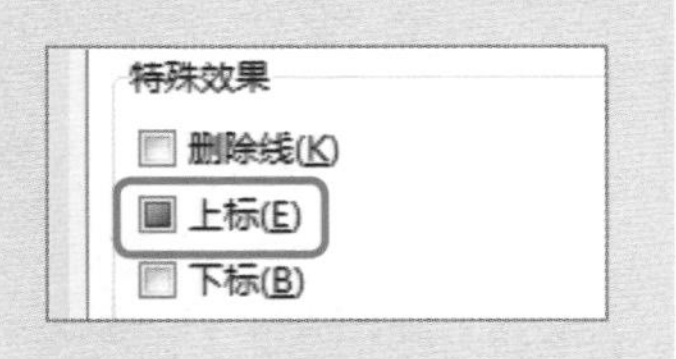

相关内容 区分使用数字颜色→p.26 引用其他表→p.124

第5章

大幅提高作业速度的快捷键技巧

快捷键是必修的工作技巧

必学内容之
严选快捷键

掌握快捷键，大幅提高工作效率

Excel为我们准备了大量提高工作效率的结构，其中特别重要的就是“**快捷键**”。只要掌握本书中所介绍的最重要的几个快捷键，有的人**作业速度**就可以比之前快10倍、20倍，堪称飞速状态。

关于Excel，经常有人会说“**越是速度快的人越不用鼠标**”，也确实如此。一点点小的操作，每次都要腾出手去操作鼠标，非常浪费时间。长时间使用Excel的人，要尽可能地不使用鼠标以推进工作进度，这是非常重要的。

所谓的快捷键是指，**将平常使用鼠标来进行的操作通过键盘上特定按键的组合来完成的**结构。代表性的快捷键有，Ctrl+C复制，Ctrl+V粘贴等。另外，快捷键（shortcut）的英文直译过来就是“近路”、“简单的方法”。

Excel中为所有的操作都分配了快捷键。因此，以**频繁使用的功能为中心来掌握快捷键，很多的作业就只需要通过快捷键操作来进行即可**。

● **右键菜单也可以通过快捷键调出**

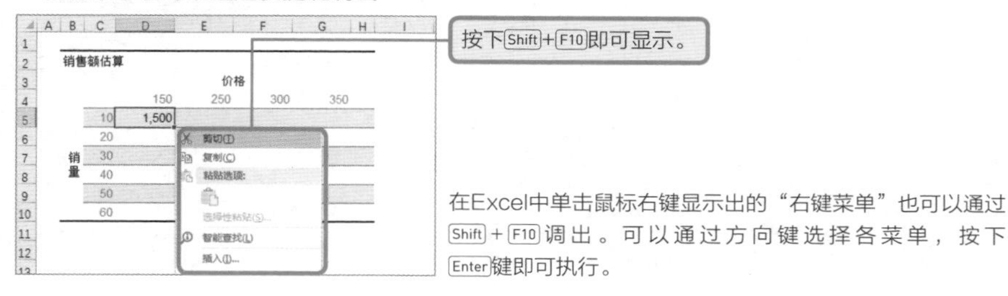

在Excel中单击鼠标右键显示出的“右键菜单”也可以通过Shift+F10调出。可以通过方向键选择各菜单，按下Enter键即可执行。

作业效率的改善直接关系到错误的减少

使用快捷键的最大优点就是可以提高**作业速度**，由此也缩短了表格的制作时间，因此也确保有充分的时间去确认和修改输入的内容，最终就能够制作出接近于零失误的表格。

● **打开新的工作簿，无疑使用快捷键可以更快地打开**

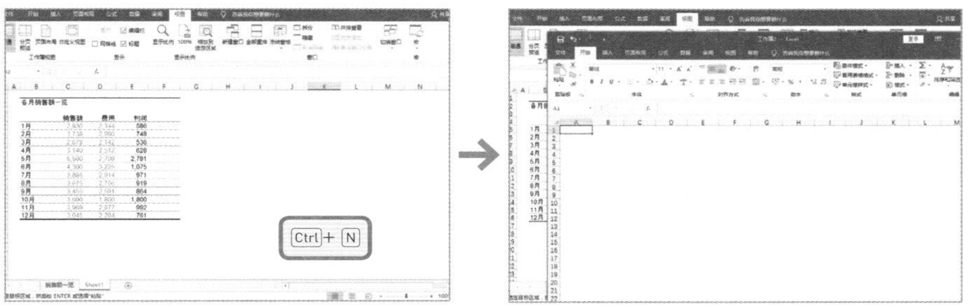

用鼠标操作来打开新的工作簿，需要点击功能区的[文件]→[新建]→[空白工作簿]这三个动作才能完成，而使用快捷键就只需要Ctrl+N这一个动作就能实现。

另外，快捷键功能大多都有助于提升**表格的**易看性。不可思议的是，“纯文本输入和区分使用算式规则”（p.26）和“边框的设置”（p.22）这类较为麻烦的操作，掌握快捷键后，设置和变更这些也会渐渐变得很有趣。轻松之余还可以提升易看性，没有理由不使用快捷键。当这些作业超越了“有趣”成为“理所应当”，那么你就步入了高手的行列。

本章严选了一些“**绝对要掌握的必学快捷键**”进行说明，请务必掌握使用。还有一些本书中未说明到的内容，大家可以根据自己的工作来恰当地掌握使用一些必要的快捷键。

这也很重要!

熟练使用右侧的Ctrl键

台式机的键盘上，在右侧也有Ctrl键，左手单手难以操作的这样的Ctrl+W快捷键，可以右手按下Ctrl键，左手按下W键，就可以流畅操作了。

相关内容 Alt键的使用方法→p.142 大量减少工夫和错误的快捷键→p.164

必学内容之
严选快捷键

Alt是最强拍档

快捷键的起点——Ctrl键和Alt键

Excel的快捷键可以分为两大类：一种是与Ctrl键相组合的快捷键，一种是与Alt键相组合的快捷键。

Ctrl类的快捷键是通过“**按下Ctrl键的同时按下别的键**”（即同时按下Ctrl键和别的键）来执行特定的功能。例如Ctrl+C就是“按下Ctrl键的同时按C键”。

● **Ctrl 类的快捷键示例**

快捷键	功能与说明
Ctrl + C	复制。“Copy”中的C。另外，“粘贴”就是C右侧的V，剪切是左侧的X
Ctrl + S	保存。“Save”中的S。另外“另存为”是F12
Ctrl + F	查找。“Find”中的F。另外，“替换”是相邻两个字母的H
Ctrl + ;	输入当前时刻。书写“12:00”等时刻时用到的:。另外，输入日期时使用;
Ctrl + Home	跳转至单元格A1，源自“Home Position（原点位置）”。另外，跳转至使用过程中的最后单元格时使用End

从上述表格中一看便知，Ctrl类的快捷键有一个特点，那就是“**多数分配给了某功能的首字母键或者具有象征性标记的键**”。例如，复制（Copy）分配给了C键，查找（Find）分配给了F键。还有，分配相关的快捷键给主要快捷键邻近的键也非常多见。例如，为复制（C键）的右侧分配“粘贴”（V键），为左侧分配“剪切”（X键）。同样地，为输入时刻（:键）临近的;键分配“日期输入”功能。

按下Alt键出现快捷键提示

使用Alt键的快捷键的特点为"**从功能区中调出要执行的功能**"。按下Alt键，功能区的选项卡处将会显示出如下图所示的快捷键辅助。这种状态下，按下快捷键辅助，将会显示出该选项卡下各按钮所对应的快捷键。

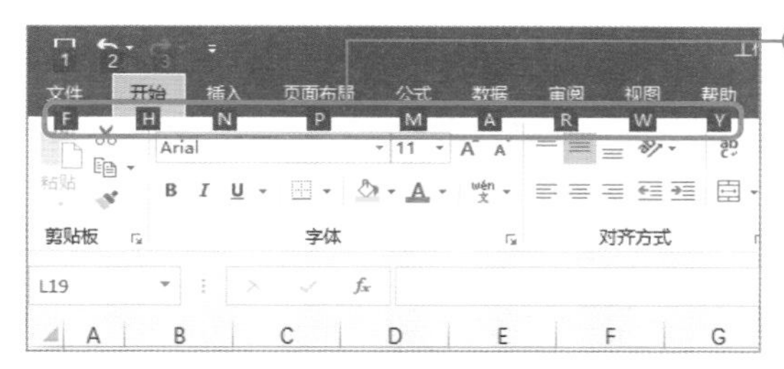

❶按下一次Alt键，功能区的选项卡部分将会显示出key assist（主要协助）。

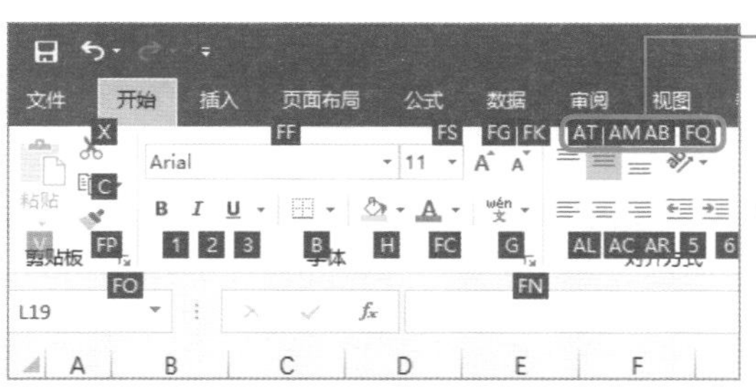

❷按下[开始]选项卡中的H键，选项卡内的各命令中将会显示出相应的key assist。

❸输入目标按键，将会执行分配给该按键的功能。

例如，Excel 2016中，要变更[开始]选项卡中的[字体]，可依次按下Alt→H→F→F键。

这里需要注意的是，Alt类快捷键是要"**一个一个依次按下**"，而Ctrl类快捷键是要"同时按下按键"来执行特定的功能，这是它们的不同所在。本书中书写Ctrl类快捷键时用"+"，Alt类快捷键用"→"。另外，Alt类快捷键在输入过程中想取消时，可以按ESC键。

Alt类快捷键的最大特点是不需要记忆按键。没有熟悉之前，只需要记住"首先按下Alt键"这一点，后续可以一边看功能区一边来调用所需功能。熟悉之后就能够快速调用而不用一一确认了。

相关内容 操作表格外观的快捷键→p.144 操作行或列的快捷键→p.148

操作表格外观必学的6种快捷键

必学快捷键之进阶篇

选中表格/所有单元格——Ctrl+A键

选中输入有值的单元格，按下Ctrl+A键，“**与该单元格相邻的，输入有值的单元格**”将会被选中。再按一次Ctrl+A键，将会选中所有的单元格。

● **选中表格/所有单元格的快捷键**

	A	B	C	D	E
1	商品名	日期时间	单价	销售数量	金额
2	商品E	2016/7/27 20:10	900	1	900
3	商品B	2016/7/27 20:28	600	1	600
4	商品E	2016/7/27 20:42	900	13	11700
5	商品B	2016/7/27 23:50	600	4	2400
6	商品A	2016/7/28 14:08	500	6	3000
7	商品B	2016/7/28 15:24	600	2	1200
8					
9					

选择表内输入有值的单元格（单元格A1），按下Ctrl+A键，周围“输入有值的单元格”将会被选中。

再次按下Ctrl+A键，将会选中所有的单元格。

左对齐/右对齐——Alt→H→AL键/ Alt→H→AR键

将文字左对齐/右对齐，按如下按键：Alt→H→AL键（左对齐），Alt→H→AR键（右对齐）。Excel中，“**将输入文字的列左对齐**”、“**将输入数值的列右对齐**”，就可以制成易看表格了（p.14）。

● **左对齐/右对齐的快捷键**

	D	E	F	G	H
1					
2	营业计划				
3			计划A	计划B	计划C
4	销售额	元	320,000	480,000	640,000
5	单价	元	800	800	800
6	销售量	个	400	600	800
7	费用	元	23,200	34,800	57,600

选中输入有数值的列，按下Alt→H→AR键，就可以一并设置为右对齐。

更改文字颜色——Alt→H→F→C键

更改文字颜色，按下Alt→H→F→C键，将会显示出文字托盘，用方向键选择颜色，Enter键确定。一开始默认选择的是最上方的[**自动**]，按↓键在托盘中移动来选择颜色。

● **更改文字颜色**

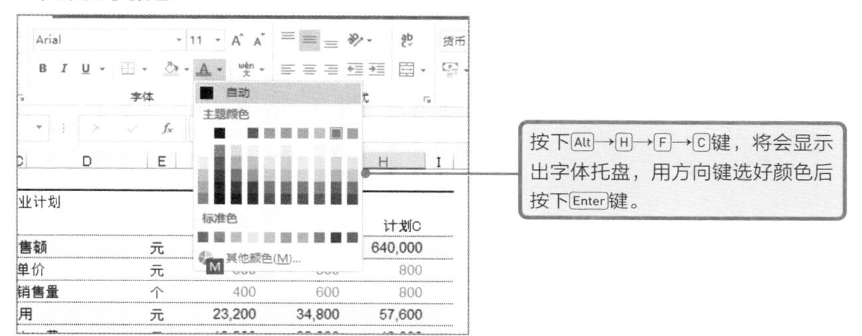

更改背景色——Alt→H→H键

设置单元格背景色，按下Alt→H→H键，将会显示出托盘，用方向键选择颜色，按Enter键确定。推荐**背景色尽量设置为较淡的颜色**（p.29）。设置为与原色相近的颜色的话，表格会变得不容易辨认。

● **更改背景色**

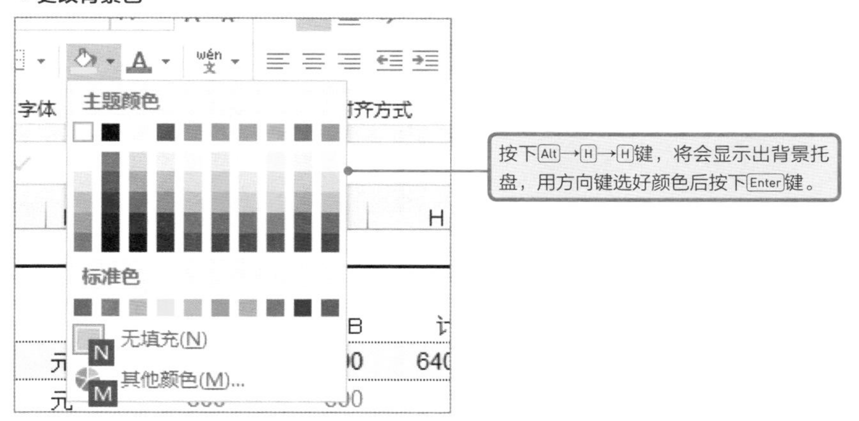

更改字体——Alt→H→F→F键

更改字体按Alt→H→F→F键。由于[**字体种类]是从下拉列表中进行选择的**，所以按下↓键来打开列表，选择目标字体后按下Enter键。

打开列表后，输入文字就可以跳转到以该文字为首字的字体。例如，打开列表后，按下H键，显示将会跳转至“Haettenschweiler”，也可以不打开列表直接输入字体名称。

● **更改字体**

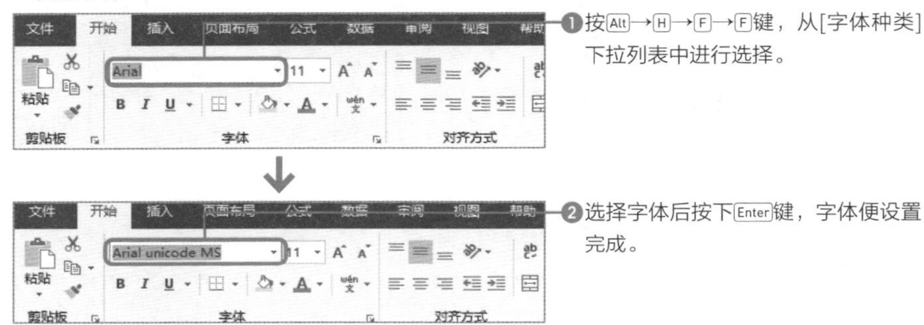

❶按Alt→H→F→F键，从[字体种类]下拉列表中进行选择。

❷选择字体后按下Enter键，字体便设置完成。

另外，**当全角字符（中文）和半角字符（英数字）设置了不同的字体时要十分注意更改字体**。例如，全角字符为“MS PGothic”，半角字符为“Arial”（p.8）时，在应该输入数值的单元格中输入中文字符串后，该单元格的字体将会更改为MS PGothic。

这种情况下，在表格制成后要务必按下Ctrl+A键选中所有单元格之后将字体再次设置为“Arial”。Arial中没有全角字符，因此就可以只把半角字符更改为Arial。

● **输入中文字符串后字体发生改变**

	A	B	C	D	E	F	G	H	I
10			人均人工费		元	9,600	9,600	9,600	
11			租赁费		元	4,000	6,000	10,000	
12			利润		元	296,800	445,200	582,400	

输入中文后字体发生改变，因此即便随后再输入数值，字体仍为MS PGothic。

打开[设置单元格格式]对话框——Ctrl+1键

打开可以设置边框等格式的**[设置单元格格式]对话框**时，按下Ctrl+1键。

对话框内的各种设置也可以通过快捷键进行操作，具体的操作方法请参考下图。

● [设置单元格格式]对话框的打开和操作

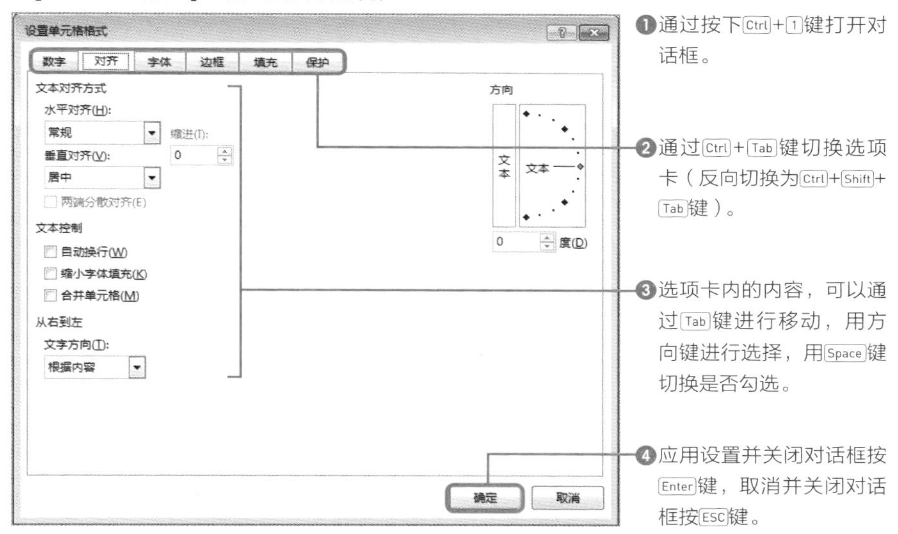

❶通过按下Ctrl+1键打开对话框。

❷通过Ctrl+Tab键切换选项卡（反向切换为Ctrl+Shift+Tab键）。

❸选项卡内的内容，可以通过Tab键进行移动，用方向键进行选择，用Space键切换是否勾选。

❹应用设置并关闭对话框按Enter键，取消并关闭对话框按ESC键。

看了上面的内容，乍一看很复杂，肯定有人会想“还是用鼠标操作比较简单吧”，但是仔细一看，就会发现基本的按键操作只有3~4种。因此，一旦习惯了操作起来是非常快的，就可以实现只用快捷键来完成操作。一开始认为鼠标操作比较轻松，慢慢地会一点点习惯快捷键的。

这也很重要!

数字键“1”是无效的

Ctrl+1键中的“1”使用的是键盘左上角的“1”键。数字键中的“1”是无效的。快捷键中使用数字键是无效的，或者操作会出现异常，请注意。

相关内容　操作行或列的快捷键→p.148　大量减少工夫和错误的快捷键→p.164

必学快捷键之
进阶篇

方便操作行和列的10种快捷键

选中整行/整列——Shift+Space键/Ctrl+Space键

选中整行按Shift+Space键，选中整列按Ctrl+Space键。**该快捷键在进行格式设置时会经常用到**。进行格式设置时，很多时候要逐行逐列进行统一（例如，右对齐、左对齐等），所以请务必掌握这些快捷键。

另外，如果是在中文输入模式下，请退出中文输入模式后进行操作。大部分情况下，Shift+Space是中文输入法中用于切换全角和半角字符的，所以可以添加一种语言[英语（美国）]，然后在这个当前语言中进行切换。

● 选中整行/整列

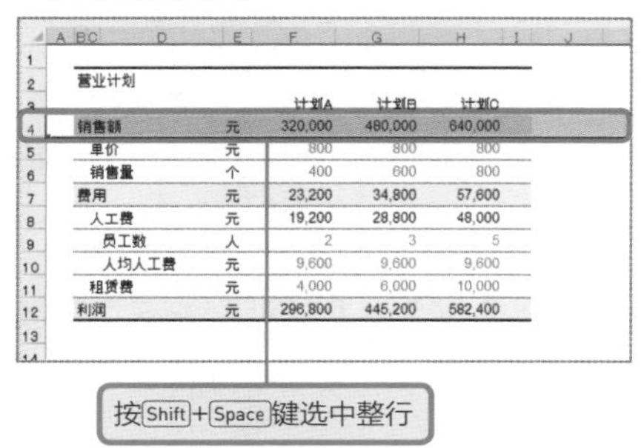

营业计划

		计划A	计划B	计划C
销售额	元	320,000	480,000	640,000
单价	元	800	800	800
销售量	个	400	600	800
费用	元	23,200	34,800	57,600
人工费	元	19,200	28,800	48,000
员工数	人	2	3	5
人均人工费	元	9,600	9,600	9,600
租赁费	元	4,000	6,000	10,000
利润	元	296,800	445,200	582,400

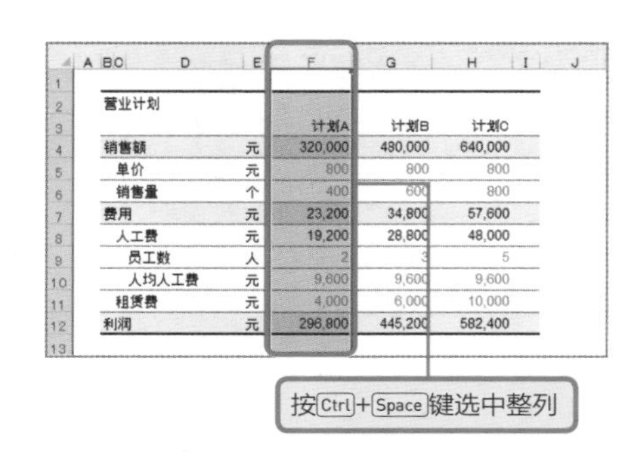

营业计划

		计划A	计划B	计划C
销售额	元	320,000	480,000	640,000
单价	元	800	800	800
销售量	个	400	600	800
费用	元	23,200	34,800	57,600
人工费	元	19,200	28,800	48,000
员工数	人	2	3	5
人均人工费	元	9,600	9,600	9,600
租赁费	元	4,000	6,000	10,000
利润	元	296,800	445,200	582,400

插入单元格/行/列——Ctrl+Shift++键

插入单元格按Ctrl++键（+键为数字键），会显示出**[插入]对话框**。用方向键或辅助键（I D R C）来指定单元格的插入方式，确定后按Enter键。

● 显示[插入]对话框

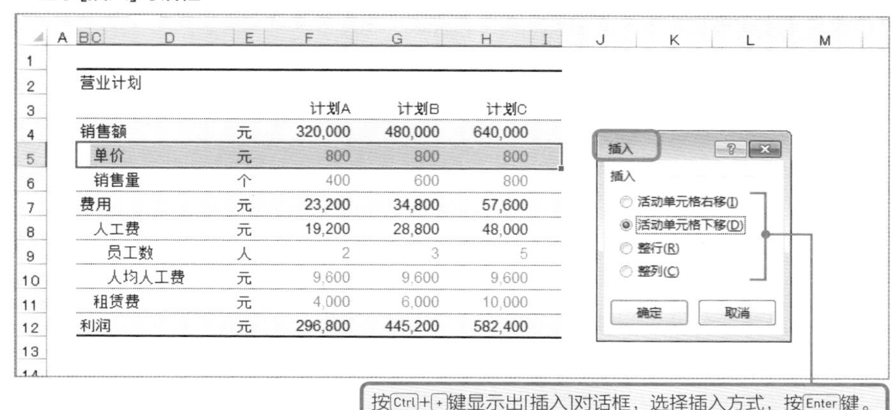

删除整行——Shift+Space→Ctrl+-键

按下Ctrl+-键，显示出**[删除]对话框**，在该对话框中指定删除方式。在此之前按下Shift+Space键选中整行（p.148）的话，将自动判定为“删除整行”，不显示对话框就可以删除整行。

删除整列——Ctrl+Space→Ctrl+-键

删除整列时，按Ctrl+Space键选中整列（p.148）后，按Ctrl+-键。

通过“**选中整行或整列”→“操作单元格**”的流程，省去显示[删除]对话框这一过程，在插入单元格时也可以使用。按Ctrl+Space键选中整列的状态下按Ctrl+＋键，不显示[插入]对话框就可以插入列。

这也很重要!

能够插入行或列的其他快捷键

Excel中也预备了不用选择整行或整列来插入行或列的方法。通过Alt→I→R键来插入行，通过Alt→I→L→C键来插入列。这些快捷键是旧版的Excel中就有的，为了确保兼容性，在Excel 2010后的版本中也可以使用。

由于不是正式的快捷键，按下Alt**键也不会显示出辅助键**，但即便如此，不用在意是否处于中文输入模式就可以插入行或列，掌握之后用起来很方便。

从文字移动到文字——Ctrl+方向键

输入有文字的单元格处于选中状态时，按下Ctrl+方向键后，**将会移动到方向键所指方向的连续单元格的尽头**。例如，在表格左上的单元格处按下Ctrl+↓，那么该列最下方的单元格将被选中，按下Ctrl+→后，那么该行右端的单元格将会被选中。

另外，当相邻单元格为空白单元格时，**“下一个输入有值的单元格”**将会被选中。因此，当表格细项以“错开列的方式”进行设置时（p.19），仅使用该快捷键就可以快速在各项目间进行移动了。

● **以错开列的方式设置细项内容，使用起来更方便**

Ctrl+↓键

	A	B	C	D	E	F	G	H	I
1									
2		营业计划							
3						计划A	计划B	计划C	
4		销售额			元	320,000	480,000	640,000	
5			单价		元	800	800	800	
6			销售量		个	400	600	800	
7		费用			元	23,200	34,800	57,600	
8			人工费		元	19,200	28,800	48,000	
9				员工数	人	2	3	5	
10				人均人工费	元	9,600	9,600	9,600	
11			租赁费		元	4,000	6,000	10,000	
12		利润			元	296,800	445,200	582,400	

→

	A	B	C	D	E	F	G	H	I
1									
2		营业计划							
3						计划A	计划B	计划C	
4		销售额			元	320,000	480,000	640,000	
5			单价		元	800	800	800	
6			销售量		个	400	600	800	
7		费用			元	23,200	34,800	57,600	
8			人工费		元	19,200	28,800	48,000	
9				员工数	人	2	3	5	
10				人均人工费	元	9,600	9,600	9,600	
11			租赁费		元	4,000	6,000	10,000	
12		利润			元	296,800	445,200	582,400	

以Ctrl+方向键来移动至“尽头处的单元格”，有空白单元格时将会移动至“下一个有值”单元格处。

另外，当行或列中没有输入数据时，使用该快捷键将会移动至表单尽头的单元格处。这一点用起来不方便。此时，可在表格的右端或下端输入“▼”等虚拟值。这样，就不会移动到表单的尽头，而是止步到虚拟值处。

表格完成后不需要虚拟值时，用“替换”功能一并去掉即可（p.156）。

● **在表格的一端输入虚拟值就不会移动到表单的尽头**

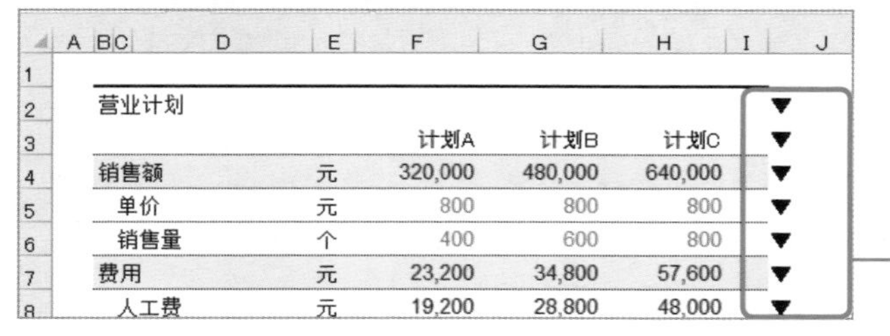

	A	B	C	D	E	F	G	H	I	J
1										
2		营业计划							▼	
3						计划A	计划B	计划C	▼	
4		销售额			元	320,000	480,000	640,000	▼	
5			单价		元	800	800	800	▼	
6			销售量		个	400	600	800	▼	
7		费用			元	23,200	34,800	57,600	▼	
8			人工费		元	19,200	28,800	48,000	▼	

选中到尽头处的数据——Shift+Ctrl+方向键

移动选择单元格时使用方向键，此时，如果同时按下Shift键，那么就可以选中**连续的单元格**区域。例如，在选中单元格F5的状态下，按住Shift键的同时按下↓→→，那么就能够选中F5起的2行3列的单元格区域F5:H6。

● **按住Shift键的同时按下方向键，就可以选择单元格区域**

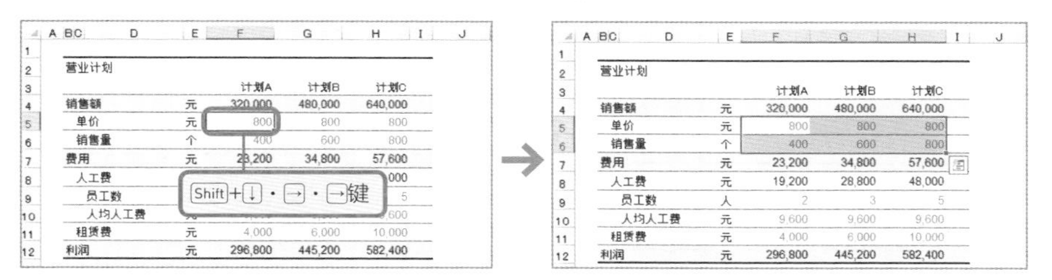

将“按住Shift**键选择区域**”的结构与Ctrl+方向键“**移动至数据的尽头**”快捷键进行组合，**就可以一口气选中一端到另一端的数据**。也就是说按下Ctrl+Shift+方向键就可以选中行方向或列方向的连续数据。

另外，按下Ctrl+ Shift+↓键后，Ctrl+Shift保持不动，按下→，就可以一口气选中输入有数据的连续单元格区域。

● **一口气选中一端到另一端的数据**

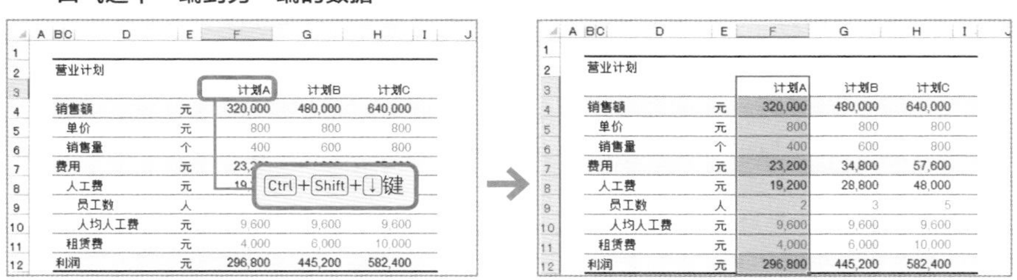

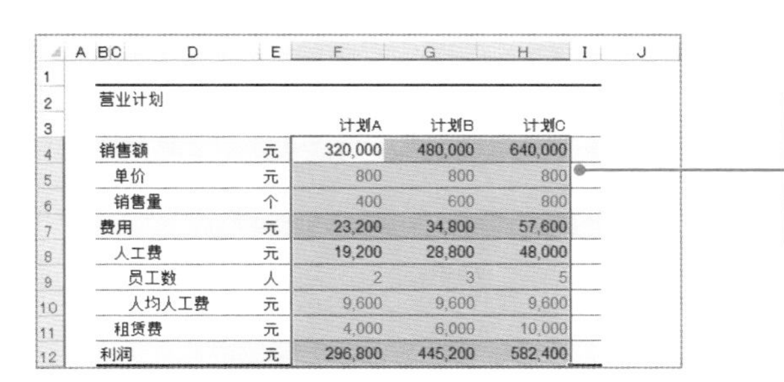

选中单元格，按下Ctrl+ Shift+↓键后，Ctrl+Shift保持不动，按下→，就可以更进一步扩大单元格的选择区域。

自动调整列宽——Alt→H→O→I

结合单元格中的文字数自动调整列宽，按Alt→H→O→I键，也可以选中多个单元格同时进行设置。

但是，自动调整后的列宽看起来未必适合，要使其更具易看性，可以参考自动调整后的列宽，稍微调整至有一些富余的列宽。

● **自动调整列宽**

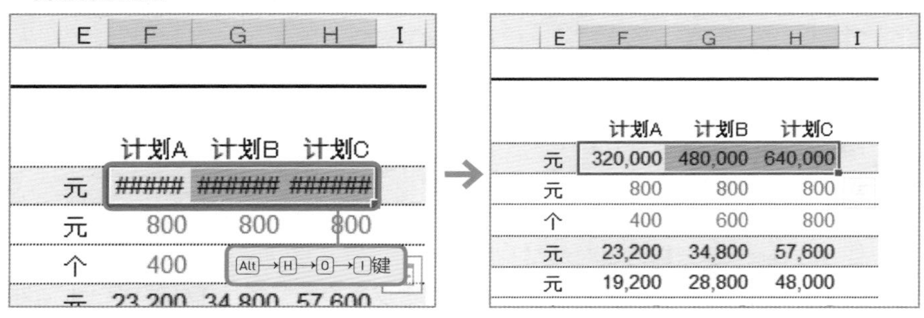

移动至单元格A1——Ctrl+Home键

发送Excel工作簿给顾客和公司之外的人时，**要把单元格定位至A1之后再发送**。这样，对方打开Excel时，光标就会处于最方便查看的位置。

选择单元格A1，按Ctrl+Home键。按下该快捷键后，不论光标此刻处于工作表的什么位置，都会瞬间移动至单元格A1。与此同时，滚动条也会回到初始位置。如果是一张大表，你想从头开始确认，这个快捷键用起来就非常方便。

● **移动至单元格A1**

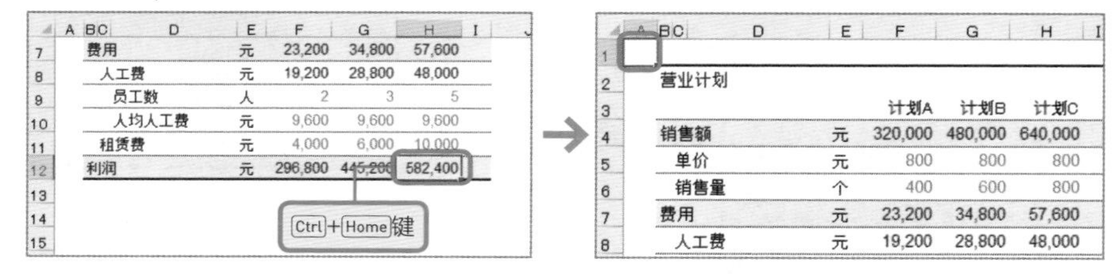

组合——Shift+Alt+→键

组合单元格（p.37）用快捷键操作的话，在选中单元格区域的状态下，按Shift+Alt+→键，出现**[组合]对话框**，选则列(R)或行(C)，按下Enter键。

另外，如果一开始就按下Alt键，那么将会识别为Alt类的快捷键（p.142），需要注意，要在按下Shift键后再按Alt键。

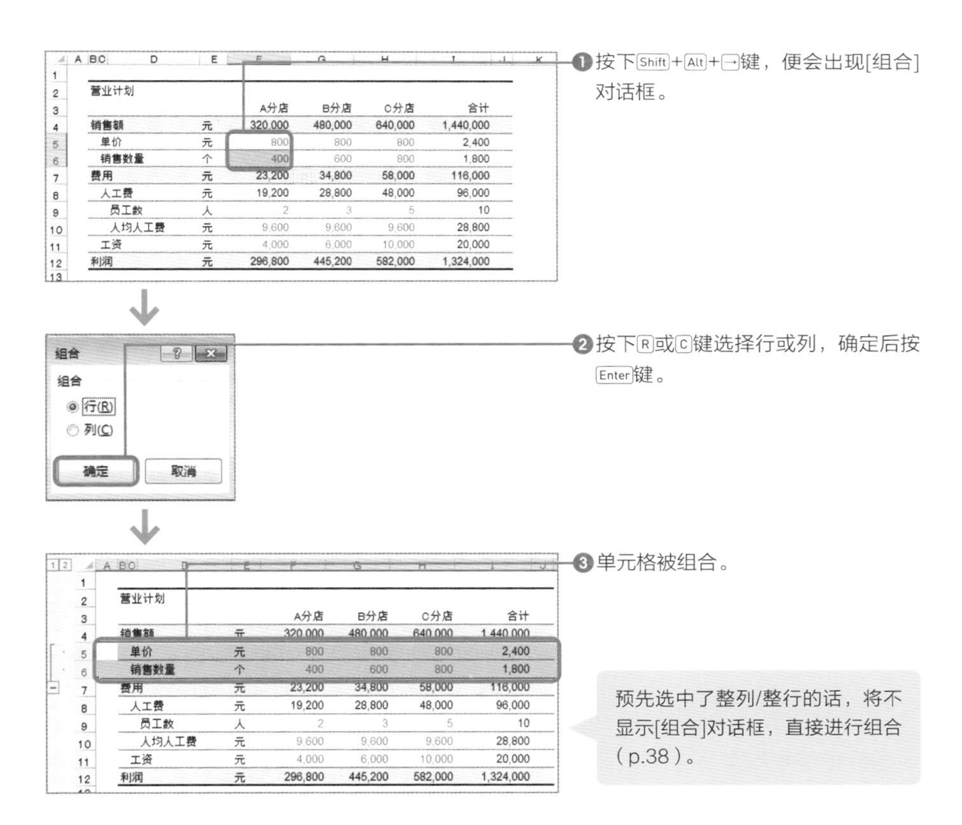

这也很重要!

取消组合时按相反方向的方向键Shift+Alt+←键

取消组合的快捷键为Shift+Alt+←键，与组合时的方向键反方向。

相关内容　操作表格外观的快捷键→p.144　操作数据的快捷键→p.154

必学快捷键之进阶篇

数据操作的10种便捷快捷键

为数值添加千位分隔符逗号——Ctrl+Shift+1键

为数值添加千位分隔符“,”（逗号），按Ctrl+Shift+1键（不可使用数字键的“1”）。这个快捷键非常方便，特别是处理4位数以上的数值时，使用频率很高，可以说是为提高作业速度做出巨大贡献的重要快捷键之一，请务必掌握。

● 为数值添加千位分隔符

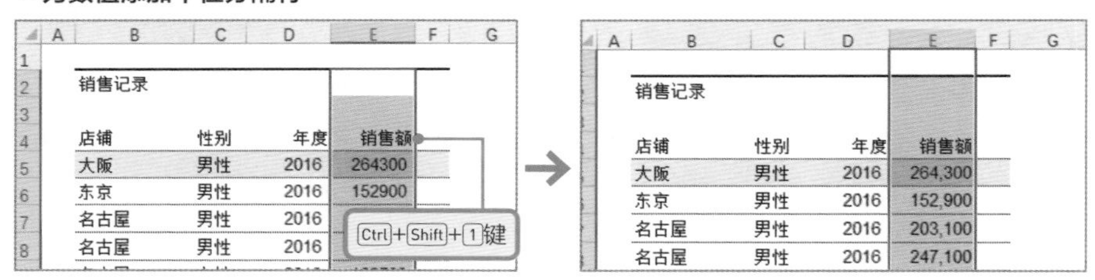

在数值的末尾添加“%”——Ctrl+Shift+5键

在数值的末尾添加“%”（百分号），按Ctrl+Shift+5键。与选择区域的Shift+方向键、选中整行或整列的Shift+Space键、Ctrl+Space键组合使用非常方便。

● 在数值的末尾添加“%”

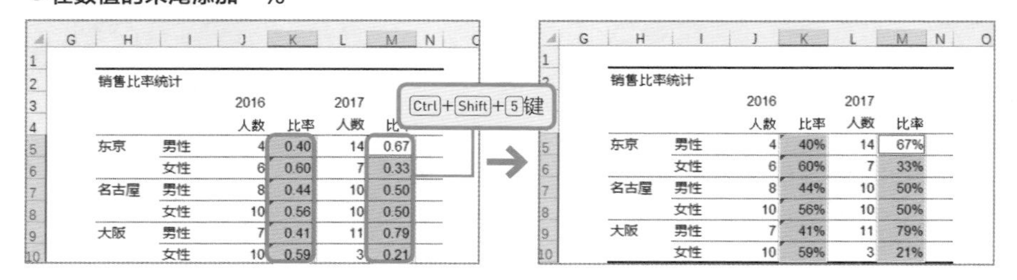

增减小数点的位数——Alt→H→0/9键

增加1位小数点后的显示位数，按Alt→H→0键。因为是涉及格式的快捷键，因此以Alt→H为开头（p.142）。**“调整“0”以后的小数的显示位数”**按0，这样记忆就很简单了。

同样，小数点后的位数减少1位时，按Alt→H→9键。9键位于增加位数的0键右边，因此，可以这样去记忆“增加时为0键，减少时为右边的键”。

● **更改小数点以后的显示位数**

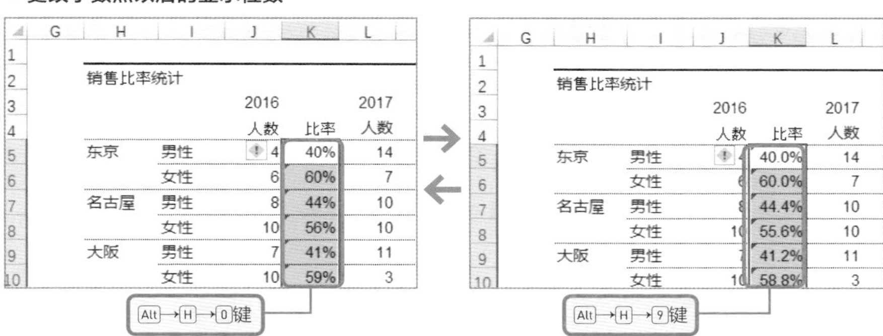

撤销操作/恢复撤销的操作——Ctrl+Z/Y键

操作有误时，撤销操作（Undo）按Ctrl+Z键。另外，虽然用Undo撤销了操作，但还是想回到刚才操作后的状态，也就是说要恢复撤销的操作（Redo），按Ctrl+Y键。

撤销/恢复操作位于Excel窗口最上方的**“快速访问工具栏”**（初始设置时）。

● **撤销操作/恢复撤销的操作**

快速访问工具栏中有[撤销][恢复]按钮。如果没有显示，按下右端的▼按钮就可以进行显示

查找工作簿或工作表的内容——Ctrl+F键

查找工作簿或工作表的内容按Ctrl+F键，将会显示出[查找和替换]对话框。熟练使用这个对话框以后，可以迅速找到目标数据。

● [查找和替换]对话框

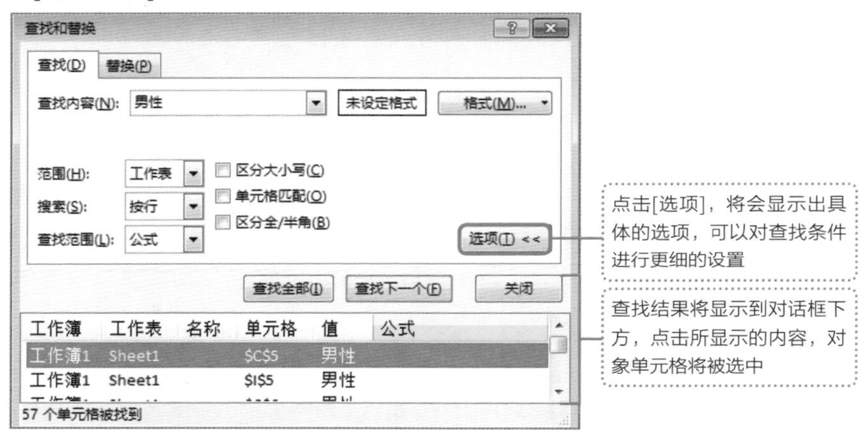

● [查找和替换]对话框的设置项目

设置项目	内容
查找内容	输入要查找的值
格式	在查找条件中设置单元格格式
范围	查找的对象范围可以从“工作表”、“工作簿”中进行选择。如果只想查找正在显示的工作表，那就选择“工作表”
搜索	选择搜索的方向，按行或按列。在切换查找范围的数据方向时使用
查找范围	选择查找数据的种类，从“公式”、“值”、“批注（p.41）”中选择
3个复选框	勾选后，就可以限定查找范围。去掉“单元格匹配”的勾选后，那么部分包含在单元格的字符串也将被查找出来

这也很重要!

选中列表区域

从[查找和替换]对话框下方所显示出的查找结果一览表中选中多个任意单元格，需按Shift或Alt进行点击。另外，如果按下Ctrl+A键，所有的查找结果将会被一并选中。

一次性替换为特定的内容——Ctrl+H键

要将单元格内的数值或公式内的一部分替换（更改），按Ctrl+H键。之后，[查找和替换]对话框中的[替换]选项卡将处于选中状态。

● [查找和替换]对话框中的[替换]选项卡

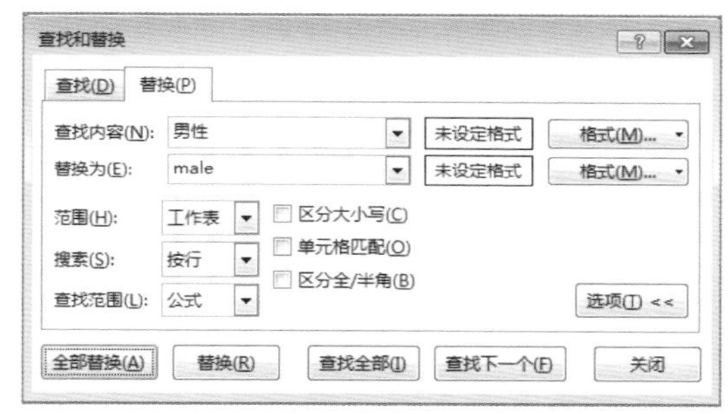

按下Ctrl+H键后，将会显示出[查找和替换]对话框，并且[替换]选项卡处于打开状态。

在**[查找内容]**中输入替换对象值，在**[替换为]**中输入替换后的值，点击[全部替换]按钮，将替换为对象值。点击[选项]，和查找时一样，可以详细设置范围和搜索方向等内容（p.156）。

● 将“男性”全部替换为“male”

销售比率统计

		2016		2017	
		人数	比率	人数	比率
东京	男性	4	40%	14	67%
	女性	6	60%	7	33%
名古屋	男性	8	44%	10	50%
	女性	10	56%	10	50%
大阪	男性				

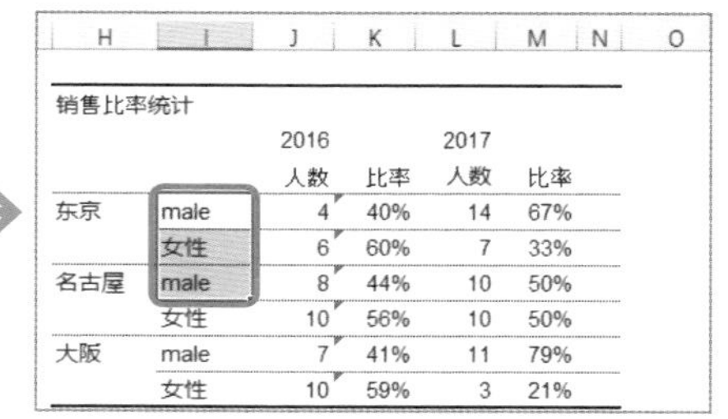

销售比率统计

		2016		2017	
		人数	比率	人数	比率
东京	male	4	40%	14	67%
	女性	6	60%	7	33%
名古屋	male	8	44%	10	50%
	女性	10	56%	10	50%
大阪	male	7	41%	11	79%
	女性	10	59%	3	21%

这也很重要!

将包含特定值的单元格全部清空

将[查找和替换]对话框中的[替换为]保持空栏，进行替换处理，符合查找值的单元格将会变成空白单元格。也就是说可以一次性清空符合查找条件的单元格的值或公式。

选择性粘贴——Alt→H→V→S键

通常，复制按Ctrl+C键，粘贴按Ctrl+V键。该方法不仅复制了值，还有**格式和公式**等也原原本本地复制了（但列宽除外）。

如果只想复制值，则按Alt→H→V键，将会显示出[粘贴]选项（[粘贴]选项的详细内容请参阅p.170–181）。

● **按下快捷键，显示出[粘贴]选项。**

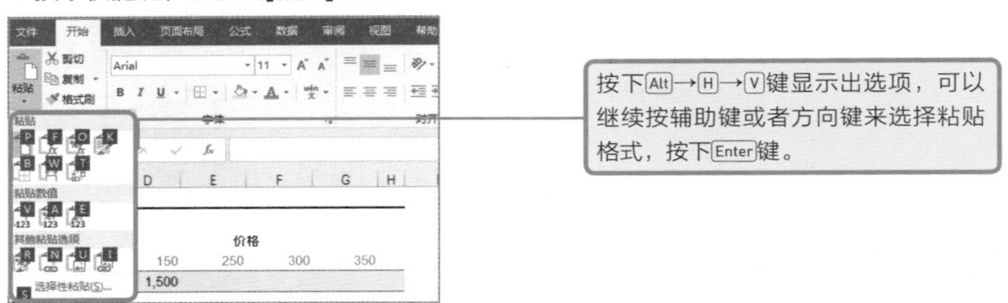

按下Alt→H→V键后继续按S键，将会显示出**[选择性粘贴]对话框**（p.170），可以在该对话框中详细指定值的粘贴方法。按下Ctrl+Alt+V键或Alt→E→S键也可以打开对话框。

● **[选择性粘贴]对话框**

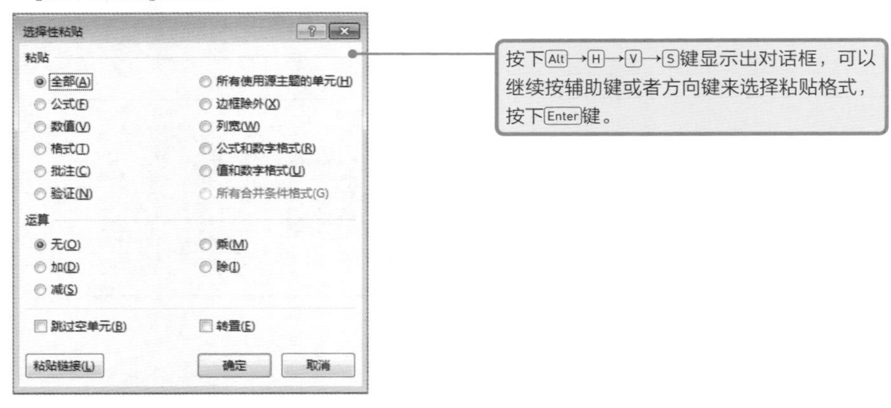

这也很重要！

Ctrl+C→Ctrl+V→Ctrl选择选项

按下Ctrl+V键后直接按下Ctrl键后，将会显示出粘贴选项。然后用方向键选择合适的格式，再按Enter键，这种方法也很方便。

为数据一览设置筛选——Ctrl+Shift+L键

为数据一览设置筛选（p.192），可将光标放置在对象一览表，按下Ctrl+Shift+L键。在显示出筛选箭头的单元格处，按下Alt+↓键，就可以确认或设置该列的筛选条件了。

● **添加筛选**

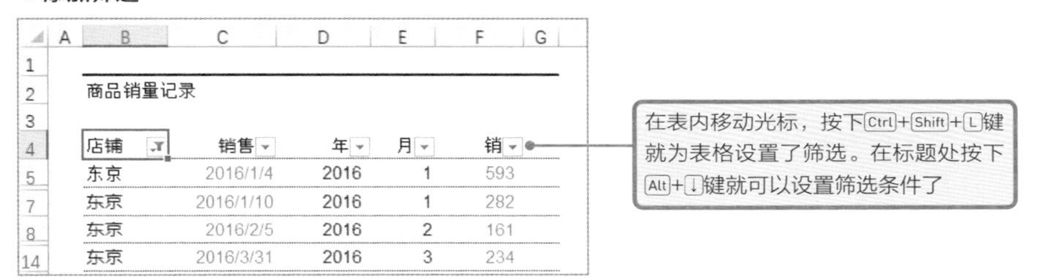

制作折线图——Alt→N→N键

制作折线图可按下Alt→N→N键，将会显示出折线图类型选择菜单，用方向键选择折线图类型，按下Enter键，折线图创建完成。按下Alt→N→C键，则为**柱形图**，按下Alt→N→Q键，则为**饼图**。掌握Alt键的使用方法后，所有的图都可以用快捷键制作。

● **创建折线图**

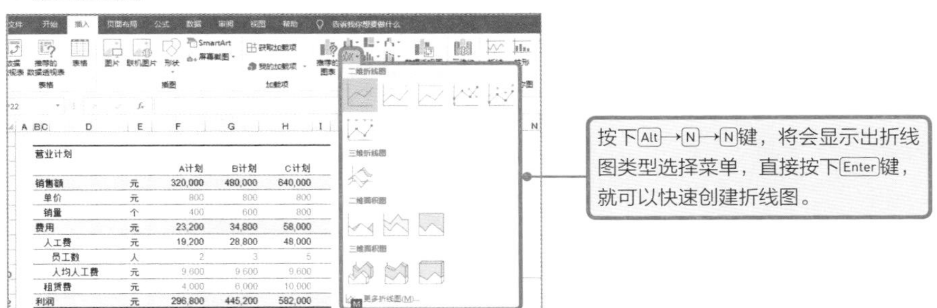

相关内容　操作表格外观的快捷键→p.144　快速操作文件的快捷键→p.160

必学快捷键之进阶篇

超快速操作文件的8种快捷键

移动至其他工作表——Ctrl+PageDown/PageUp键

当工作簿内有多个工作表时，按下Ctrl+PageDown键可以移动至右侧的工作表，按下Ctrl+PageUp键可以移动至左侧工作表。

● 移动至其他工作表的快捷键

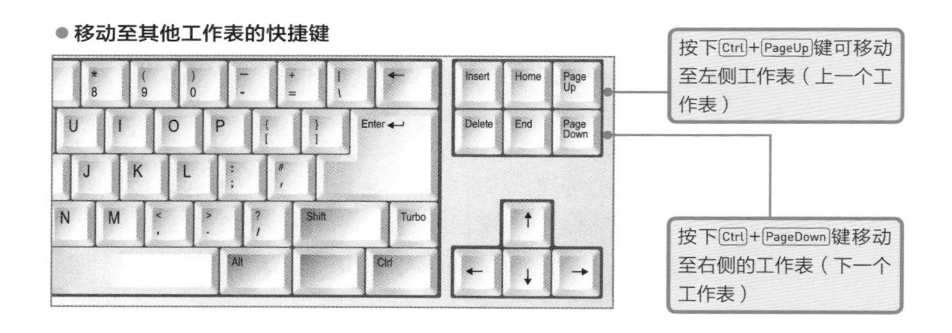

切换至其他工作簿——Ctrl+Tab键

同时打开多个工作簿时，按下Ctrl+Tab键可以切换工作簿。打开三个以上的工作簿时，Ctrl+Tab键可以按照**打开顺序进行切换**，Shift+Ctrl+Tab键则可以按照相反的顺序进行切换。

这也很重要！

键盘种类不同，作业效率也大相径庭

有的键盘上没有数字键或PageDown、PageUp键，在操作有多种多样的数值和数据的Excel时，没有这些按键的话，作业效率将会大打折扣，而且越是熟练的人这种差别会越明显。因此，如果有用到Excel的话，务必从一开始就使用有这些键的键盘。

另存为——F12键

注意不是[保存]，**[另存为]**时，按F12键。作业到某个阶段或某种程度的时候，继续进行作业后定期进行[另存为]，以创建文件备份（p.116）。

● [另存为]对话框

保存——Ctrl+S键

这是具有代表性的快捷键，想必知道的人很多，**[保存]**按Ctrl+S键。勤于保存，即便由于一些原因Excel发生突然无法工作的情况时，也可以重新打开回到之前的状态。

这也很重要!

在[另存为]中设置图标的查看方式

在[另存为]对话框中也可以像在资源管理器中一样更改图标的查看形式为[中等图标][详细信息]等。要更改图标的查看形式，可以在对话框的空白处右击鼠标，点击菜单中的[查看]。

关闭一个工作簿——Ctrl+W键

当打开多个工作簿，而只关闭当前正在操作的工作簿（活动工作簿）时按Ctrl+W键。此时，如果没有保存的话将会显示确认信息。

● **关闭一个工作簿**

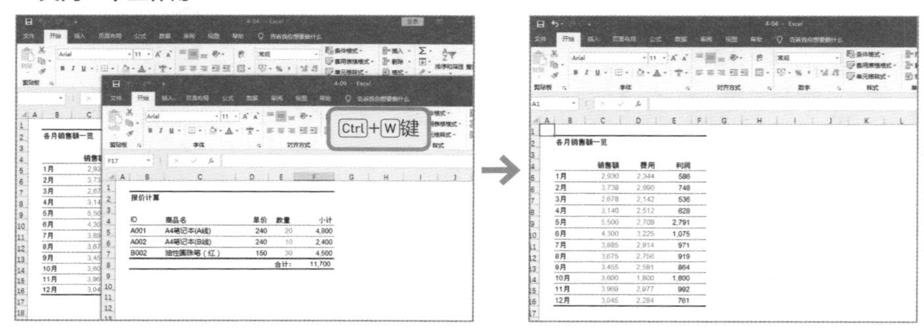

关闭所有的工作簿——Alt→F→X键

当打开多个工作簿，并且要关闭所有工作簿退出Excel时按Alt→F→X键。Excel 2010以前的版本为Alt→F4键。

● **退出Excel**

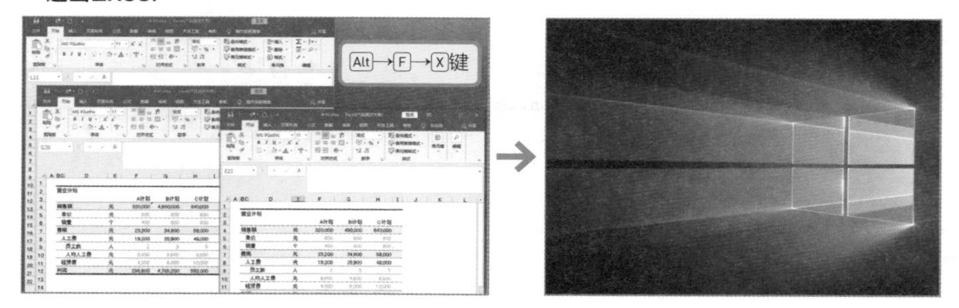

这也很重要!

不退出Excel关闭所有工作簿的方法

不退出Excel关闭所有打开的工作簿只需按几次Ctrl+W键，次数与工作簿数目相同。这样，关闭最后一个工作簿后就剩空白的Excel了。这种方法在重新开始新的作业时是非常有用的。另外，要在关闭所有工作簿后打开别的已保存的工作簿时可按Ctrl+O键。

打开新的工作簿——Ctrl+N键

新建工作簿按Ctrl+N键。快捷键中的N为“New中的N”。另外，新建工作簿没有保存时，即便按下Ctrl+S键，也会出现[另存为]对话框。

按下Ctrl+N键新建工作簿时，创建完成后建议直接按下Ctrl+S键，同时进行**文件的保存**。

● **打开新工作簿**

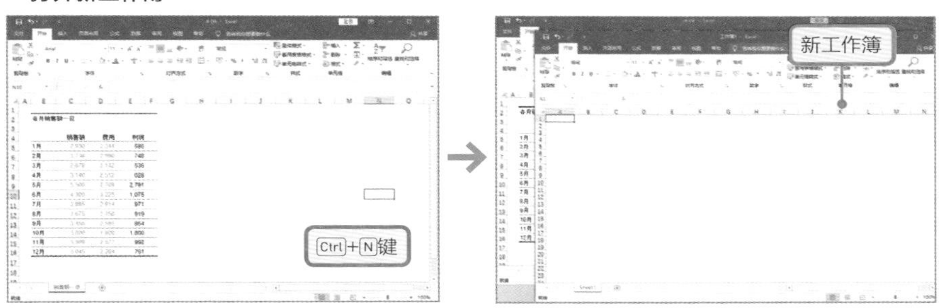

切换应用程序——Alt+Tab键

同时启动了Excel和PowerPoint，要把Excel表复制粘贴到PowerPoint中时，可以按下Alt+Tab键进行应用程序的切换。

按下Alt+Tab键，将会显示出已经启动的应用程序一览，按住Alt键不动，按Tab键，在选择好目标应用程序后松开Alt键，就会显示出选择的应用程序。

● **切换应用程序**

按下Alt+Tab键，将会显示出已经启动的应用程序一览。接着按几次Tab键选择应用程序，松开按键，就会显示出选择的应用程序

相关内容　操作表格外观的快捷键→p.144　操作数据的快捷键→p.154

必学快捷键之进阶篇

让耗时和操作失误锐减的10种快捷键

表格的扩大和缩小——Ctrl+鼠标滚轮

想要扩大表格的一部分进行作业或者缩小表格以查看整体时，可以在按下Ctrl键的同时旋转鼠标滚轮。

● **表格的扩大和缩小**

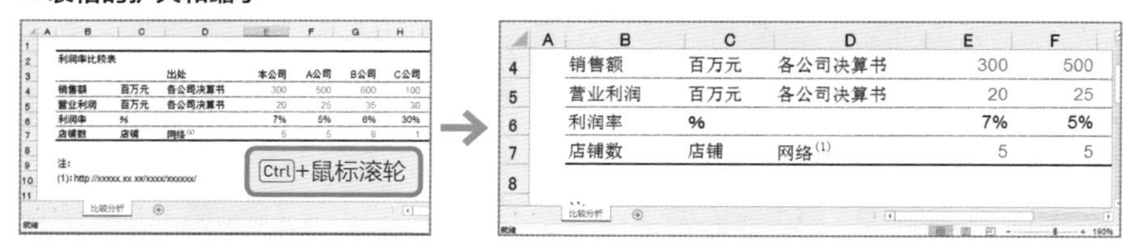

冻结窗格——Alt→W→F→F键

要冻结窗格（p.50），显示出标题，可在**选中标题行下方一行的单元格**后按下Alt→W→F→F键。要取消冻结的窗格，再次按下Alt→W→F→F键即可。

● **冻结窗格**

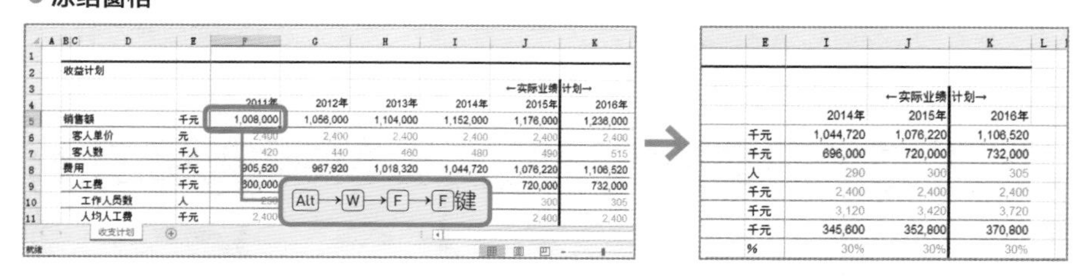

重复相同的操作——F4键

重复相同的操作，按F4键。例如，选中单元格区域，打开颜色托盘，将背景色设置为淡蓝色（p.29）。然后选择其他的单元格区域按下F4键，就可以将背景色更改为同样的淡蓝色。如此一来，掌握了F4快捷键，在重复进行相同操作时就可以迅速提高作业效率。想必使用鼠标操作颜色托盘的人很多，**只需掌握F4键，就可以使作业进度提高10倍**，请务必掌握。

● **用F4键重复相同的操作**

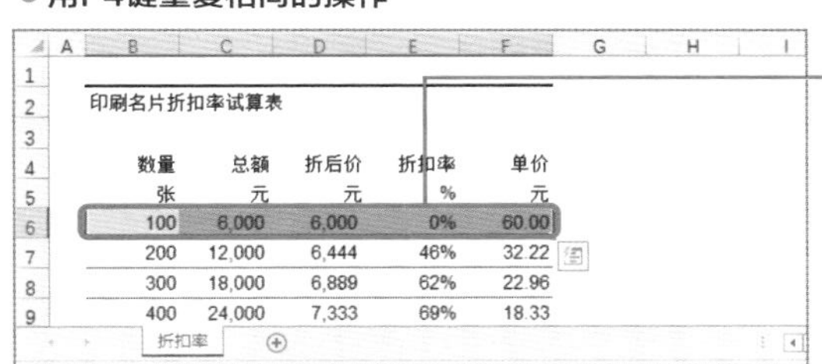

印刷名片折扣率试算表

数量	总额	折后价	折扣率	单价
张	元	元	%	元
100	6,000	6,000	0%	60.00
200	12,000	6,444	46%	32.22
300	18,000	6,889	62%	22.96
400	24,000	7,333	69%	18.33

❶为某个单元格区域设置背景色。

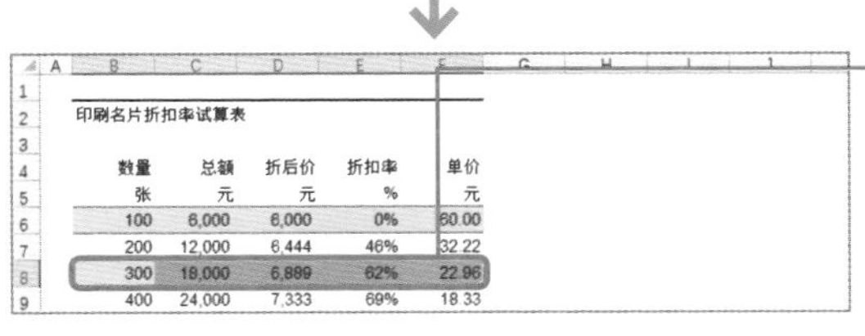

印刷名片折扣率试算表

数量	总额	折后价	折扣率	单价
张	元	元	%	元
100	6,000	6,000	0%	60.00
200	12,000	6,444	46%	32.22
300	18,000	6,889	62%	22.96
400	24,000	7,333	69%	18.33

❷选中其他的单元格区域，按F4键，操作得以重复，设置了同样的背景色。

这也很重要!

利用“快速访问工具栏”进行快捷键设置

功能区中没有的一部分功能（表格的放大和缩小等），没有为其分配快捷键。要为这些功能设置快捷键，可以点击位于Excel选项页面左上方的快速访问工具栏，点击[自定义快速访问工具栏]。

从[不在功能区中的命令]中添加功能就可以从快速访问工具栏中进行使用了。对于添加的按钮，系统将会自动为它们分配Alt→1~9的快捷键。

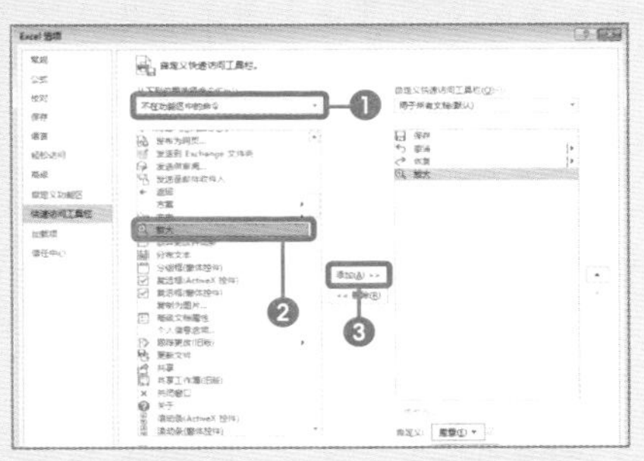

在[从下列位置选择命令]中选择[不在功能区中的命令]❶，选择要添加的命令❷，点击[添加]❸，命令就被添加到了快速访问工具栏中。

选择引用源单元格——Ctrl+【键

选中输入有公式的单元格按Ctrl+【键，**引用源单元格**（引用了其公式的单元格）将会被选中。如果是引用了多个单元格，那多个单元格区域将会被选中。

另外，当按下Ctrl+】键，**引用位置单元格**（公式内使用了该单元格的单元格）将会被选中。

● **选择引用源单元格**

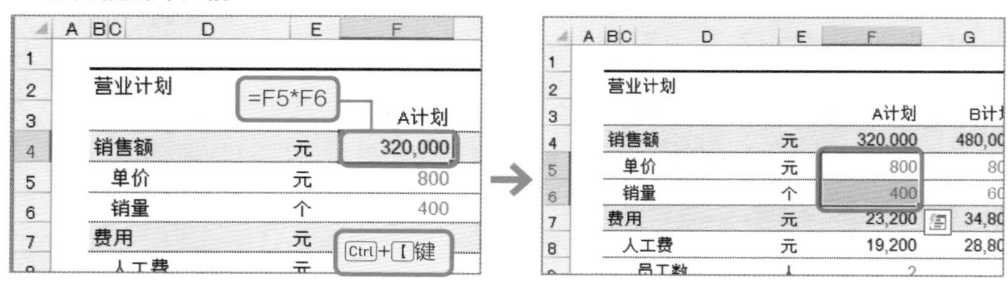

追踪引用源——Alt→M→P键

追踪引用源（p.111）按Alt→M→P键。另外，追踪显示**无需挨个单元格进行指定**。另外，按下F4键也不会重复操作（p.165），请注意。

● **追踪引用源进行显示**

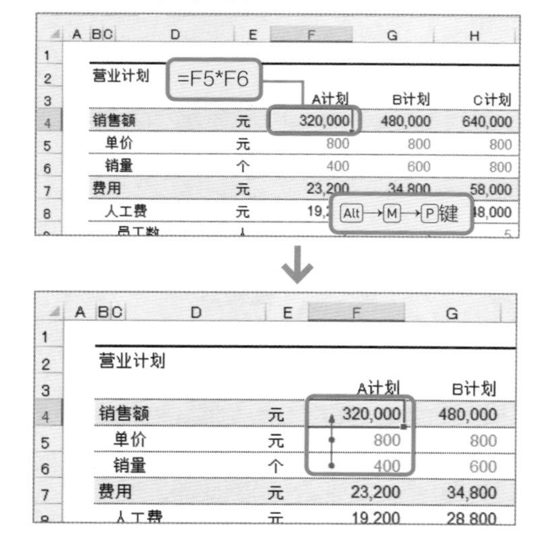

追踪引用位置——Alt→M→D键

追踪引用位置（p.113）按Alt→M→D键。在确认税率等固定值的使用位置或者所使用的值是否被用到了正确的位置时可以使用该功能。

● 追踪引用位置的显示

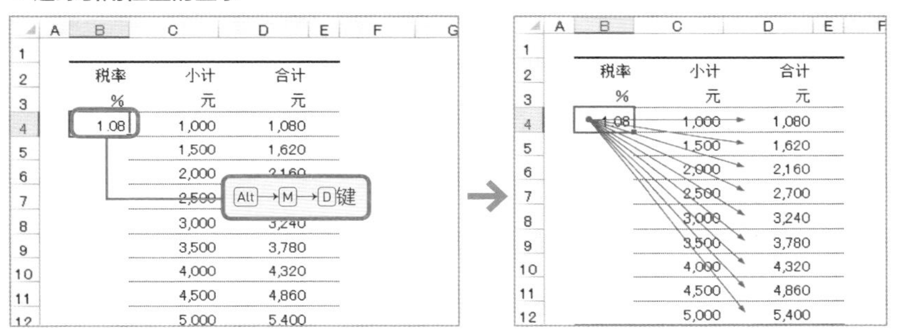

删除追踪——Alt→M→A→A键

一次性移去追踪箭头，按Alt→M→A→A键。该快捷键无须选中显示有追踪箭头的单元格或单元格区域后再执行。无论光标位于何处，按下该快捷键后，工作表内的追踪箭头将被一并删除。

● 删除追踪箭头

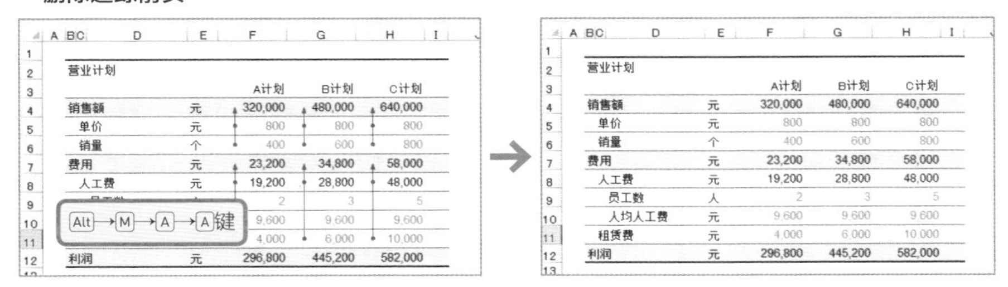

这也很重要!

只删除选中区域的追踪箭头

如果不是要一次性删除所有的追踪箭头，那么可以选择对象单元格或单元格区域，按Alt→M→A→P键（删除引用源追踪箭头）或者按下Alt→M→A→D键（删除引用位置追踪箭头）进行删除。

打印——Ctrl+P键

打印工作表按下Ctrl+P键，显示出[打印]对话框，设置各项后按下Enter键或者点击[打印]按钮，开始打印。在该对话框中可以更改打印区域和纸张尺寸等，进行适当的设置就可以打印了（p.306）。

● **打印工作表**

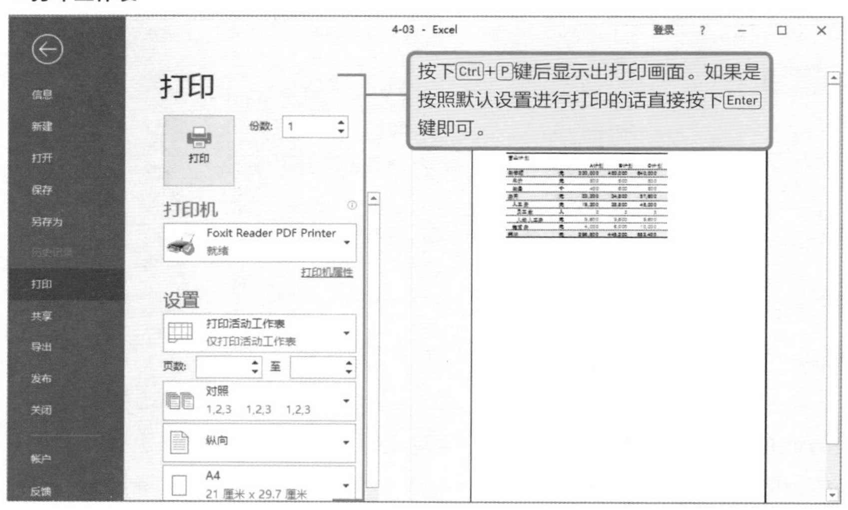

设置打印区域——Alt→P→R→S键

设置打印区域，选中单元格区域后按下Alt→P→R→S键。另外，**设置打印区域并不只是在打印时才设置，建议在交给客户工作簿时也进行设置**。设置好恰当的打印区域，对方只需要点击[打印]按钮就可以打印所需资料。虽然是小小的举动，却体现出用心良苦。

显示[页面设置]——Alt→P→S→P键

更改印刷设置时按下Alt→P→S→P键，将会显示出**[页面设置]对话框**。如果觉得按Ctrl+P键后显示出的对话框不好用，可以使用该对话框。

第6章

超方便的复制粘贴、自动填充和排序功能

复制粘贴诀窍之全解说

熟练掌握复制粘贴，快速提升工作效率

Excel的“复制&粘贴”

在Excel中，1个单元格包含有各种要素。例如，值的种类就有文本、数值、公式、日期等，另外还有格式、单元格背景色、边框、字体种类、文字大小、单元格宽度等，可以对每个单元格进行各种设置。因此，简单的一句“**复制粘贴单元格**”，实际上根据内容、目的和状况会有很大的不同。有时只想粘贴数值本身，有时想要背景色和边框一同粘贴。

在Excel中，单纯进行复制粘贴（Ctrl+C→Ctrl+V）操作时，**所有的源设置**均会被复制粘贴。所以，有时会产生一些意料之外的情况。例如，“好不容易统一了表的格式，因为复制源的原因格式又乱了”，“想复制粘贴公式的结果，没想到却复制粘贴了公式”等。

● **粘贴不必要设置的实例**

	A	B	C	D	E	F	G
1							
2		项目	总店	A分店	B分店		
3		客单价	2,800	1,600	1,800		
4		回买数	800	550	370		
5		销售额	2,240,000	880,000	666,000		
6							
7		销售额一览					
8				总店	A分店	B分店	
9		销售额	元	2,240,000	880,000	666,000	
10		客单价	元	2,800	1,600	1,800	
11		回买数	次	800	550	370	

复制&粘贴

单纯复制粘贴格式不同的表时，表的格式出现混乱。

要解决以上复制&粘贴的各种问题，让编辑工作进行得更顺利，搞懂Excel的复制&粘贴功能很重要。Excel有指定“**粘贴单元格中的哪项设置**”的功能。

明白要粘贴的内容

Excel中事先预置的粘贴方式，可以通过选择[开始]选项卡，点击**[粘贴]**下的[▼]进行确认。基本上，点击**[粘贴]**项或**[选择性粘贴]**后，再选择出现的[选择性粘贴]对话框内的任一项即可。

● [粘贴]项（左图）与[选择性粘贴]对话框（右图）

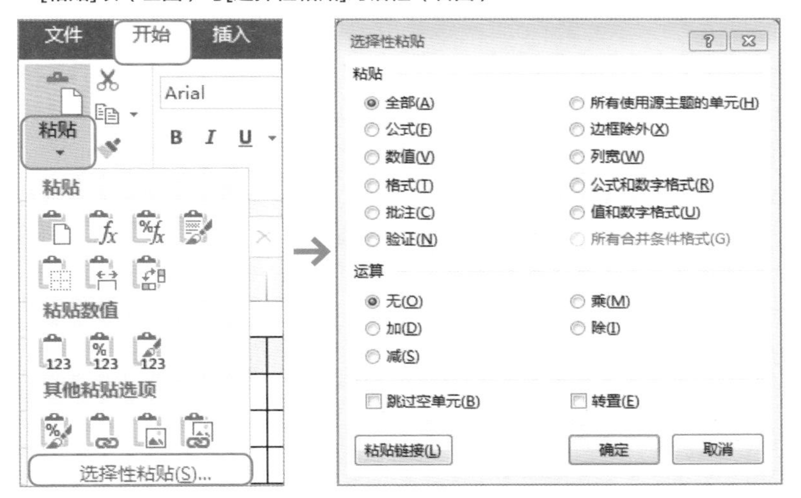

将单元格复制粘贴到其他地方时，首先，**要考虑好想复制的是什么**。是“值”，还是“格式”？如果是“值”，那么是“纯文本的值”，还是“公式”？如果是“格式”，那么要不要把“单元格的背景色”、“数值的表示形式”、“边框”等一起复制粘贴？

刚开始可能觉得比较复杂，习惯后会形成“惯性”，能够快速选择出符合要求的项。本书将在随后的内容中，对希望读者**务必记住的基本的典型的复制粘贴方法**进行详细说明。不过首先，希望您能先掌握本书中介绍的复制粘贴的模式。

这也很重要!

无法复制单元格宽度

通常的复制&粘贴（Ctrl+C→Ctrl+V），从值、公式到格式都可以复制，**不过只有单元格的宽度（列宽）不能被复制**。想复制&粘贴单元格宽度时，需要在[选择性粘贴]对话框中另选择[列宽]。有些麻烦，请务必记住。

复制粘贴诀窍之全解说

从“粘贴数值”开始

复制文字和数值时不破坏格式

将设计和格式不同的表，以及Web上的数据粘贴至当前表时，只想要数据而不想破坏当前表的格式的情况下，使用**[粘贴数值]**。

选择[粘贴数值]，只粘贴纯文字和数字。例如，对有公式的单元格进行[粘贴数值]操作，粘贴过去的只有**计算结果的数值**，没有公式（使用Ctrl+C→Ctrl+V的话，则被粘贴的是公式而不是计算结果）。

● 使用[粘贴数值]粘贴数据

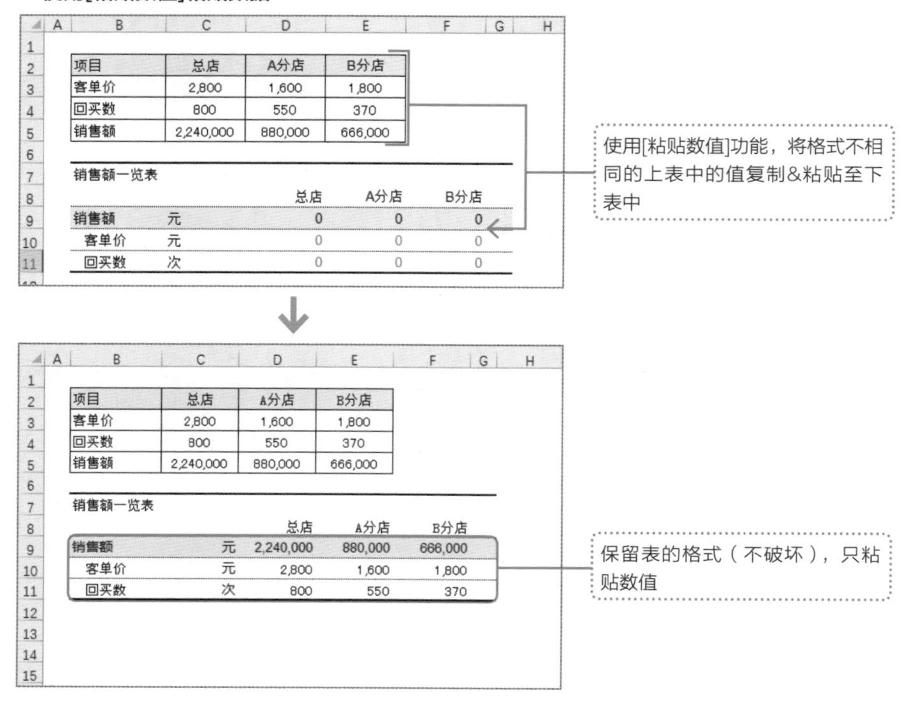

[粘贴数值]的操作方法

进行[粘贴数值]操作时，先选择对象单元格，然后在[粘贴]选项的**[粘贴数值]**栏中点击三选项中左边两个中的任一一个，或者按Ctrl+Alt+V打开[选择性粘贴]对话框，选择[数值]并点击[确定]键。

● [粘贴数值]

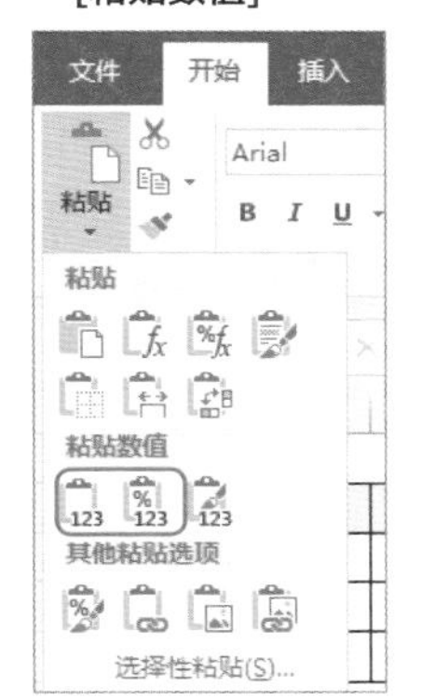

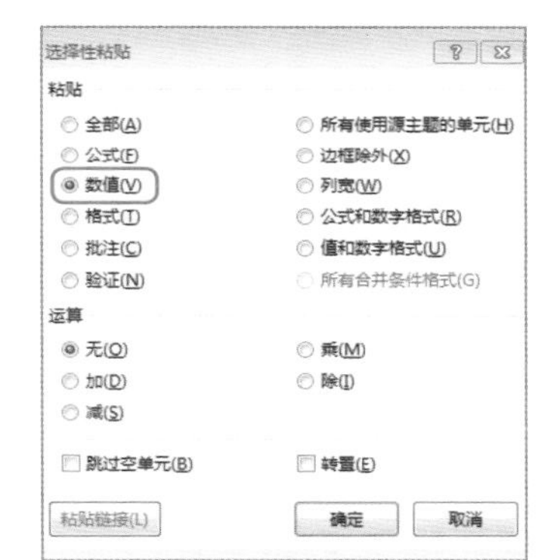

● [粘贴数值]的三个选项

键	说明
（值）	只粘贴复制的单元格的值，继续使用粘贴处单元格的数值表示形式、单元格文字颜色、背景颜色等格式
（值和数字格式）	粘贴复制的单元格的值和表示形式，继续使用粘贴处单元格的文字颜色、背景颜色等格式
（值和源格式）	粘贴复制的单元格的值和格式

● 还可用于仅复制公式计算结果的操作上

进行普通的复制&粘贴，因粘贴有公式，会导致引用位置出现偏差产生错误。

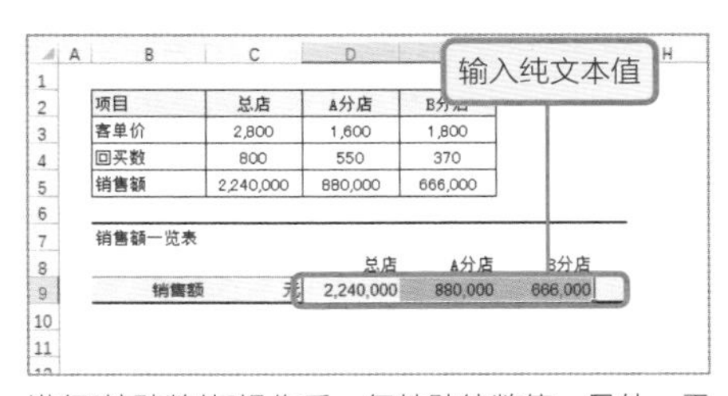

进行[粘贴数值]操作后，仅粘贴纯数值。另外，需要注意：如果改动客人单价和回买数，这个表中的数值不会更新。

相关内容　粘贴格式→p.174　粘贴公式→p.176　粘贴除法→p.178

“粘贴格式”的便捷用法

复制粘贴诀窍之全解说

不粘贴数值，只借用格式

想维持表和单元格值的现状不变，只借用别的表的字体、文字颜色、单元格背景色、边框等格式时，使用[**粘贴格式**]。这个功能，在定期更新报告数据和同时制作相同格式的多个表时非常有用。

● 使用[粘贴格式]借用格式

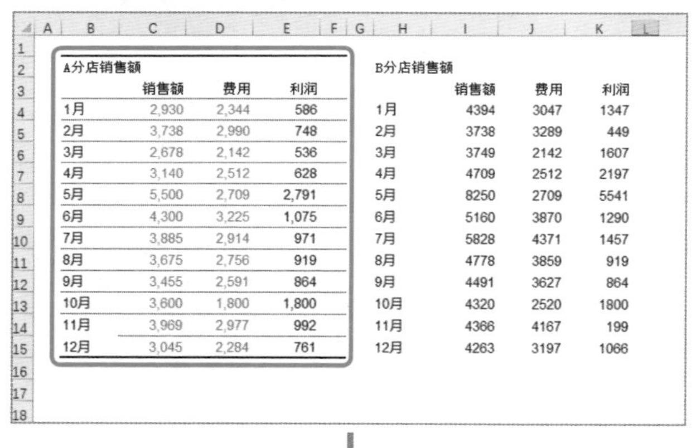

A分店销售额

	销售额	费用	利润
1月	2,930	2,344	586
2月	3,738	2,990	748
3月	2,678	2,142	536
4月	3,140	2,512	628
5月	5,500	2,709	2,791
6月	4,300	3,225	1,075
7月	3,885	2,914	971
8月	3,675	2,756	919
9月	3,455	2,591	864
10月	3,600	1,800	1,800
11月	3,969	2,977	992
12月	3,045	2,284	761

B分店销售额

	销售额	费用	利润
1月	4394	3047	1347
2月	3738	3289	449
3月	3749	2142	1607
4月	4709	2512	2197
5月	8250	2709	5541
6月	5160	3870	1290
7月	5828	4371	1457
8月	4778	3859	919
9月	4491	3627	864
10月	4320	2520	1800
11月	4366	4167	199
12月	4263	3197	1066

希望保持数据不变，将左侧的表的文字颜色和边框设置应用于右侧的表中。

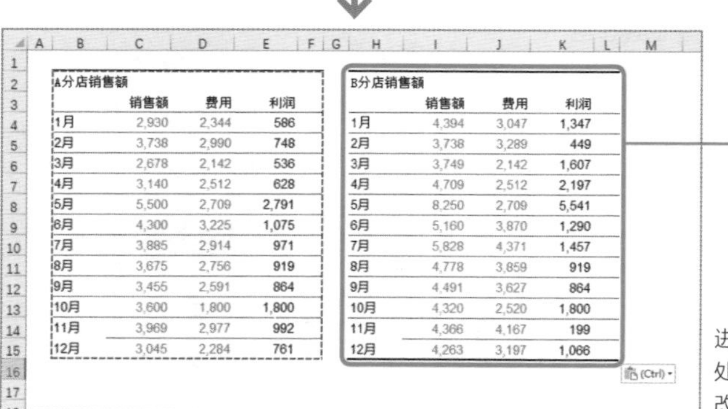

A分店销售额

	销售额	费用	利润
1月	2,930	2,344	586
2月	3,738	2,990	748
3月	2,678	2,142	536
4月	3,140	2,512	628
5月	5,500	2,709	2,791
6月	4,300	3,225	1,075
7月	3,885	2,914	971
8月	3,675	2,756	919
9月	3,455	2,591	864
10月	3,600	1,800	1,800
11月	3,969	2,977	992
12月	3,045	2,284	761

B分店销售额

	销售额	费用	利润
1月	4,394	3,047	1,347
2月	3,738	3,289	449
3月	3,749	2,142	1,607
4月	4,709	2,512	2,197
5月	8,250	2,709	5,541
6月	5,160	3,870	1,290
7月	5,828	4,371	1,457
8月	4,778	3,859	919
9月	4,491	3,627	864
10月	4,320	2,520	1,800
11月	4,366	4,167	199
12月	4,263	3,197	1,066

仅粘贴格式

进行[粘贴格式]操作，使粘贴处的数据保持不变，格式发生改变。

[粘贴格式]的具体操作步骤

进行[粘贴格式]操作时，先复制对象单元格或对象表，然后再选择粘贴处的单元格，点击[粘贴]选项下**[其他粘贴选项]**栏内的**[粘贴格式]**键。或者，按Ctrl+Alt+V打开[选择性粘贴]对话框，选择**[格式]**并点击[确定]键。

● [粘贴格式]操作方法

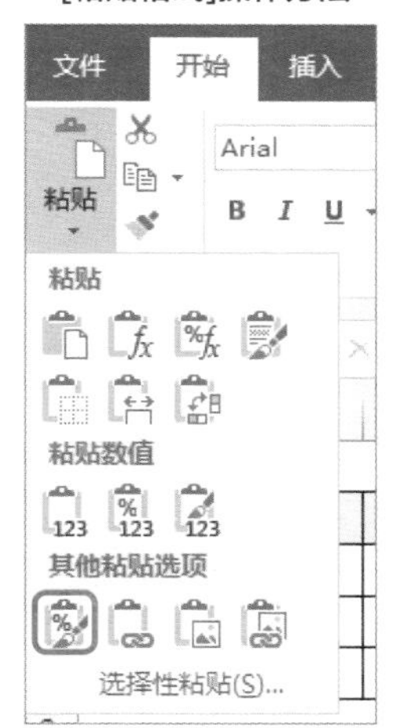

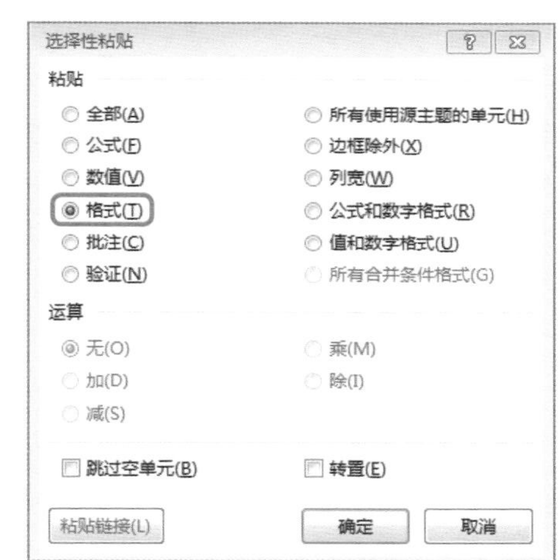

另外，除以上方法外，还可通过[开始]下的**[格式刷]**键完成[粘贴格式]。先选择要复制的单元格或者单元格范围，然后点击[格式刷]键，只需要点击目标处的单元格，格式就会被粘贴过来。**和其他方法的不同在于，只需在复制时点击该键，粘贴时只需要选择单元格或单元格范围**。

● [格式刷]键

选择要复制的单元格或者单元格范围，然后点击[格式刷]，选择粘贴于何处，仅粘贴格式。

6 复制粘贴诀窍之全解说

相关内容 粘贴数值→p.172 粘贴公式→p.176 粘贴除法→p.178

复制粘贴诀窍之全解说

使用“粘贴公式”粘贴公式

只复制公式

复制粘贴已有公式，同时又不想改变当前单元格的格式时，选择[**粘贴公式**]。

公式中引用其他单元格时，会按照引用形式（p.120）自动变更从属单元格。

使用[粘贴公式]粘贴纯文本值时，值不发生变化。请注意所选范围内是否有纯文本值。

● **只粘贴公式（不含格式）**

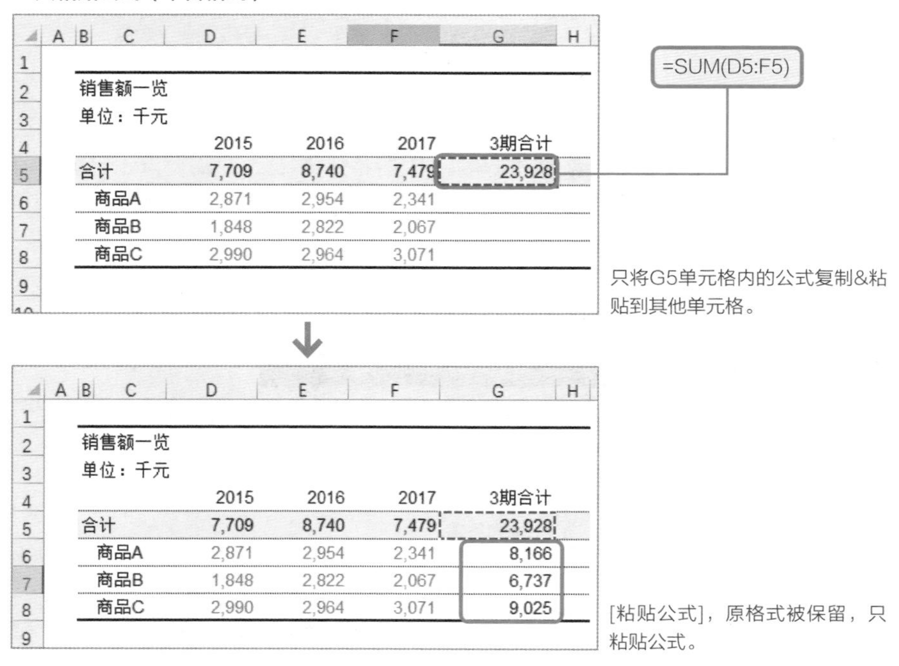

C	D	E	F	G
销售额一览				
单位：千元				
	2015	2016	2017	3期合计
合计	7,709	8,740	7,479	23,928
商品A	2,871	2,954	2,341	
商品B	1,848	2,822	2,067	
商品C	2,990	2,964	3,071	

只将G5单元格内的公式复制&粘贴到其他单元格。

C	D	E	F	G
销售额一览				
单位：千元				
	2015	2016	2017	3期合计
合计	7,709	8,740	7,479	23,928
商品A	2,871	2,954	2,341	8,166
商品B	1,848	2,822	2,067	6,737
商品C	2,990	2,964	3,071	9,025

[粘贴公式]，原格式被保留，只粘贴公式。

同时粘贴值的表示形式和公式

[粘贴公式]时，先复制对象单元格或单元格范围，然后点击[粘贴公式]内**[粘贴]**栏内的**[公式]键**。或者，按Ctrl+Alt+V打开[选择性粘贴]对话框，选择**[公式]**并点击[确定]键。

● [粘贴公式]的操作方法

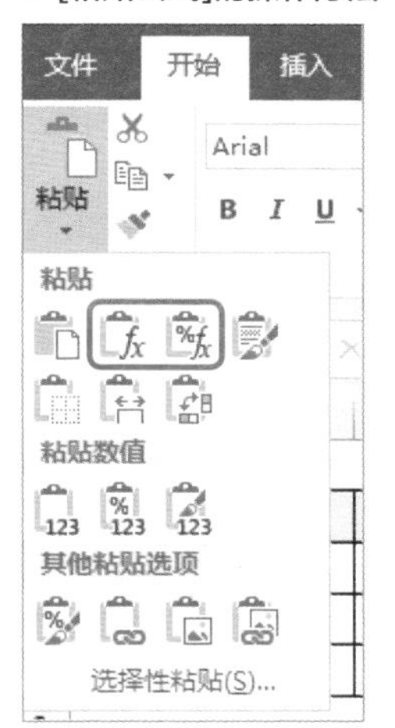

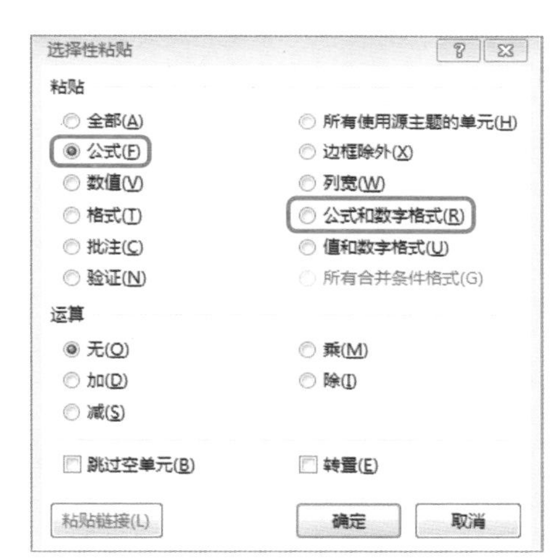

另外，除公式外，还想粘贴公式的计算结果的表示形式（%标记和位数等的设置）时，使用[公式]旁边的**[公式和数字格式]键**，或使用[选择性粘贴]对话框中的**[公式和数字格式]**进行复制&粘贴。这种操作，**会忽略单元格的背景色和边框等信息，只粘贴公式和表示形式**。

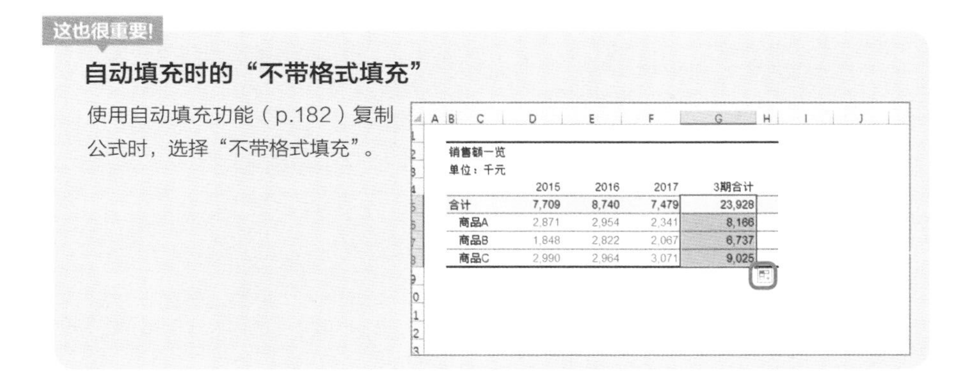

这也很重要!

自动填充时的“不带格式填充”

使用自动填充功能（p.182）复制公式时，选择“不带格式填充”。

相关内容　粘贴数值→p.172　粘贴格式→p.174　粘贴除法→p.178

复制粘贴诀窍之全解说

使用[粘贴除法]功能更改数值单位

1元转换为千元单位

使用**[粘贴除法]**和**[粘贴乘法]**，可以快速转换数值的计量单位。

[粘贴除法]是一项**可以以任意数为除数对已录入的值进行除法计算并覆盖原数值的功能**。例如，复制录入“1000”的单元格，[粘贴除法]至录入1元数值的单元格，则1元的值会转换为1/1000。这样，数值单位转换为千元。

[粘贴乘法]是一项**可以以任意数为乘数对已录入的值进行乘法计算并覆盖原数值的功能**。与[粘贴除法]功能正相反，使用该功能，可以将以千元为单位录入的值转换为以元为单位。

● 一次性转换数值单位

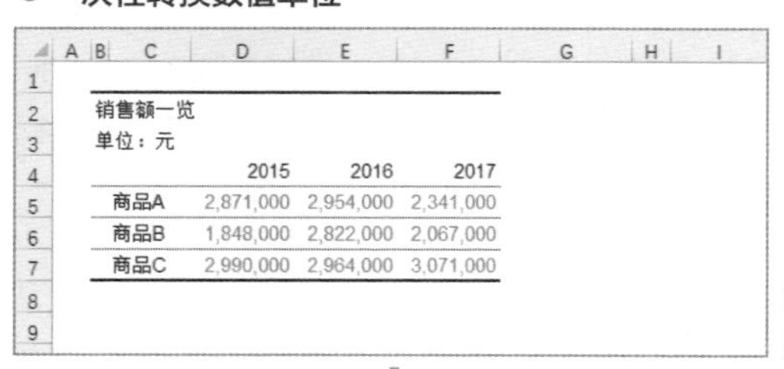

销售额一览

单位：元

	2015	2016	2017
商品A	2,871,000	2,954,000	2,341,000
商品B	1,848,000	2,822,000	2,067,000
商品C	2,990,000	2,964,000	3,071,000

以1元为单位时，数值的位数较多，看起来越费劲。通过转换数值单位减少位数。

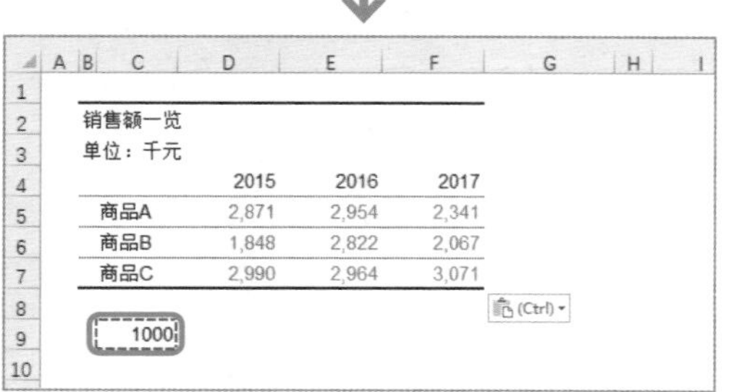

销售额一览

单位：千元

	2015	2016	2017
商品A	2,871	2,954	2,341
商品B	1,848	2,822	2,067
商品C	2,990	2,964	3,071

1000

用B9单元格的“1000”进行[粘贴除法]操作，所有的数值变成1/1000，数值单位转换为千元。

[粘贴除法]的操作步骤

[粘贴除法]时，首先，在合适的单元格内输入除数（1000和1000000等）并复制。然后再选择想要转换单位的单元格或单元格范围，点击[选择性粘贴]对话框中**[数值]**与**[除]**两项并点击[确定]键，完成操作。

转换数值单位后，记得修改表内的计量单位。同时，删除计算用除数“1000”也不会影响表。

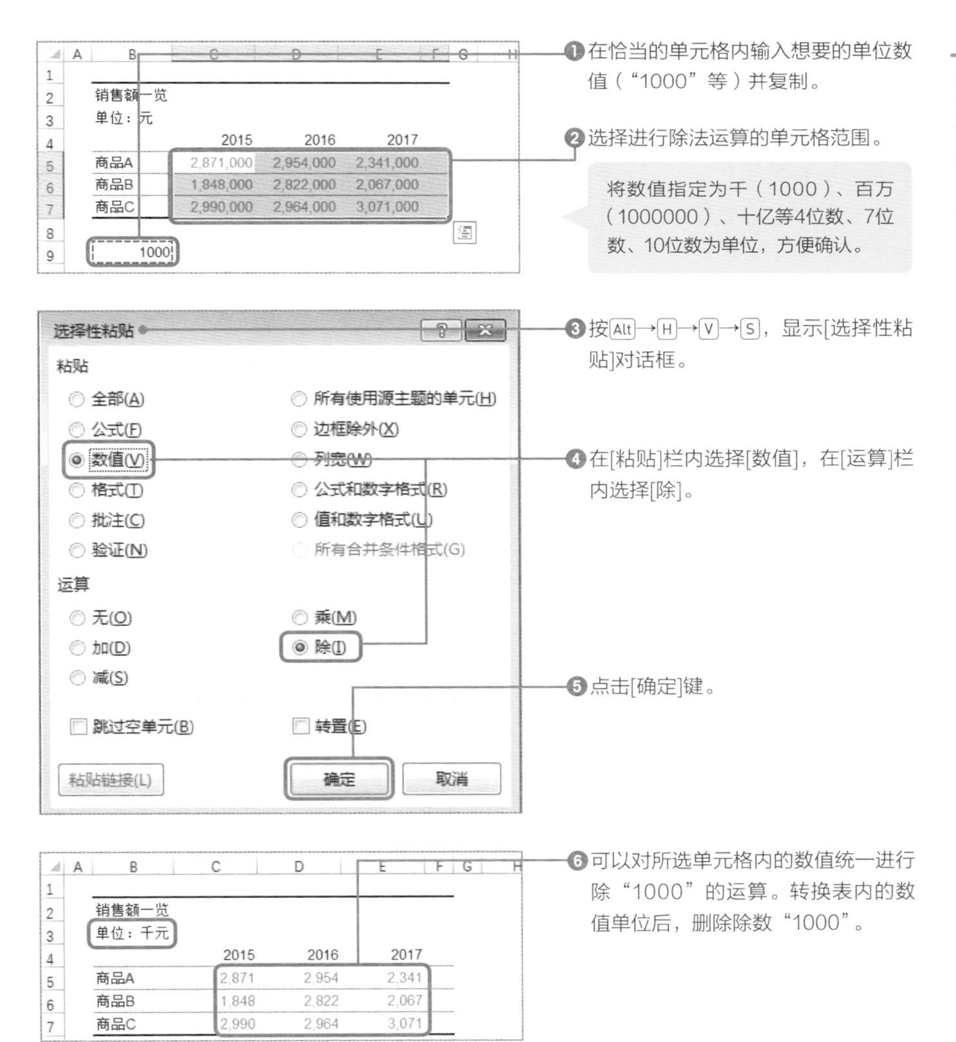

相关内容　粘贴数值→p.172　粘贴格式→p.174　粘贴公式→p.176

建议熟记的
便利功能

简单动一动，转置行和列

转置行列后的新发现

横向放置原本位于纵向方向上的数据，或者**纵向放置原本位于横向方向上的数据**，这样用与之前不同的形式将数据显示出来后，会发现现有形式比先前的形式更容易进行数据对比，或者有一些至今没注意到的新发现。另外，有时也会出现要将使用筛选功能（p.191）抽出的数据纵向排列等，根据操作内容、目的和用途需要变更数据方向的情况。

这时，使用**[选择性粘贴]对话框中的[转置]**功能。

● **最简单的转置行列法**

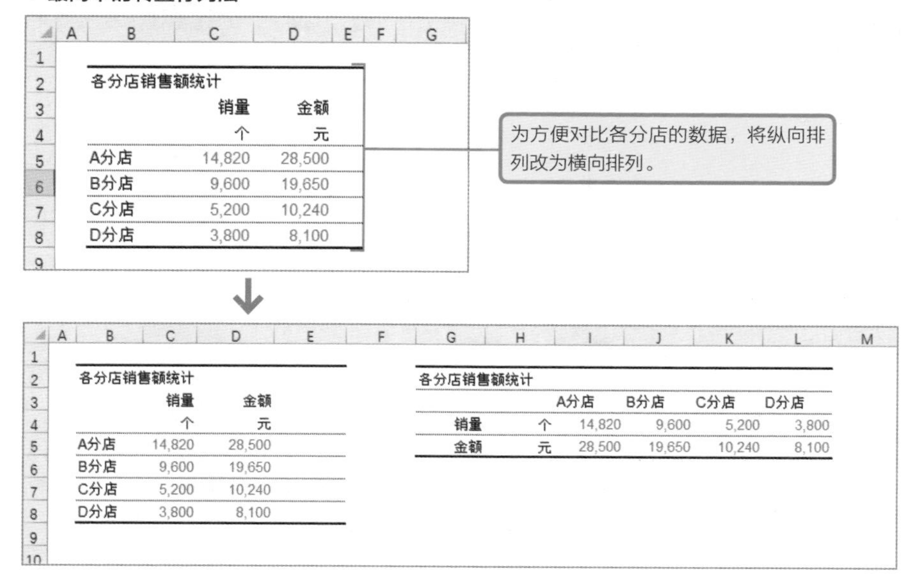

使用[转置]功能，更改数据排列方向。

勾选[转置]

粘贴数据的同时转置表的行和列时，先复制对象单元格范围，再打开**[选择性粘贴]对话框**，勾选[转置]选项，点击[确定]键。

另外，**复制时不要复制表的标题行，尽量将复制范围控制在数据部分**。同时，复制粘贴数据后需重新设置表的边框。

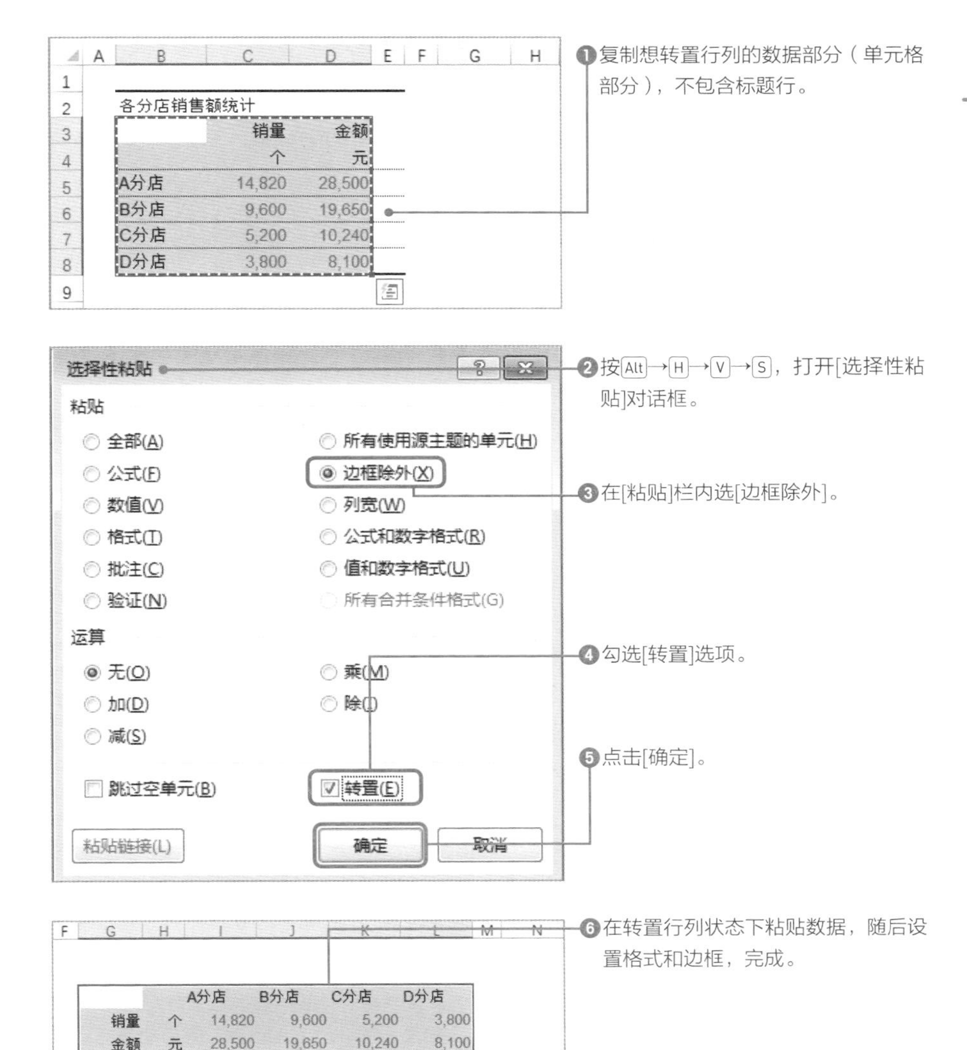

相关内容　自动填充的基本操作→p.182　排序功能→p.187　筛选功能→p.191

建议熟记的便利功能

自动填充的基本操作

Excel中最方便的输入功能

[自动填充]是Excel的各预置功能中特别方便实用的一种输入功能。使用该功能，可以只用鼠标进行简单操作即可达到以下效果。

- 可以从5到100，连续输入5的倍数
- 可以复制公式和格式至整列

使用[自动填充]功能，最开始要先输入作为"**基本规则**"的数据。例如，想输入5的倍数则先录入"5"、"10"，想输入100的倍数则先输入"100"、"200"，即输入两个最初值。随后会按照这一基本规则，自动输入第三个以及之后的数据。

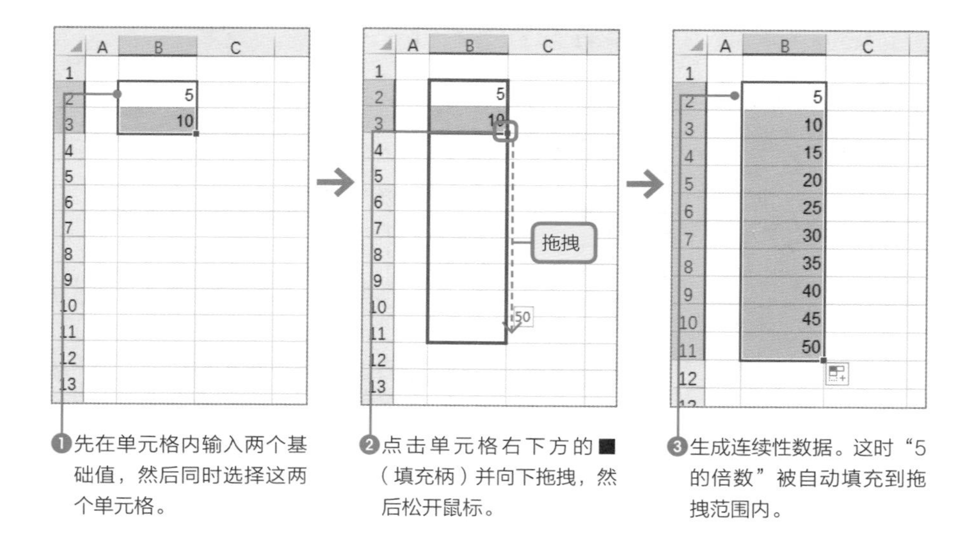

❶先在单元格内输入两个基础值，然后同时选择这两个单元格。

❷点击单元格右下方的■（填充柄）并向下拖拽，然后松开鼠标。

❸生成连续性数据。这时"5的倍数"被自动填充到拖拽范围内。

快速复制公式和格式到整列

用[自动填充]功能复制引用其他单元格的公式，和复制公式时一样，会按照**引用设置**（p.120）自动变更从属单元格。

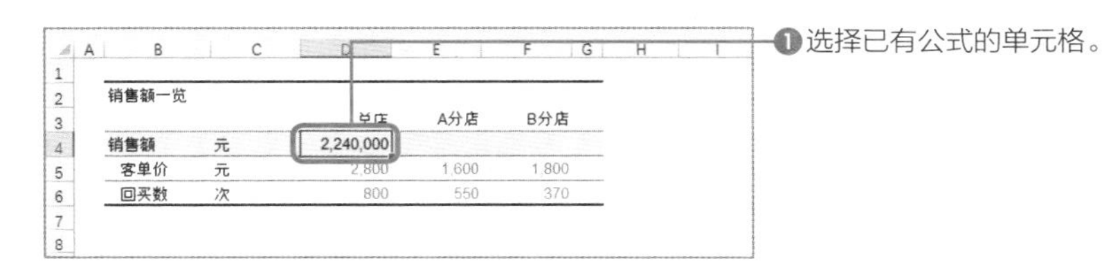

❶选择已有公式的单元格。

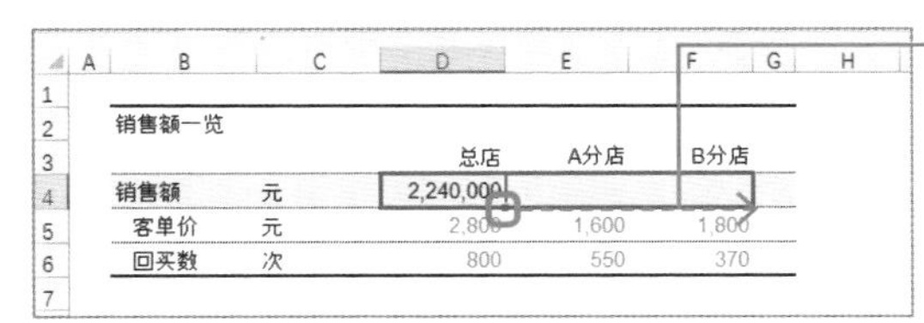

❷点击单元格右下方的■（填充柄）并向右拖拽，松开鼠标。

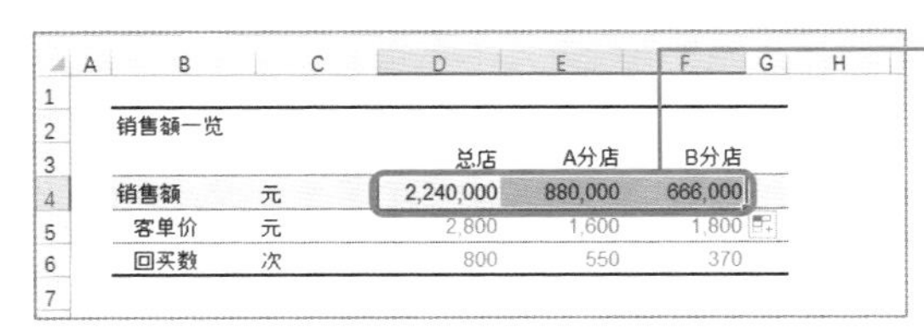

❸公式被复制，显示计算结果。公式内的引用单元格也被更新。

这也很重要!

[自动填充]功能的[仅填充格式]和[不带格式填充]

按一般步骤进行自动填充时，**格式和数据都会被复制**。如果，只想复制格式或者不想复制格式时，点击出现的自动填充选项❶，选择**[仅填充格式]**（p.186），或者**[不带格式填充]**。

另外，选择[快速填充]，Excel会自动找出数据的排列方式并输入。合并分别输入到不同列的姓和名等操作时，非常方便。

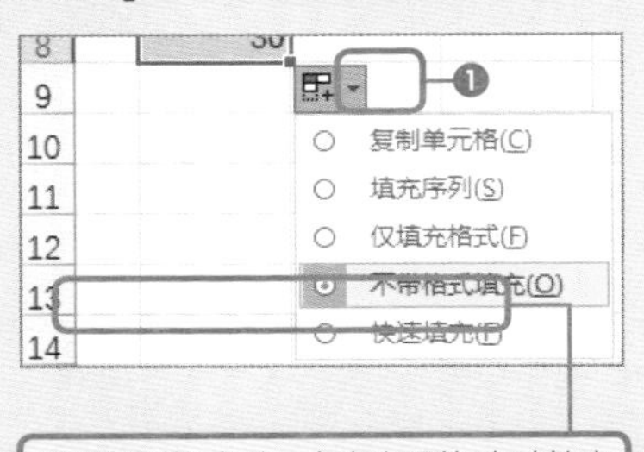

不想复制格式时，点击出现的[自动填充选项]，选择[不带格式填充]。

相关内容 转置行与列→p.180 快速输入年月日与星期→p.184 筛选功能→p.191

建议熟记的
便利功能

快速输入年月日与星期

[自动填充]功能的快捷之处

使用[自动填充]功能（p.182），可以快速正确地输入日期和星期。输入日期时，过了月末会自动跳至下个月，过了年末会自动输入下一年1月1日。此外，还可以自动计算闰年年份。同时，输入星期时过了“星期日”会重新回到“星期一”。

制作每日销售额一览表、营业业绩表、出勤表等，**需要输入连续的年月日和星期时，推荐使用[自动填充]功能**，帮助你快速且正确地输入数据。

● 使用[自动填充]功能输入日期和星期，非常方便

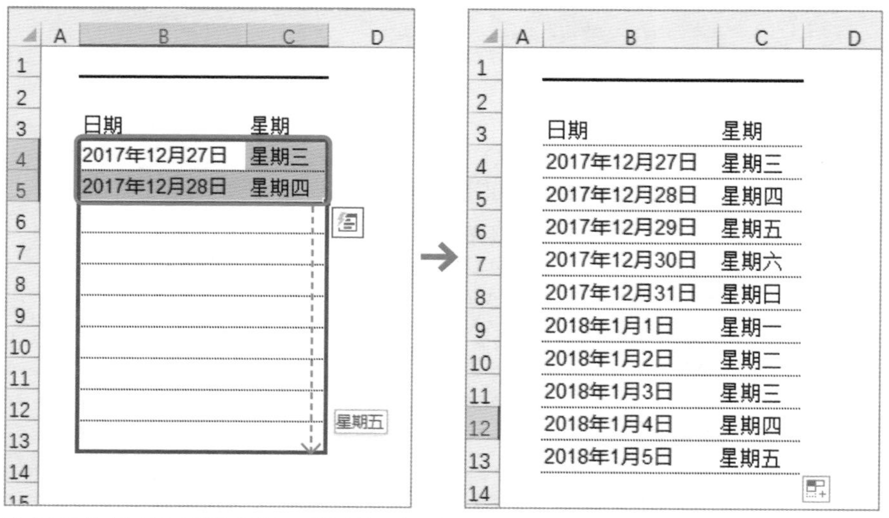

用“自动填充”输入日期和星期。日期超过月末会自动跳转至下个月，星期遇到“星期日”后会自动输入“星期一”。

快速输入月末日期的实用技巧

使用[自动填充]功能输入日期后，点击[自动填充选项]显示自动填充选项菜单，出现**[以天数填充]**、**[以月填充]**和**[以年填充]**等填充日期专用菜单。通过选择，可以输入特定条件的日期。

例如，输入“1月31日”、“2月29日（闰年）”等此类月末日期，自动填充后选择[以月填充]，可以快速输入每个月的月末日期。

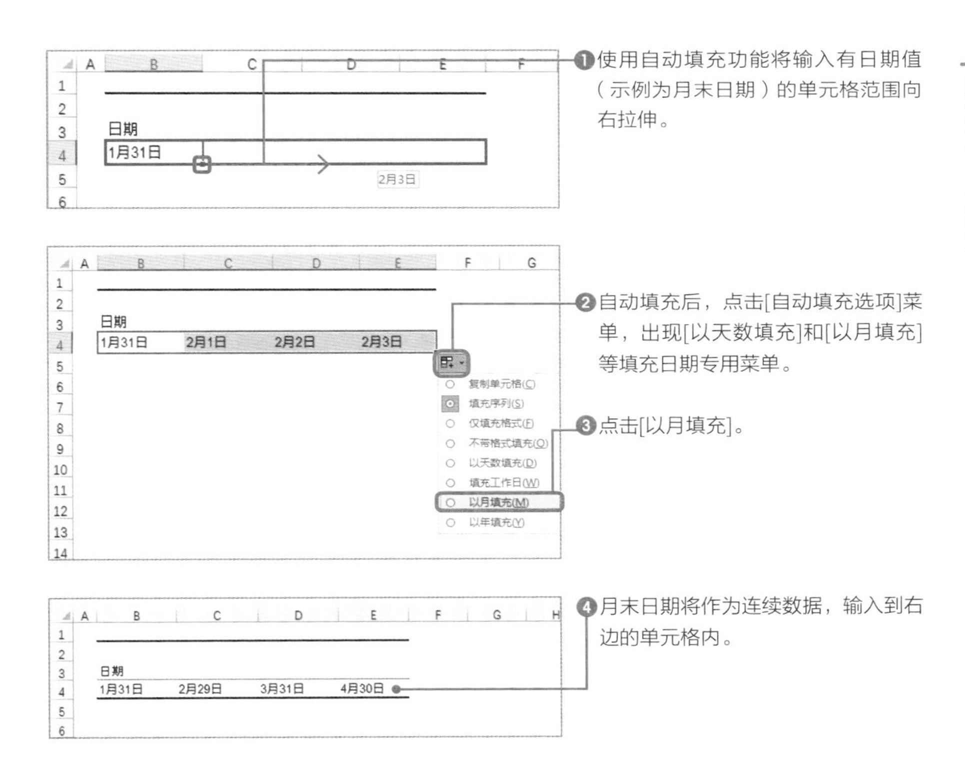

这也很重要!

向右拖拽显示自动填充选项

点击鼠标右键而不是左键拖拽[自动填充]功能的填充柄，放开鼠标键时会自动出现[自动填充选项]。确定在选项菜单中进行选择时，用鼠标右键拖拽更有效率。

相关内容 自动填充的基本操作→p.182 排序功能→p.187 筛选功能→p.191

隔行更改单元格的背景颜色

建议熟记的便利功能

用自动填充复制格式

[自动填充]功能，还可以**复制格式**（仅复制格式不复制数值）。例如，为了让表可以看得更清晰，按以下步骤将单元格背景色设置成为隔行条纹状。

● **使用自动填充功能复制格式**

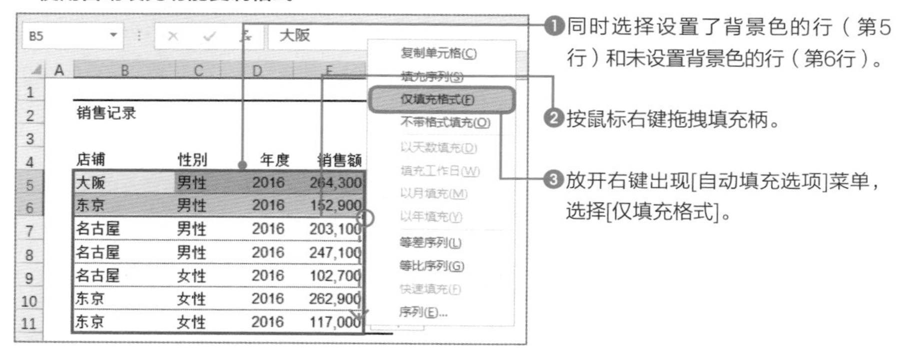

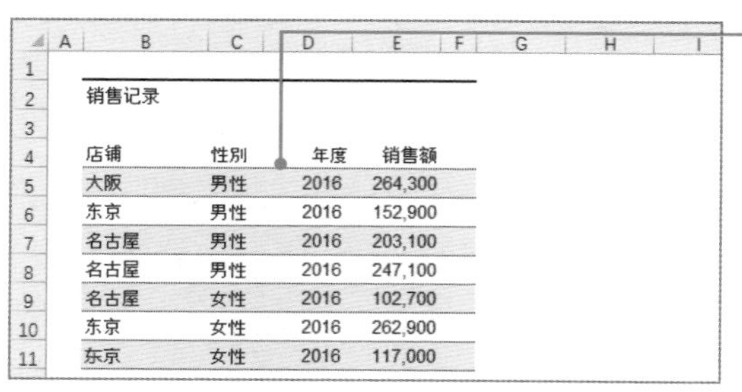

❹单元格背景色被设置为条纹状。

这也很重要!

排序时需特别注意

设置表的背景为条纹状后再对数据进行排序时，条纹状会被破坏，反而不容易分辨数据。这时，不要设置条纹状背景，或者通过设置单元格格式来设置条纹状背景（p.47）。

完美掌握[排序]功能

建议熟记的
便利功能

按要求对数据排序

将销售店铺名、商品名、销售日期、销售金额、客户信息等数据汇总到一个表上时，**更改数据的排列顺序，让表更好看好懂**。随意排列的数据没有规律可循，不容易找出它们的特征和之间的联系。用店铺名、日期和商品名排序后，更容易发现“数据之间的关联”，从中获得更多的信息。

Excel中预置有强大的[排序]功能，能以各种值为关键字排列表内的数据。凡是工作中需要使用Excel的人，不分职业工种，**[排序]功能**都是必会技能之一。

● **排列数据后，数据的可视性快速提升**

销售记录

销售店铺名	商品名	销售日期	客户信息	销售金额
广岛	ZYL-233qbd	2017/2/1	10多岁女性	2,920
名古屋	SQB-176ymx	2017/2/4	30多岁男性	3,340
仙台	NTC-116tgu	2017/2/20	50多岁女性	1,660
大阪	ZYL-233qbd	2017/2/15	20多岁男性	2,920
东京	ZYL-233qbd	2017/2/18	50多岁女性	2,920

数据排序前的表格。数据没有任何规律，很难捕捉到数据的关联性和特征。

↓

销售记录

销售店铺名	商品名	销售日期	客户信息	销售金额
广岛	ZYL-233qbd	2017/2/1	10多岁女性	2,920
广岛	KRE-254yee	2017/2/3	40多岁女性	2,170
名古屋	SQB-176ymx	2017/2/4	30多岁男性	3,340
福冈	ZYL-233qbd	2017/2/4	10多岁男性	2,920
大阪	KRE-254yee	2017/2/5	20多岁女性	2,170

先以店铺名排列数据，再以销售日期排序。这样可以很快理解“各店铺的销售记录以及走势”。

升序

按升序排列表内的数据时，在表的“标题”处选择排序关键字，点击**[数据]**下的**[升序]**。表内的数据将以“**行**”为单位重新排序。

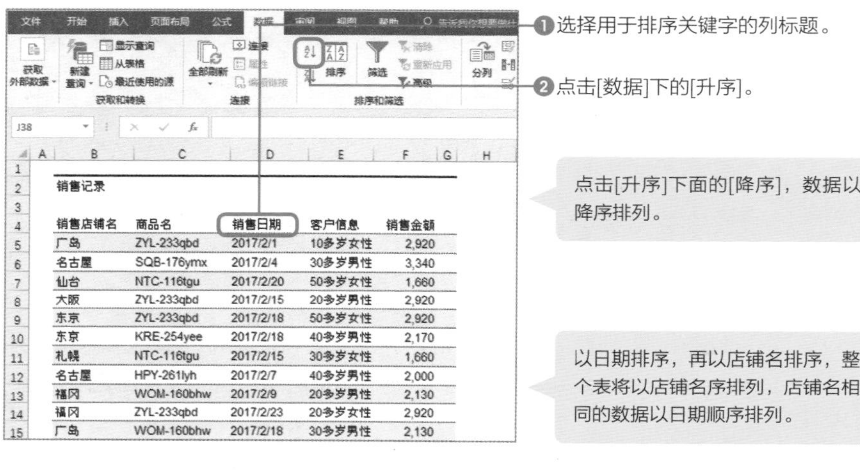

销售记录

销售店铺名	商品名	销售日期	客户信息	销售金额
广岛	ZYL-233qbd	2017/2/1	10多岁女性	2,920
名古屋	SQB-176ymx	2017/2/4	30多岁男性	3,340
仙台	NTC-116tgu	2017/2/20	50多岁女性	1,660
大阪	ZYL-233qbd	2017/2/15	20多岁男性	2,920
东京	ZYL-233qbd	2017/2/18	50多岁女性	2,920
东京	KRE-254yee	2017/2/18	40多岁男性	2,170
札幌	NTC-116tgu	2017/2/15	30多岁女性	1,660
名古屋	HPY-261lyh	2017/2/7	40多岁男性	2,000
福冈	WOM-160bhw	2017/2/9	20多岁男性	2,130
福冈	ZYL-233qbd	2017/2/23	20多岁女性	2,920
广岛	WOM-160bhw	2017/2/18	30多岁男性	2,130

点击[升序]下面的[降序]，数据以降序排列。

以日期排序，再以店铺名排序，整个表将以店铺名序排列，店铺名相同的数据以日期顺序排列。

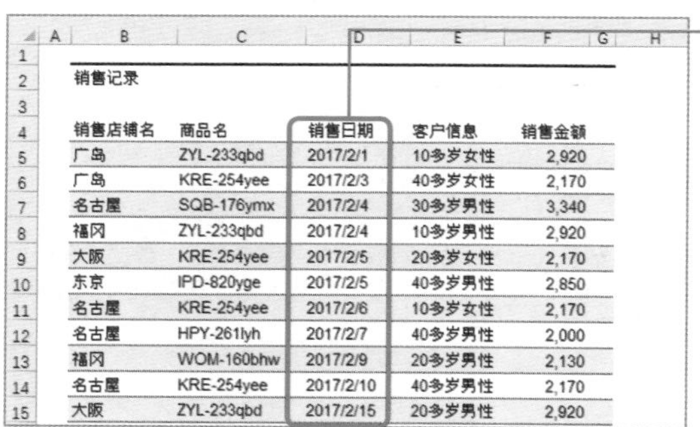

销售记录

销售店铺名	商品名	销售日期	客户信息	销售金额
广岛	ZYL-233qbd	2017/2/1	10多岁女性	2,920
广岛	KRE-254yee	2017/2/3	40多岁女性	2,170
名古屋	SQB-176ymx	2017/2/4	30多岁男性	3,340
福冈	ZYL-233qbd	2017/2/4	10多岁男性	2,920
大阪	KRE-254yee	2017/2/5	20多岁女性	2,170
东京	IPD-820yge	2017/2/5	40多岁男性	2,850
名古屋	KRE-254yee	2017/2/6	10多岁女性	2,170
名古屋	HPY-261lyh	2017/2/7	40多岁男性	2,000
福冈	WOM-160bhw	2017/2/9	20多岁男性	2,130
名古屋	KRE-254yee	2017/2/10	40多岁男性	2,170
大阪	ZYL-233qbd	2017/2/15	20多岁男性	2,920

❸所选列的数据呈升序，同时整个表的数据将以“行”为单位重新调整。

先学习[排序]的基本操作方法和功能特点，下一页介绍更高级的排序功能。

这也很重要!

一定要保存好源数据!

在对表的数据进行排序前，**务必事先复制文件或[另存为]以保存源数据**。这一点非常重要。制表方法不同，有些表一旦排序后无法恢复原始状态。别人制作的表中的原始排列中也许有某种特殊意义。为了避免“**操作过后才发现数据无法恢复原始状态**”的麻烦发生，平时养成“保存源数据的习惯”。

在[排序]对话框详细指定排序规则

详细指定排序的条件时，点击[数据]的**[排序]**，打开**[排序]对话框**，按以下步骤操作。

❶指定排序基准列（关键列）
❷指定基准列的排序规则（升序/降序）
❸想指定多个基准列时，点击[添加条件]按钮，追加并设置关键列
❹通过[▲][▼]改变关键列的优先顺序

另外，仅对表内的部分数据排序时，先选择**对象单元格**范围，再打开[排序]对话框。

● [排序]对话框的基本操作

这也很重要!

第一行是否是排序对象

表内有标题行时，一般第一行（标题行）不在排序范围之内。相反，如果没有标题行，第一行将在排序范围之内。要将第一行纳入排序范围，需**取消勾选[排序]对话框右上的[数据包含标题]**。

这也很重要!

含注音假名的列的排序

数字、拉丁字母、平假名、片假名等的升序・降序清晰明了，没有任何问题。不过在对**含有注音假名信息的列（主要是汉字）**进行排序时，需要设置是否将注音假名作为排序基准。点击[排序]对话框上部的[选项]，出现**[排序选项]对话框**，在这里设置。

排序的快捷键和注意事项

[排序]功能的快捷键如下。

● [排序]功能的快捷键

排序方法	快捷键
[升序]	Alt→A→S→A
[降序]	Alt→A→S→D
[排序]对话框	Alt→A→S→S

如上所示，Alt→A是选择[数据]键，接下来的S是选择[排序]功能，最后的键代表升序（Ascending的A）、降序（Descending的D），显示对话框为（Sort的S）。

对数据排序时有以下几个注意事项。

第一，**数据内含有“引用其他单元格的公式”时，重排数据可能会引起计算结果错误**。这时，需提前确认公式的引用形式（p.120）。

第二，**Excel的[排序]功能中，将一行作为“一个数据”**。如下图所示，对同列方向的数据进行排序后导致表发生损坏。这时，根据需要先转置行与列（p.180）。

● 不要对列方向上的数据进行排序

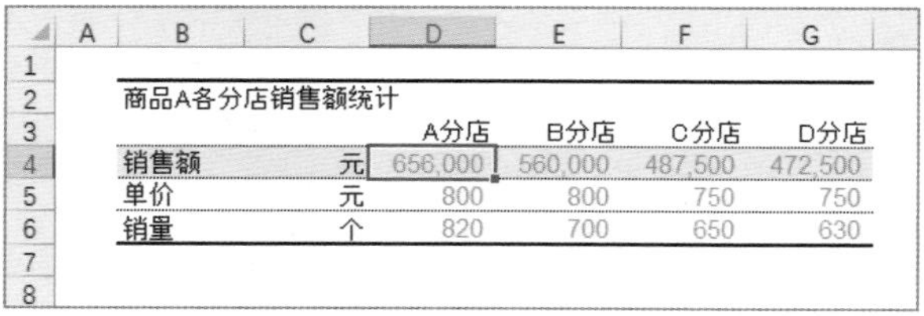

	A	B	C	D	E	F	G
1							
2		商品A各分店销售额统计					
3				A分店	B分店	C分店	D分店
4		销售额	元	656,000	560,000	487,500	472,500
5		单价	元	800	800	750	750
6		销量	个	820	700	650	630
7							
8							

表的列方向（纵向）上有一系列相关数据。

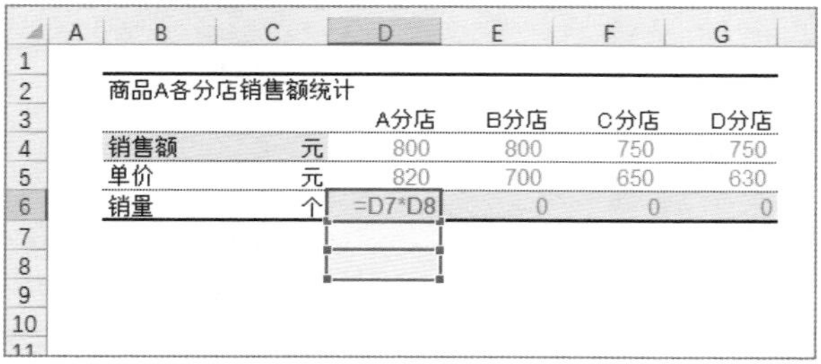

	A	B	C	D	E	F	G
1							
2		商品A各分店销售额统计					
3				A分店	B分店	C分店	D分店
4		销售额	元	800	800	750	750
5		单价	元	820	700	650	630
6		销量	个	=D7*D8	0	0	0
7							
8							
9							
10							

[排序]功能使用的是行方向上的数据，如果对位于列方向的数据进行排序，会导致数据损坏。

建议熟记的
便利功能

[筛选]功能与SUBTOTAL函数的用法

只显示满足特定条件的数据

使用Excel预置的[筛选]功能，**可以在众多的数据中找出满足特定条件的数据并显示**，也可通过缩小范围的条件指定多个列。例如，可以通过指定店铺列=东京、年度列=2017年度、性别列=女性等多个条件，缩小显示数据的范围（参考下图）。

● 使用[筛选]功能显示必要的数据

	A	B	C	D	E	F
1						
2		销售记录				
3		单位：元				
4						
5		店铺	销售日期	性别	销售额	
6		大阪	2016/1/4	男性	264,300	
7		东京	2016/1/8	男性	152,900	
8		名古屋	2016/1/10	男性	203,100	
9		名古屋	2016/2/5	男性	247,100	
10		名古屋	2016/2/22	女性	102,700	
11		东京	2016/3/7	女性	262,900	
12		大阪	2016/3/14	女性	215,700	
13		大阪	2016/3/24	女性	171,200	
14		大阪	2016/3/29	女性	157,500	

→

	A	B	C	D	E	F
1						
2		销售记录				
3		单位：元				
4						
5		店铺	销售日期	性别	销售	
55		东京	2017/2/22	女性	100,100	
63		东京	2017/4/14	女性	243,900	
64		东京	2017/4/23	女性	253,700	
90		东京	2017/10/16	女性	114,400	
97		东京	2017/11/12	女性	125,800	
102		东京	2017/12/12	女性	94,300	
105		东京	2017/12/29	女性	117,000	
106						

使用[筛选]功能，从众多数据中找出并显示，店铺=东京、销售日期=2017年度、性别=女性的数据。

另外，[筛选]功能只是“**暂时筛选所显示数据**”。换言之是“**隐藏不符合筛选条件的行**”，并不是删除不符合条件的数据。仔细观察筛选后的表，会发现行号之间出现跳号现象，这也说明有未被显示的数据。数据随时可以恢复原状。

[筛选]功能基础用法

使用[筛选]功能缩小显示数据的范围时，点击[数据]下的**[筛选]**。点击后在表的标题行出现**[筛选箭头]标志**。点击该按钮，可以指定该列的筛选条件（快捷键请参考p.159）。

❶选择应用筛选的表。

没有空白单元格时，在表内移动光标即可。

❷点击[数据]下的[筛选]。

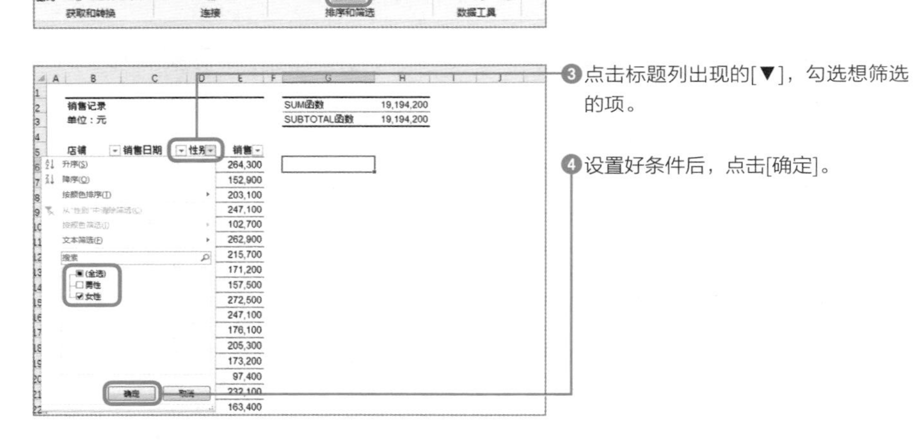

❸点击标题列出现的[▼]，勾选想筛选的项。

❹设置好条件后，点击[确定]。

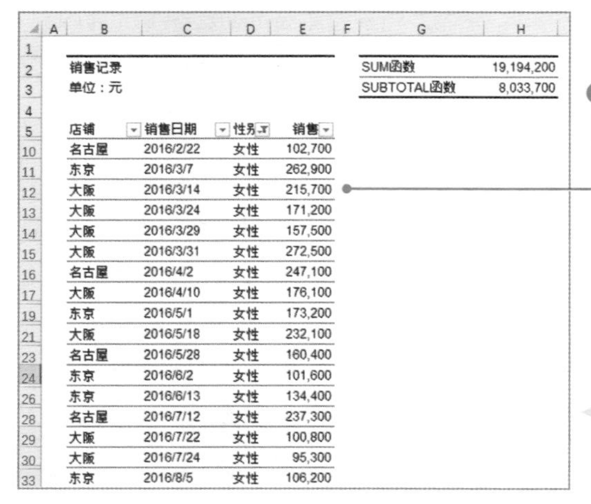

销售记录

单位：元

店铺	销售日期	性别	销售额
名古屋	2016/2/22	女性	102,700
东京	2016/3/7	女性	262,900
大阪	2016/3/14	女性	215,700
大阪	2016/3/24	女性	171,200
大阪	2016/3/29	女性	157,500
大阪	2016/3/31	女性	272,500
名古屋	2016/4/2	女性	247,100
大阪	2016/4/10	女性	176,100
东京	2016/5/1	女性	173,200
大阪	2016/5/18	女性	232,100
名古屋	2016/5/28	女性	160,400
东京	2016/6/2	女性	101,600
东京	2016/6/13	女性	134,400
名古屋	2016/7/12	女性	237,300
大阪	2016/7/22	女性	100,800
大阪	2016/7/24	女性	95,300
东京	2016/8/5	女性	106,200

SUM函数	19,194,200
SUBTOTAL函数	8,033,700

❺显示满足第❸步中所设置的条件的行。其他列也可以按相同方法设置筛选条件。

清除当前的筛选条件和范围时，点击[数据]下的[清除]。如果要取消[筛选]，再次点击[数据]下的[筛选]即可。

设置更详细的筛选条件

输入有日期和数值的列，可以指定更详细的条件筛选数据。例如“销售额”一列，除可设置筛选出比指定的值大的数据外，还可指定[最佳店]和[高于平均]等相对筛选条件。“销售日期”列中，也可设置[本周][上月][上季度]等条件筛选数据。

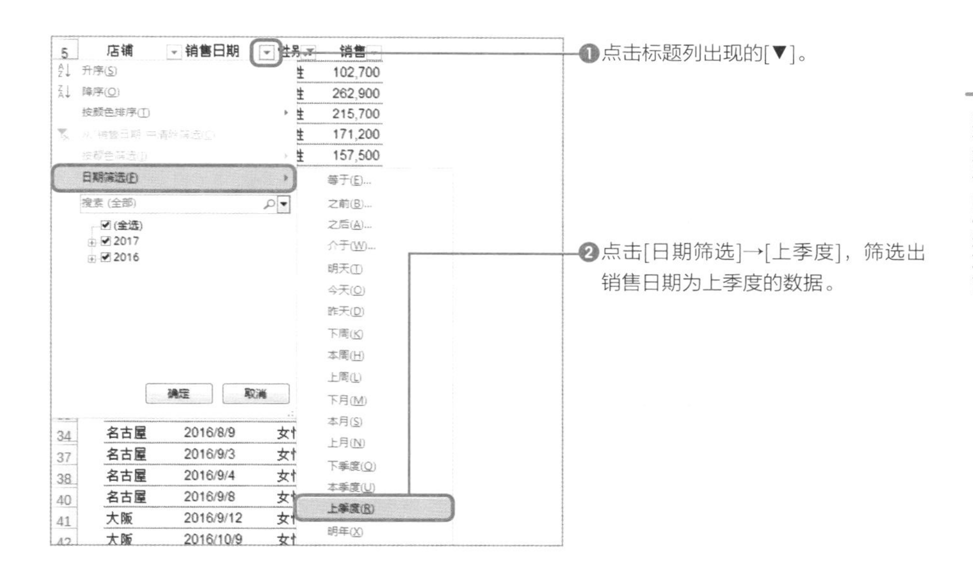

[筛选]功能中的一些便捷操作

要把通过[筛选]功能筛选出的数据复制到其他表时，选定要复制的内容，直接复制&粘贴，被隐藏的单元格不会被复制。

统计筛选出的数据时需要注意。用SUM函数（p.68）和COUNT函数（p.93）进行统计时，**统计对象不仅包含被筛选出的数据，还包含被隐藏的数据**。只想统计筛选出的数据时，先将对象数据复制&粘贴至其他处，再使用SUM函数和COUNT函数进行统计。

另外，使用**SUBTOTAL函数**，和用SUM函数和COUNT函数对被筛选出的数据进行统计的效果一样。

使用SUBTOTAL函数时，需在第1行的参数处指定“**计算方法**”，再在第2行的参数处指定“**统计的单元格范围**”。

=SUBTOTAL(计算方法，单元格范围)

● **SUBTOTAL函数和SUM函数统计结果的不同**

这也很重要！

SUBTOTAL函数的第1参数（计算方法）的含义

SUBTOTAL函数需在第1行的参数处指定“计算方法”，计算方法通过1～11的数值指定。例如，想进行与SUM函数相同的计算时（算出合计值）指定数值为9（参考上述内容），想进行与COUNT函数相同的计算时（算出元素数）指定数值为2。诸如此类，通过SUBTOTAL一个函数可以进行各种运算，非常方便。

另外，SUBTOTAL函数中其他编号参数的计算方法，请参考Excel的Help和Microsoft的Web等。

相关内容 “粘贴数值”的基础→p.172 自动填充的基本操作→p.182 排序功能→p.187

第7章

如何开始实践性的数据分析

模拟运算表的专业技巧

模拟运算表是最强大的分析工具——初次敏感性分析

指定多个条件分析数据

制定下一期的营业计划或者对引进办公室的机器的租金进行比较性商讨时，有一件事情是非常重要的，**那就是要多方更改所涉及的多种条件进行充分的试算**。这种情况下，就该“**模拟运算表**”大显神威了。使用模拟运算表，通过简单的操作就能够实现**敏感度分析**（一种分析手法，众多条件发生变动时会导致结果发生什么样的变化）。

为了说明模拟运算表的基本操作方法，对得到银行融资时每月的还款金额进行试算。条件有如下3个。

- 还款期限为3、4、5年中的任意一个
- 借款金额为1000万元、1300万元、1500万元中的任意一个
- 利息为年息2%，每月还款金额控制在30万元以内

由于还款期限有3种，借款金额也有3种，因此共计将有9种还款计划。其中，**将每月还款金额控制在30万元以内的同时将借款金额最大化，选择哪种计划更好呢**？

● **借款计划模式**

	借款金额（利息为年息2%）		
	1000万元	1300万元	1500万元
3年	1000万元3年还清	1300万元3年还清	1500万元3年还清
4年	1000万元4年还清	1300万元4年还清	1500万元4年还清
5年	1000万元5年还清	1300万元5年还清	1500万元5年还清

对上述内容进行分析研究就需要像下图中那样，挨个输入各公司的不同条件，对比结果，否则就无法选出最合适的。

● **还款期限为4年，借款金额为1000万元时**

	A	B	C	D	E	F	G
1							
2		融资还款计划					
3							
4		每月还款金额			元	216,951	
5			借款金额		元	10,000,000	
6			利息		%	2.0%	
7			还款期限		年	4	
8							

以还款期限为4年，借款金额为1000万元进行试算。试算其他模式时，就不得不改写“借款金额”和“还款期限”。

但是，这种方法**1次计算就只能确认1种模式的还款计划，要计算其他还款计划**就必须多次改写单元格的数据。此外，要比较各还款计划的不同还需要把各自的结果写在其他的地方，非常不方便，不能说它是一个高效的方法。Excel中预备有可以进行高效试算的便捷功能，那就是“模拟运算表”。

一览显示多个条件计算得出的结果

使用模拟运算表，**当包含在公式中的一个或者两个值发生变动时，可以通过一览表的形式确认其计算结果发生了什么样的变化**。拿本次的示例来说，当2个值（还款期限和借款金额）发生变动时，由此而发生的每个月的还款计划共计9种模式，都可以一并在一张表中进行确认（具体的设置方法在下页中进行说明）。

● **用模拟运算表所进行的还款计划的试算**

	G	H	I	J	K	L
9						
10		融资还款计划				
11		元			借款金额（元）	
12			216,951	10,000,000	13,000,000	15,000,000
13		还款期限	3	286,426	372,354	429,639
14		（年）	4	216,951	282,037	325,427
15			5	175,278	227,861	262,916
16						

使用模拟运算表，9种模式的试算结果可以一并在一张表中进行最终确认。

模拟运算表的创建方法

来实际创建一下模拟运算表吧。

创建模拟运算表时，首先创建一个表格，填入“**某条件下的试算结果**”，然后从中选择“**试算时值发生更改的单元格**”。本次我们来更改单元格F5和单元格F7的数值。

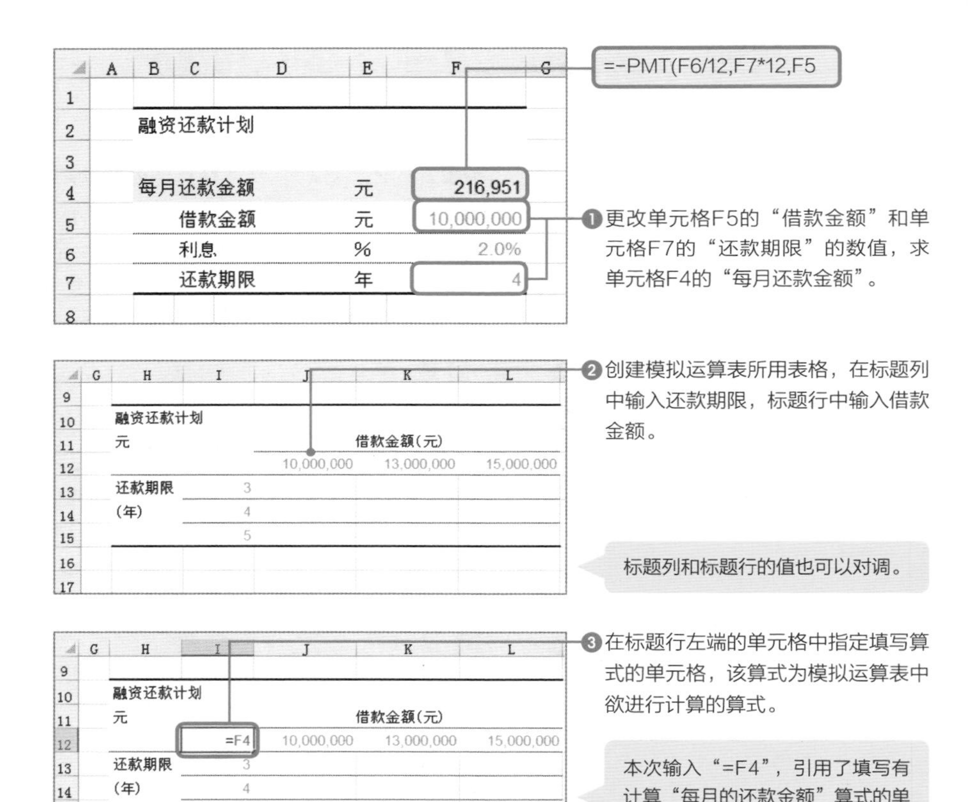

这也很重要!

每月还款金额的计算方法

PMT函数可以计算出每次的支付金额，其中有三个参数，贷款利率（第一参数）和付款期数（第二参数），当前的借款金额（第三参数），为它们赋值即可求出付款金额。由于PMT函数的结果显示为负值，因此如果想显示正值，须在“=”的后面添加“-”符号。

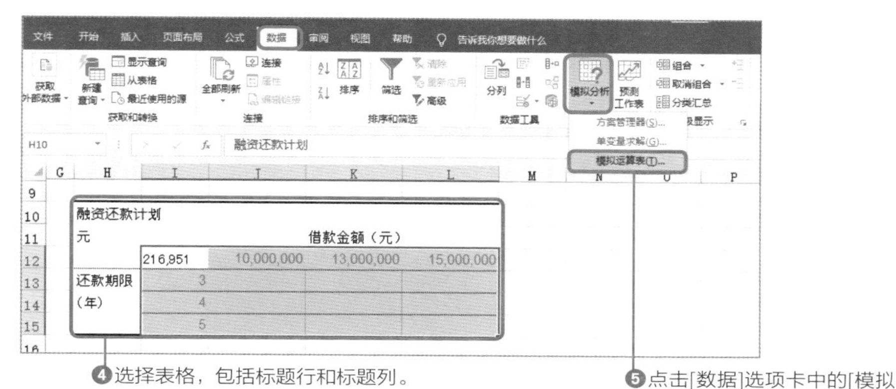

❹选择表格，包括标题行和标题列。

❺点击[数据]选项卡中的[模拟分析]→[模拟运算表]。

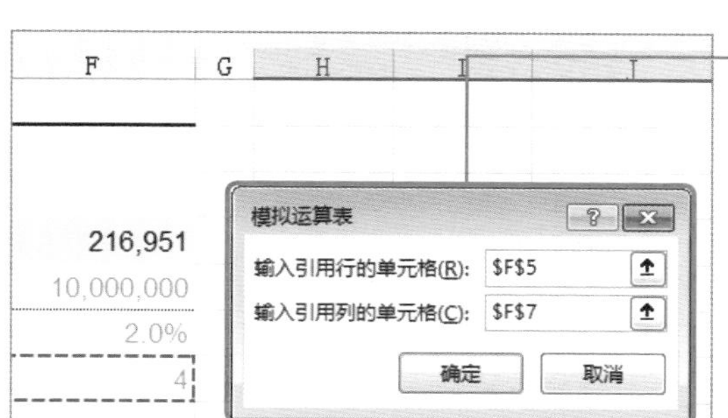

❻分别以绝对引用的形式在[输入引用行的单元格]中输入标题行中数值所对应的单元格地址，在[输入引用列的单元格]中输入标题列所对应的单元格地址，按下[确定]按钮。

关于绝对引用，请参阅p.121。

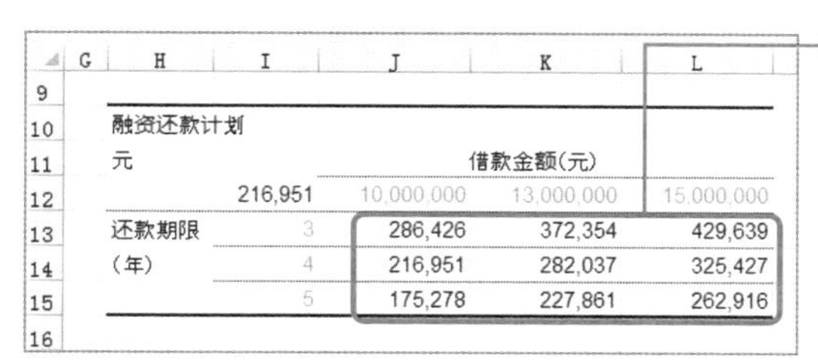

❼显示出模拟运算表的计算结果。可以看出，本次的组合为每月的还款金额在30万元以内，借款金额最大可达1500万元，还款金额为5年。

这也很重要!

如果不想显示左端的数值

如果不想显示步骤❸中输入的位于标题行左端的数值，可以将文字颜色设为白色，这样就看不见了。单元格中的值不能删除，删除后，模拟运算表的计算结果就会发生改变。

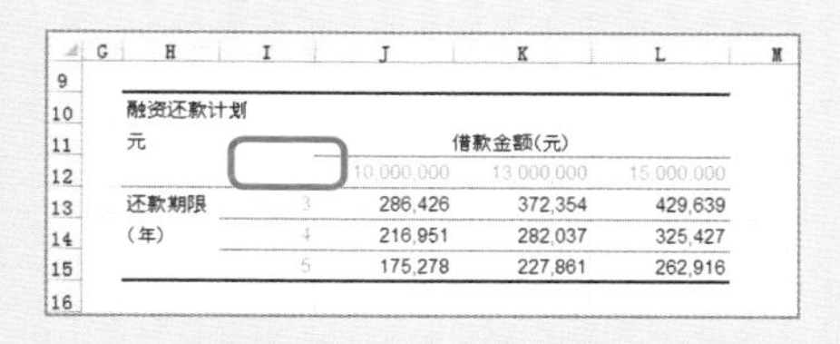

相关内容　收益预测模拟→p.200　变动风险的研究→p.204

模拟运算表的
专业技巧

模拟营业利润和收益预测

提高单价或者增加销售数量

模拟运算表也可以应用到**营业利润和收益预测**中。举个例子，假设我们制作了一个下图中的“收益计划表”。从表中可得知，虽然2015年、2016年、2017年的销售数量在一路增长，但是另一方面平均单价却在持续下跌。

● **收支计划表**

收益计划		2015年	2016年	2017年
销售额	元	56,000,000	66,696,000	79,248,000
销量	个	11,200	15,880	19,812
成长率	%	N/A	42%	25%
平均单价	元	5,000	4,200	4,000
费用	元	30,000,000	39,000,000	48,000,000
人工费	元	15,000,000	24,000,000	33,000,000
工作人员数	人	5	8	11
人均人工费	元	3,000,000	3,000,000	3,000,000
固定费用	元	15,000,000	15,000,000	15,000,000
利润	元	26,000,000	27,696,000	31,248,000

今后应该优先着手解决的是增加销售数量或者提高平均单价。我们来利用模拟运算表进行思考。

上面这种情况中，为确保今后的收益更上一层，作为解决方案是应该**增加销售数量（即便单价有所下降）**或者**是应该优先提高平均单价**，执行如下步骤，用模拟运算表进行模拟。

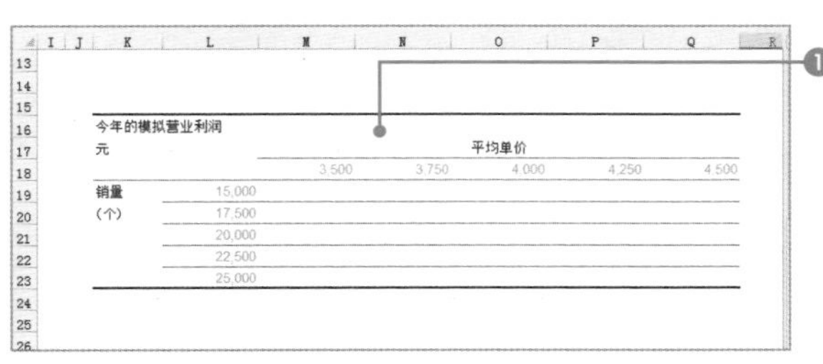

今年的模拟营业利润

元		平均单价				
		3,500	3,750	4,000	4,250	4,500
销量（个）	15,000					
	17,500					
	20,000					
	22,500					
	25,000					

❶创建模拟运算表用表，在标题列中输入销售数量（个），标题行中输入平均单价（元）。标题列和标题行中的值可以对调。

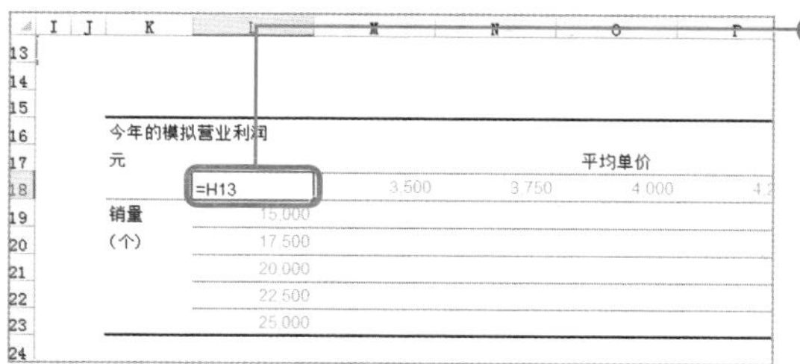

❷在标题行左端的单元格中指定填写有算式的单元格，该算式为在模拟运算表中所进行计算的算式。这里指定的是填写有计算2017年“利益”算式的单元格（H13）（引用了上页中的收支计划表）。

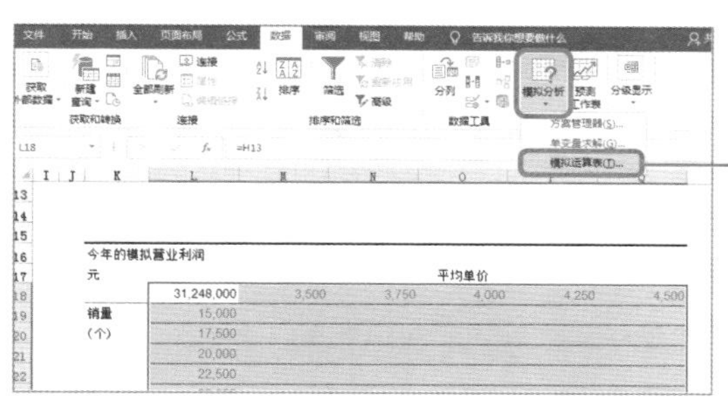

❸选中包括标题行和标题列在内的表格（单元格区域L18:Q23）。

❹点击[数据]选项卡中的[模拟分析]→[模拟运算表]。

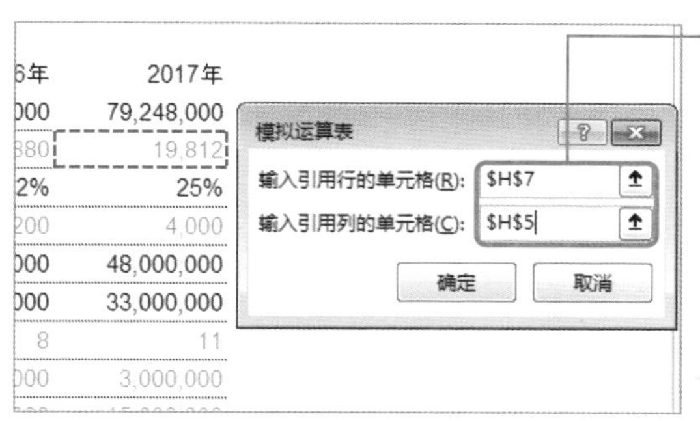

❺分别以绝对引用的形式在[输入引用行的单元格]中输入标题行中数值所对应的单元格地址，在[输入引用列的单元格]中输入标题列所对应的单元格地址，按下[确定]按钮。

关于绝对引用，请参阅p.121。

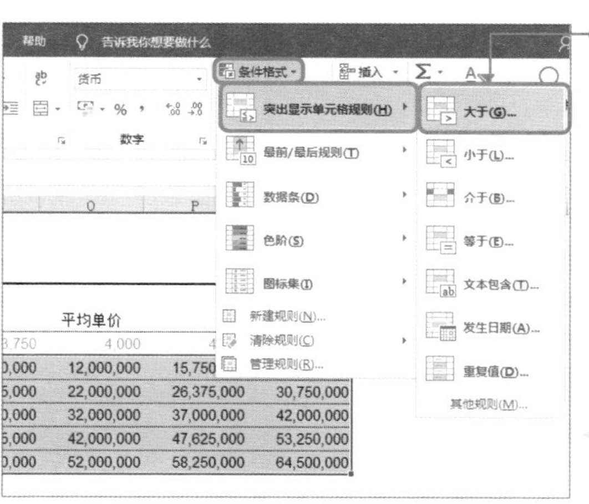

❻在选中模拟运算表的计算结果的状态下，点击[开始]选项卡中的[条件格式]→[突出显示单元格规则]→[大于]。

为模拟运算表设置条件格式（p.42）后就更方便查看了，这里介绍其设置方法。

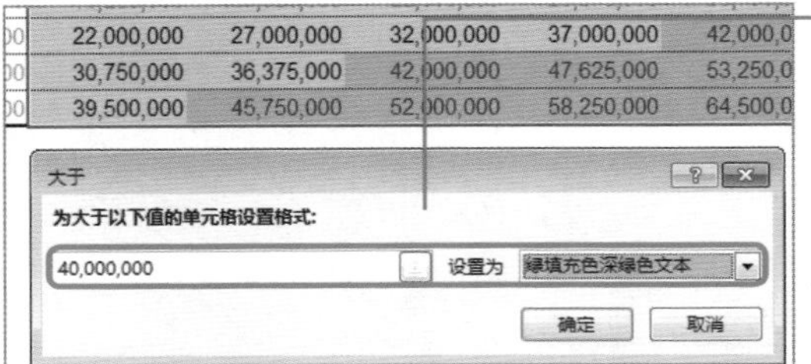

❼在输入栏中指定一个数值并选择格式，点击[确定]。单元格背景变为绿色的地方即为超过目标数值的结果。

这里将计算结果为“四千万元”以上的单元格的文字颜色设置为了深绿色，背景色更改为了绿色。

❽再设置另外一个条件格式。在选中模拟运算表的计算结果的状态下，点击[开始]选项卡中的[条件格式]→[突出显示单元格规则]→[小于]。

❾在输入栏中指定一个数值并选择格式，点击[确定]。一眼就能够看出，单元格背景变为红色的地方即为低于允许下限的数值。

这里将计算结果为“两千五百万元”以下的单元格的文字颜色设置为了深红色，背景色更改为了浅红色。

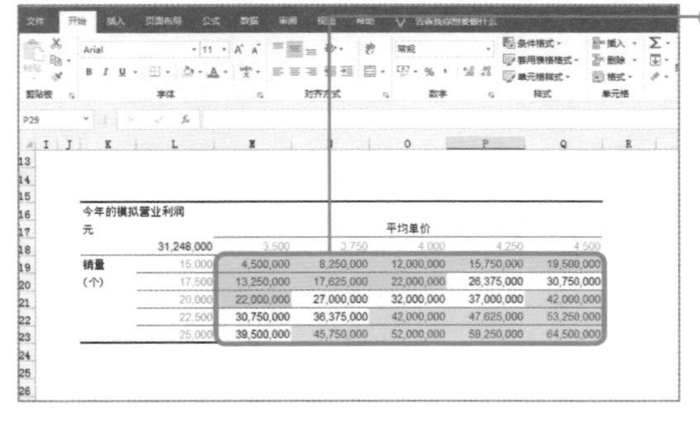

❿模拟运算表制作完成。从本次的试算中可以看出，销售数量减至15000时，即便平均单价有所上升，模拟营业利润部分的数字也是全部被深红色覆盖。比起提高平均单价，努力增加销售数量对增加收益更为有效。

使用模拟运算表时的注意事项

模拟运算表中，通过改变表中的两个数值来进行多种情况的试算。需要改变哪个数值可以在“**模拟运算表**”对话框中进行指定，此时注意不要指定输入有公式的单元格。可以作为模拟运算表的变量进行指定的只能是**直接输入了数值的单元格**。

另外，**模拟运算表和原表必须放在同一工作表中**，而且不能引用别的工作表中的值。

这里比较令人苦恼的是模拟运算表的放置位置。如果放置在原表的右侧，那么当原表的行发生增减时容易发生问题。但是，要是放在原表的下方，又得担心列宽的调整。

考虑到这些，模拟运算表的最佳摆放位置就是**原表的斜右下方**（见下图）。放在斜右下方，即便原表的行和列发生增减，也不会影响到模拟运算表。此外，**模拟运算表**的列宽是可以灵活设置的。使用Excel进行数据分析时，对便于维护这一点的考量也是非常重要的。

● **创建模拟运算表时将其放置在原表的斜右下方**

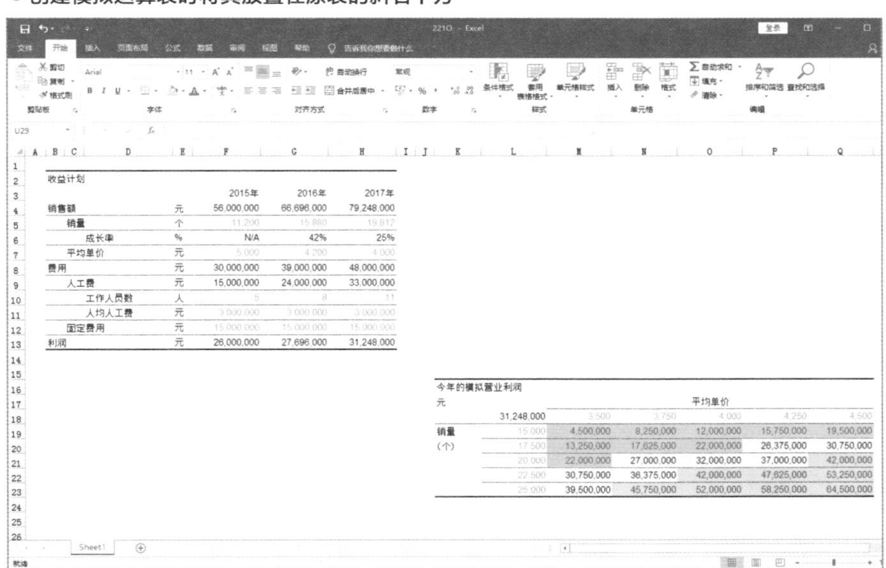

收益计划

		2015年	2016年	2017年
销售额	元	56,000,000	66,696,000	79,248,000
销量	个	11,200	15,880	19,812
成长率	%	N/A	42%	25%
平均单价	元	5,000	4,200	4,000
费用	元	30,000,000	39,000,000	48,000,000
人工费	元	15,000,000	24,000,000	33,000,000
工作人员数	人	5	8	11
人均人工费	元	3,000,000	3,000,000	3,000,000
固定费用	元	15,000,000	15,000,000	15,000,000
利润	元	26,000,000	27,696,000	31,248,000

今年的模拟营业利润

元		平均单价				
	31,248,000	3,500	3,750	4,000	4,250	4,500
销量	15,000	4,500,000	8,250,000	12,000,000	15,750,000	19,500,000
（个）	17,500	13,250,000	17,625,000	22,000,000	26,375,000	30,750,000
	20,000	22,000,000	27,000,000	32,000,000	37,000,000	42,000,000
	22,500	30,750,000	36,375,000	42,000,000	47,625,000	53,250,000
	25,000	39,500,000	45,750,000	52,000,000	58,250,000	64,500,000

相关内容　模拟运算表（敏感度分析）的基本操作→p.196　变动风险的研究→p.204

模拟运算表的专业技巧

从经费和商品单价讨论变动风险

材料费上涨后商品单价定多少合适

在零售行业或餐饮行业等行业中，必要经费（制造成本、材料费等）占据了商品成本的大部分，气候变动或外汇变动等引起的费用上涨会成为业务上高风险的主要因素。费用一上涨，相应地，利润就被压低了，因此在商品加价或高价区商品的投入等方面，就不得不研究提高商品单价或客人单价。

因此，我们使用模拟运算表来确认一下“**当商品单价或客人单价发生变化时，利润会如何变化**”。使用模拟运算表可以很简单地确认出结果，因此大家务必用商品或人工费来试一下。

● 本次所使用的模拟运算表的原表

N27

行	D	E	F	G	H
1					
2	收益计划				
3				←实际业绩	计划→
4			2015年	2016年	2017年
5	销售额	千元	12,480,000	12,760,000	14,260,000
6	客人单价	元	2,400	2,200	2,300
7	客人数	千人	5,200	5,800	6,200
8	费用	千元	9,514,000	10,104,000	11,404,000
9	人工费	千元	2,650,000	2,856,000	3,406,000
10	工作人员数	人	1,060	1,190	1,310
11	人均人工费	千元	2,500	2,400	2,600
12	固定费用	千元	3,120,000	3,420,000	3,720,000
13	材料费	千元	3,744,000	3,828,000	4,278,000
14	材料费用率	%	30%	30%	30%
15	利润	千元	2,966,000	2,656,000	2,856,000
16					
17					

当“客人单价”和“材料费率”发生变化时，“利润”会如何变化，我们一起来试算一下2017年的计划。

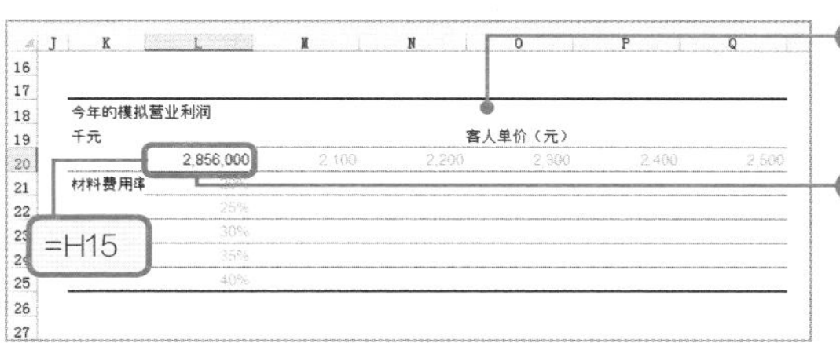

❶创建模拟运算表用表，在标题列中输入材料费用率，标题行中输入客人单价。

❷在标题行左端的单元格中指定填写有算式的单元格（H15），该算式为在模拟运算表中欲进行计算的算式（引用了上页中的原表）。

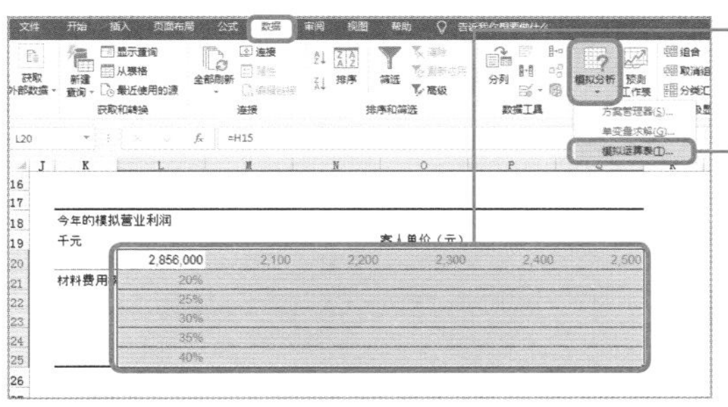

❸选中包括标题行和标题列在内的表格区域。

❹点击[数据]选项卡中的[模拟分析]→[模拟运算表]。

❺分别以绝对引用的形式在[输入引用行的单元格]中输入标题行中数值所对应的单元格地址，在[输入引用列的单元格]中输入标题列所对应的单元格地址，按下[确定]按钮。

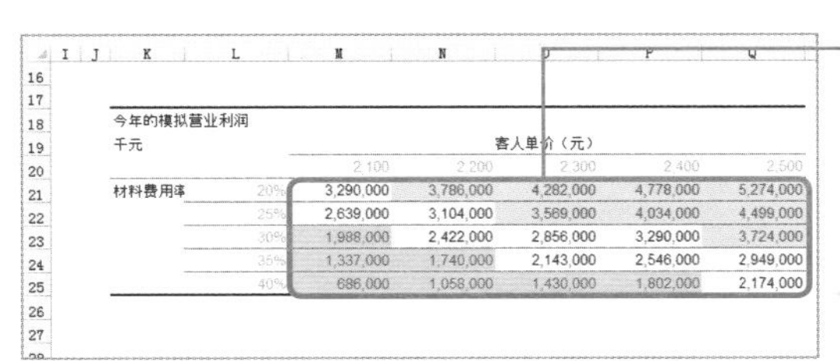

❻模拟运算表中显示出计算结果。将标题行左端的数值的字体颜色设置为白色（p.199），再设置一下条件格式就完成了。

如何为模拟运算表的计算结果设置条件格式请查阅p.201。

7　模拟运算表的专业技巧

这也很重要!

模拟运算表与条件格式很搭

根据单元格的值，自动更改单元格的格式，这就是**[条件格式]功能**（p.42），在确认模拟运算表的计算结果时非常有用。这两个功能可以说非常搭。上面的例子中也为模拟运算表的计算结果设置了条件格式，令数据分析变得容易。实际进行数据分析时，请务必组合使用这两个功能。

相关内容　模拟运算表（敏感度分析）的基本操作→p.196　利润预测的模拟→p.200

模拟运算表的
专业技巧

模拟运算表过大可手动计算

更新表格数据发现Excel卡顿了

模拟运算表是非常便捷的一个功能，但是如果条件有所增加，那么相应的那部分计算量也会增加，因此Excel的运行就显得越发沉重了。例如，如果在标题行输入10个条件，标题列输入10个条件，那么模拟运算表就不得不共计进行100则运算。然后，在计算结束之前Excel就处于无法操作的状态了。这种计算，如果只是创建模拟运算表时所进行的仅仅那一次还好，但是如果模拟运算表的原表的数值有一处发生更改，那么所有的计算就得重来一次。因此，创建条件比较多的模拟运算表后，Excel处于卡顿状态，无法操作的时间就会增加。

● **模拟运算表的计算量较多**

今年的模拟营业利润												
千元		客人单价（元）										
		1,500	2,050	2,100	2,150	2,200	2,250	2,300	2,350	2,400	2,450	2,500
材料费用率	20%	314,000	3,042,000	3,290,000	3,538,000	3,786,000	4,034,000	4,282,000	4,530,000	4,778,000	5,026,000	5,274,000
	22%	128,000	2,787,800	3,029,600	3,271,400	3,513,200	3,755,000	3,996,800	4,238,600	4,480,400	4,722,200	4,964,000
	24%	-58,000	2,533,600	2,769,200	3,004,800	3,240,400	3,476,000	3,711,600	3,947,200	4,182,800	4,418,400	4,654,000
	26%	-244,000	2,279,400	2,508,800	2,738,200	2,967,600	3,197,000	3,426,400	3,655,800	3,885,200	4,114,600	4,344,000
	28%	-430,000	2,025,200	2,248,400	2,471,600	2,694,800	2,918,000	3,141,200	3,364,400	3,587,600	3,810,800	4,034,000
	30%	-616,000	1,771,000	1,988,000	2,205,000	2,422,000	2,639,000	2,856,000	3,073,000	3,290,000	3,507,000	3,724,000
	32%	-802,000	1,516,800	1,727,600	1,938,400	2,149,200	2,360,000	2,570,800	2,781,600	2,992,400	3,203,200	3,414,000
	34%	-988,000	1,262,600	1,467,200	1,671,800	1,876,400	2,081,000	2,285,600	2,490,200	2,694,800	2,899,400	3,104,000
	36%	-1,174,000	1,008,400	1,206,800	1,405,200	1,603,600	1,802,000	2,000,400	2,198,800	2,397,200	2,595,600	2,794,000
	38%	-1,360,000	754,200	946,400	1,138,600	1,330,800	1,523,000	1,715,200	1,907,400	2,099,600	2,291,800	2,484,000
	40%	-1,546,000	500,000	686,000	872,000	1,058,000	1,244,000	1,430,000	1,616,000	1,802,000	1,988,000	2,174,000

该表中需要进行121则运算。

要解决这个问题，就需要执行下页中的步骤，**关闭模拟运算表的自动计算功能**。如此一来，模拟运算表自动更新表格内容的处理就可以停用了。

另外，Excel的其他功能中也配备有自动更新功能。包括模拟运算表在内，所有功能的自动更新都可以关闭。请根据情况区分使用。

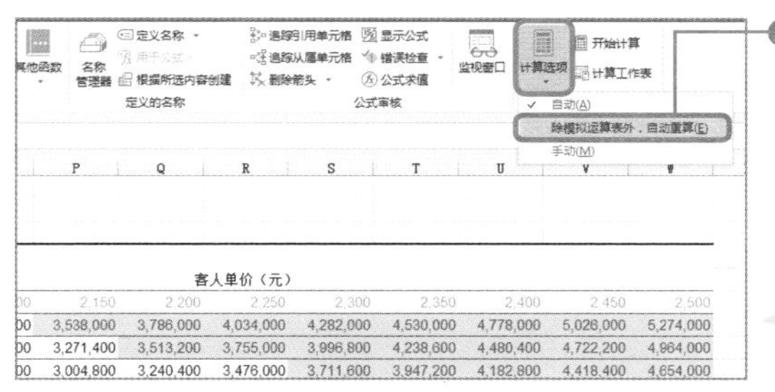

❶打开欲关闭自动计算的工作簿，点击[公式]选项卡中的[计算选项]→[除模拟运算表外，自动重算]。

如果要停止Excel中配备的所有自动更新功能，这里就选择[手动]。

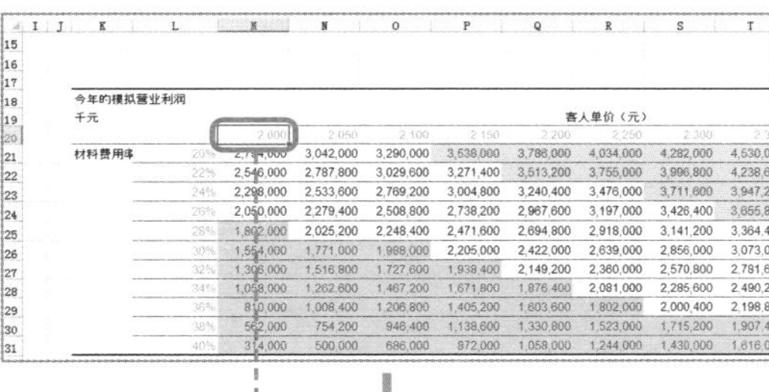

❷模拟运算表的自动计算就关闭了。

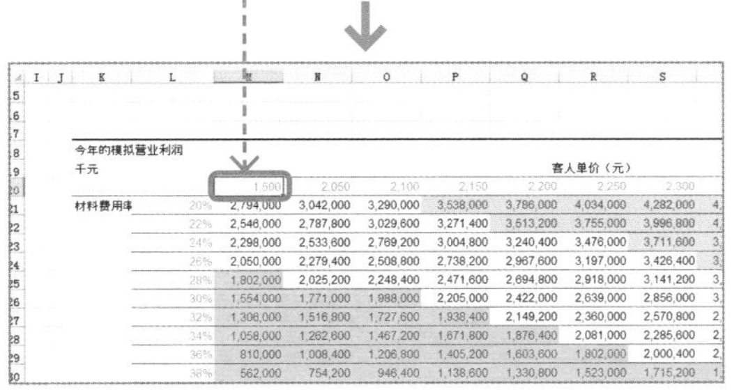

❸即便更改了标题行的数值，也不会进行重算了。

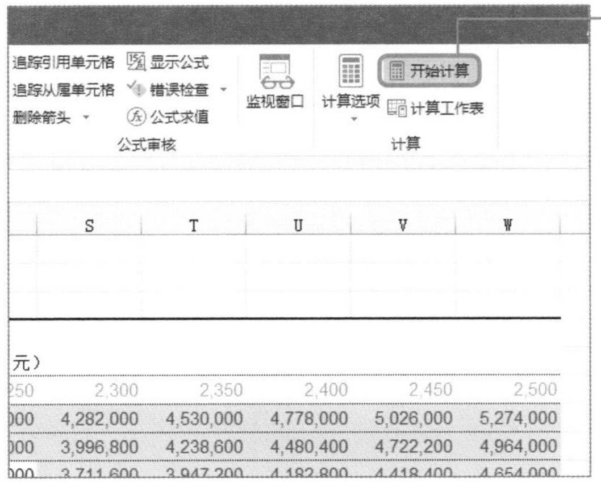

❹需要重算可以点击[公式]选项卡中的[开始计算]按钮。

相关内容　模拟运算表（敏感度分析）的基本操作→p.196　利润预测的模拟→p.200

开始单变量求解

单变量求解的
实际使用方法

从结果进行逆向运算“单变量求解”

所谓**单变量求解功能**，**是指先行决定出希望的计算结果，逆向求解出能够得出此结果而所需的值**。

这样描述可能有点难懂，我们以餐饮店的销售额为例进行思考。当平均客人单价为500元，客人数为200人时，一天的销售额为10万元（=500元×200人）。那么，如果把平均客人单价设置为500元，要达成销售额目标12万元的话所需的客人数为多少呢？进行这类计算时较为方便的就是单变量求解功能。

● **一般的Excel计算**

平均客人单价[500元]×客人数[200人]=销售额[???元]

通常情况下，平均客人单价、客人数这类公式中的要素是预先就决定好的

● **使用单变量求解进行的模拟**

平均客人单价[500元]×客人数[???人]=销售额[12万元]

先决定公式的结果，逆向求解公式中的要素，用单变量求解比较方便

单变量求解是一种应用范围较广的功能，可根据大家的想法应用到各种各样的计算中去。例如，除了上述例子之外，还可以用到“**从目标利润中算出所需周转率**”（p.211）、“**从总预算（利润）中算出可调配的人员**”（p.216）等方面中。关键就在于上面所说的“逆向求解出所需要的值以便得出所需要的计算结果”。结合这些我们来试着研究一下可以在什么情况下进行使用。此外，确认一下已有的业务中是否有能用到该功能的地方。

创建单变量求解所用表格

要使用单变量求解，首先要创建一个表格，其中填写有**逆向求解所用到的公式**。本次就创建一个简单的表格，其中有“平均客人单价”和“客人数”以及两者相乘所得的“销售额”，客人数中暂时输入“500”。

● **单变量求解所用到的表格**

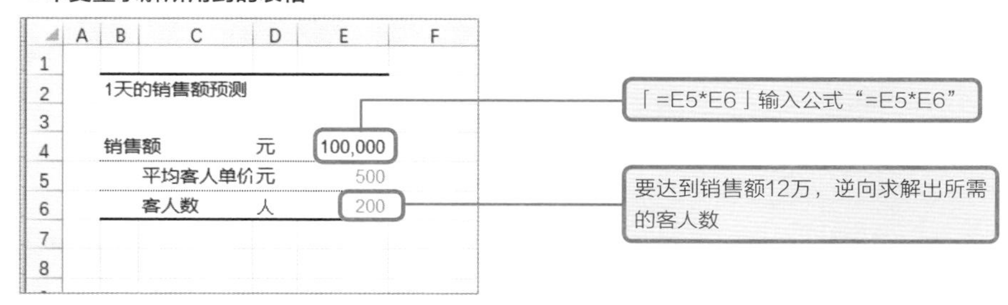

准备好单变量求解所用表格后，点击[数据]选项卡中的**[模拟分析]→[单变量求解]**，出现**[单变量求解]对话框**。该对话框有三项输入栏，各栏中输入什么样的值，这里请好好掌握。

● **[单变量求解]对话框中的设置项**

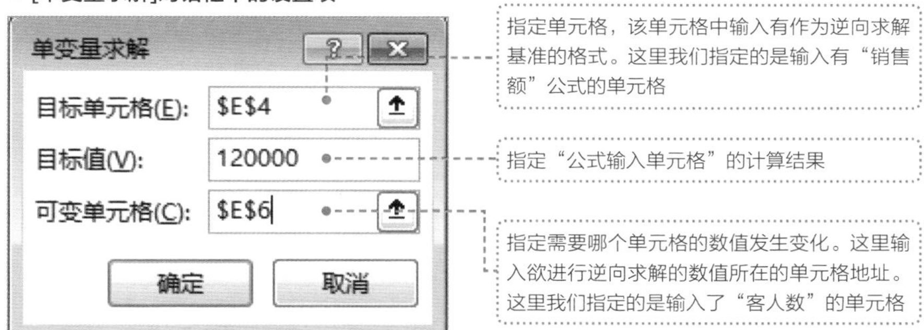

这也很重要!

[目标值]项目中能不能指定单元格引用

[单变量求解]对话框的第二个输入项[目标值]中是**不能指定单元格引用的**。乍一看似乎是可以，但是注意只能指定纯文本输入的数值。

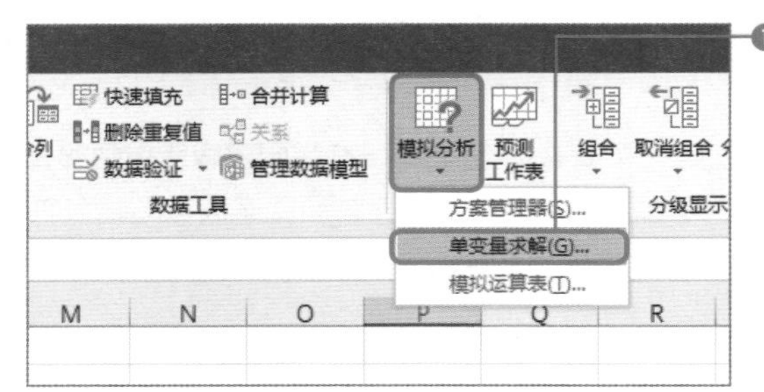

❶点击[数据]选项卡中的[模拟分析]→[单变量求解]。

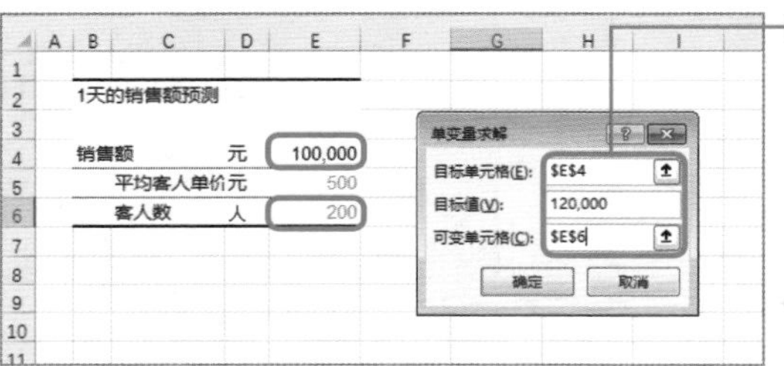

❷出现[单变量求解]对话框。在三项输入栏中输入单元格引用和数值，点击[确定]按钮。

关于三项输入栏中所输入的值请参阅上一页。

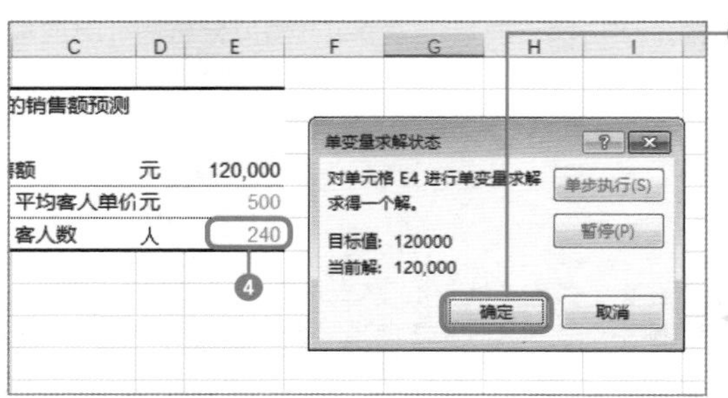

❸求得合适的值后，对话框中会显示“求得一个解”，点击[确定]按钮。“客人数”单元格（$E$6）的数值发生更改❹。

如果不想把单变量求解的结果反映到表格中，可在结果对话框中点击[取消]按钮。

这也很重要!

使用单变量求解时的注意事项

单变量求解是一项非常方便的功能，但它有两个大的局限性。第一就是[目标值]中不能指定单元格引用，再一个就是[可变单元格]中不能指定填写有公式的单元格。本例中，像右表中那样如果是用公式来求“客人数”，就会报错。

这种情况，就要把表格整体复制到新的工作表中，将对象单元格（右例中为“客人数”）用纯文本输入后再进行单变量求解。

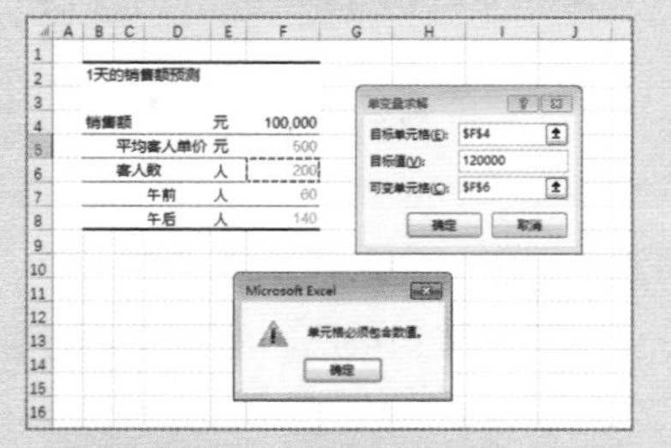

由于单元格F6中输入了公式“=F7+F8”，因此无法在[可变单元格]中进行指定。

相关内容 模拟运算表（敏感度分析）的基本操作→p.196 规划求解的基础内容与最优化→p.218

单变量求解的实际使用方法

从目标利润中算出所需周转率

单变量求解在复杂的计算中才真正有用

上一节中对单变量求解的基础内容进行了说明。所举的事例有些过于简单，因此可能很多人会想了，这种情况用除法计算不是更快吗？事实上确实如此，上节中所求的“客人数”用12万元 ÷ 500元就可以简单地计算出来，可能没必要特意使用单变量求解。上一节中所介绍的算式终归只是为了说明单变量求解的基础内容而举的一个简单的事例。

单变量求解真正发挥作用的地方是需要进行复杂计算的地方。实际上，在现实中的业务场景中进行数值验证时，会存在很多有着更为复杂的关系、相互影响的要素。

这里我们以某餐饮店的营业计划表为例进行思考。下表中，如果要达成每月的营业利润1000千元（百万元），周转率应该提高到多少%呢？翻页前，我们大家一起来思考一下吧。

● **求出所需周转率**

	E	F	G
1			
2	2016年12月营业计划		
3			2016/10
4	销售额	千元	4,080
5	客人数	人	2,040
6	席位数	席	40
7	周转率	%	170%
8	客人单价	元	2,000
9	费用	千元	3,538
10	原材料費	千元	1,428
11	1位客人的原材料費	元	700
12	原材料費率	%	35%
13	人工費	千元	1,020
14	占销售额比例	%	25%
15	房租	千元	510
16	其他	千元	580
17	营业利润	千元	542

周转率提高到多少，才能实现营业利润一百万元呢？

“周转率”与各种各样的数值相关联

“周转率”上升则客人增多，当然销售额也会增长。另一方面，当客人增多时，原材料费和人工费会增加（供客人吃饭，因此原材料费会增加）。

也就是说，**周转率一上升会有两项费用上涨**，因此营业利润与销售额成正比，并不是单纯增加营业利润（费用会对营业利润产生负影响）。

本例中，更改周转率后会有以下6项数值受到影响，思考一下它们各自会受到什么样的影响呢。

- “周转率”影响“客人数”
- “客人数”影响“销售额”与“原材料费”
- “销售额”影响“人工费”（销售额的25%用于人工费）
- “人工费”与“原材料费”影响“费用”
- “营业利润”是由“销售额”与“费用”的差来决定的

基于这样的各要素之间的关联性来逆向求解目标周转率是颇费周章的，用笔计算可以说是非常难的。

像这样，**当某个数值对其他数值的影响涉及很多方面时，利用单变量求解这个功能**是非常方便的。下面我们就来实际使用一下单变量求解来计算一下目标周转率，按下列步骤进行。

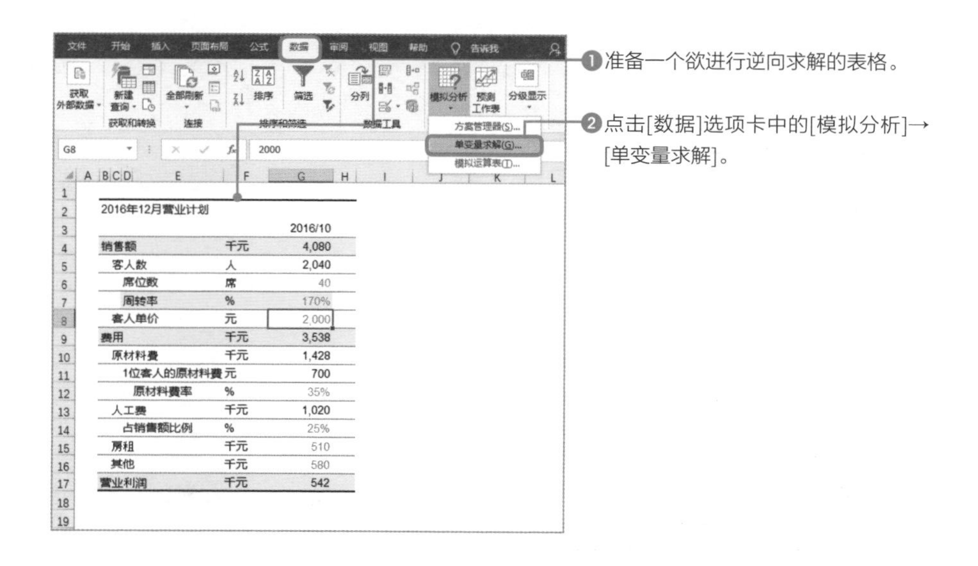

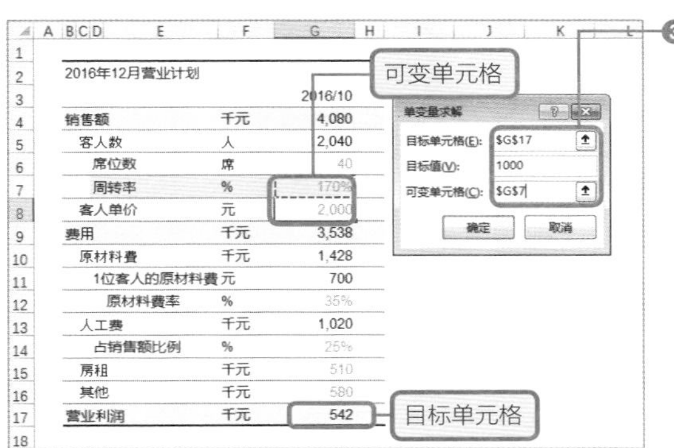

		2016/10
销售额	千元	4,080
客人数	人	2,040
席位数	席	40
周转率	%	170%
客人单价	元	2,000
费用	千元	3,538
原材料费	千元	1,428
1位客人的原材料费	元	700
原材料费率	%	35%
人工费	千元	1,020
占销售额比例	%	25%
房租	千元	510
其他	千元	580
营业利润	千元	542

❸出现[单变量求解]对话框。在[目标单元格]中输入[$G$17]（营业利润单元格），在[目标值]中输入[1000]，在[可变单元格]中输入[$G$7]（周转率单元格），点击[确定]按钮。

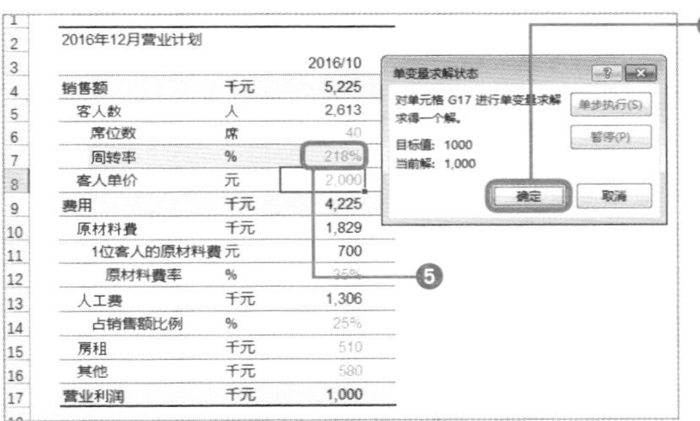

		2016/10
销售额	千元	5,225
客人数	人	2,613
席位数	席	40
周转率	%	218%
客人单价	元	2,000
费用	千元	4,225
原材料费	千元	1,829
1位客人的原材料费	元	700
原材料费率	%	35%
人工费	千元	1,306
占销售额比例	%	25%
房租	千元	510
其他	千元	580
营业利润	千元	1,000

❹得出恰当的值后会弹出对话框，显示“求得一个解”。营业利润为100万元所需的周转率为218%❺。点击[确定]按钮后，周转率单元格（单元格G7）的数值发生更改。

用“方案管理器”功能来比较多个计划

制定事业计划时，想必会更改影响利润的多种主要因素（商品单价、销售数量、原材料费、人工费等）来进行多重试算。接下来介绍的**[方案管理器]功能**可以将这些“**多个条件的组合**”添加到Excel中。通过调用所保存的方案，可以对表格中的多个条件瞬时进行重新设置。

添加方案按如下步骤进行。

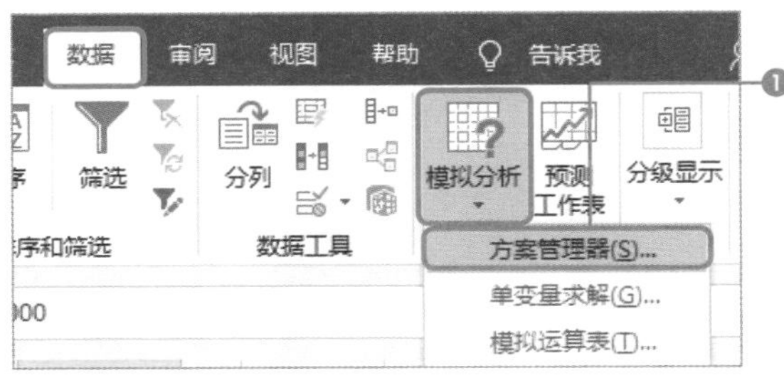

❶点击[数据]选项卡中的[模拟分析]→[方案管理器]。

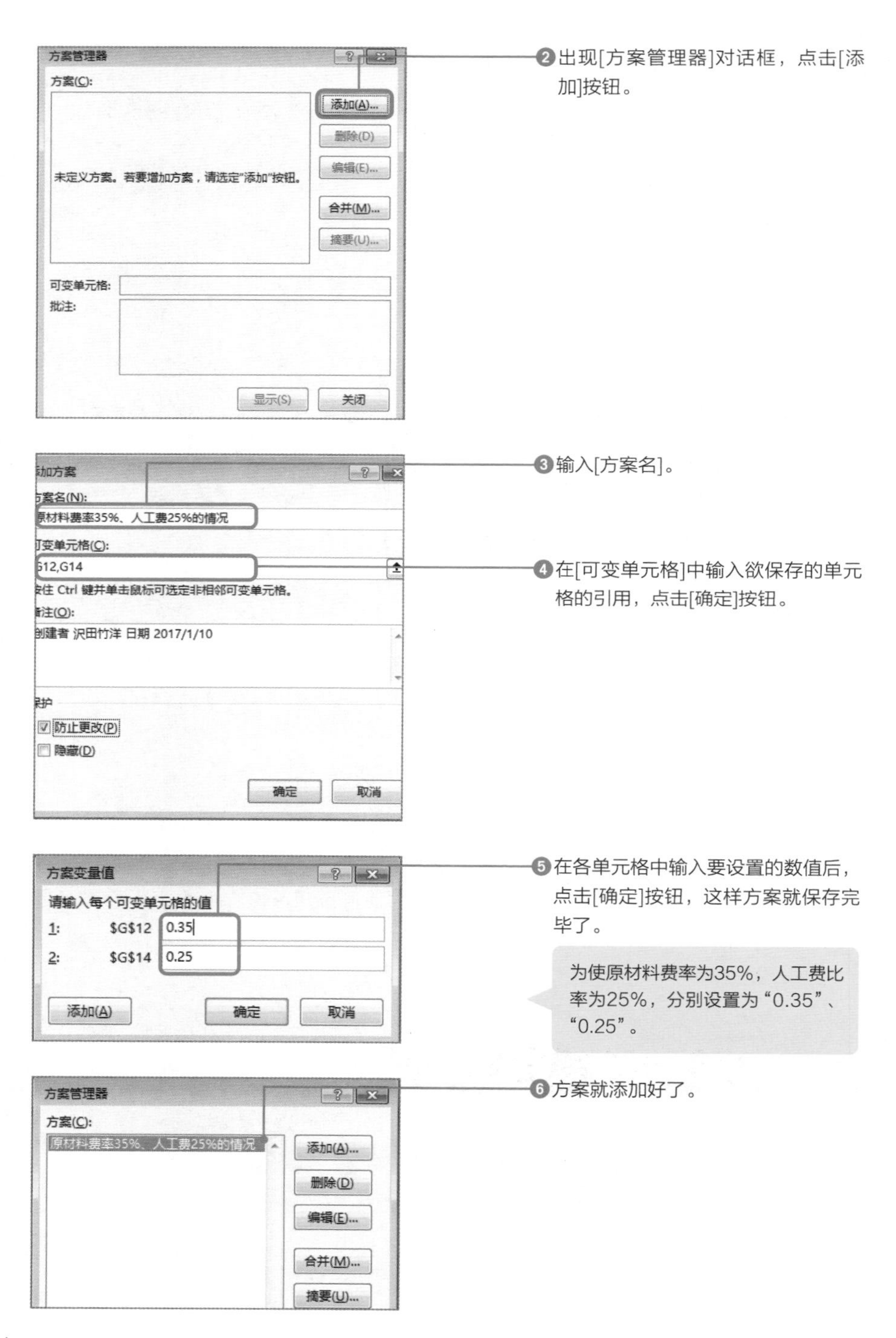

❷出现[方案管理器]对话框，点击[添加]按钮。

❸输入[方案名]。

❹在[可变单元格]中输入欲保存的单元格的引用，点击[确定]按钮。

❺在各单元格中输入要设置的数值后，点击[确定]按钮，这样方案就保存完毕了。

为使原材料费率为35%，人工费比率为25%，分别设置为“0.35”、“0.25”。

❻方案就添加好了。

要调用所添加的方案，按如下步骤进行。

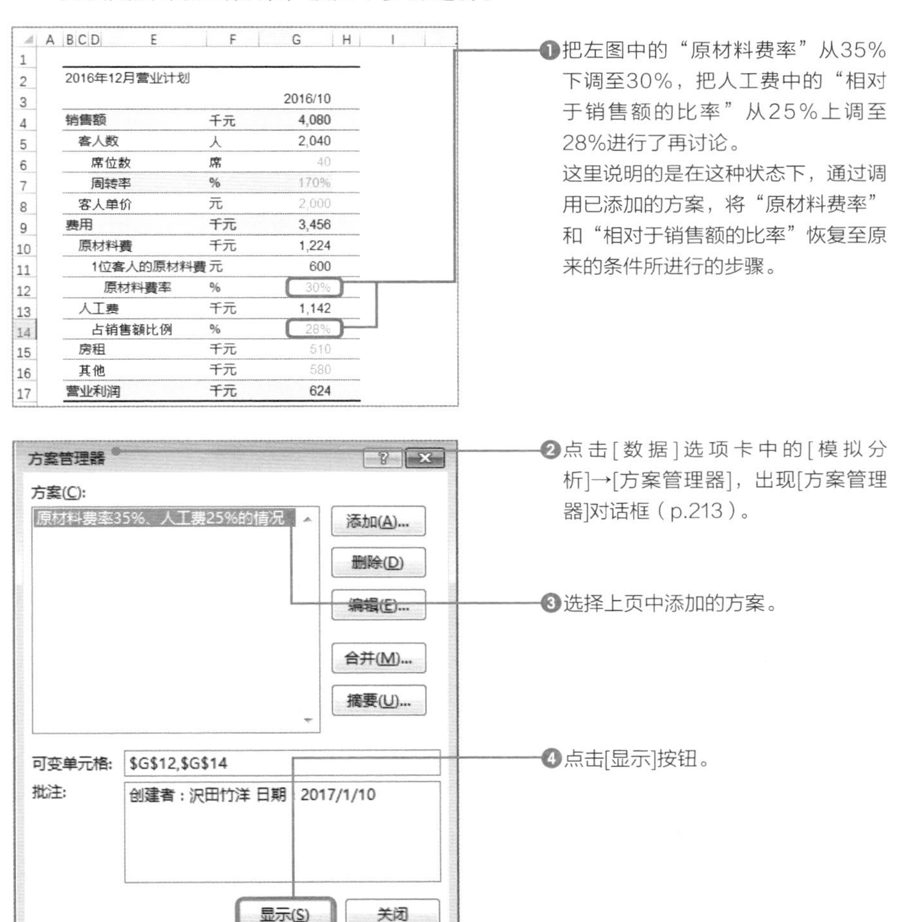

❶把左图中的“原材料费率”从35%下调至30%，把人工费中的“相对于销售额的比率”从25%上调至28%进行了再讨论。
这里说明的是在这种状态下，通过调用已添加的方案，将“原材料费率”和“相对于销售额的比率”恢复至原来的条件所进行的步骤。

❷点击[数据]选项卡中的[模拟分析]→[方案管理器]，出现[方案管理器]对话框（p.213）。

❸选择上页中添加的方案。

❹点击[显示]按钮。

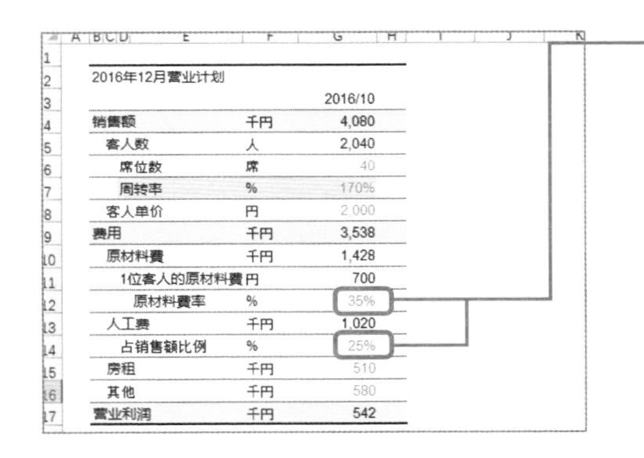

❺方案被调用，“原材料费率”和人工费中的“相对于销售额的比率”恢复到了之前的状态（添加方案时的状态）。

7 单变量求解的实际使用方法

相关内容　如何开始单变量求解→p.208　规划求解的基础内容与最优化→p.218

单变量求解的
实际使用方法

从总预算（利润）中算出可调配的人员

从预算中逆向求解资源

在有限的预算中如何确保资源，单变量求解又能够派上用场了。下表是某企业2017年度的营业计划。虽然可以盈利充足，但是后勤管理部门却陷入了慢性的人员不足的状态中。因此，决定将人工费总额控制在销售额的30%以内的同时，增加后勤管理部门的工作人员。这次我们用单变量求解来计算出合适的后勤管理部门的工作人员数。

● **计算出合适的工作人员数**

	A	B C D E F	G	H	I	J
1						
2		2017年度 营业计划				
3				2017年度		
4		销售额	千元	480,000		
5		总合同数	元	240		
6		人均合同数	份	12		
7		客人单价	千元	2,000		
8		费用	千元	262,000		
9		人工费	千元	108,000		
10		员工数	人	27		
11		前端办公室	人	20		
12		后端办公室	人	7		尽量增加
13		人均人工费	千元	4,000		
14		占销售额比例	%	23%		控制在30%以内
15		房租	千元	10,000		
16		其他	千元	144,000		
17		占销售额比例	%	30%		
18		营业利润	千元	218,000		
19						

将人工费总额控制在销售额的30%以内的同时，尽可能增加后勤管理部门的工作人员人数。

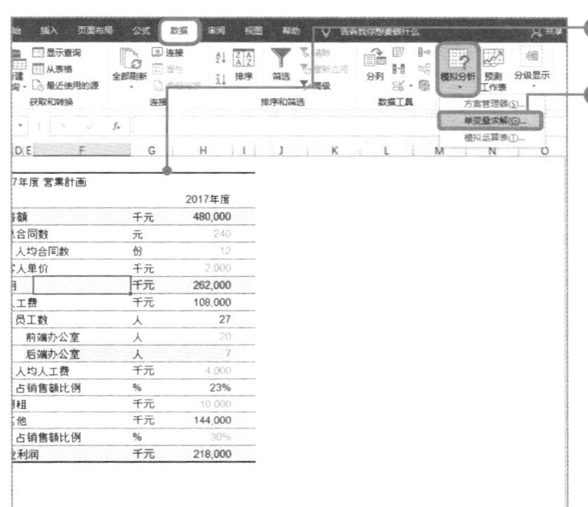

❶准备一个要进行逆向求解的表格。

❷点击[数据]选项卡中的[模拟分析]→[单变量求解]。

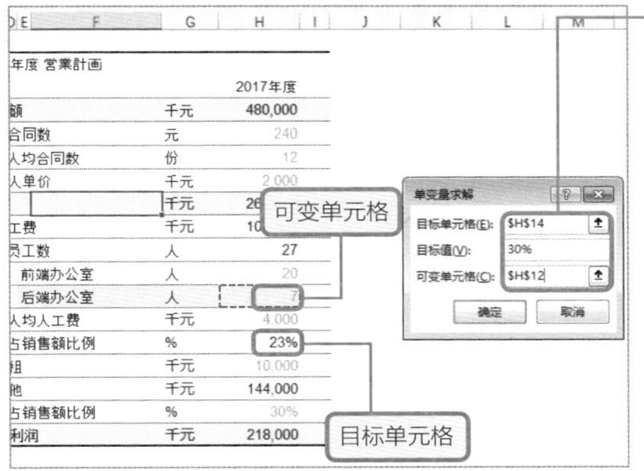

❸出现[单变量求解]对话框。在[目标单元格]中输入“$H$14”（相对于销售额的比率），在[目标值]中输入“30%”，在“可变单元格”中输入“$H$12”（后勤管理部门的工作人员单元格），点击[确定]按钮。

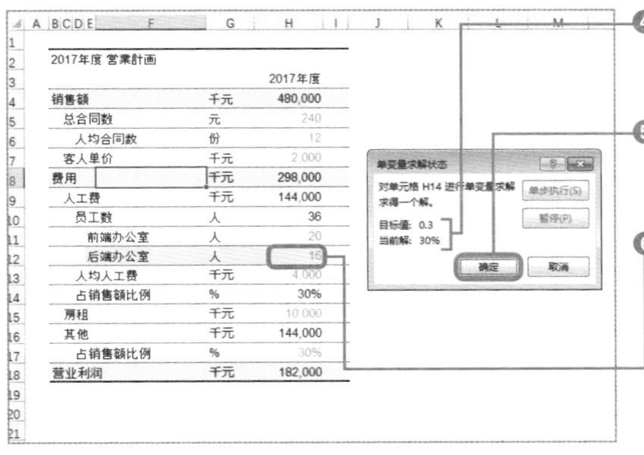

❹对话框中显示出结果。

❺点击[确定]按钮后，后勤管理人员单元格（H12）的数值发生更改。

❻选中H12单元格后，公示栏中显示出数值“16”，可以得出后勤管理部门的工作人员最多可雇用16人。

以该数值为参考，研究讨论实际雇用人数。

相关内容　如何开始单变量求解→p.208　规划求解的基础内容与最优化→p.218

了解模拟分析的基础内容

规划求解的基础内容与最优化

单变量求解无法处理两个以上的求解

在进行“要达成销售额30万元，所需的周转率为多少”这种**目标值和所求数值为1对1关系的计算时**，单变量求解（p.208）是非常有用的一个功能。但是，当所**求数值为多个或者想求出特定条件下的最优值时**，无法使用单变量求解。

例如，去京都出差要购买预算在一万元内的伴手礼，只购买一种商品会很单调，因此设置如下条件。

- 要购买八桥（500元）、豆大福（600元）、蕨菜糕（450元）
- 每样的个数零散固定在3个之内
- 尽量购买多一点的伴手礼（预算在一万元以内）

根据上面这些条件，每样要分别购买多少呢？本例中，所求数值有3种（八桥、豆大福、蕨菜糕），因此无法使用单变量求解。

这种情况下可以使用“**规划求解**”。

● **用规划求解自动计算伴手礼的购买数量**

	A	B	C	D	E	F	G	H	I	J	K
1											
2		限制条件									
3		①预算在1万元以内									
4		②将特产的数量差距控制在3个以内									
5											
6		特产数量计算									
7											
8					八桥	豆大福	蕨菜糕	合计			
9		金额		元	1,500	2,400	2,250	6,150			
10			单价	元	500	600	450	1,550		偏差	
11			个数	个	3	4	5	12	<=	2	
12											
13											

“预算在一万元以内”、“个数零散固定在3个以内”，基于这些条件，尽量多购买一些特产做伴手礼。

所谓规划求解

所谓规划求解，就像上页中计算伴手礼的个数那样，**基于给出的条件，计算出可将某个量最大化（或最小化）的选项或者数值组合的一种功能**。使用规划求解，只需要在显示出的对话框中进行条件指定就能立刻求出最优值，**不需要任何数学知识**（这种数学方法称为“数理统计法”和“最优化问题”）。

另外，规划求解是作为“加载项”而存在的，是一种追加功能，初始状态下是无法使用的。因此，要使用规划求解，事先需要激活加载项，使其处于能够使用的状态。

如何加载规划求解功能，需要执行如下步骤。

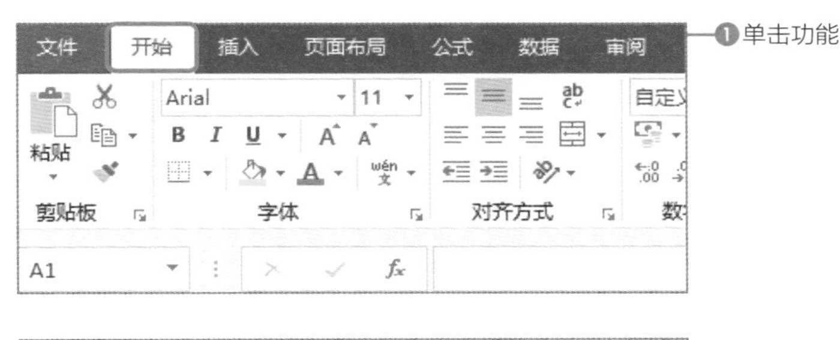

❶单击功能区中的[文件]。

❷出现后台视图，点击[选项]。

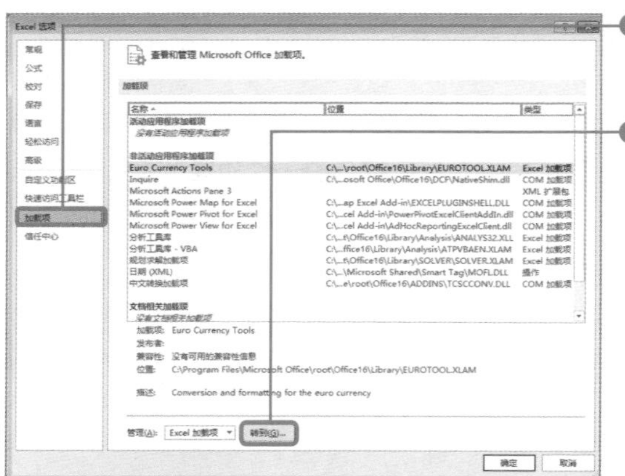

❸出现[Excel]选项对话框，鼠标点击[加载项]。

❹点击[转到]。

❺勾选[规划求解加载项]，点击[确定]按钮，这样就可以使用规划求解了。

关闭规划求解时，可以再次打开该对话框，去掉[规划求解加载项]前面的勾选，点击[确定]按钮即可完成设置。

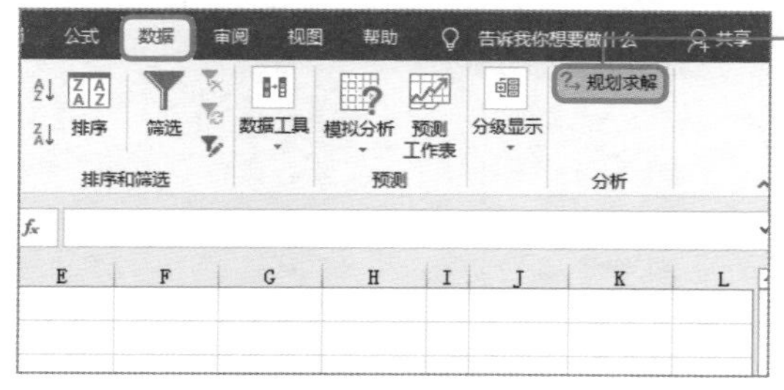

❻打开[数据]选项卡就可以看到已经添加了[规划求解]命令。

准备规划求解所用表格

使用规划求解时，有一点很重要，那就是要事先把作为**分析对象的表格调整至适合规划求解的状态**。具体创建时要留意以下几点。

- 把约束条件汇总写在表格上方
- 与约束条件相关的数值务必写入“计算结果单元格”中

把约束条件汇总写在表格上方这一点也很重要。如此一来，后续重看时可以立刻知道是在什么条件下进行分析的。

另外，与约束条件相关的数值务必用计算结果单元格进行判定。本例（见下表）中条件①“预算在一万元内”通过单元格H9进行判定，条件②“个数零散固定在三个以内”通过单元格J11进行判定。

当然，**也需要准备好规划求解中所用到的公式的单元格**（本例中为单元格H11，求解“伴手礼的总个数”）。

● **准备规划求解所用表格**

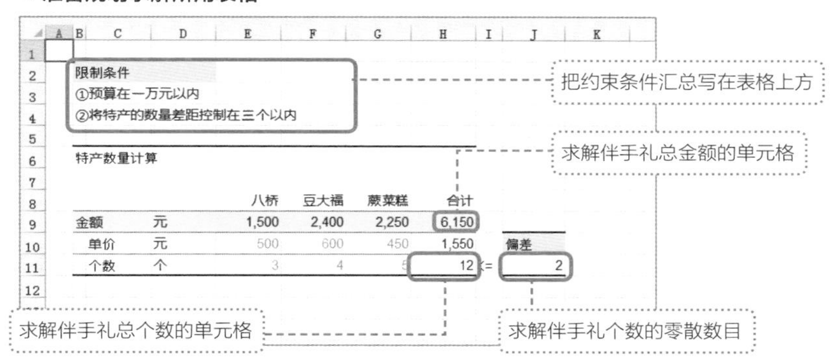

这也很重要!

单元格J11的“求解伴手礼个数的零散数目”的内容

单元格J11中输入的“伴手礼个数的零散数目”，是用MAX函数（p.72）和MIN函数（p.72）进行求解的。在两个函数的参数中指定单元格区域“E11:G11”，用最大值和最小值进行减法计算。

用规划求解计算最优个数

规划求解用表准备好之后，来试着实际使用规划求解来计算一下伴手礼的个数吧。执行接下来的步骤，不用输入复杂的公式，顷刻之间就可以得出结果。

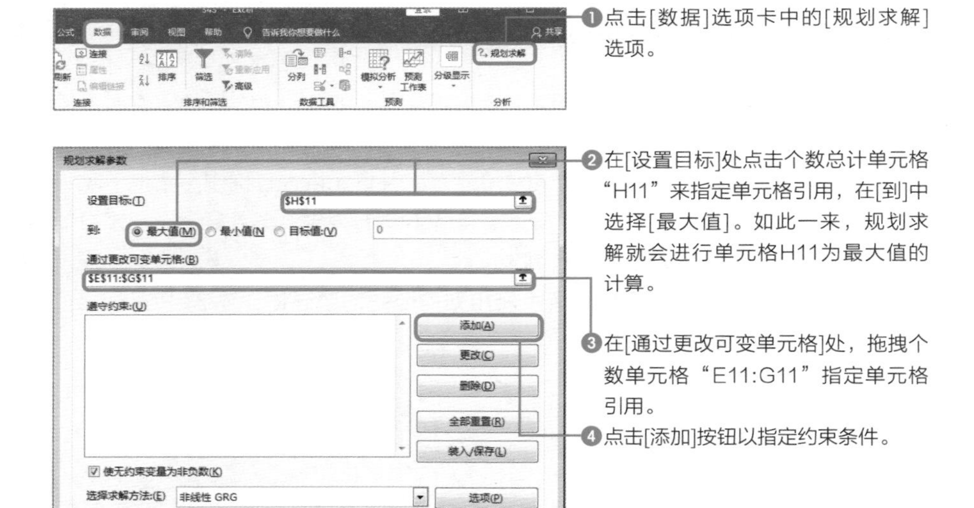

❶点击[数据]选项卡中的[规划求解]选项。

❷在[设置目标]处点击个数总计单元格“H11”来指定单元格引用，在[到]中选择[最大值]。如此一来，规划求解就会进行单元格H11为最大值的计算。

❸在[通过更改可变单元格]处，拖拽个数单元格“E11:G11”指定单元格引用。

❹点击[添加]按钮以指定约束条件。

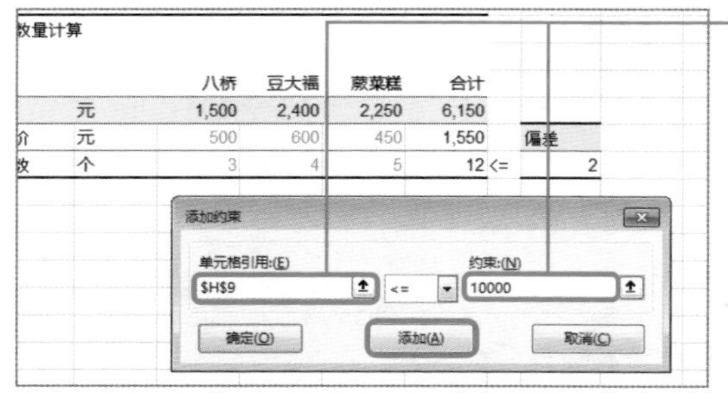

❺首先设置金额总计单元格数值不超过一万元。

在[单元格引用]处点击单元格“H9”指定单元格引用，在[约束]中输入“10000”（元），点击[添加]按钮。

点击[确定]按钮后，回到步骤❷的画面。再次按下[添加]按钮，进行步骤❻之后的作业。

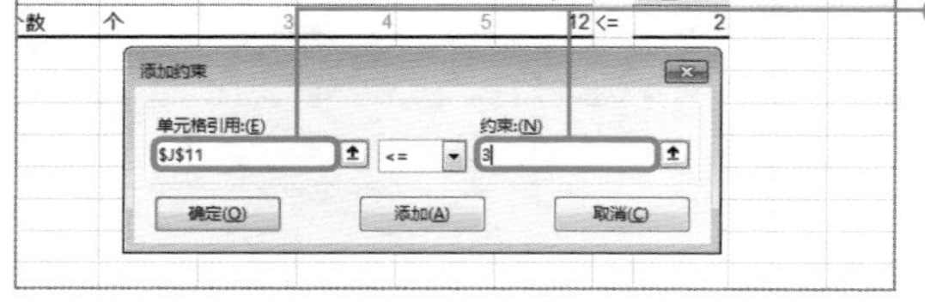

❻接着，将个数分散设置为3个以内。在[单元格引用]处点击单元格“J11”指定单元格引用，在[约束]中输入“3”，点击[添加]按钮。

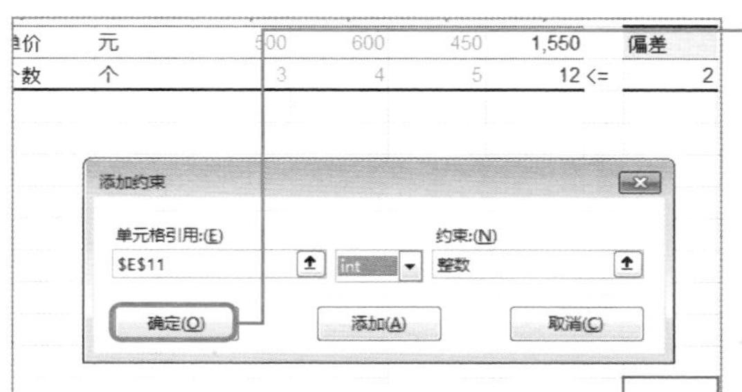

❼最后，将计算出的值即特产伴手礼的个数设置为整数。

在[单元格引用]处点击单元格“E11:G11”指定单元格引用，在中间的下拉菜单处选择“int”，点击[确定]按钮。

[int]是指希望单元格的值为整数而指定的约束条件。

❽在[遵守约束]处确认所设置的条件都添加好了，这样设置就完成了。

❾点击[求解]按钮。

规划求解中，点击工作表来指定单元格或单元格区域时，自动输入为绝对引用（p.120）。

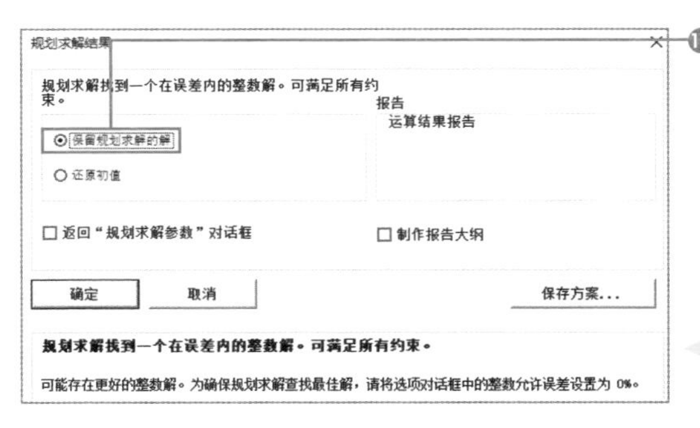

❿数秒过后，弹出[规划求解结果]对话框，确认勾选了[保留规划求解的解]，点击[确定]按钮。

如果不想将规划求解的结果反映到表中，则选择[还原初值]。

	C	D	E	F	G	H	I	J
6	特产数量计算							
8			八桥	豆大福	蕨菜糕	合计		
9	金额	元	3,000	4,200	2,700	9,900		
10	单价	元	500	600	450	1,550		偏差
11	个数	个	6	7	6	19	<=	1

⓫规划求解的计算结果反映到了表中。可以看出八桥5个，豆大福8个，蕨菜糕6个是最佳的特产伴手礼购买组合（有时详细内容也会发生改变）。

相关内容　如何开始单变量求解→p.208　分析费用组合→p.224

用规划求解分析费用的组合

了解模拟分析的基础内容

用规划求解解决“运输问题”这一难题

上一小节中我们通过计算“特产的最优个数”了解到了规划求解的基础内容，而实际上应该不会有人用规划求解去计算实际应该购买的伴手礼的数量。因此，本节中我们就一些稍微涉及实际业务的问题，如何用规划求解进行解决做一个介绍。

下表中**汇总了工厂至各店铺的运输成本**。工厂A、工厂B一天可生产出的商品数分别为60个、40个。这共计100个商品需要按照各店铺的订货数量在当日进行运输。

店铺A、B、C的订货数分别为20个、30个、50个。**当各工厂到各店铺的运输成本各不相同时，什么样的个数组合才能使运输成本最便宜**。我们来使用规划求解计算一下，一边思考一边阅读下面的内容。

● **规划求解用表，用于计算运输成本**

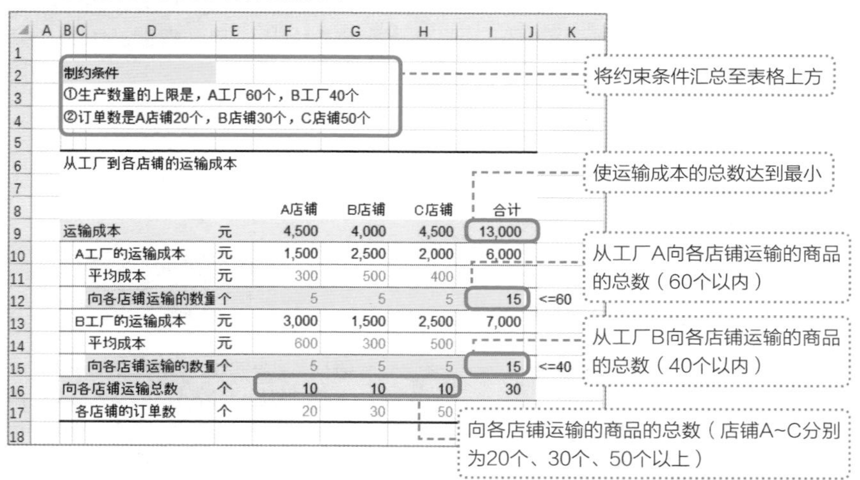

制约条件
①生产数量的上限是，A工厂60个，B工厂40个
②订单数是A店铺20个，B店铺30个，C店铺50个

从工厂到各店铺的运输成本

		A店铺	B店铺	C店铺	合计	
运输成本	元	4,500	4,000	4,500	13,000	
A工厂的运输成本	元	1,500	2,500	2,000	6,000	
平均成本	元	300	500	400		
向各店铺运输的数量	个	5	5	5	15	<=60
B工厂的运输成本	元	3,000	1,500	2,500	7,000	
平均成本	元	600	300	500		
向各店铺运输的数量	个	5	5	5	15	<=40
向各店铺运输总数	个	10	10	10	30	
各店铺的订单数	个	20	30	50		

分解复杂的条件，在规划求解中进行设置

本次的示例中，所求单元格的数量和约束条件多，看起来很难，但是基本的思路和上一节中说明过的“伴手礼的个数计算”是一样的。耐心地一个一个进行设置就可以算出。基本上各项目的设置都可以在规划求解对话框内完成。只要正确输入，后面Excel就可以自动为我们算出最优解。

● **用规划求解求出运输往各店铺的商品个数**

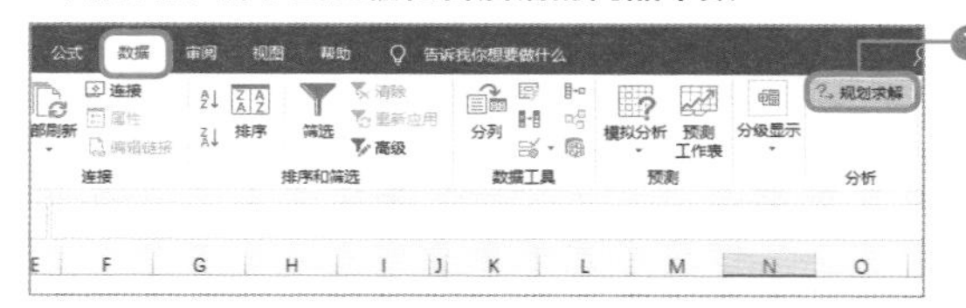

❶点击[数据]选项卡中的[规划求解]。

❷在[设置目标]处点击运输成本总数单元格“I9”来指定单元格引用，在[到]中选择[最小值]。如此一来，规划求解就会进行单元格I9为最小值的计算。

❸在[通过更改可变单元格]处，拖拽工厂A、工厂B的个数单元格“F12:H12”和“F15:H15”指定单元格引用。

输入符号“,”，可以添加间隔的单元格。

❹点击[添加]按钮以指定约束条件。

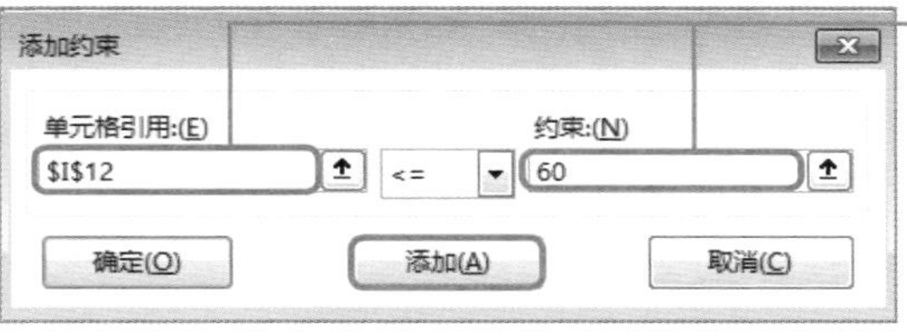

❺首先设置来自工厂A的运输总数不超过60个。
在[单元格引用]处点击单元格“I12”指定单元格引用，在[约束]中输入“60”，点击[添加]按钮。

❻设置来自工厂B的运输总数不超过40个。

在[单元格引用]处点击单元格“I15”指定单元格引用，在[约束]中输入“40”，点击[添加]按钮。

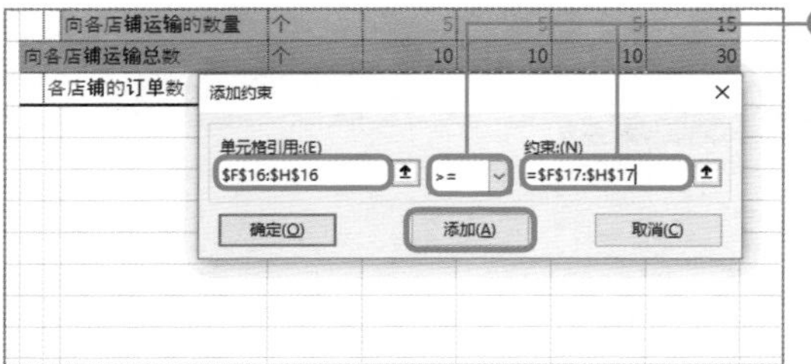

❼向各店铺的总运输数的设置要大于各店铺的订货数量。

在[单元格引用]处拖拽单元格“F16:H16”指定单元格引用，在中间的下拉菜单处选择“>=”，在[约束条件]中指定单元格“F17:H17”，点击[添加]按钮。

[约束条件]中也可以指定单元格区域。使用单元格区域时，[单元格引用]和[约束条件]中所指定的单元格的数目必须一致。

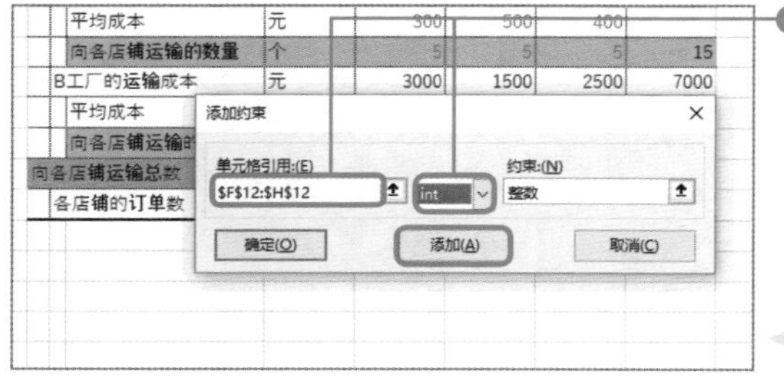

❽将工厂A的“向各店铺的运输数”的值设置为整数。

在[单元格引用]处拖拽单元格“F12:H12”指定单元格引用，在中间的下拉菜单处选择“int”，点击[添加]按钮。

[int]是指希望单元格的值为整数而指定的约束条件。

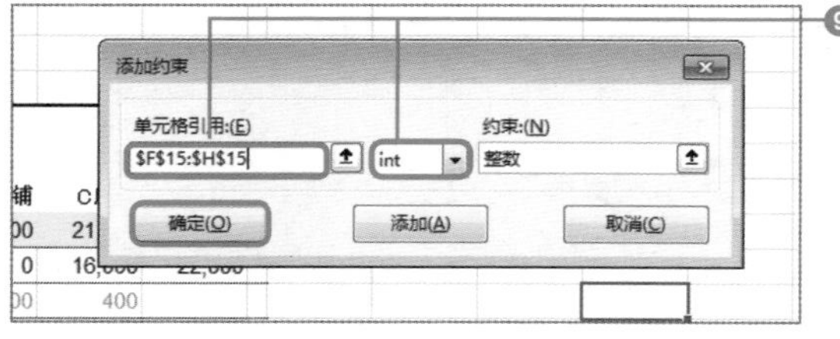

❾将工厂B的“向各店铺的运输数”的值设置为整数。

在[单元格引用]处拖拽单元格“F15:H15”指定单元格引用，在中间的下拉菜单处选择“int”，点击[确定]按钮。

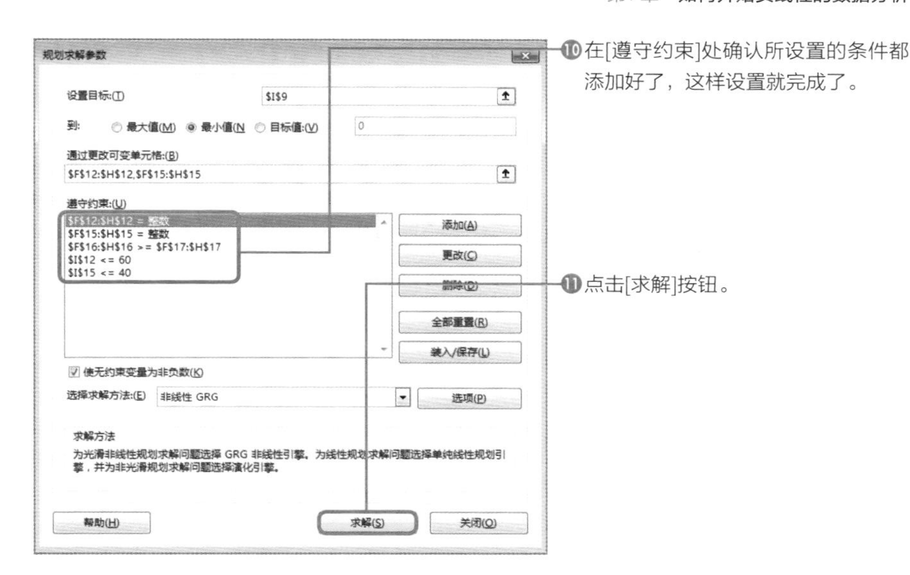

⑩在[遵守约束]处确认所设置的条件都添加好了，这样设置就完成了。

⑪点击[求解]按钮。

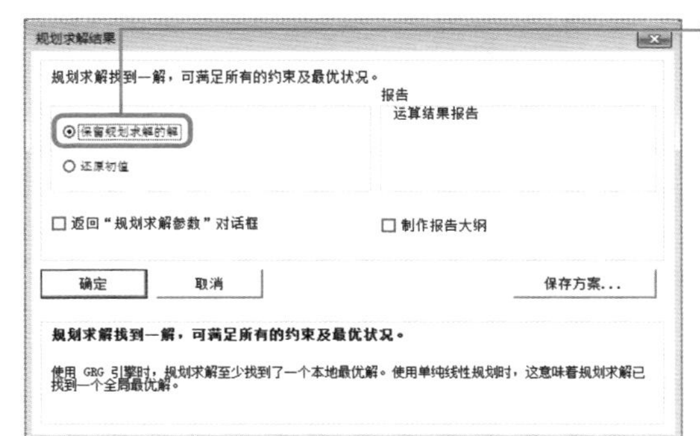

⑫数秒过后，弹出[规划求解结果]对话框，确认勾选了[保留规划求解的解]，点击[确定]按钮。

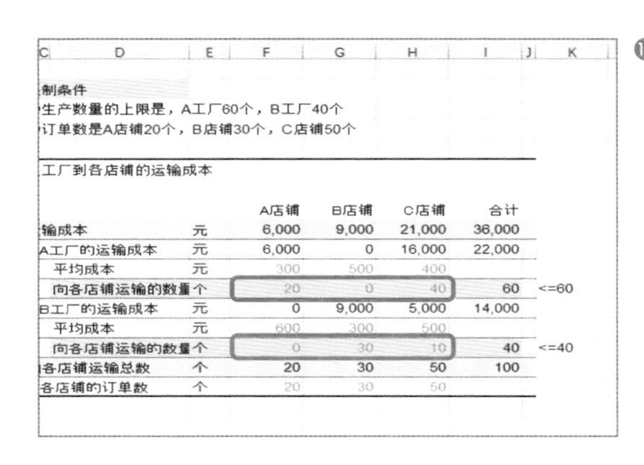

制条件
生产数量的上限是，A工厂60个，B工厂40个
订单数是A店铺20个，B店铺30个，C店铺50个

工厂到各店铺的运输成本

D	E	F	G	H	I	J
		A店铺	B店铺	C店铺	合计	
输成本	元	6,000	9,000	21,000	36,000	
A工厂的运输成本	元	6,000	0	16,000	22,000	
平均成本	元	300	500	400		
向各店铺运输的数量	个	20	0	40	60	<=60
B工厂的运输成本	元	0	9,000	5,000	14,000	
平均成本	元	600	300	500		
向各店铺运输的数量	个	0	30	10	40	<=40
各店铺运输总数	个	20	30	50	100	
各店铺的订单数	个	20	30	50		

⑬规划求解的计算结果反映到了表中。可以从工厂A向店铺A~C运输20、0、40个，从工厂B向店铺A~C运输0、30、10个，运输成本为最低。

相关内容　如何开始单变量求解→p.208　规划求解的基础内容和加载→p.218

交叉统计
令人惊叹的力量

数据透视表的基础内容

通过交叉统计来识破数据的“谎言”

在标题列中输入年度，标题行中输入产品名称，在表格的交叉点处输入该年度该商品的销售数量。像这样，取两个项目中的一方为纵轴，另一方为横轴，在两者相交的单元格处输入数据的求和方法称为“**交叉统计**”。

● **交叉统计示例**

年度	销售数量			
	商品A	商品B	商品C	合計
2016年度	400	400	400	1200
2017年度	300	300	650	1250

交叉统计的话，可以单独确认各数据，因此可以正确进行数据分析。

交叉统计是进行数据分析时所必需的技巧之一。为什么呢，没有进行交叉统计的数据，例如，下表中这样“未分解的数据”可能会导致误解。

像下表中那样，商品群被汇总到一个项目中的话，感觉2017年度要比2016年度情况良好。但实际上除商品C以外，销售数量都有所减少（见上表）。

● **数据未分解的示例**

年度	销售数量
2016年度	1200
2017年度	1250

只看所有商品的销售总数的话，似乎业绩是比往年好一些。

如果“商品A和商品B的销售额有所落后，但是商品C的销售额却能弥补落差”的状况是所期望的状况那就没什么问题，如果这不是意料中的状况就需要认真分析一下了。但是，无法从总结好的数据中掌握详细信息。

用Excel进行交叉统计的“数据透视表”

交叉统计在数据分析中是非常有效的求和方法，但是如果从零开始手动输入来创建求和表的话就非常吃力了，而且，出错的可能性非常高。**花费时间和劳力手动创建也是不可能的，也绝对不要做那样的事**。

在Excel中进行交叉统计时需要用到“**数据透视表**”功能。这个功能是很有名的，但只知道名字的人居多。使用数据透视表的话，就可以像下图中那样，从罗列出的数据中，通过简单的操作，迅速且切实地创建一个有实际意义的求和表。另外，**通过鼠标操作就可以简单地切换分析项目**。

● 通过数据透视表进行交叉统计

ID	商品名	开始日期时间	商品单价	销售个数	金额
1	商品D	2014/12/25T9:15	200	3	600
2	商品C	2014/12/25T9:15	700	1	700
3	商品B	2014/12/25T9:16	600	14	8400
4	商品A	2014/12/25T9:16	500	1	500
5	商品C	2014/12/25T9:16	700	9	6300
6	商品D	2014/12/25T9:17	200	14	2800
7	商品C	2014/12/25T9:17	700	4	2800
8	商品A	2014/12/25T9:17	500	5	2500
9	商品B	2014/12/25T9:15	600	12	7200
10	商品E	2014/12/26T13:47	900	15	13500
11	商品A	2014/12/26T13:48	500	3	1500
12	商品A	2014/12/26T13:53	500	10	5000
13	商品A	2014/12/26T13:54	500	3	1500
14	商品B	2014/12/26T13:58	600	3	1800
15	商品E	2014/12/26T13:58	900	4	3600
16	商品B	2014/12/26T13:58	600	13	7800
17	商品A	2014/12/26T14:00	500	6	3000
18	商品B	2014/12/26T14:01	600	14	8400
19	商品C	2014/12/26T14:01	700	2	1400
20	商品E	2014/12/26T14:03	900	12	10800

处理前的数据。各数据是分别输入的，这种状态下要从数据中进行有效的数据分析是很难的。

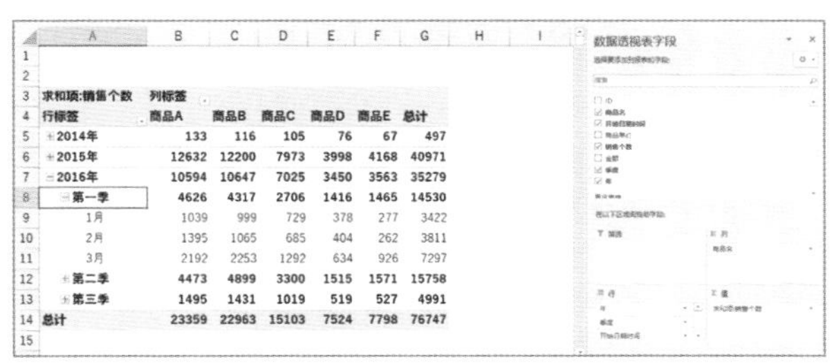

求和项:销售个数	列标签				
行标签	商品A	商品B	商品C	商品D	商品E	总计
2014年	133	116	105	76	67	497
2015年	12632	12200	7973	3998	4168	40971
2016年	10594	10647	7025	3450	3563	35279
第一季	4626	4317	2706	1416	1465	14530
1月	1039	999	729	378	277	3422
2月	1395	1065	685	404	262	3811
3月	2192	2253	1292	634	926	7297
第二季	4473	4899	3300	1515	1571	15758
第三季	1495	1431	1019	519	527	4991
总计	23359	22963	15103	7524	7798	76747

用数据透视表进行统计后的数据。使用数据透视表，罗列的数据被整理成了有实际意义的信息。

本节中详细说明了该数据透视表的基本使用方法。另外，关于实践技巧将在下面的小节中进行详细说明。

准备一个数据透视表将要用到的表

要使用数据透视表，事先需要准备“**数据透视表用表**”。具体要创建一个如下所述的表。

- 务必在表的第一行（行标题）输入项目名称
- 整理数值和日期值，以使Excel能正确读取

首先，要牢记“**务必在表的第一行（行标题）输入项目名称**”，空栏的话会出现报错。

接下来就是“**整理数值和日期值，以使Excel能正确读取**”，来看一个具体的例子。

例如，“**1个**”这种直接在单元格中输入了单位，“**2015-01-06T19:01**”在日期和时间中间输入了多余的字符串，Excel不会将这些值识别为数值或日期值，而是识别为“**字符串数据**”。结果就是，无法使用这些值求和，无法计算时长。大家认为自己输入的单元格中不存在这样的数据，但是**从CSV等文件中读取数据时，有时会插入这样的不需要的字符，请注意**。当包含不需要的字符时，像下图中那样使用Excel的替换功能（p.157），删除不需要的字符或切换为半角空格。

● 使用Excel的替换功能删除不需要的字符

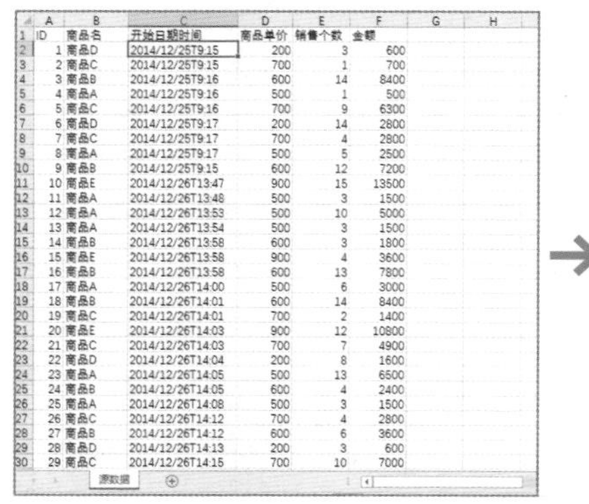

ID	商品名	开始日期时间	商品单价	销售个数	金额
1	商品D	2014/12/25T9:15	200	3	600
2	商品C	2014/12/25T9:15	700	1	700
3	商品B	2014/12/25T9:16	600	14	8400
4	商品A	2014/12/25T9:16	500	1	500
5	商品C	2014/12/25T9:16	700	9	6300
6	商品D	2014/12/25T9:17	200	14	2800
7	商品C	2014/12/25T9:17	700	4	2800
8	商品A	2014/12/25T9:17	500	5	2500
9	商品B	2014/12/25T9:15	600	12	7200
10	商品E	2014/12/26T13:47	900	15	13500
11	商品A	2014/12/26T13:48	500	3	1500
12	商品A	2014/12/26T13:53	500	10	5000
13	商品A	2014/12/26T13:54	500	3	1500
14	商品B	2014/12/26T13:58	600	3	1800
15	商品E	2014/12/26T13:58	900	4	3600
16	商品B	2014/12/26T13:58	600	13	7800
17	商品A	2014/12/26T14:00	500	6	3000
18	商品B	2014/12/26T14:01	600	14	8400
19	商品C	2014/12/26T14:01	700	2	1400
20	商品E	2014/12/26T14:03	900	12	10800
21	商品C	2014/12/26T14:03	700	7	4900
22	商品D	2014/12/26T14:04	200	8	1600
23	商品A	2014/12/26T14:05	500	13	6500
24	商品B	2014/12/26T14:05	600	4	2400
25	商品A	2014/12/26T14:08	500	3	1500
26	商品C	2014/12/26T14:12	700	4	2800
27	商品B	2014/12/26T14:12	600	6	3600
28	商品D	2014/12/26T14:13	200	3	600
29	商品C	2014/12/26T14:15	700	10	7000

替换前。C列中的日期和时刻中间包含有“T”，因此不是日期和时刻，而是作为字符数据处理的。这样，数据透视表是无法正确进行分析的。

ID	商品名	开始日期时间	商品单价	销售个数	金额
1	商品D	2014/12/25 9:15	200	3	600
2	商品C	2014/12/25 9:15	700	1	700
3	商品B	2014/12/25 9:16	600	14	8400
4	商品A	2014/12/25 9:16	500	1	500
5	商品C	2014/12/25 9:16	700	9	6300
6	商品D	2014/12/25 9:17	200	14	2800
7	商品C	2014/12/25 9:17	700	4	2800
8	商品A	2014/12/25 9:17	500	5	2500
9	商品B	2014/12/25 9:15	600	12	7200
10	商品E	2014/12/26 13:47	900	15	13500
11	商品A	2014/12/26 13:48	500	3	1500
12	商品A	2014/12/26 13:53	500	10	5000
13	商品A	2014/12/26 13:54	500	3	1500
14	商品B	2014/12/26 13:58	600	3	1800
15	商品E	2014/12/26 13:58	900	4	3600
16	商品B	2014/12/26 13:58	600	13	7800
17	商品A	2014/12/26 14:00	500	6	3000
18	商品B	2014/12/26 14:01	600	14	8400
19	商品C	2014/12/26 14:01	700	2	1400
20	商品E	2014/12/26 14:03	900	12	10800
21	商品C	2014/12/26 14:03	700	7	4900
22	商品D	2014/12/26 14:04	200	8	1600
23	商品A	2014/12/26 14:05	500	13	6500
24	商品B	2014/12/26 14:05	600	4	2400
25	商品A	2014/12/26 14:08	500	3	1500
26	商品C	2014/12/26 14:12	700	4	2800
27	商品B	2014/12/26 14:12	600	6	3600
28	商品D	2014/12/26 14:13	200	3	600
29	商品C	2014/12/26 14:15	700	10	7000

替换后。使用Excel的替换功能，将日期和时刻中间的“T”替换为半角空格。这样，Excel就可以将C列的值作为日期时间数据来识别了。

数据透视表的基本使用方法

接着，我们来实际运行一下数据透视表，步骤只有5步。这里用数据透视表来计算一下**各商品的销售个数**，原数据为9000件的销售履历。

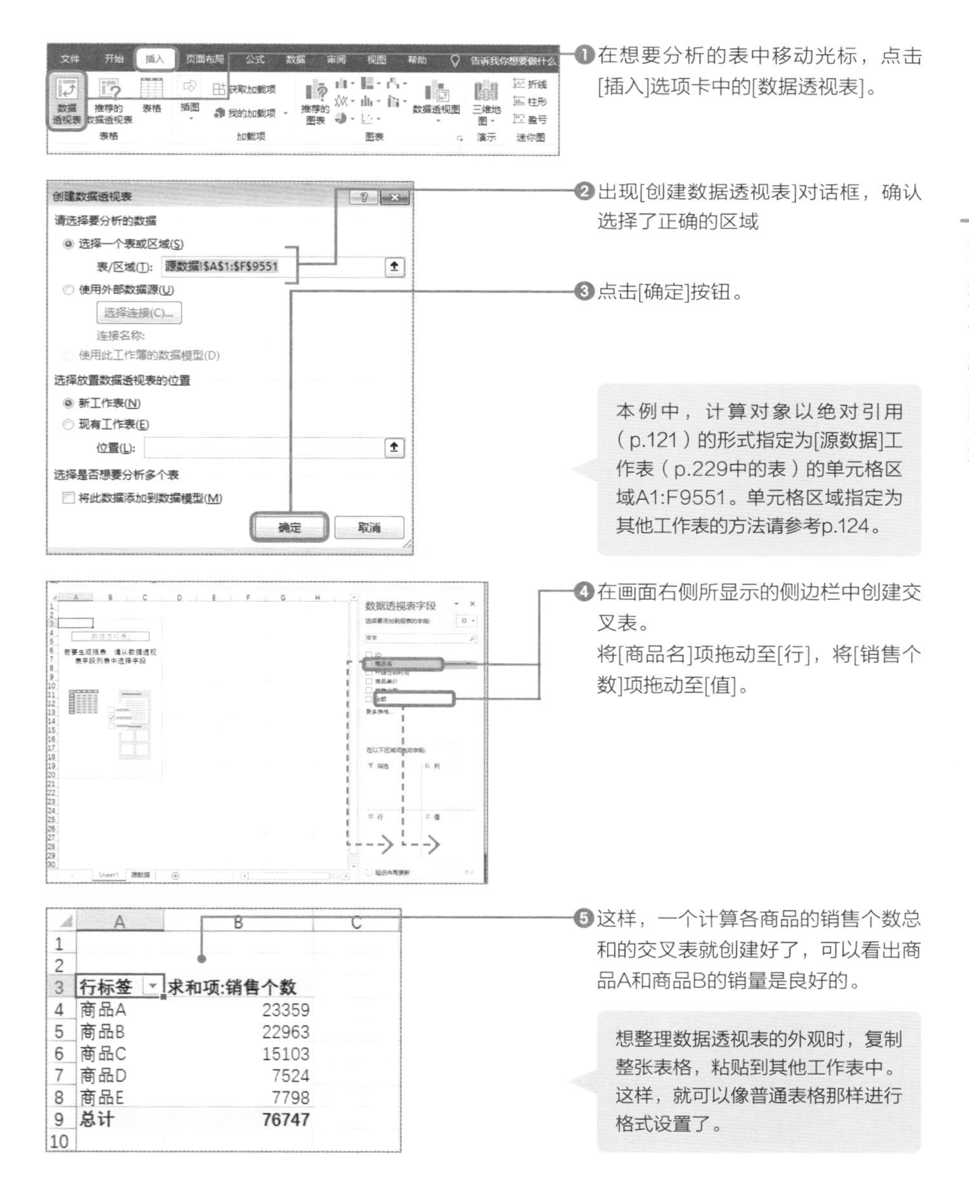

行标签	求和项:销售个数
商品A	23359
商品B	22963
商品C	15103
商品D	7524
商品E	7798
总计	**76747**

相关内容　模拟运算表（敏感度分析）的基本操作→p.196　如何开始单变量求解→p.198

交叉统计
令人惊叹的力量

用数据透视表从别的角度对数据进行统计和分析

数据的呈现方式因统计方法而改变

进行数据分析时比较重要的一点就是确认两个数据之间有怎样的密切关系。也就是说，明确一方发生变化时，另一方是如何变化的。

例如，从“负责人”和“商品的种类”两个视角来对销售个数进行处理，就可以看出各负责人所擅长的商品。另外，从“时期”和“商品的种类”这两个视角来对销售金额进行处理的话，“**各商品销路良好的时期**”就会呈现在眼前。

像这样，要找出两个数据间的非偶然密切关系，使用数据透视表来多次修改交叉表，从多个角度来查看结果，不失为一种有效的方法。使用数据透视表，只需要为数不多的几步简单操作，就可以像下图中那样修改表格了。

● **简单修改一下求和表**

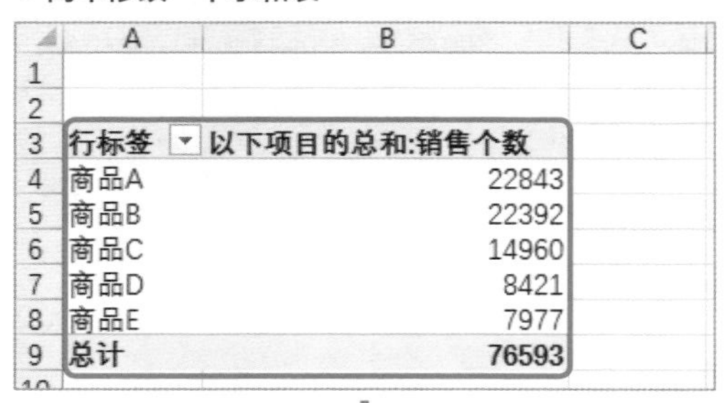

行标签	以下项目的总和:销售个数
商品A	22843
商品B	22392
商品C	14960
商品D	8421
商品E	7977
总计	**76593**

统计各商品销售个数的数据透视表。

↓

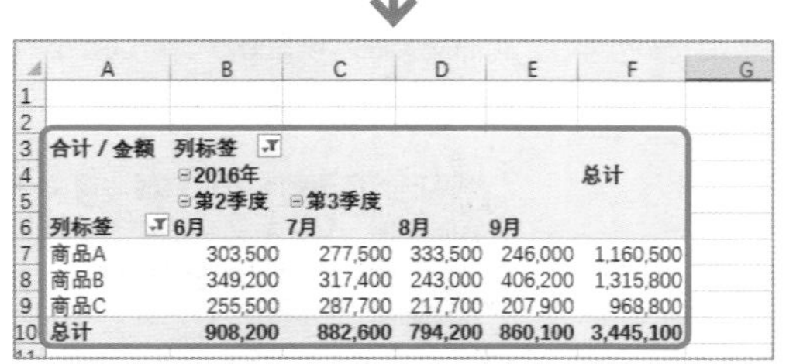

合计 / 金额	列标签				
	⊟2016年				总计
	⊟第2季度	⊟第3季度			
列标签	6月	7月	8月	9月	
商品A	303,500	277,500	333,500	246,000	1,160,500
商品B	349,200	317,400	243,000	406,200	1,315,800
商品C	255,500	287,700	217,700	207,900	968,800
总计	**908,200**	**882,600**	**794,200**	**860,100**	**3,445,100**

对各商品的2016年6月至9月的销售额金额进行重新统计。

对输入行或列中的项目、统计数据进行更换等，就可以自由地创建统计表了，这是数据透视表的强大之处。

如何修改统计表

现在我们将对**商品的销售个数进行统计的表**（数据透视表）改为按照每个**销售时期（按月、按季度、按年）来确认销售个数的表格**，执行如下步骤。另外，如果你想实际尝试一下这个步骤，可以使用本书的下载数据。另外，关于数据透视表的基本操作方法请参考p.231。

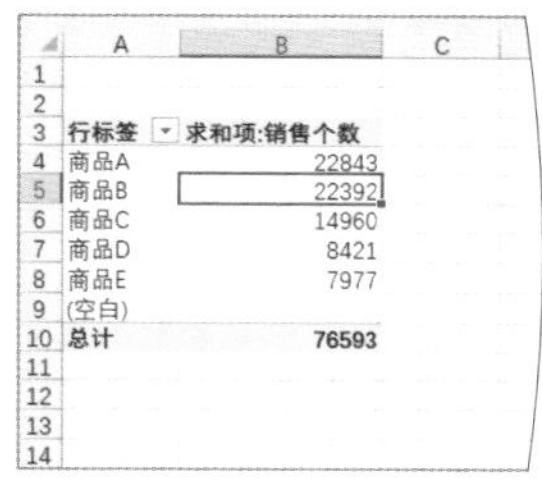

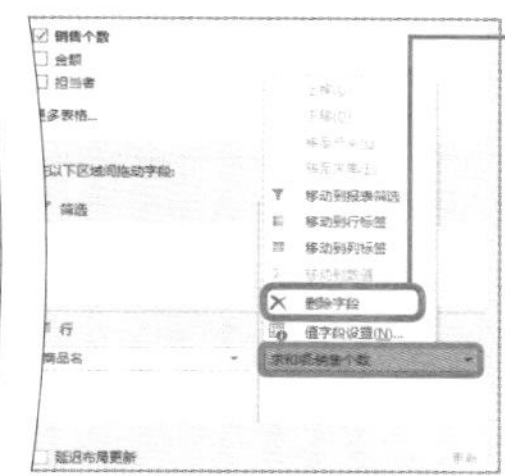

❶在数据透视表上移动光标，点击[值]栏中的“求和项：销售个数”，点击[删除字段]，删除[销售个数]字段。

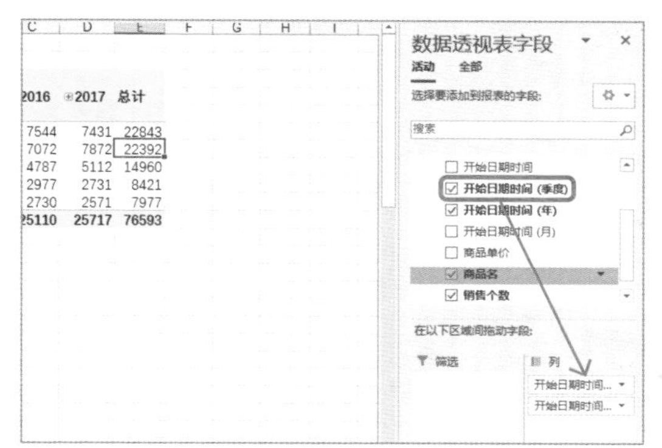

❷将[开始日期时间]字段拖动至[列]中。这样，就自动添加了[年][季度][月]字段。

本例中，由于两个表格中的列标题都为“商品名”，因此不修改[行]栏中的值，只修改行标题。

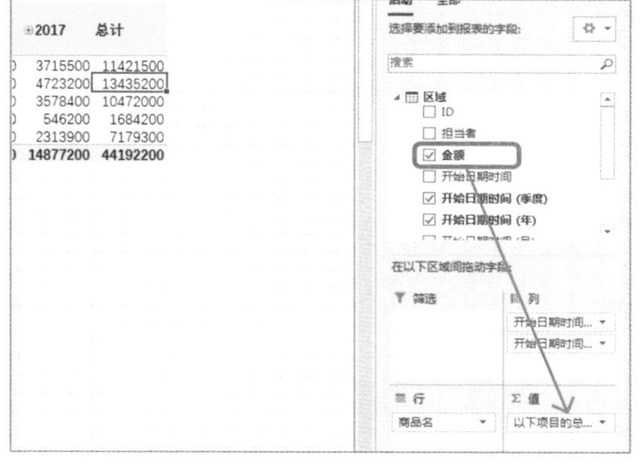

❸将[金额]字段拖拽至[值]栏中。

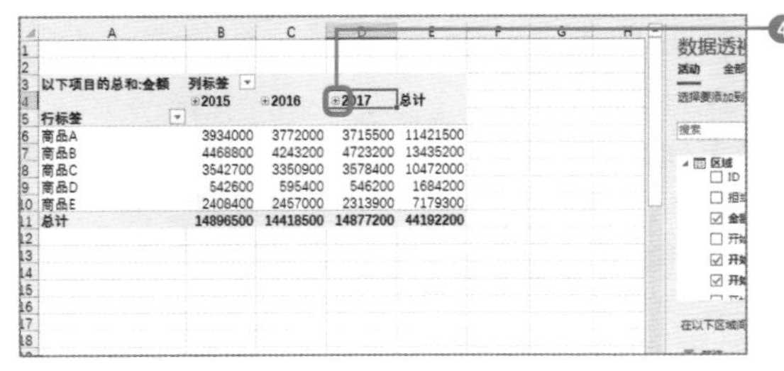

❹这样，对各商品的销售个数以每"年"、"季度"、"月"进行求和的求和表就创建完成了。点击年度标记前面的[+]也可以确认各季度、各月的销售额了。

检索显示出的数据

"**只想分析5件商品中3件商品的数据**"时，可使用[切片器]功能。使用切片器，可以通过鼠标操作简单地检索出所显示的信息。

执行如下步骤。

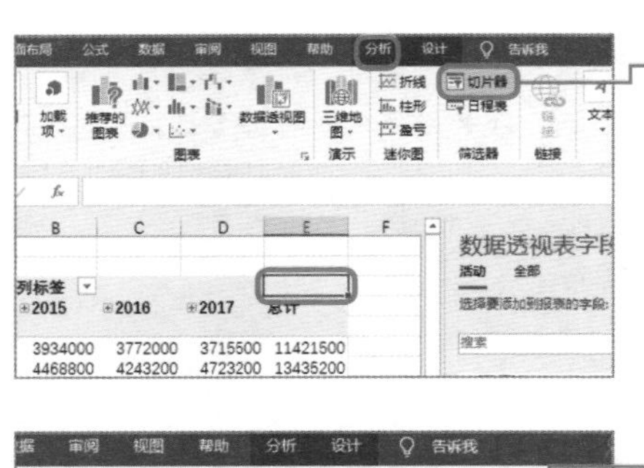

❶在数据透视表上移动光标，点击[分析]选项卡中的[插入切片器]。

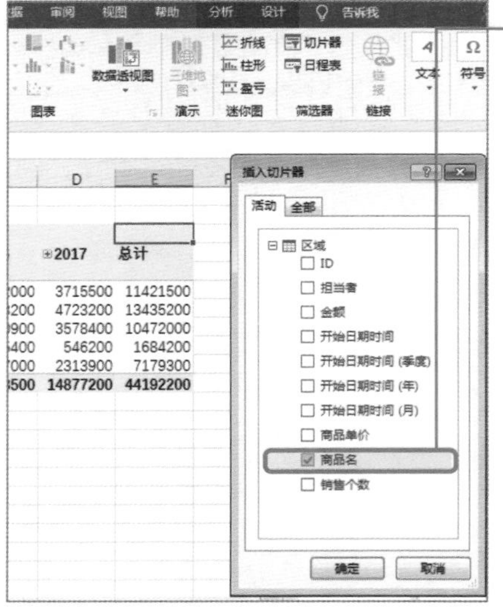

❷显示出[插入切片器]对话框。勾选想要检索的数据的项目名（这里点击勾选[商品名]），点击[确定]按钮。

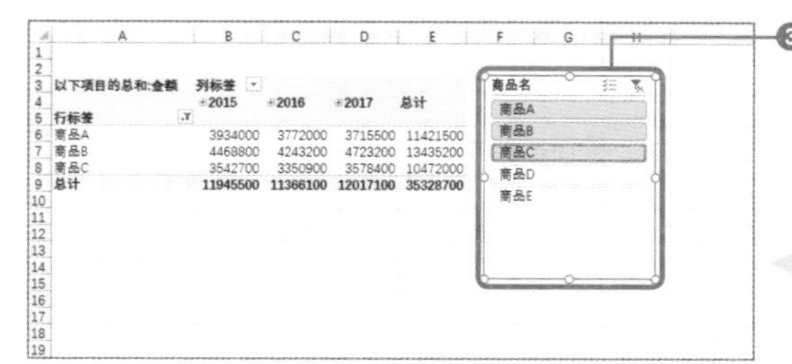

❸弹出切片器对话框。选择想要显示的项目，数据透视表中的数据就被筛选出来了。

要清除筛选，点击![]。另外，如果想删掉切片器本身，可在选中切片器的状态下按下BackSpace键。

另外，当检索对象为日期和时刻时，使用**[日程表]功能**。执行如下步骤。

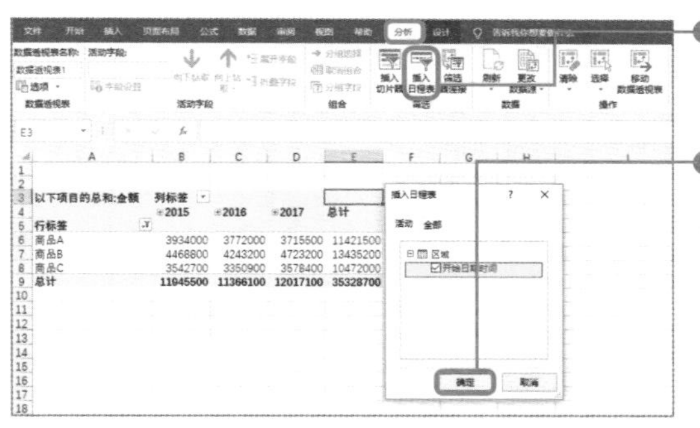

❶在数据透视表上移动光标，点击[分析]选项卡中的[插入日程表]。

❷在对话框中勾选作为筛选对象的项目名称，点击[确定]按钮。

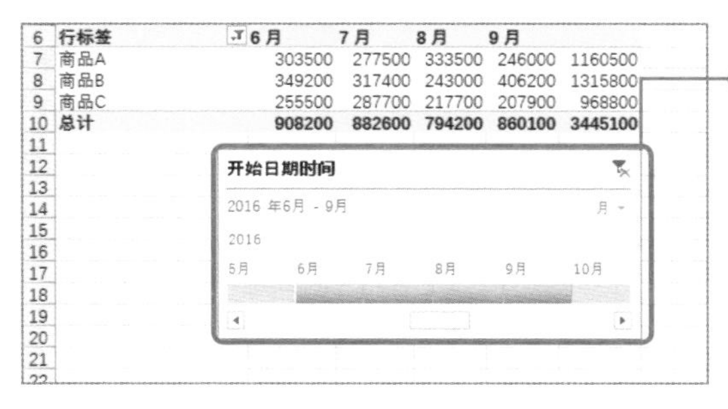

❸显示出日程表。选择想要显示的时间，数据透视表中的数据就被筛选出来了。

这也很重要!

更改筛选单位

点击日程表中的[月]，就可以把筛选的单位更改为“日”、“季度”、“年”等。

相关内容　数据透视表的基础内容→p.228　数据透视图的使用→p.236

交叉统计
令人惊叹的力量

通过数据透视图将统计数据图形化

将统计数据图形化会有新的发现

有的数据种类和内容光看统计后的数值是难以把握整体状况和总和值的变化的。这时，可以发挥作用的就是**数据的图形化（直观化）**。将数值图形化后，和数值进行对比时就能够发现之前察觉不到的新特点。

Excel中为我们准备了许多将数据图形化的功能，当**数据透视表**（p.228）制作完成后，推荐大家使用可在数据透视表数据的基础上制作出图形的**[数据透视图]功能**。

数据透视图和数据透视表是连动的，即便在图形创建完成后，当数据透视表的内容发生更改，或者检索筛选（p.234）所显示出的项目，图形的内容也会连动发生切换，非常方便。由于各种求和类型的图形可以简单地创建，因此可以很轻松地确认出数值是如何发生变化的。

● **数据透视表和数据透视图**

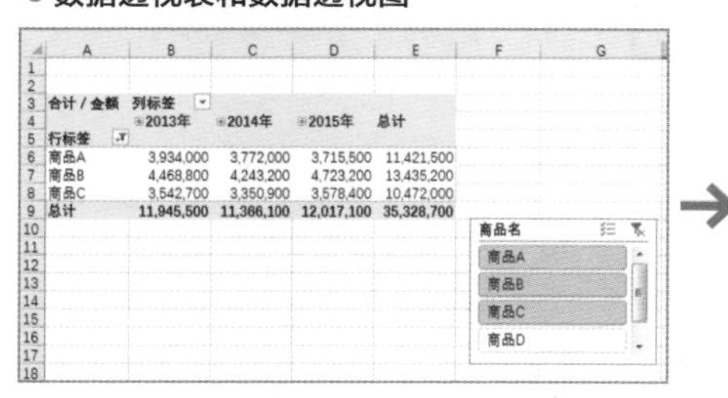

合计 / 金额	列标签			
	2013年	2014年	2015年	总计
行标签				
商品A	3,934,000	3,772,000	3,715,500	11,421,500
商品B	4,468,800	4,243,200	4,723,200	13,435,200
商品C	3,542,700	3,350,900	3,578,400	10,472,000
总计	11,945,500	11,366,100	12,017,100	35,328,700

数据透视表。使用该功能，在统计了数据后，还可以更改统计内容，使用筛选功能检索显示出项目。

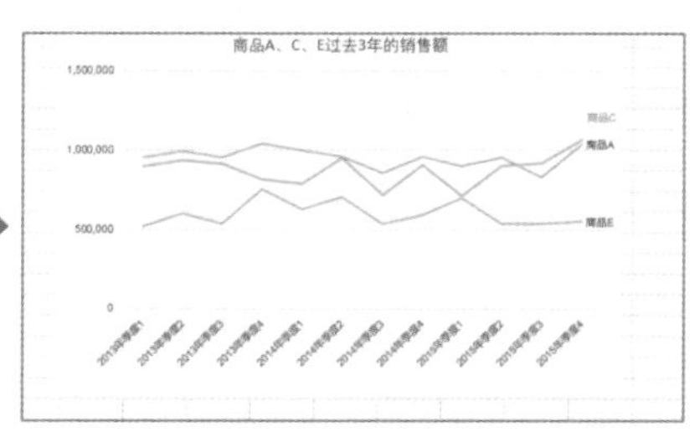

数据透视图。数据透视图是在数据透视表求和数据的基础上创建图形的功能。

要创建数据透视图，将光标移动到数据透视表上之后执行如下步骤。

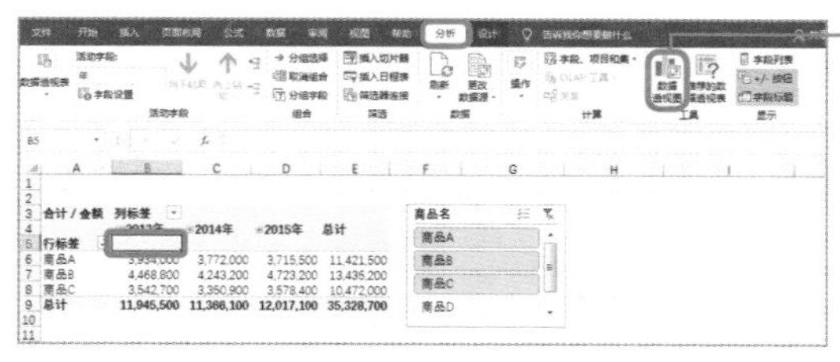

❶将光标移动至数据透视表上，点击[分析]选项卡中的[数据透视图]。

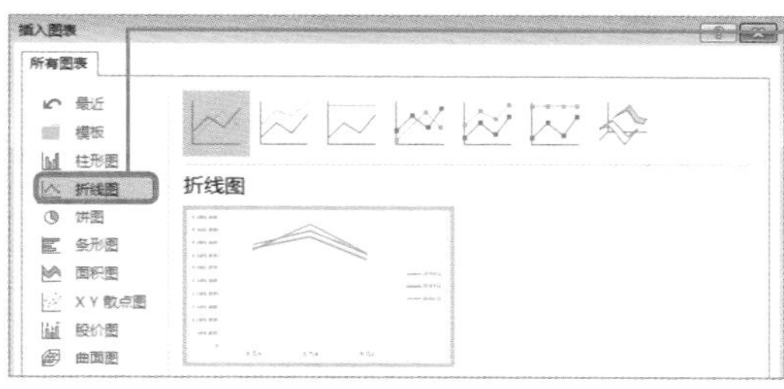

❷出现[插入图表]对话框，选择欲创建的图表（这里为[折线图]），点击[确定]按钮。

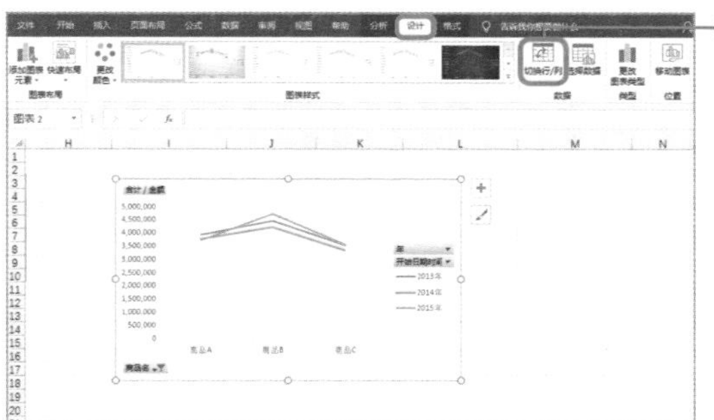

❸图表创建好了。想要替换纵轴和横轴时，点击[设计]选项卡中的[切换行/列]即可。

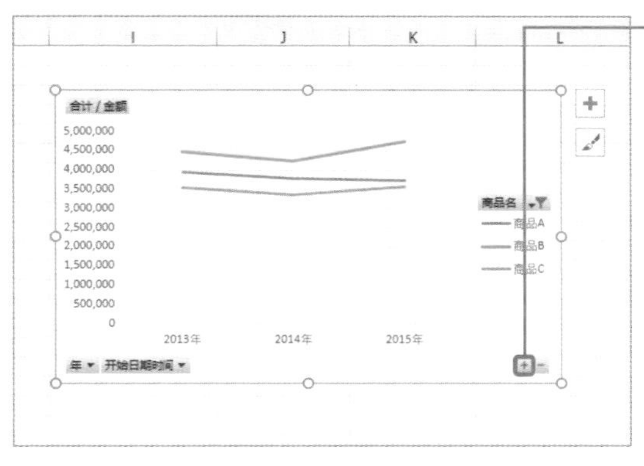

❹纵轴和横轴替换完成。在年单位的统计上看不太出变化，因此将单位更改为[季度]，点击图表右下方的[＋]。

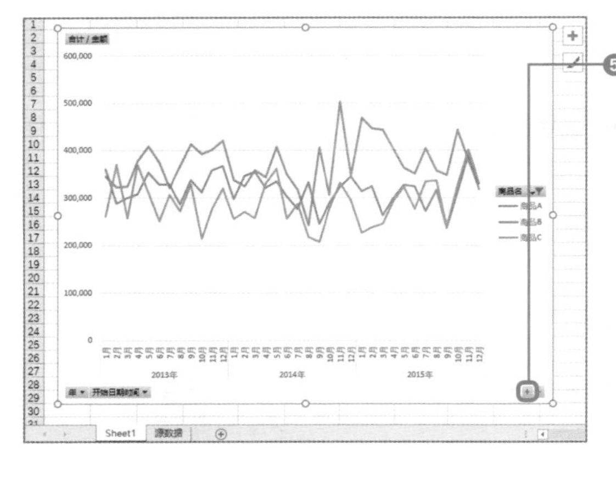

❺各季度各商品的销售金额就显示出来了。再点击一次[+]，各月各商品的销售金额就显示出来了。

更改图表中显示的数据

更改数据透视表的行项、列项和统计内容等后，数据透视图的显示内容也会自动更新。这里我们来试着筛选并更改一下[切片器]功能（p.234）所显示的信息。执行如下步骤。

❶将光标移动到数据透视表上，点击[分析]选项卡中的[插入切片器]（p.234），显示出切片器。

❷点击切片器，拖拽选择商品C~E。

在切片器中选择不连续有距离的项时，按下Ctrl键的同时点击项目。

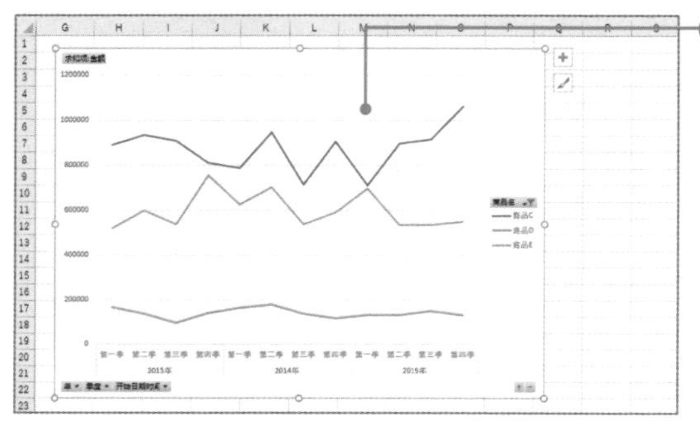

❸数据透视表中所显示的项目被更改为商品C~E这三个，与此同时，数据透视图中所选择的数据也变为商品C~E。

复制数据透视表创建图表

数据透视图是一个非常方便的功能，但外观并不十分好看，因此不推荐在发表资料或企划书中原封不动地进行使用。发表资料或企划书中所使用的正式的图表，最好是将数据透视表复制到其他表单中后基于该表进行制作。

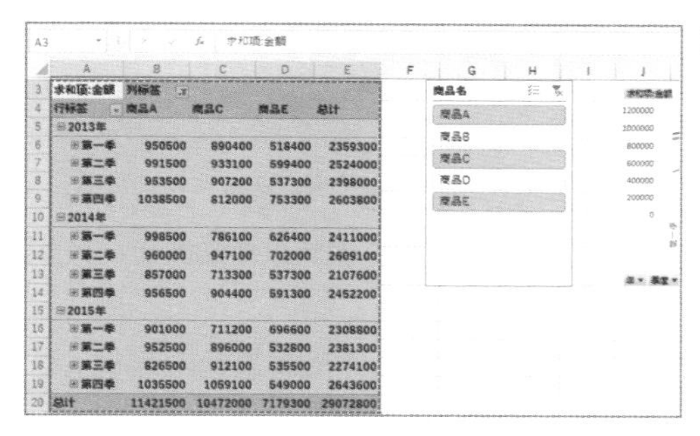

求和项:金额	列标签			
行标签	商品A	商品C	商品E	总计
2013年				
第一季	950500	890400	518400	2359300
第二季	991500	933100	599400	2524000
第三季	953500	907200	537300	2398000
第四季	1038500	812000	753300	2603800
2014年				
第一季	998500	786100	626400	2411000
第二季	960000	947100	702000	2609100
第三季	857000	713300	537300	2107600
第四季	956500	904400	591300	2452200
2015年				
第一季	901000	711200	696600	2308800
第二季	952500	896000	532800	2381300
第三季	826500	912100	535500	2274100
第四季	1035500	1059100	549000	2643600
总计	11421500	10472000	7179300	29072800

❶选择数据透视表，按下Ctrl+C键进行复制。

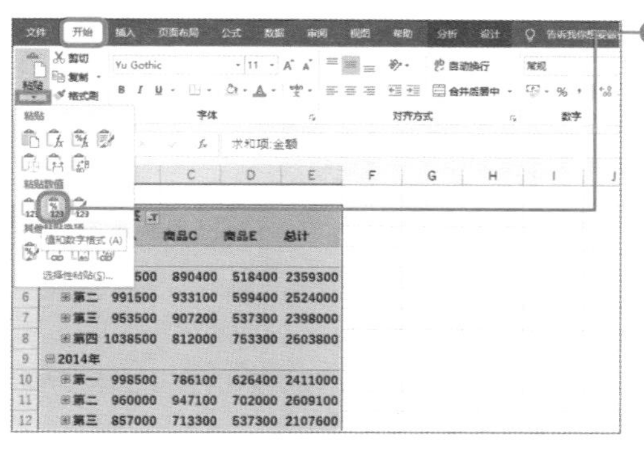

❷创建新的表单。点击[开始]选项卡[粘贴]按钮下方的[▼]，点击[值和数字格式]进行粘贴后，调整表格的布局和格式。

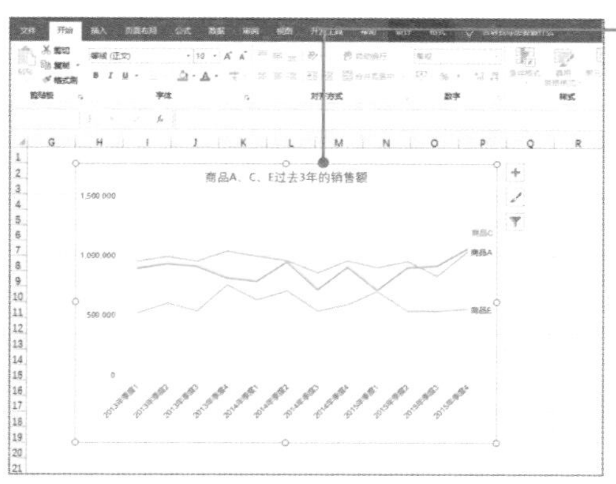

❸选择所粘贴的数据，从[插入]选项卡中的[图表]组中创建图表。

关于如何修改已创建的图表设计，本书第8章中有详细说明。

相关内容 数据透视表的基本内容→p.228 使用数据透视表所进行的数据分析→p.232

散点图的
商业应用

通过相关分析发现潜藏在数据中的关联关系

用散点图来验证数据的相关关系

数据分析中经常使用的，与数据透视表并驾齐驱的是“**散点图**”。散点图是指在**横轴和纵轴上设置不同的项目和单位，在数据存在的位置放置点的图表**。使用散点图可以查找横轴和纵轴中所设置项目的相关关系。

例如，如果能很好地使用散点图的话，类似“购买咖啡的人容易购买单价较高的双层汉堡”、“在便利店购买iTunes Card、Google Play礼品卡等充值卡的人容易一并购买点心类食品或清凉饮料”这类乍一看似乎没有关系的两种数据间所潜藏的相关关系就能够被找出。

假如能够得出类似上述的分析结果，就可以采取具体的措施。例如，派发咖啡的免费优惠券或者增加充值卡的摆放，可以考虑一下此类战略。

这些只是一个例子。**大家正在经手的商品或服务中可能也会有当下尚未发现的具有相关关系的商品或者服务存在**。不要先入为主，使用各种数据进行**相关分析**来找出有效的相关关系。使用Excel，通过简单的操作就可以立刻创建出散点图。

另外，在对类似“销售额”和“费用”这样明确有相关关系的数据进行验证时，散点图也能够发挥作用。例如，在餐饮业，销售额一上涨，由于卖出给顾客的料理增加了，与此同时原材料费也会上涨。也就是说，“销售额上涨的话费用也上涨”，这种相关关系是必定会成立的。

在制定营业计划时，不要想当然地认定这种“理所应当的相关关系”，必须明确地进行验证，不然就无法制定实际的营业计划。

只看罗列出的数值，是怎么都无法找出数据的相关关系的。分析数据时，使用适合分析内容的图表是十分重要的。要找出数据的相关关系，最适合使用的图表就是散点图。

● 收益计划的散点图例

相关关系较高的计划

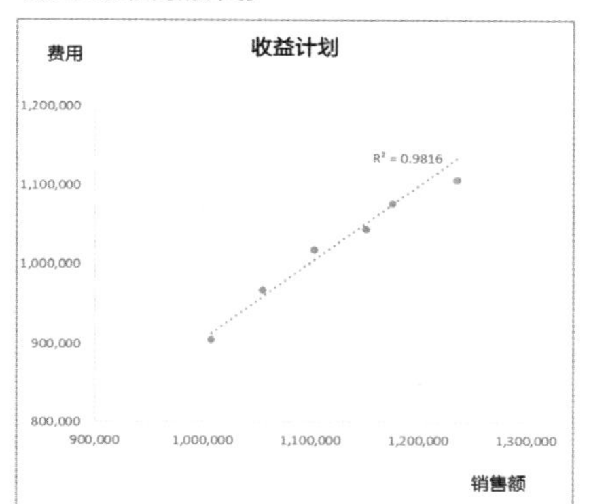

相关关系较低的计划

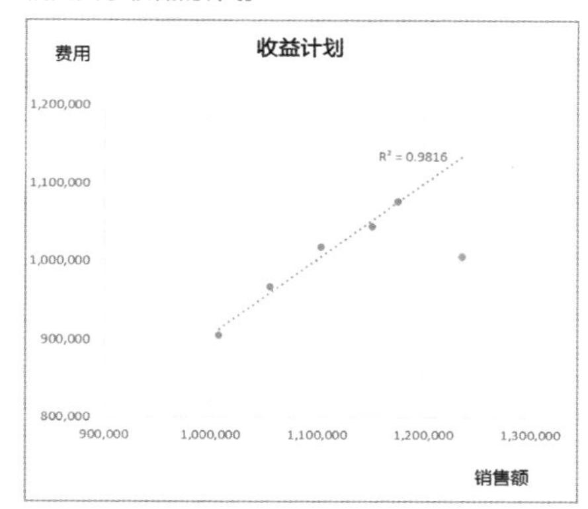

2012年到2016年的实绩为蓝点，2017年的预测为红点。看右侧的图表，红点的“费用”数值比较小，因此就可以看出与过去的实绩的相关关系有很大的偏差。

这也很重要!

回归直线与相关系数

上方的散点图上所显示的虚线称为“**回归直线**”。回归直线是标注于散点图中的表示数据倾向的直线。将来的预测离此条线越近，就可以认为它是顺着曾经实际成绩的趋势发展的。Excel中，将回归直线当作“**趋势线**”来处理。

另外，图表上写有“R2=0.9816”的数值称为“**相关系数**”。这个数值越接近“1”，说明两个数据就有非常强的相关性。一般相关系数在0.5以上认为其有相关性，0.7以上认为有很强的相关性。

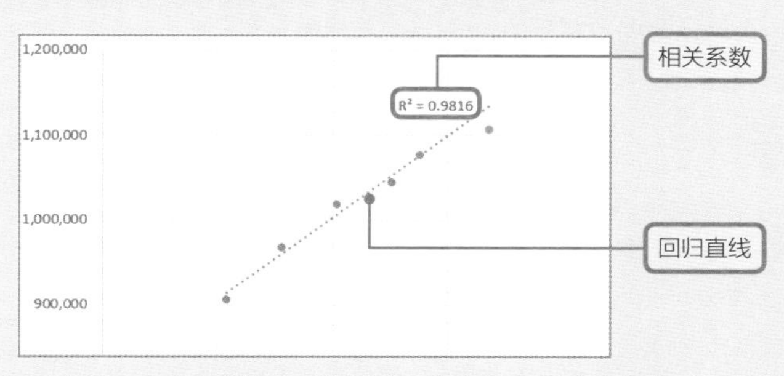

散点图的创建方法

1—12月各月的啤酒销售瓶数和平均气温之间是否有相关关系，我们来创建一个散点图进行确认。散点图的创建，按如下步骤进行。

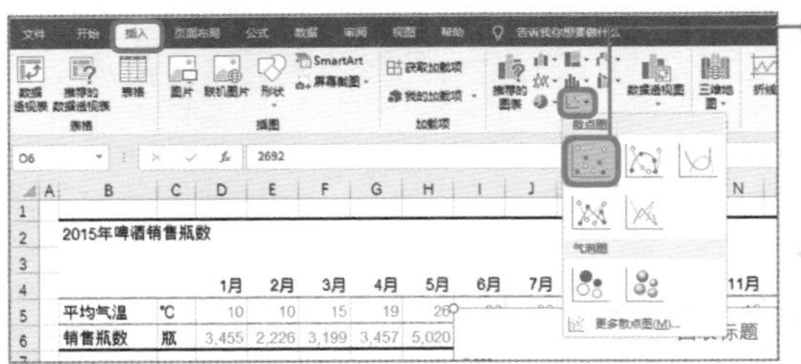

❶选择欲创建图表的数据区域，点击[插入]选项卡的 ，点击[散点图]内的 。

除了这里所创建的散点图之外，还有用直线或者平滑曲线（平滑线）连接要素之间类型的散点图。准备有带标记和无标记两种。

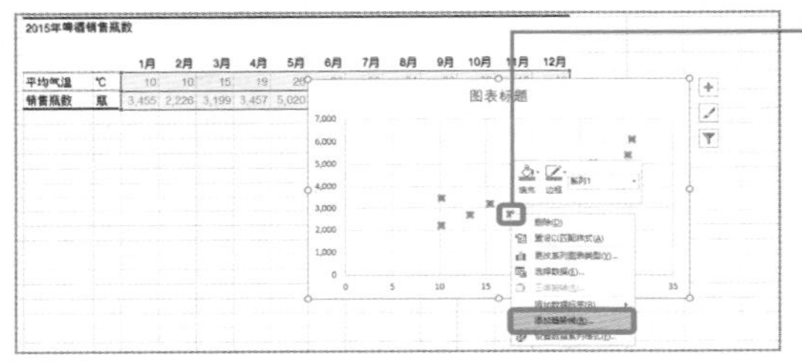

❷散点图就创建好了。右键点击图表上的点，点击[添加趋势线]。

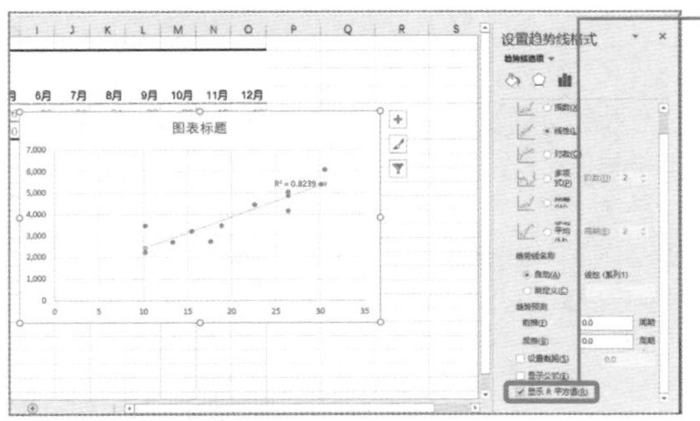

❸画面右侧显示出[设置趋势线格式]菜单，点击勾选[显示R平方值]。

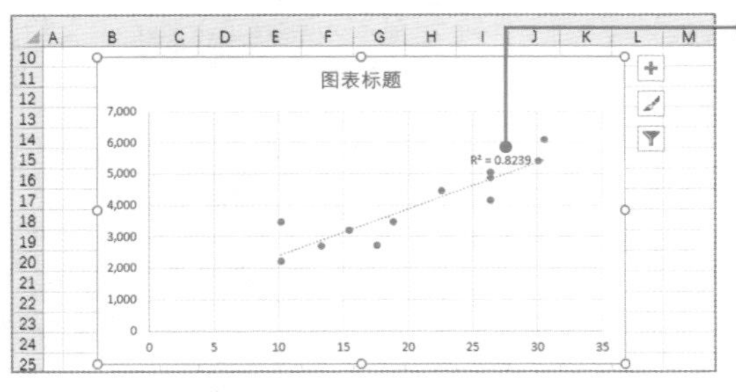

❹图表中显示趋势线和相关系数。该图表中相关系数为0.8239，因此可以确认得出啤酒的销售额和气温有非常强的相关性。

散点图的数据越多越好

创建散点图时有一个需要注意的点，那就是“**数据的量**”。散点图中，由于图表的特性，数据量少的话，相关关系是难以进行判定的。举个例子，现在我们有两组数据：按日进行统计的啤酒的销售瓶数数据以及当日的气温数据，使用这365天所有的数据来创建散点图，如下图。

● **数据越多越好**

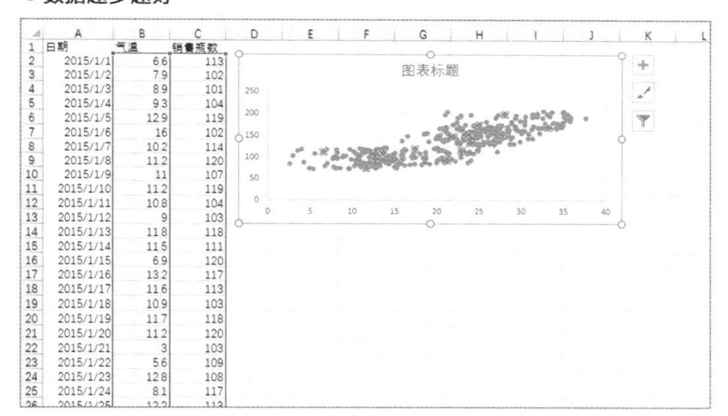

像上图中那样，存在多个数据（365天的数据）的话，就能够很容易确认出相关关系。

另一方面，下图中的数据很少，找出非偶然的相关关系就非常困难。作为分析使用的数据至少要有10件左右。

● **数据量少的话，找出相关关系就非常困难**

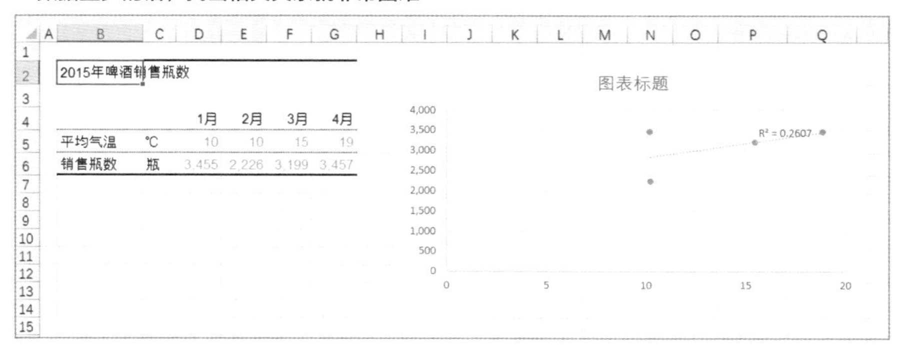

相关内容　正相关和负相关→p.244　从相关分析中求出预测值→p.245

散点图的
商业应用

持续下降也有正确的数据——正相关和负相关

散点图持续下降，存在“负相关”

两个数据中，一方的量或数值一增长，另一方的量或数值就增长时，散点图的数据分布就呈**持续增长趋势**，这种相关关系称为“**正相关**”。

与此相反，一方的量或数值一增长，另一方的量或数值就减少时，散点图的数据分布就呈**持续下降趋势**，这种相关关系称为“**负相关**”。例如，取暖设备、暖宝宝与气温的关系就是负相关（气温下降的话销量就上涨）。

在散点图中可确认得出的相关关系中，并不存在说正相关就是好，负相关就是不好。与经营相关的数据中多数为“持续增长”的话多被认为是好的。涉及散点图，很多时候持续下降表示正确的相关。

重要的是，要在认真理解所分析数据的属性后，正确判断应有的相关关系。相关关系有持续增长和持续下降两种，务必牢记。

● **负相关的散点图**

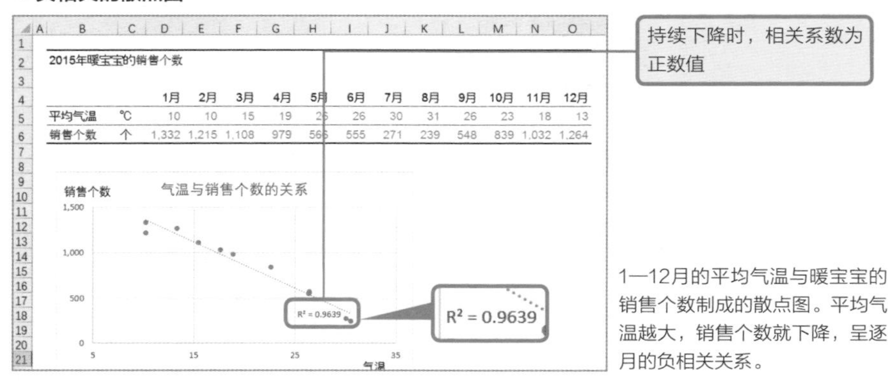

2015年暖宝宝的销售个数

		1月	2月	3月	4月	5月	6月	7月	8月	9月	10月	11月	12月
平均气温	℃	10	10	15	19	26	26	30	31	26	23	18	13
销售个数	个	1,332	1,215	1,108	979	566	555	271	239	548	839	1,032	1,264

1—12月的平均气温与暖宝宝的销售个数制成的散点图。平均气温越大，销售个数就下降，呈逐月的负相关关系。

相关内容 相关分析的基础内容→p.240 从趋势线中去掉“异常值”的方法→p.246

散点图的商业应用

从相关分析的结果中求出预测值

预测值可从“趋势线”的公式中计算得出

像气温和啤酒的销售瓶数这种，两个数据间存在很强的**相关关系**（p.241）时，可以计算推导出“当气温为30℃时，销售瓶数大概为多少瓶”这样的预测数值。

预测值的计算来源为散点图上所显示的**趋势线**。将气温设为变量x，销售瓶数设为y时，趋势线就可以以“y=ax+b”这样的算式进行表示。也就是说，知道变量a和变量b的值就可以求出销售瓶数的预测值。变量a和变量b的值，可以通过如下的步骤来确认趋势线公式的显示。

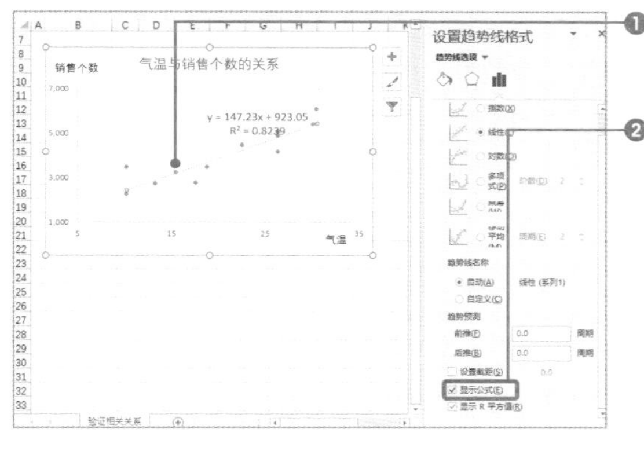

❶鼠标双击趋势线，显示出[设置趋势线格式]。

❷点击勾选[显示公式]，这样，散点图上就显示出了趋势线的公式。

本例中趋势线的公式为“y=147.23x+923.05”。因此当气温为30℃时，销售瓶数的预测值即为“147.23×30+923.05”，即“5339.95瓶/月”。

相关内容　相关分析的基础内容→p.240　在一个散点图上绘制两组→p.248

散点图的
商业应用

从趋势线上去除“异常值”的方法

迷惑相关系数的“异常值”

有的时候看散点图，明明两个数据好像有相关关系，但相关系数却非常低——这种情况下，请确认一下散点图的数据中，是否包含了“**异常值**”。

所谓异常值，是指**与统计预测范围差距很大的值**。例如，以下这样“**受不同寻常原因影响的数值**”，可能更容易理解。

- 因为电视节目播出香蕉减肥的内容，只有那个月香蕉的销售额异常突出
- 因为消费税增加，只有那一年的收益大幅降低

创建散点图的话，需要去掉比大部分的点高很多或者小很多的点。所以，**在包含了异常值的状态下，求相关系数的话，得到的数值会比原本应该的数值更小**。如果想要求出正确的相关系数，需要设置将异常值与正常值分别放在不同组里，让它不影响趋势线。

● **异常值与相关系数的关系**

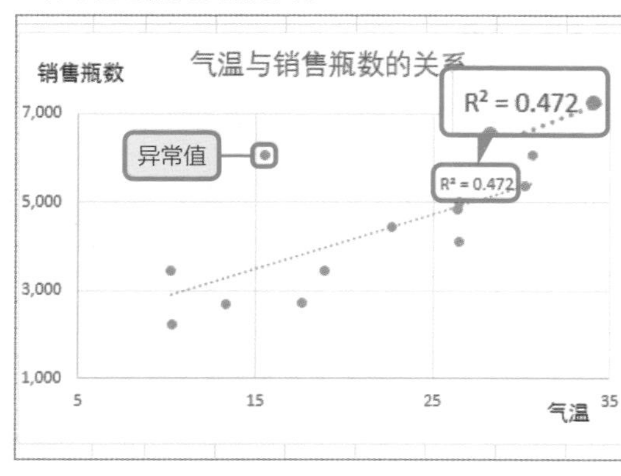

乍一看是有一定相关关系的散点图，但因存在异常值，所以相关系数非常低，仅“0.472”。将鼠标光标对准图表中的点时，就能知道该点对应原数据表中的哪个数值，找到异常值。

将异常值移到其他组的方法

虽然将异常值从相关系数计算中排除，最简单的方法是“在原数据表中将异常值删除”，但是这样就会造成一开始就没有异常值存在的误解，所以不建议采用此方法。

既能显示出异常值存在，又能将其排除在相关系数计算之外的话，**可以在原数据的表格中添加一行空行，将异常值移动到该空行里**。因为趋势线是将每行视为另一组数据的，所以这样移到另一行，就能求出剔除了异常值的趋势线和相关系数了。

2015年啤酒销售瓶数

	1月	2月	3月	4月	5月	6月	7月	8月
平均气温 ℃	10	10	15	19	26	26	30	3
销售瓶数 瓶	3,455	2,226	6,087	3,457	5,020	4,131	5,373	6,06
异常值 瓶			6,087					

❶在图表的源数据表中，添加空行，将异常值的数值转移到新添加的空行中（单元格G7），将原位置的数据（单元格G6）删除。

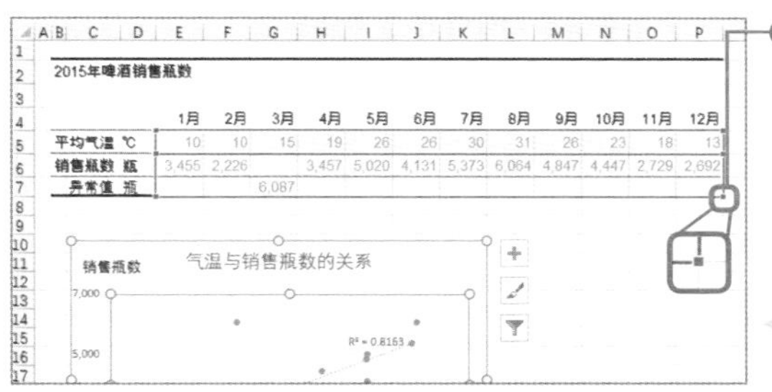

2015年啤酒销售瓶数

	1月	2月	3月	4月	5月	6月	7月	8月	9月	10月	11月	12月
平均气温 ℃	10	10	15	19	26	26	30	31	26	23	18	13
销售瓶数 瓶	3,455	2,226		3,457	5,020	4,131	5,373	6,064	4,847	4,447	2,729	2,692
异常值 瓶			6,087									

❷拖拽选择单元格时显示蓝框，将异常值的一行也设置包含在表格中。

拖拽蓝框四角处的■，就能扩大或缩小表格范围。

❸异常值的数据，用红点显示。

❹虽然处理的数据与左页相同，但由于计算出的趋势线不包含异常值，所以相关系数变成了0.8163的高值。

相关内容　相关分析的基础内容→p.240　正相关和负相关→p.244　从相关分析中求出预测值→p.245

散点图的
商业应用

在一个散点图上绘制两个组

将数据分成两个组进行分析

不论数据内是否存在“异常值”（p.246），当趋势线的相关系数比预计的低时，可能是**由于没有将数据进行适当分组**。

例如，调查在全国开展分店的“顾客满意度”和“销售额”的相关关系时，如果将顾客数量多（销售额高）的关东地区和顾客数量少（销售额低）的北陆地区的数据绘制在一个散点图中的话，即使顾客满意度相同，那么关东地区的销售额也会变大，北陆地区的销售额会降低。结果数值变化幅度很大，相关系数显得很低。

这个情况下，将关东地区和北陆地区的销售额数据分别输入不同行，将数据进行分组，分成“**关东地区分店数据**”和“**北陆地区分店数据**”。这样的话，就能计算出真实恰当的相关系数了。

● **将关东地区和北陆地区作为一组数据绘制散点图的示例**

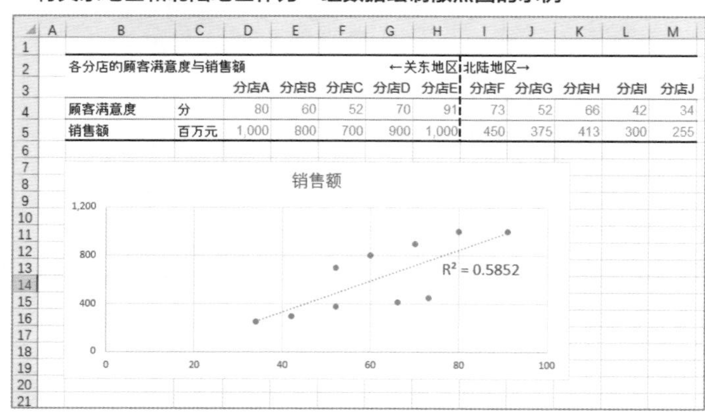

各分店的顾客满意度与销售额						←关东地区	北陆地区→				
		分店A	分店B	分店C	分店D	分店E	分店F	分店G	分店H	分店I	分店J
顾客满意度	分	80	60	52	70	91	73	52	66	42	34
销售额	百万元	1,000	800	700	900	1,000	450	375	413	300	255

由于将顾客数量相差很大的两组数据绘制在一个散点图上了，所以不会呈现正确的相关系数，这个时候就需要分组。

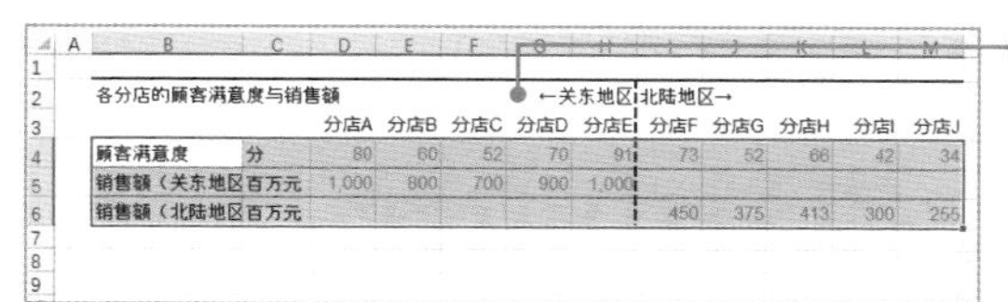

❶将需要分组的数据（关东地区和北陆地区的销售数据）分别输入不同行中，选择图表使用的数据范围。

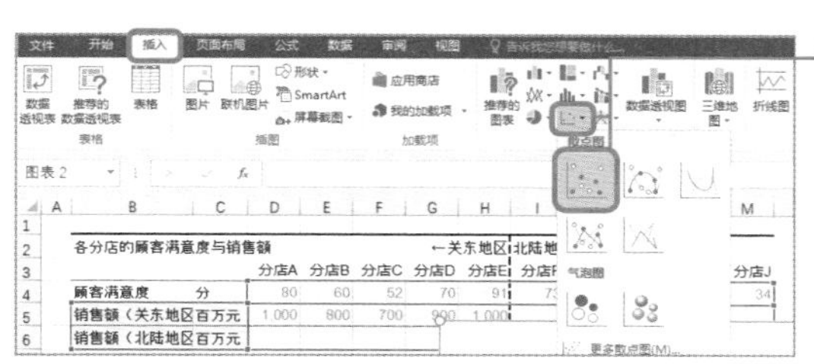

❷点击[插入]的→[散点图]。

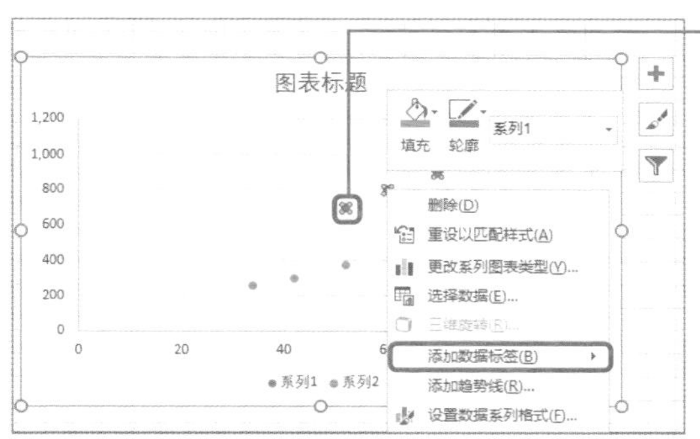

❸创建散点图。对准图上的点，右键单击，点击[添加趋势线]

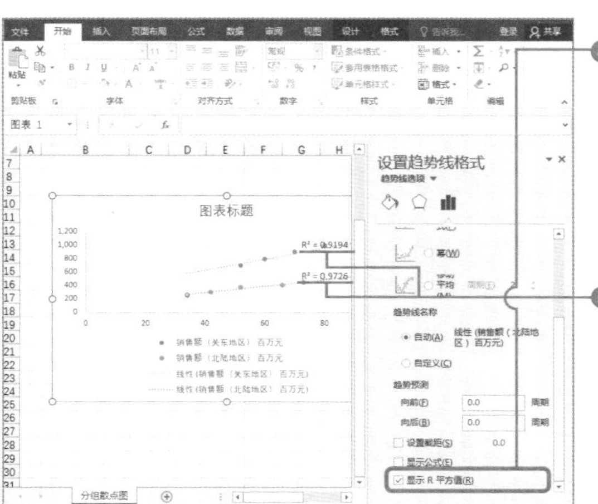

❹在界面右侧显示[设置趋势线格式]菜单，点击[显示R平方值]。

❺图表上显示了趋势线和相关系数。另一组，按照同样顺序操作，也显示趋势线和相关系数吧。

相关内容　相关分析的基础内容→p.240　正相关和负相关→p.244　从趋势线中去掉“异常值”的方法→p.246

从数值上
能看出的东西和
看不出的东西

区分使用平均值与中位数

平均值容易受极端数值影响

“这次考试的平均分是多少”、“这一期订单量每人平均多少”等，人们经常把平均值作为**“了解数据整体倾向的数值”**而用在很多地方。

但是**要注意，平均值有一个弱点：容易受极端数值影响**。下图是某网站的日点击量。从8月1日至10日的平均点击量，用AVERAGE函数求解是“3960”，而除了8月8日之外，平均点击量就下降了。这就是由于8月8日的点击量是其他日期数值的近10倍，而引起的现象。

● **日点击量与平均值**

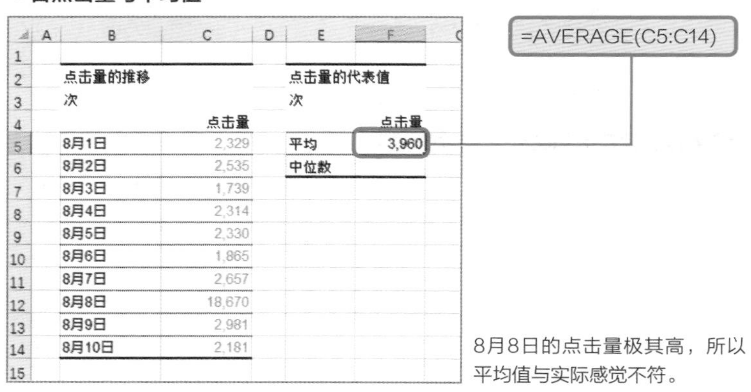

	A	B	C	D	E	F
1						
2		点击量的推移			点击量的代表值	
3		次			次	
4			点击量			点击量
5		8月1日	2,329		平均	3,960
6		8月2日	2,535		中位数	
7		8月3日	1,739			
8		8月4日	2,314			
9		8月5日	2,330			
10		8月6日	1,865			
11		8月7日	2,657			
12		8月8日	18,670			
13		8月9日	2,981			
14		8月10日	2,181			
15						

8月8日的点击量极其高，所以平均值与实际感觉不符。

像这样，如果数据中包括极大或者极小数值的话，那么平均值会有与实际不符的倾向。总感觉政府发表的“人均年收入”或“人均储蓄额”等比实际情况高，也是一样道理。

表示中间数值的时候，使用“中位数”

若要求与实际感觉相近，“表现数据整体倾向的数值”时，除了平均值之外，还应该计算出“**中位数**”。

所谓中位数，**是指将数据按大小排列，位于中央位置的值。**如果有5个数据，则是第3个值；如果有6个数据，则第3个和第4个值的平均值就是中位数。中位数可以由**MEDIAN函数**计算出来（英语单词Median，意思是中位数）。

中位数的优点是不会受极值影响。上一页介绍的网站点击量的中位数是“2330”，可以看出与平均值有1600多的差距。看整体数值时，哪个数值更反映了实际状况呢?

平均值和中位数都是非常简单的代表值。根据不同用法，都可能成为有用的数据。重要的是，要理解各个值的特点，作为能代表对象数据的代表值，选择合适的值使用。

● **平均值与中位数**

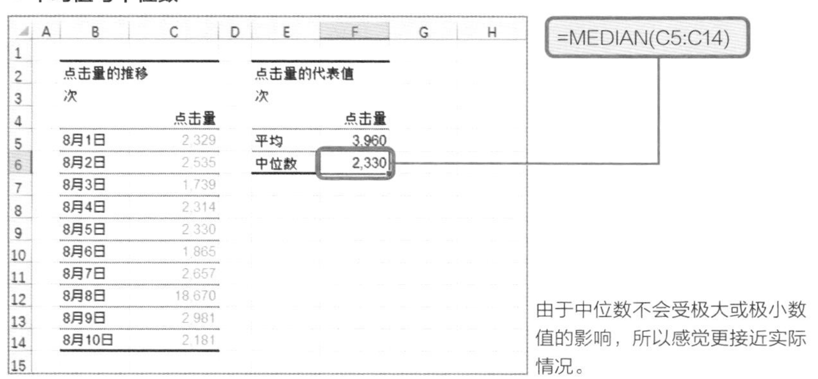

点击量的推移

次

	点击量
8月1日	2,329
8月2日	2,535
8月3日	1,739
8月4日	2,314
8月5日	2,330
8月6日	1,865
8月7日	2,657
8月8日	18,670
8月9日	2,981
8月10日	2,181

点击量的代表值

次

	点击量
平均	3,960
中位数	2,330

由于中位数不会受极大或极小数值的影响，所以感觉更接近实际情况。

这也很重要!

通过“折线图”发现异常值

在一连串数据中包含的异常大的数值或异常小的数值，称为“异常值”。

若要发现潜藏在表内的异常值，最简单的方法就是，以该表为基础，创建折线图。创建折线图后，就如右图所示，绘制出的极值相距其他数值位置很远，一目了然。这个技巧在处理数值多的时候使用，非常方便（p.114）。

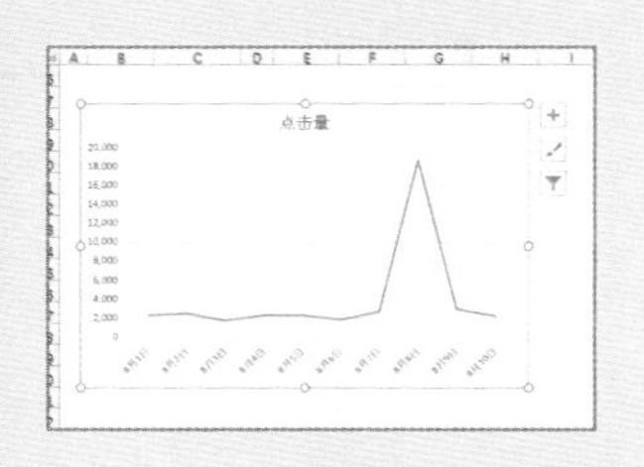

理解加权平均数

从数值上
能看出的东西和
看不出的东西

将数据分成两组进行分析

计算平均值时，有一点不能忽视，那就是“**不能使用各个平均值来计算整体平均值**”。例如，男女共40人的班进行数学测验，男生平均分是60分，女生平均分是80分。那么这个班的平均分是多少分呢?

这个时候，如果不仔细思考的话，很容易回答“70分”[（60+80）÷2]。但这个计算只有在这个班男生女生刚好都是20人的时候才成立。40人中，男生30人、女生10人的话，整体平均值就是65分。

$$\frac{(60\times30)+(80\times10)}{40}=65\text{分}$$

像这样，在每个数量上乘以“重要度的比例数值”，计算出来的平均值就叫作“**加权平均数**”。

● **错误平均值与正确平均值（加权平均数）**

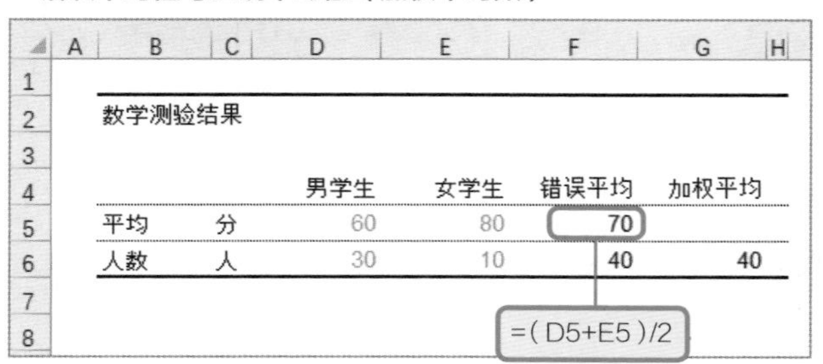

	A	B	C	D	E	F	G	H
1								
2		数学测验结果						
3								
4				男学生	女学生	错误平均	加权平均	
5		平均	分	60	80	70		
6		人数	人	30	10	40	40	
7								
8								

不考虑男女人数差别，由个别平均值计算出整体平均值的话，就会是错误平均值，需要计算出加权平均数。

用Excel计算加权平均数的方法

求加权平均数的方法之一，就是像上面数式一样，**“分别用一个个平均数×人数，计算出总和再除以总人数”**的方法，但这种方法如果“平均数×人数”的数量太多，那么写算术式也很麻烦，所以不推荐。

用Excel计算加权平均数时，使用SUMPRODUCT函数。**SUMPRODACT函数是取同样长的两个数组作为参数，计算与相同位置的元素乘积的和**。求加权平均数时，只需要将SUMPRODUCT函数的结果用班级人数除开，就可以了。

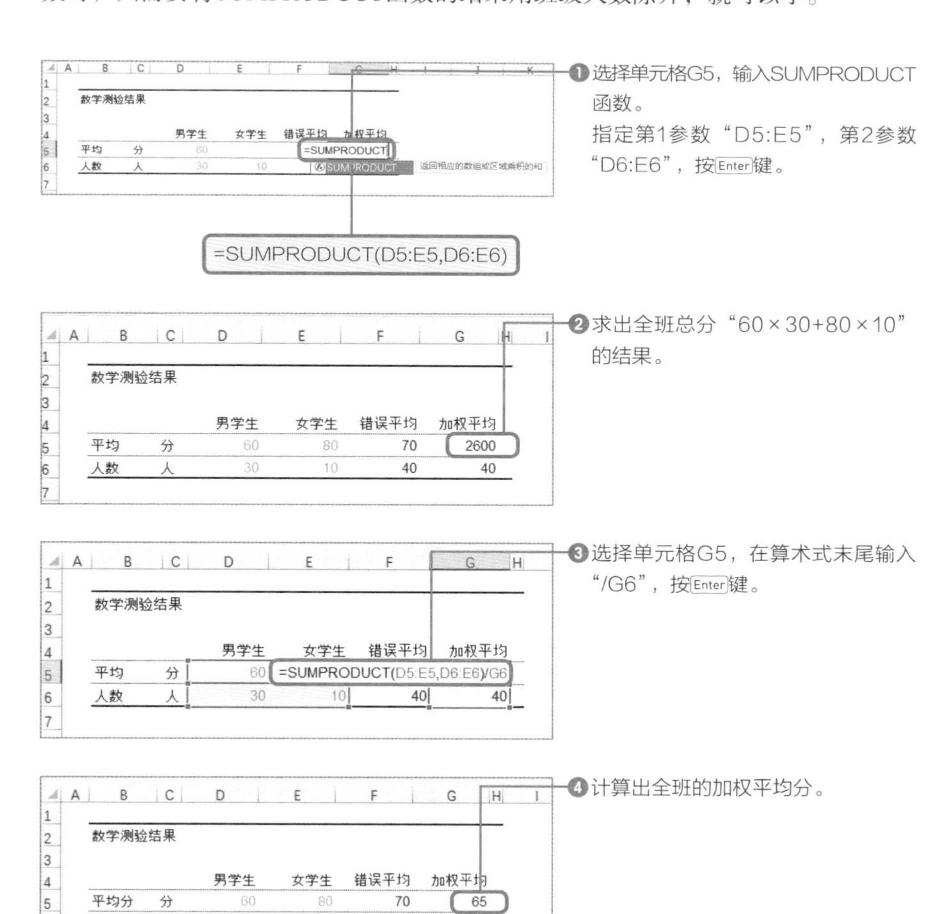

相关内容　平均值与中位数→p.250　计算真正的平均值→p.254

将购买单价和购买数量的关系数值化

从数值上
能看出的东西和
看不出的东西

用加权平均数避开“平均值”的陷阱

在实际工作中，比起单纯的平均（算数平均）来说，使用加权平均的情况更多。例如，生鲜食材等，每天进货价格不同的商品，只是将每天进货单价求和，再除以天数的话，是不能算出正确的平均进货价格的。这是因为，每天的进货数量不同。

例如上述情况，需要使用**SUMPRODUCT函数**，“用每天进货单价 × 进货数量”求和之后，再除以进货数量的总和，求出加权平均数，以此计算平均进货单价。

❶选择单元格I5，输入SUMPRODUCT函数。
第1个参数指定“D5:H5”，第2个参数指定“D6:H6”。在函数后面输入“/I6”（购买数量），按Enter键。

I5 =SUMPRODUCT(D5:H5,D6:H6)/I6

金枪鱼的平均进货单价

		2月1日	2月2日	2月3日	2月4日	2月5日	加权平均
进货单价(kg)	元	1,520	1,380	1,371	1,382	1,42	1,418
购买数量	kg	17	20	14	10	8	69

❷计算出5天的平均进货单价。

真正的平均销售价格是多少

有的商品在不同地区或店铺，销售价格不同（汽车或家电等）。这种情况下，所有店铺平均下来，商品A的销售价格是多少呢？

此时，如果只是将4个销售价格相加，然后除以4的话，也是计算不出正确的平均销售价格的。需要基于**各店铺的销售价格，求出以该店铺销售件数作为权重的加权平均数**，才是更加正确的平均销售价格。

所以，用SUMPRODUCT函数，求“各店铺的平均销售价格×销售件数”，然后除以销售件数的总和，求出加权平均的平均销售价格吧。

❶选择单元格H5，输入SUMPRODUCT函数。第1参数指定为“D5:G5”，第2参数指定为“D6:G6”。在函数的后面输入“/H6”（销售件数），按Enter键。

❷计算出所有店铺的平均销售价格。

这也很重要!

产品合格率的计算用加权平均数也很方便

在工厂等地方，经常使用产品的“合格率”这个数值，对于该值的计算也使用加权平均数。例如，生产1000个产品时的合格率是90%，生产2000个的合格率是80%，则平均合格率为“（1000×90%+2000×80%）÷（1000+2000）”，大约是83%。

相关内容 平均值与中位数→p.250 理解加权平均数→p.252

从数值上
能看出的东西和
看不出的东西

将每天的数据以年、月为单位汇总统计

用SUMIFS函数，将数据汇总统计

想要将逐日收集的过去几年的销售数据，按月份整理成不同商品的销售额——这个时候建议使用透视表来统计数据（p.228），但透视表有以下缺点。

- 不可以自由调整表格的设计
- 不能制作散点图

因此要改变表格设计，或者之后想要制作成散点图的话，不用透视表，请考虑使用这里介绍的“**用SUMIFS函数，进行交叉统计的技巧**”。两个方法各有优缺点，但都是很优秀的数据整理方法。

● 将销售数据逐月统计

ID	商品名	开始时间	商品单价	销售件数	金额
1	商品E	2016/1/5 16:08	900	2	1800
2	商品E	2016/1/5 16:27	900	11	9900
3	商品E	2016/1/5 16:49	900	1	900
4	商品E	2016/1/5 16:54	900	15	13500
5	商品E	2016/1/5 16:58	900	7	6300
6	商品B	2016/1/5 17:01	600	9	5400
7	商品E	2016/1/5 17:03	900	9	8100
8	商品C	2016/1/5 17:11	700	15	10500
9	商品B	2016/1/5 17:39	600	11	6600
10	商品B	2016/1/5 19:04	600	13	7800
11	商品A	2016/1/5 19:32	500	2	1000
12	商品B	2016/1/5 19:36	600	1	600
13	商品A	2016/1/6 10:41	500	9	4500
14	商品C	2016/1/6 10:46	700	1	700
15	商品A	2016/1/6 10:52	500	2	1000
16	商品B	2016/1/6 10:58	600	10	6000
17	商品E	2016/1/6 11:14	900	13	11700
18	商品B	2016/1/6 12:11	600	7	4200
19	商品A	2016/1/6 12:14	500	3	1500
20	商品D	2016/1/6 12:51	200	4	800

2016年各月销售额

		商品A	商品B	商品C	商品D
2016	1				
2016	2				
2016	3				
2016	4				
2016	5				
2016	6				
2016	7				
2016	8				
2016	9				
2016	10				
2016	11				
2016	12				

将该表数据用SUMIFS函数，按月统计成不同商品的销售额。

使用SUMIFS函数，进行交叉表分析的话，按照以下顺序进行。

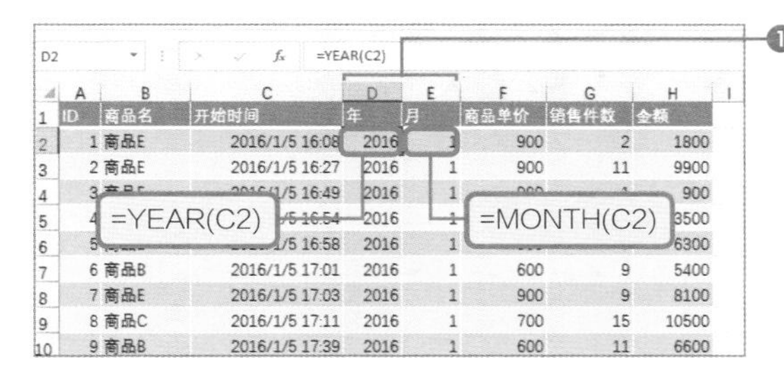

❶在C列后面添加2列，在单元格D2中输入YEAR函数，单元格E2中输入MONTH函数，从单元格C2中提取出“年”和“月”的数值。输入公式之后，复制单元格，粘贴到D列和E列下面的行中。

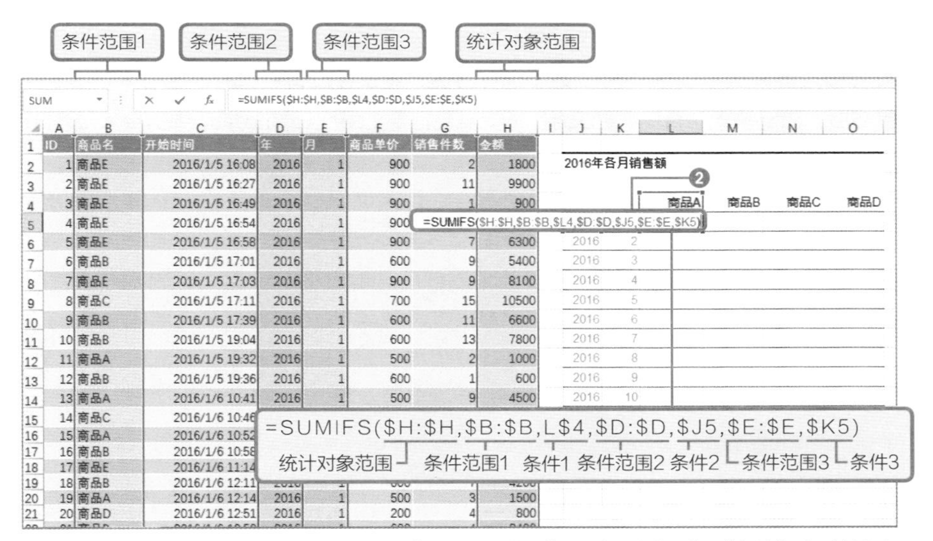

❷在单元格L5中输入SUMIFS函数。参数“统计对象范围”和“条件范围”、“条件”分别制定商品名、年、月。

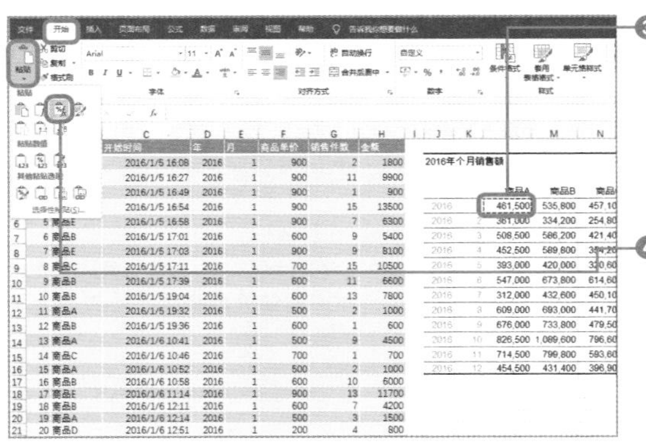

❸单元格L5显示2016年1月的商品A的销售额。选择该单元格，复制。

❹选择了表格中的其他单元格之后，点击[开始]中的[粘贴]按钮下方[▼]，点击[公式和数字格式]，就显示出其他条件的统计结果，完成交叉表。

相关内容　如何开始单变量求解→p.208　规划求解的加载→p.218

在空白单元格中输入“N/A”

从数值上
能看出的东西和
看不出的东西

明确不是“漏掉输入”了

各店铺销售业绩一览表、日销售管理表、库存管理表、出勤表等，制作在一张会输入各种数值的表格时，**为了理算方便，建议在没有数值的单元格中，不要保留空白，而是输入“N/A”的文字**。“N/A”是英文Not Applicable，或Not Available的省略，意思是“无该内容”、“不能使用”。

输入“N/A”的话，无论谁看到都会立即判断出这个单元格没有输入任何数值，而且是正确的状态。

如果保持空白的话，第三者或者将来自己再看表格时，无法立刻判断出这个空白是漏填了，还是空着就对了。虽然是很小的一点，不过就是这些小地方的累积，才能让表清晰易看，而且不容易计算失误。

● **在空白单元格中输入“N/A”**

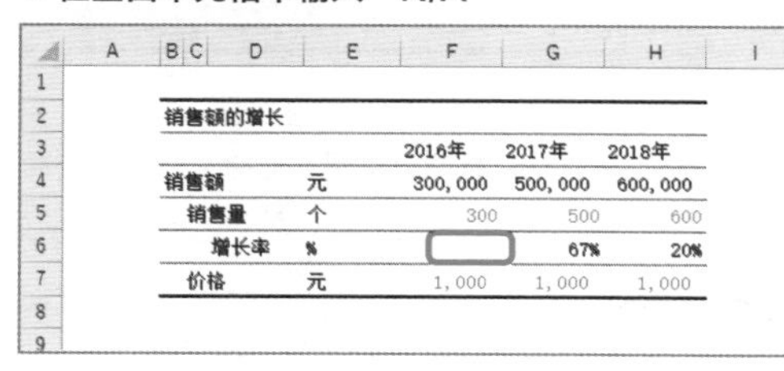

销售额的增长		2016年	2017年	2018年
销售额	元	300,000	500,000	600,000
销售量	个	300	500	600
增长率	%		67%	20%
价格	元	1,000	1,000	1,000

与前一年对比的成长率，第一年的位置是空白的（因为没有比较对象的销售额）。因此，单元格F6没有输入内容，从计算上来看是正确的，但第三者看这个表格时，无法立刻判断出这个空白是漏填还是空白本就是正确的状态。

销售额的增长		2016年	2017年	2018年
销售额	元	300,000	500,000	600,000
销售量	个	300	500	600
增长率	%	N/A	67%	20%
价格	元	1,000	1,000	1,000

在空白单元格F6中输入“N/A”，就能立即知道这里没有应该输入的数值，让表一目了然，更容易懂。

相关内容 固定标题单元格→p.50 无法计算增长率时，显示“N.M”→p.77

第8章

玩转Excel图表功能

Excel图表的基本功能

图表让数字更有魅力

各项业务中均会用到图表

是否也遇到过这样的情况，用Excel资料为对方做说明时，无法如期传达想表达的内容，或者对方露出一副不感兴趣的表情。实际上各个行业中，被这个问题困扰的人不在少数。

针对这个问题，没有立竿见影的解决办法，不过出现类似的状况时，一定要再次认真查看资料，想想“**这份资料，对对方而言是不是真的好看好懂**”。即便是按照自己习惯的方式标注想要传递的内容，也很难向对方表达清楚。罗列数值的做法也是有利有弊，熟悉该数值的人觉得清晰好懂，不熟悉的人却会觉得不好懂，抓不住全貌。

“**活用图表**”，是解决无法准确传达意图和想法的办法之一。图表将各种数据视觉化，也是制作“让对方看得懂”的资料时重要的第一步。Excel的图表功能强大、适用性高，学会它，可以应对各种商务场合。

图表不是“单纯地把数值类数据转换成图形”。**它是一项非常优秀的功能，可以直接影响人的视觉体验，把看数值类数据时需要时间去理解的信息内容，瞬间传达给对方**。精通图表操作，可以把想传达的信息精确地传递给对方。因此，可以说会灵活制作图表是所有的商务人士必须掌握的技能。

本书将在本章（第8章）和第9章，详细介绍在实际操作中会遇到的各种图表的制作方法。

基本的图表制作方法

Excel的图表功能非常强大，只需要简单操作便可很快制作出一个新的图表。操作步骤如下。另外，图表的样式等细节问题，等图表制作完成后再行调整。

● **将原先的数据表制作成图表**

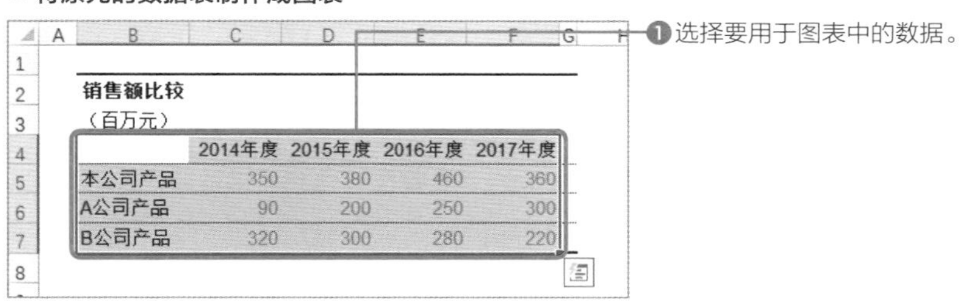

❶选择要用于图表中的数据。

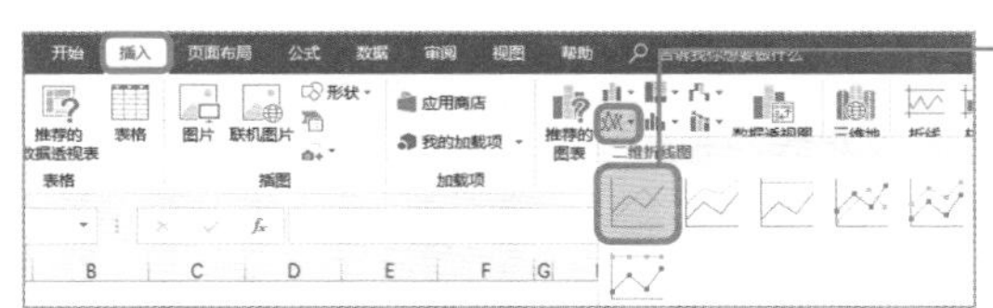

❷在[插入]中选择图表类型。

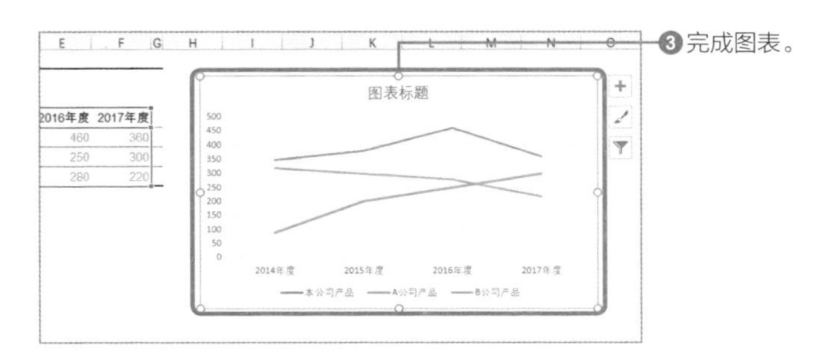

❸完成图表。

如上所述，使用Excel的图表功能，进行简单操作即可快速制成“相应的图表”。

接下来，进入重点。**根据用途和目的调整图表，这一步非常重要**。若不对图表做任何调整，延用默认设置直接用在资料中，还是无法制作出能够传递信息的资料。甚至，如果图表太过粗糙，还有产生误解的风险。制作用于重要的商务活动的图表时，必须谨遵“**传达信息**”、“**简明好懂**”两点，并制作出合适的图表。

在本节中首先为大家介绍几个基础中的基础技巧。

选择需展示部分并图表化

表中记录有过去几年的数据时，未必需要将所有的数据全部图表化。根据资料的用途、目的，以及想传递给对方的内容，图表化必要的数据部分。知道这一点的人可能会认为这过于基础，但很重要，务必牢记。

选择表的部分内容，只将想展示的部分图表化。操作步骤如下。

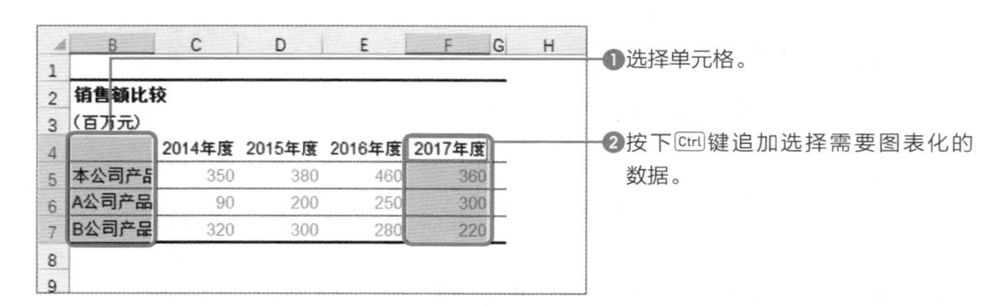

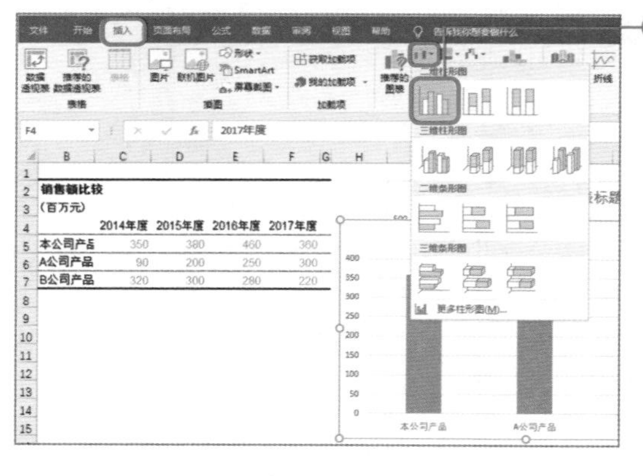

❸在[插入]中选择图表类型。

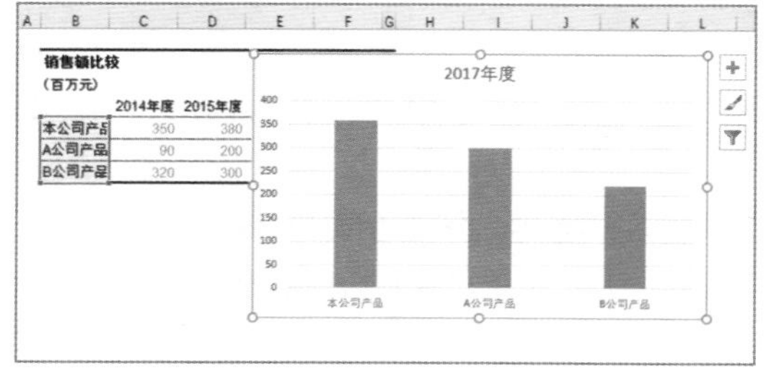

❹制作完成仅由所选数据生成的图表。

[设计]更改图表样式

选择生成的图表，菜单栏出现**[图表工具]标签**。通过[图表工具]内的**[设计]**和**[格式]**功能更改图表的样式和格式。

首先来说明[设计]的主要功能。

● [添加图表元素]

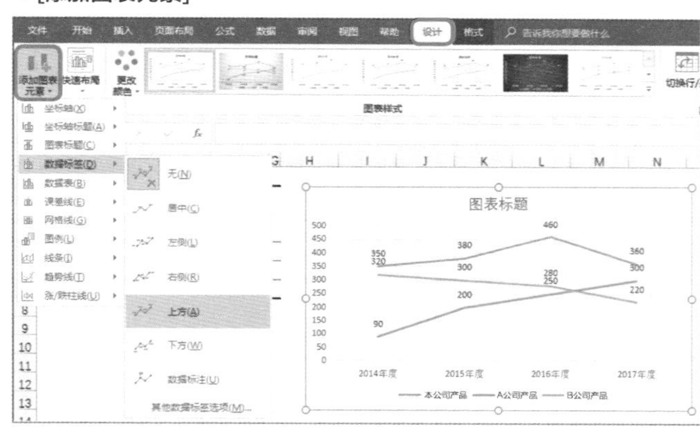

点击[添加图表元素]，可以添加坐标轴、数据标签、网格线等元素。

● [切换行/列]

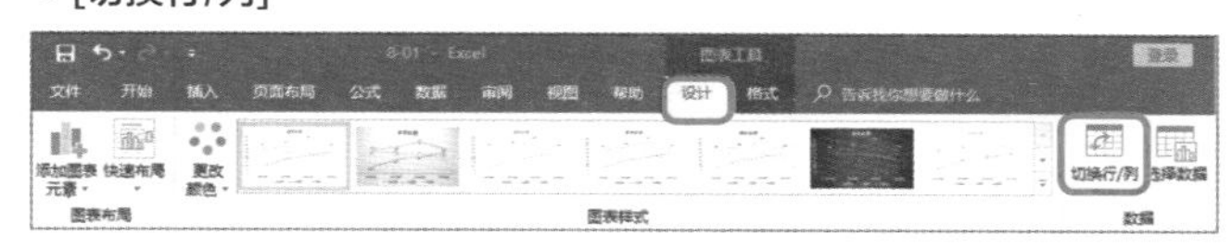

在选定图表的状态下点击[切换行/列]，可以替换图表水平轴上的数据。

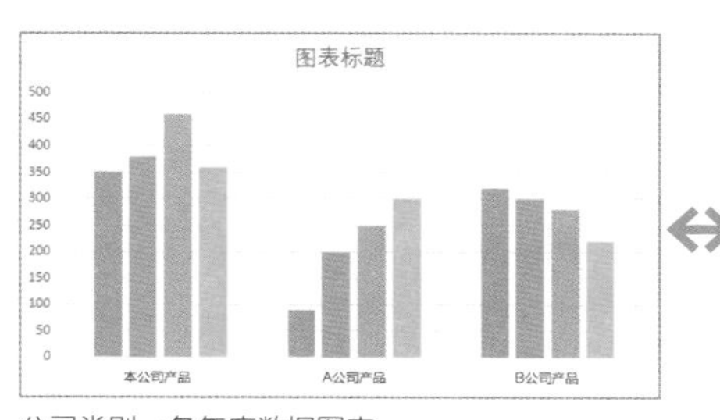

公司类别→各年度数据图表

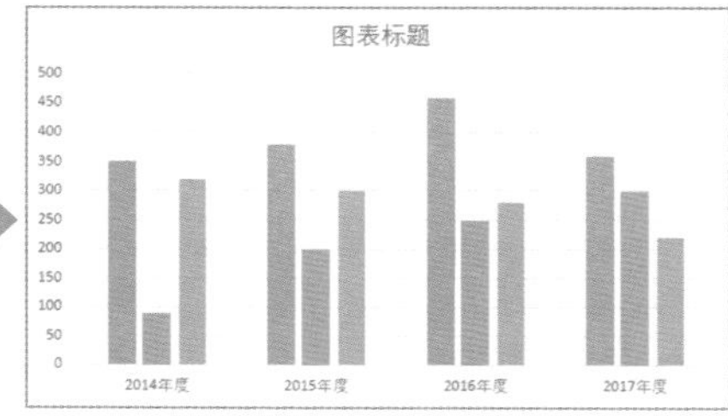

年度类别→各公司数据图表

这也很重要!

行和列，设哪个为横轴

用Excel制作图表时，会根据表的情况，有时设行为项目轴，有时设列为项目轴。这是因为Excel中有“**行和列中，项目数多者为项目轴**”的规则。

● [选择数据]

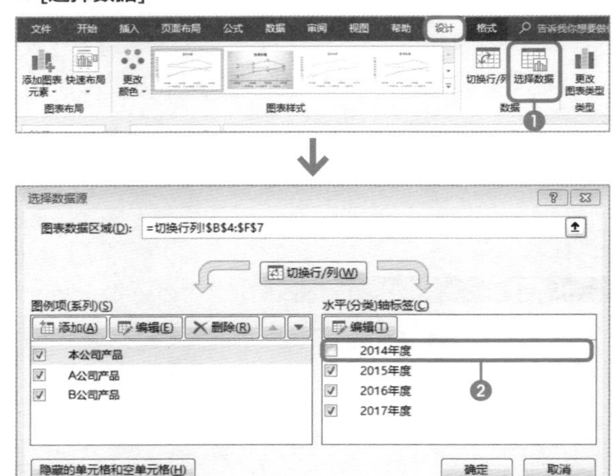

图表中的数据范围和轴标签，也可以在图表制作完成后更改。

选择图表，点击[设计]中的[选择数据]❶，打开[选择数据源]对话框进行调整。此处的[水平（分类）轴标签]处选择隐藏2014年度的数据❷。

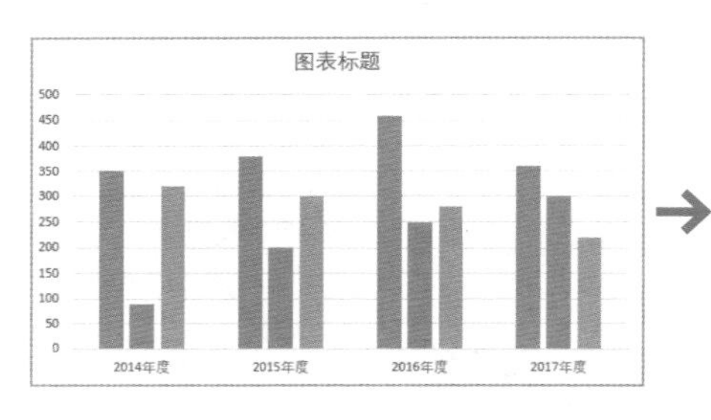

● [更改图表类型]

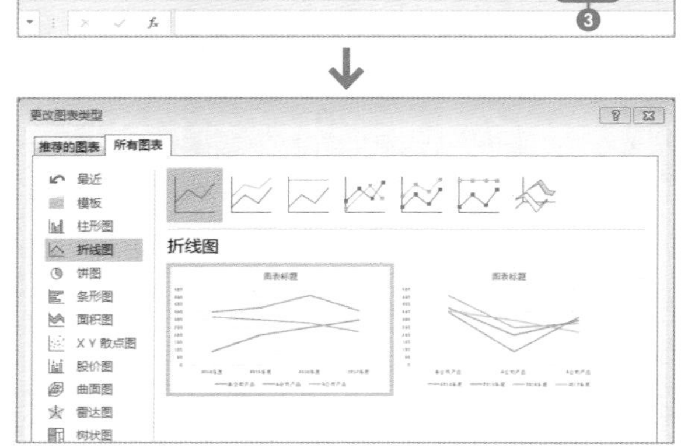

点击[设计]中的[更改图表类型]项❸，可保留原来的数据，只改变图表类型。相同的数据选择不同的图表表示，看上去会有很大的不同，所以根据用途和目的选择适当的图表类型很重要。

[格式]设置图表元素的格式

[图表工具]的[格式]中，可以设置各种构成图表的元素的格式（图表的线的颜色和粗细等）。其中**[设置所选内容格式]**尤其重要。点击此项，画面右侧出现“设置图表区格式”，可以对图表中的各元素进行详细设置。

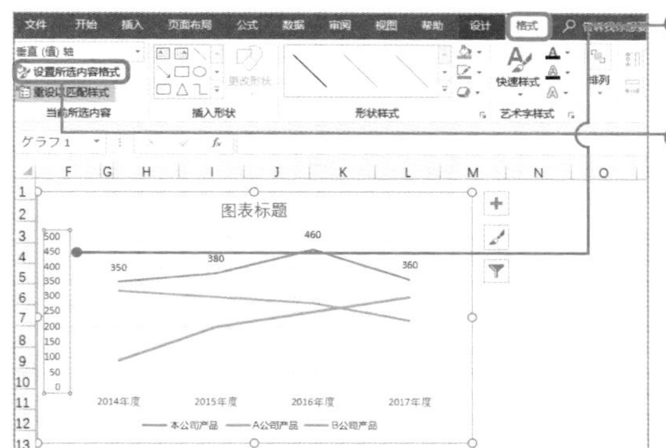

❶点击要更改设置的图表元素（此处选择纵轴）。

❷点击[图表工具]中的[格式]下的[设置所选内容格式]项。

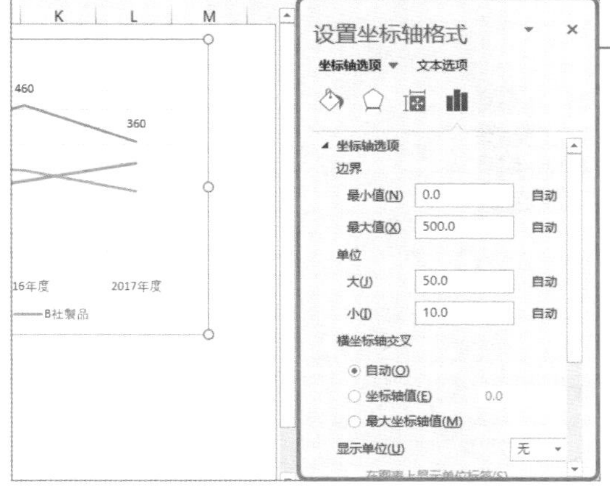

❸窗口右侧出现对所选图表元素进行格式设置的界面。

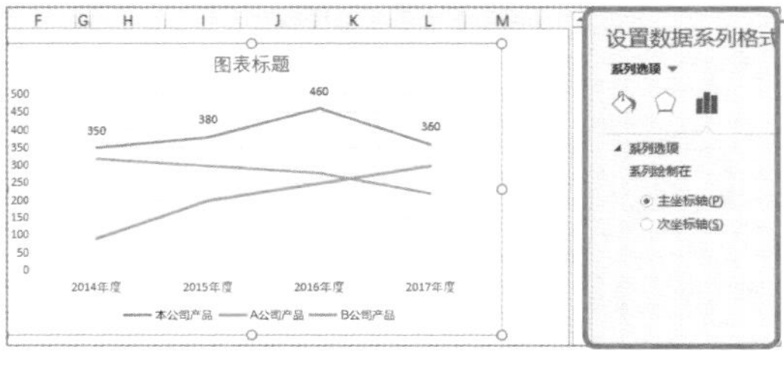

❹所示设置项目的内容会根据所选图表元素的不同发生变化。

快捷设置

如上所述，与图表相关的详细设置可以通过[图表工具]中的[设计]和[格式]中的各项完成。Excel 2013以后的版本中，还可以通过选择图表后出现在图表右侧的3个选项钮进行设置。

● [图表元素]

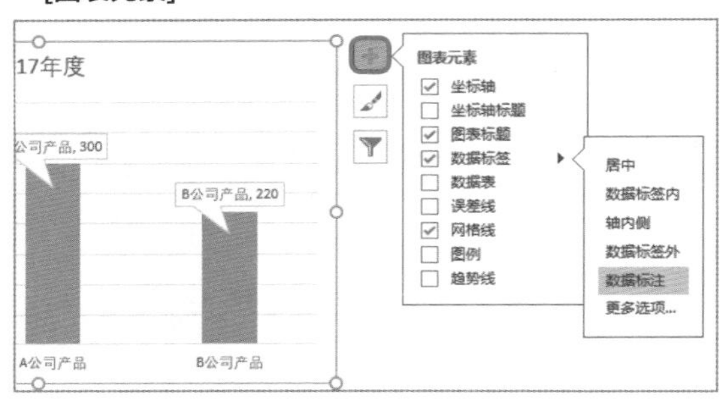

通过勾选/取消各项，添加・删除图表元素。点击符号[▶]可以进行简单的格式设置。

● [图表样式]

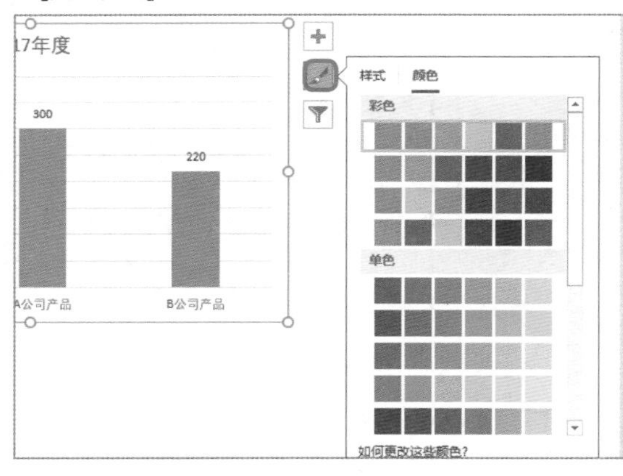

可以从[样式]中选择图表样式，在[颜色]中设置颜色。

● [图表筛选器]

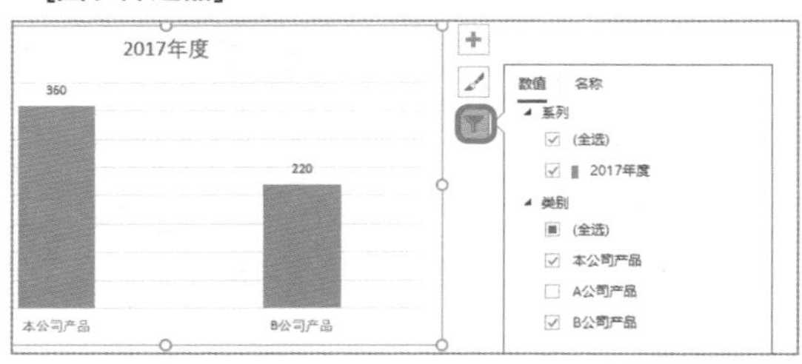

通过勾选/取消各项内容，更改图表中的显示项。

 相关内容 掌握基础用色，迅速提升图表魅力值→p.267 制作双轴图表→p.270

图表让数字更有魅力

掌握基础用色，迅速提升图表魅力值

图表中“颜色的使用”很重要

图表是一种通过**视觉方式传递信息的技术**，除图形大小、线的粗细等形状外，“**颜色的使用**”也非常重要。形状完全相同的图表，使用的颜色不同，给人的视觉印象也会有很大的不同。

最具代表性的例子是暖色与冷色。色彩大体可以分为**暖色系**（红、橙、黄）、**冷色系**（蓝、浅蓝、青绿）和**中性色系**（绿、紫）三类。一般还有“**同时使用冷色系和暖色系时，大多数人对暖色系的感觉更强烈**”的倾向。不过这也只是一种“倾向”，有些人会对冷色系的感觉更强烈，还有些人感觉不到暖色系和冷色系的差别。不过，从笔者到目前为止为多家企业做过的业务改善咨询情况来看，实际上对暖色系感觉更强烈的人数占压倒性优势。

请看下图。一张有橙色和蓝色两条线的线性图表。一眼看上去感觉哪条线是主线？

● **冷色与暖色的不同印象**

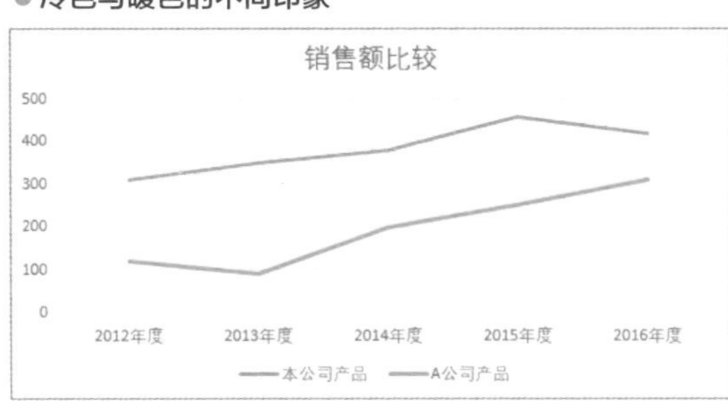

因为相比较冷色而言大多数人更关注暖色，所以建议将主线设为暖色，辅线设为冷色。

上图中用蓝色表示本公司，用橙色表示竞争对手A公司。希望传递给对方“**本公司销售额经常性高于竞争对手**”的信息时，将本公司产品的销售情况设为橙色，A公司产品的销售情况设为浅蓝色，能帮助理解。

主线用暖色系，辅线用冷色系

Excel的图表功能，在制作图表时会自动为数据分配颜色，自动进行“根据数据种类分别配色”的基本操作。大家在操作之前最好先想好，“**根据想传递的内容如何配色**”。重点是，希望数据的哪部分内容引起关注？想通过图表传达什么信息？在考虑这些的基础上，再选择合适的颜色。

基础用法，建议主要内容用暖色系，辅助内容用冷色系。同时，**浓烈的颜色给人廉价的感觉，选用稍淡的颜色**。

按以下步骤更改图表元素中的色彩一项。此处以折线图表为例进行说明。

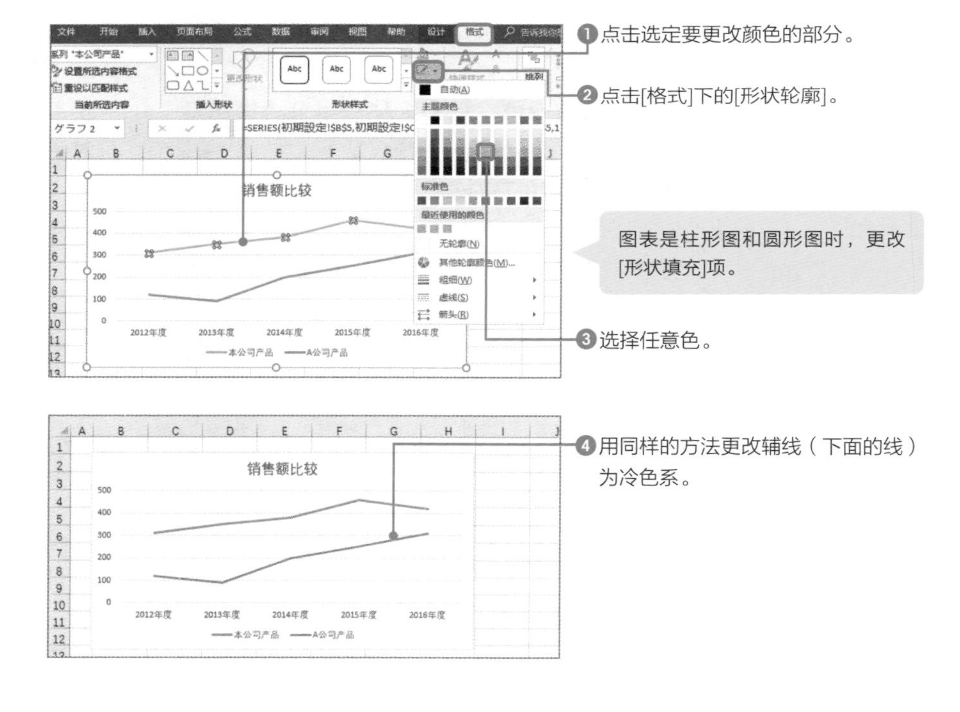

从上图可以看出，与前一页的图表相比“本公司产品”的销售情况更醒目。操作简单，却可以极大改变给看图表的人留下的印象。要制作出“能够传达信息的资料”，这些细节的积累非常重要。

黑白打印时改变“线的形状”

分发的资料中含有图表时，**需要事先考虑是采用彩色打印，还是黑白打印**。无论怎样细分颜色，采用黑白打印时将没有任何效果，甚至还会出现浅色不好分辨的尴尬。

在已知采用黑白打印的前提下，通过“**线的形状**”来区别显示折线图的各条线段。所谓线的形状，是指实线和虚线等。一般设置的要点是把主线设为较粗的实线，辅线设为较细的虚线。

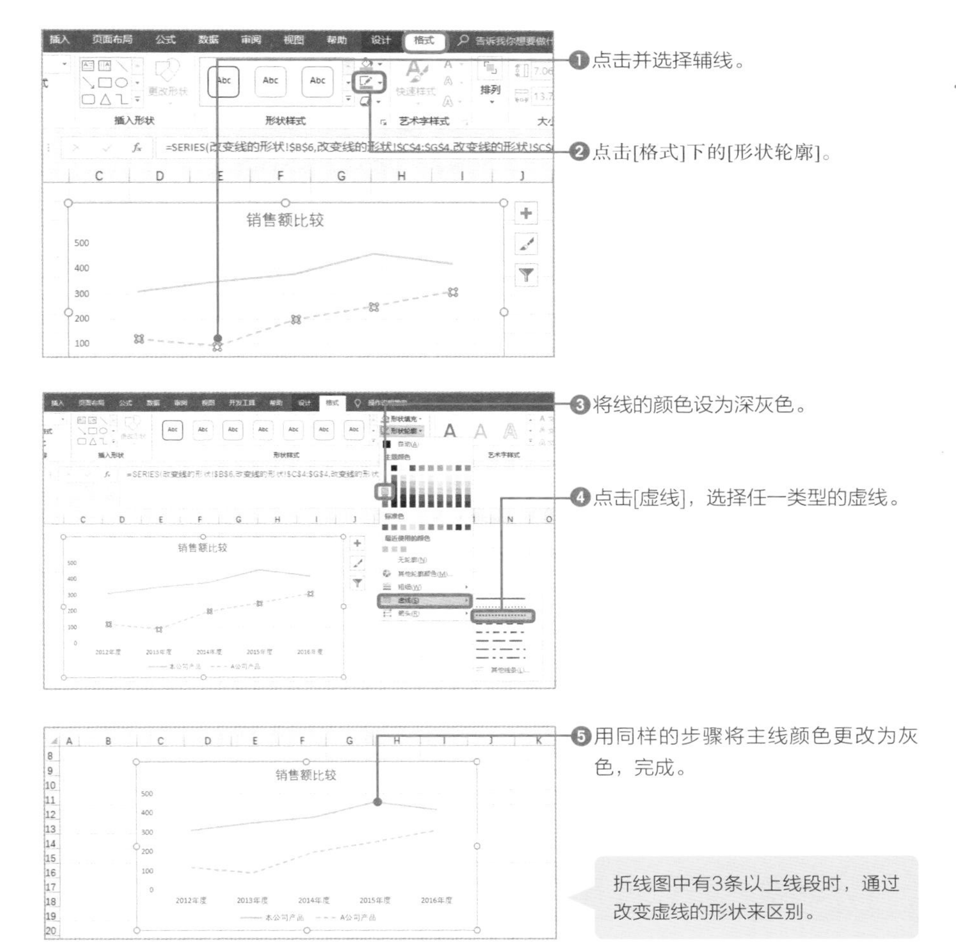

相关内容　图表的基本操作→p.260　制作双轴图表→p.270

图表让数字更有魅力

将销售额和利润率放入一个图表

两种类型的数据在一个图表里的“双轴图表”

双轴图表，正如其名，是指拥有**两个轴（纵轴）的图表**。图表有很多种组合方式，例如，柱形图和折线图的组合、两个单位不同的折线图的组合等。因为在同一个图表同时存在不同轴的数据，所以也称之为“**组合图**”。

双轴图表的最大特点是，图表的左侧为“第1轴”，右侧为“第2轴”。在Excel中，很多种类的图表都可以组合成双轴图表，这里以最常用的折线图和柱形图的组合为例进行说明。

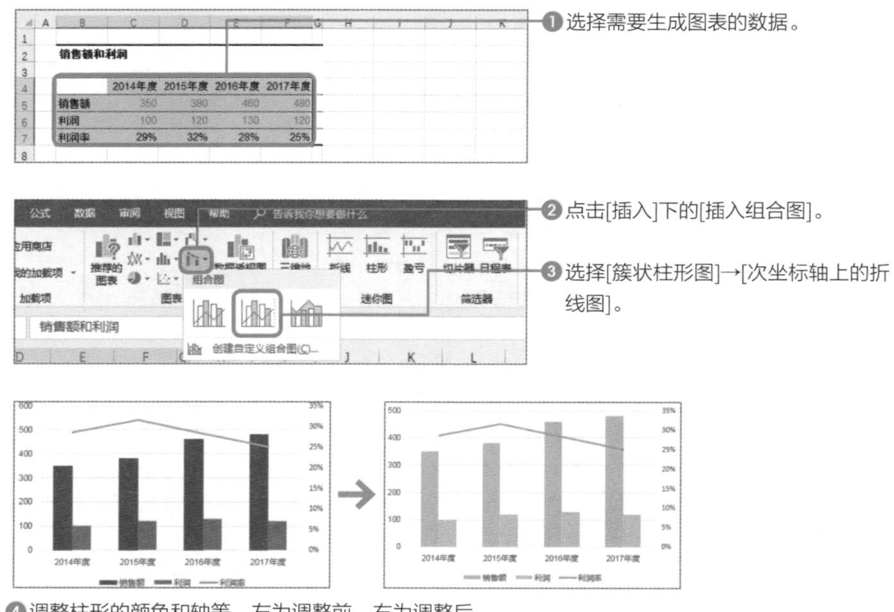

❶选择需要生成图表的数据。

❷点击[插入]下的[插入组合图]。

❸选择[簇状柱形图]→[次坐标轴上的折线图]。

❹调整柱形的颜色和轴等。左为调整前，右为调整后。

将现在的图表更改为双轴图表

将已生成的柱形图更改为双轴图时，在**[更改图表类型]对话框**（p.264）中选择[组合]，勾选[次坐标轴]。

● 将已制成的柱形图更改为双轴图

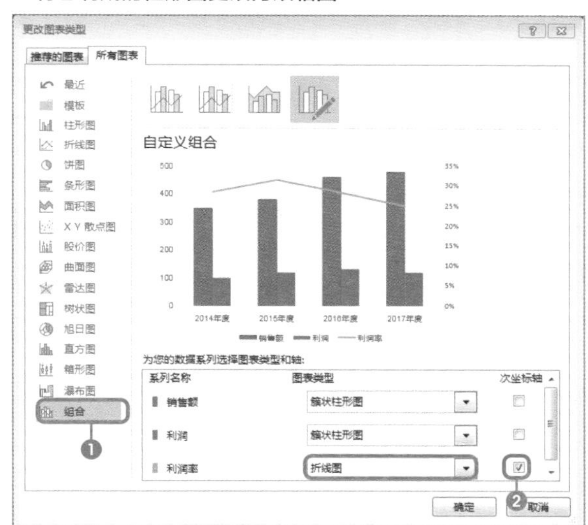

在[更改图表类型]对话框中选择位于最下部的[组合]❶，勾选[次坐标轴]❷，即可将已制成的柱形图更改为双轴图。

另外，[更改图表类型]对话框，还可用于更改已制成的双轴图的类型，和更改次坐标轴的数据。

不要随意使用双轴图表

如上所述，使用双轴图可以通过有限的空间传递更多的信息。同时，还有将相互关联的两组数据放在同一图表内进行快速对比的优点。不过，另一方面，**双轴图让图表变得复杂，也有难传达信息的缺点**。

双轴图可以充分发挥其威力，也仅限于像“销售额与利润率”这种**两组信息有着极强关联性的情况**。类似情况时推荐使用双轴图，其他情况下建议不要随意使用。费神费力做好的图表只是让“信息更复杂”，没有任何意义。

相关内容 图表的基本操作→p.260 掌握基础用色，迅速提升图表魅力值→p.267

图表让数字
更有魅力

不用图例文字，活用数据标签

图表中的图例出乎意料地不好用

“图例”是指对图表中使用的线条、柱形、颜色等进行解读的说明性文字。在Excel中，通常会把这些说明性文字放在图表的下面或右边。

在Excel中制作图表时，很多人会无意识地使用Excel自动生成的图例，但**需要注意的是，这些图例出乎意料地不太好用**。

如果可能，把**图表的内容**记入到数据标签，而不是图例中。灵活使用数据标签，让图表里的内容更容易被直观地理解。

按以下步骤设置数据标签。这里以折线图为例进行说明。

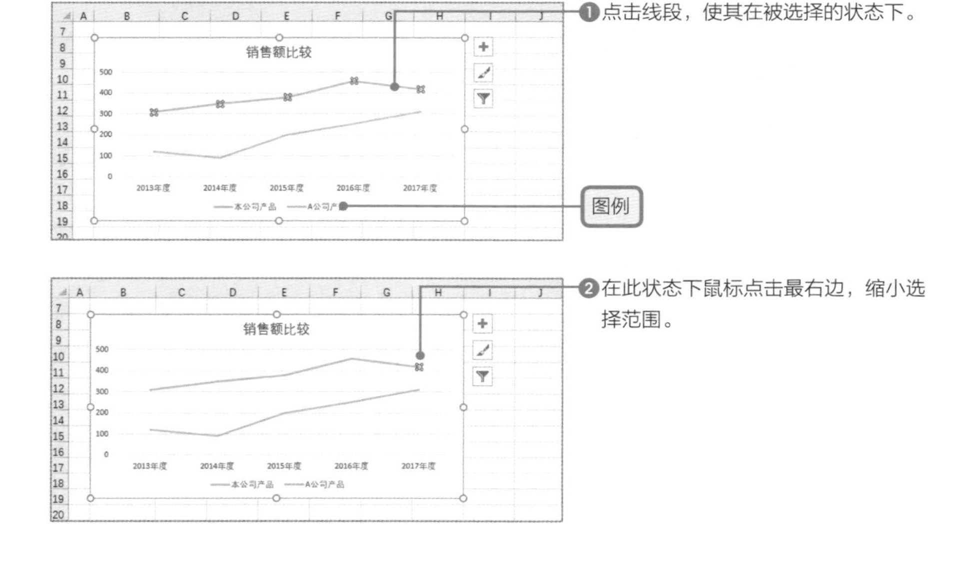

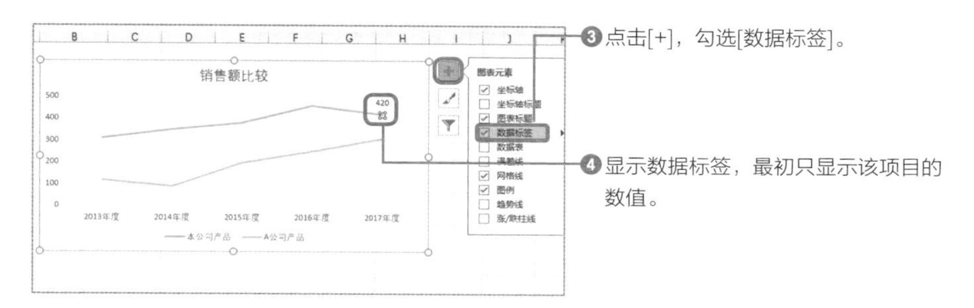

❸点击[+]，勾选[数据标签]。

❹显示数据标签，最初只显示该项目的数值。

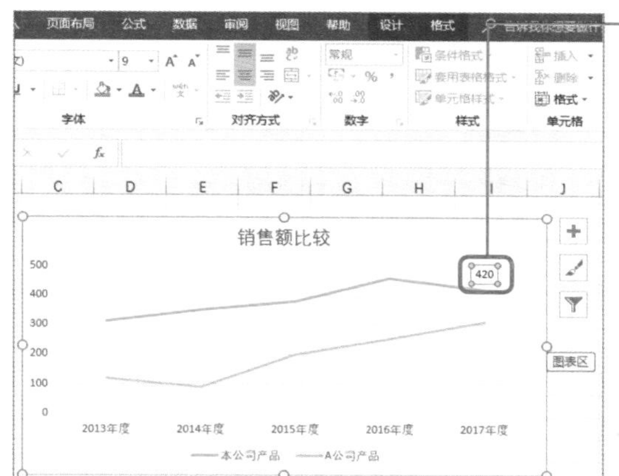

❺双击数据标签。

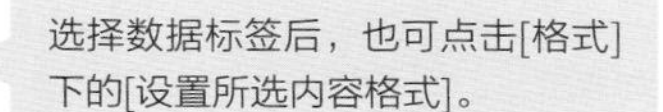

❻出现[设置数据标签格式]对话框，点击[标签选项]。

原始设置中，默认勾选[值]和[显示引导线]。

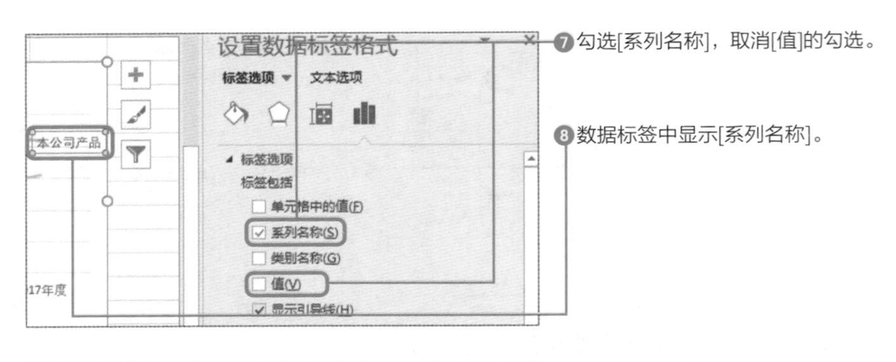

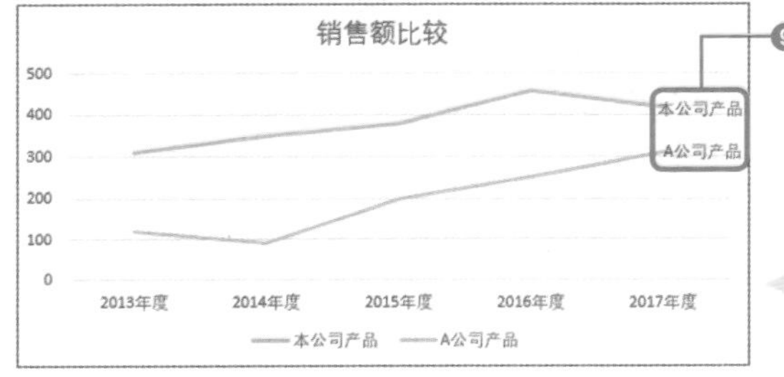

❾使用相同方法显示其他的数据标签。

关于数据标签的位置，一般折线图位于右端，柱形图位于上部。其他场合，请自行拖拽调整位置。

取消图例

通过数据标签显示[系列名称]后，可删除图例。按以下操作步骤操作。

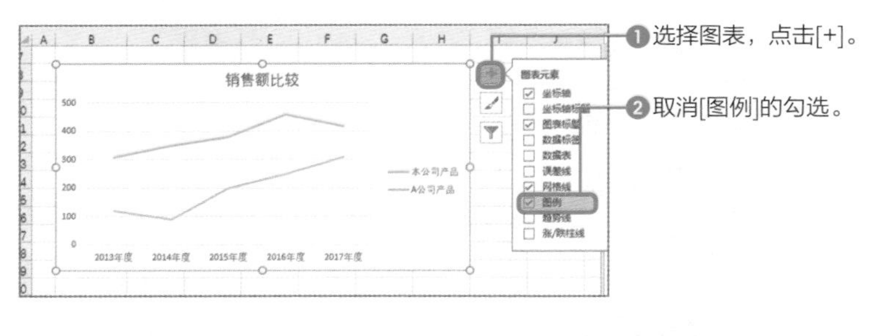

❶选择图表，点击[+]。

❷取消[图例]的勾选。

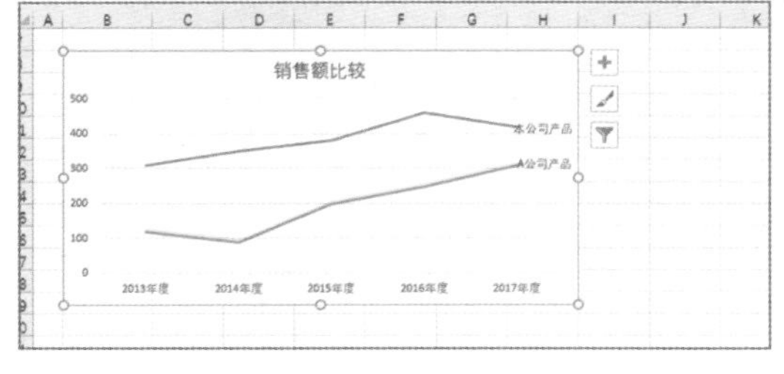

❸原图例的地方空出，请适当调整图表大小。

保留图例时选择右置

根据图表的内容和用途，很多时候需要在数据标签处显示[值]，而不是[系列名称]。这时，需要改变图例的位置。柱形图可以依旧将图例放在下部，并**不影响视觉，折线图和簇状柱形图等只需要将图例移至右侧，便可大大提升可视度**。实际操作中请自行移动并确认。

图例的位置变更，参看以下步骤。

● **移动图例的位置**

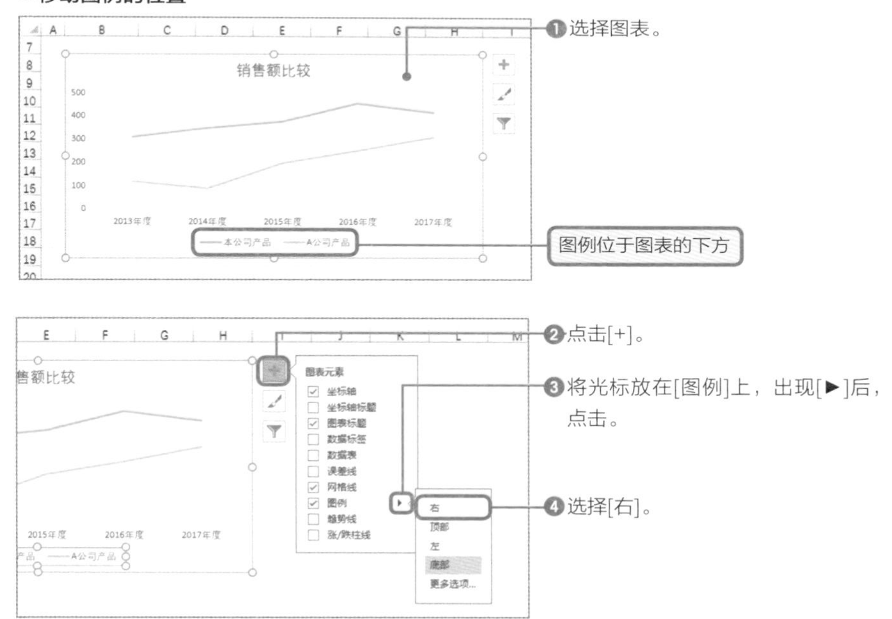

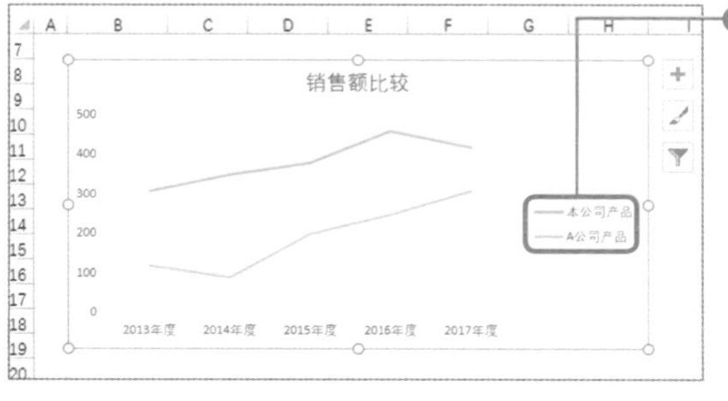

❺图例移至图表右侧。移动后，将图例调整到与图表不重合的位置。

相关内容 图表的基本操作→p.260 掌握基础用色，迅速提升图表魅力值→p.267

好懂好看的
图表有原因

5个技巧，“普通图表”变身“优质图表”

让Excel的图表更具可视性

使用Excel图表的默认设置，虽然生成的图表质量差但也能满足需要，因此很少有人想到提高它的品质。这就是一个盲区。大多数人都使用默认设置制作“**差不多的图表**”，这时如果有人能制作出“**更好的图表**”，一定可以脱颖而出。

但是，如果制作高质量的图表需要花费很长时间，就没有意义了。这里，为大家介绍几种可以改善图表质量的技巧，最长不过花费几分钟，熟练后几秒即可完成。另外，前面介绍过的“图表配色”（p.267）和“活用数据标签”（p.272），在本节不再赘述。

● 普通图表与高质图表

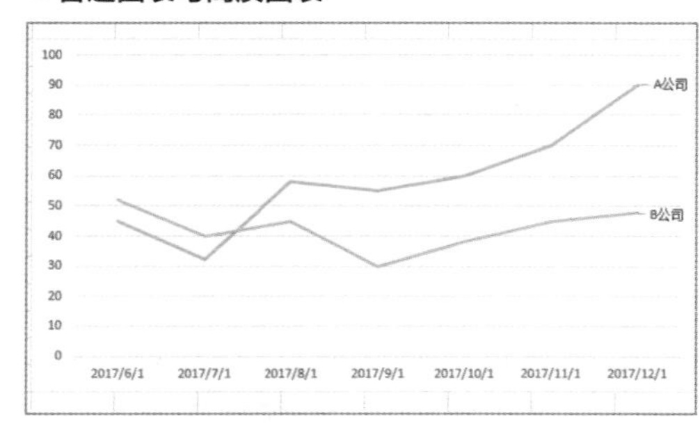

除颜色和数据标签外，均使用Excel默认设置。不是绝对不好懂，但是边框过多，文字又小，有很多可以改善的地方。

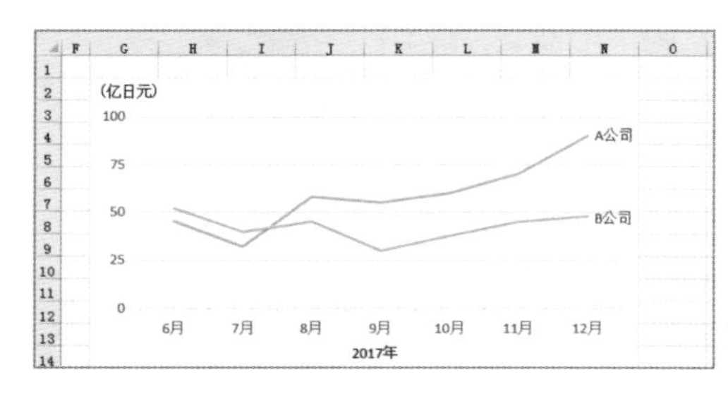

改善后的图表。整体调大字号，追加单位与年度。同时，去掉不必要的刻度线，提高图表的可视性。

要点❶ 加大字号

Excel的默认设置中，图表上的文字字号太小，建议将字号加大设为**12~14**。一般，将图表标题字号设为14，数据标签和图例设为12左右。

执行以下操作更改图表字号。

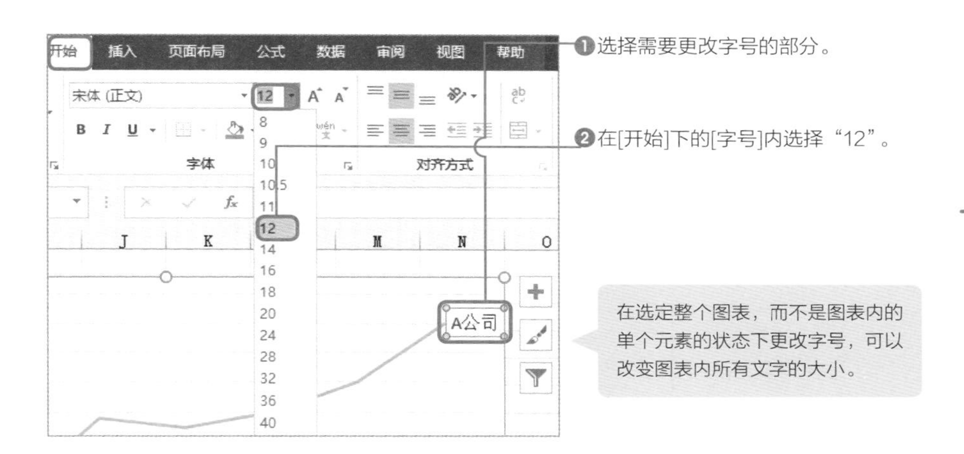

要点❷ 让斜向显示的数据标签更好看

轴标签上的文字数量过多，无法整齐排列文字时，Excel会自动将文字斜向放置。被斜向放置的文字看起来有些费劲，所以尽量避免这种情况发生。轴标签是**日期**时最容易出现这种情况。

当日期被斜向放置时，按以下步骤操作，将日期设置为仅显示月份，年度统一显示在图表下方。

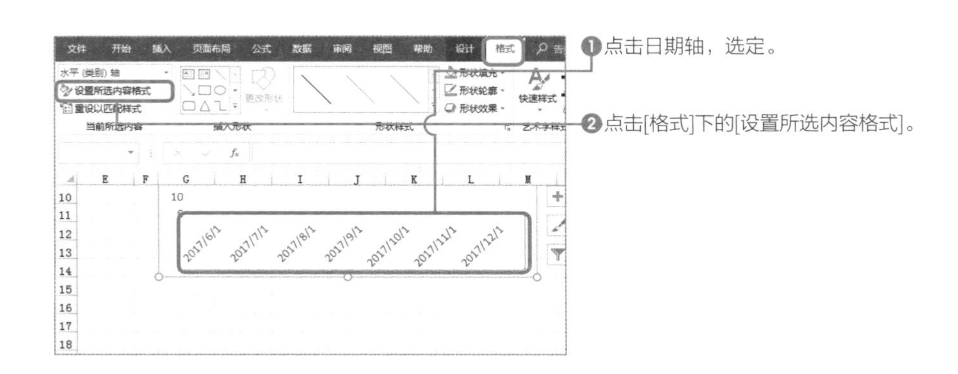

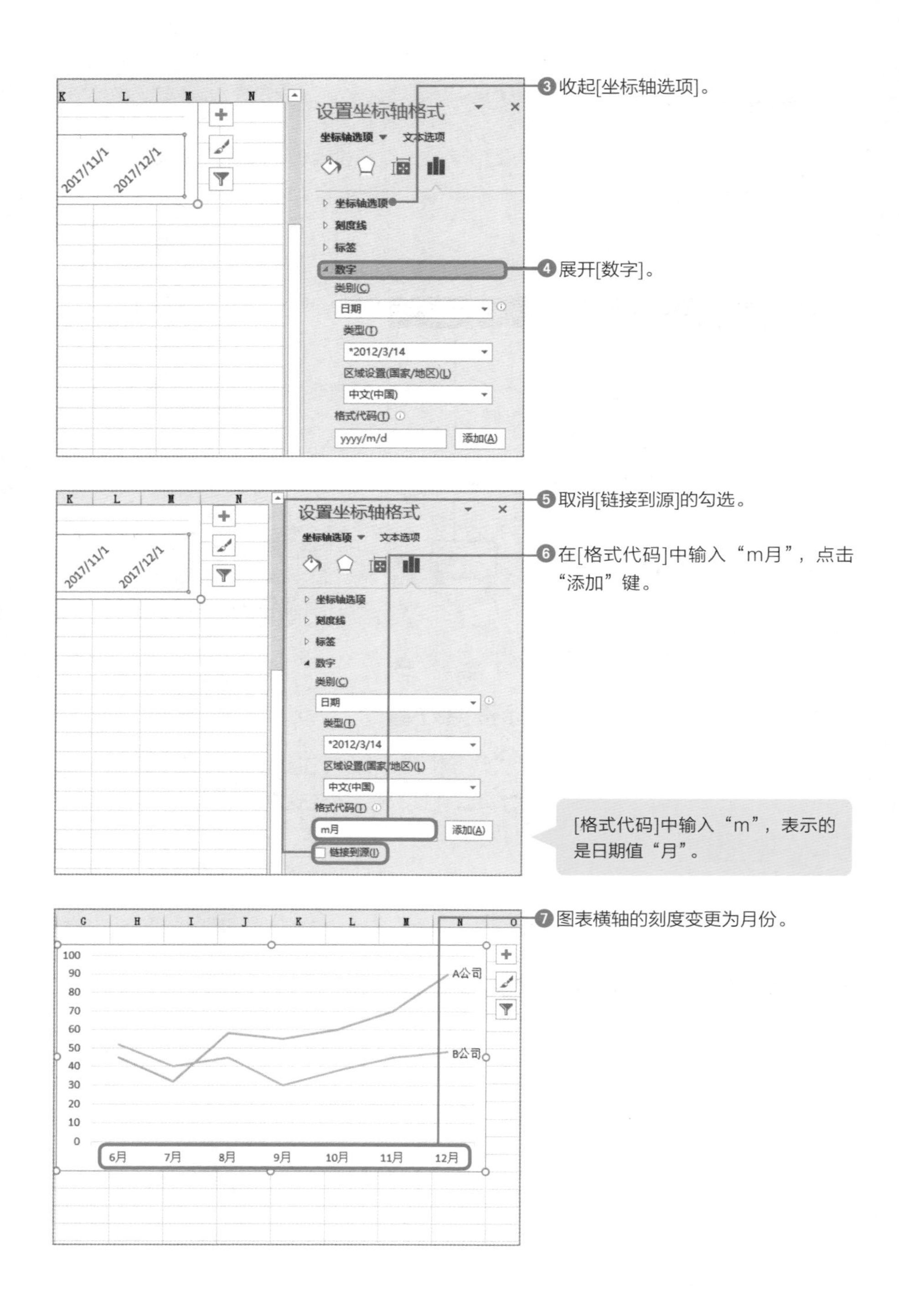

③收起[坐标轴选项]。
④展开[数字]。
⑤取消[链接到源]的勾选。
⑥在[格式代码]中输入“m月”，点击“添加”键。
[格式代码]中输入“m”，表示的是日期值“月”。
⑦图表横轴的刻度变更为月份。
设置坐标轴格式
坐标轴选项
文本选项
刻度线
标签
数字
类别(C)
日期
类型(T)
*2012/3/14
区域设置(国家/地区)(L)
中文(中国)
格式代码(T)
yyyy/m/d
添加(A)
m月
链接到源(I)
A公司
B公司
6月
7月
8月
9月
10月
11月
12月

为轴标签添加“年”的操作步骤如下。

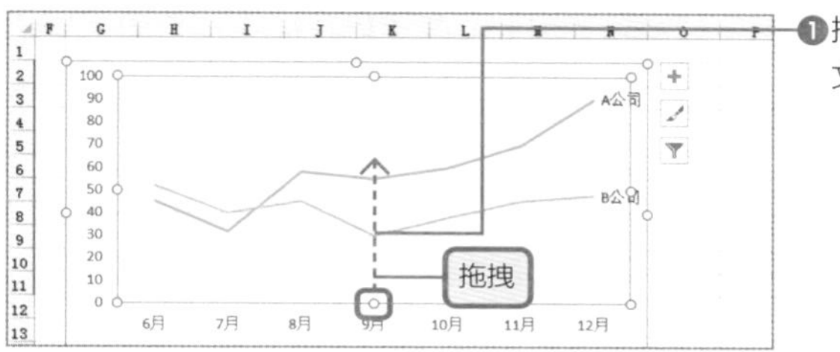

❶拖拽缩小图形部分，在图表下方输入文本。

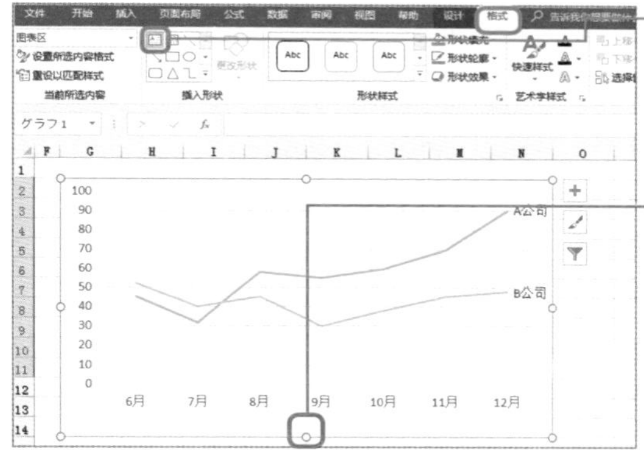

❷在[格式]的[插入形状]区域点击[文本框]。

❸点击想要输入文本的地方。

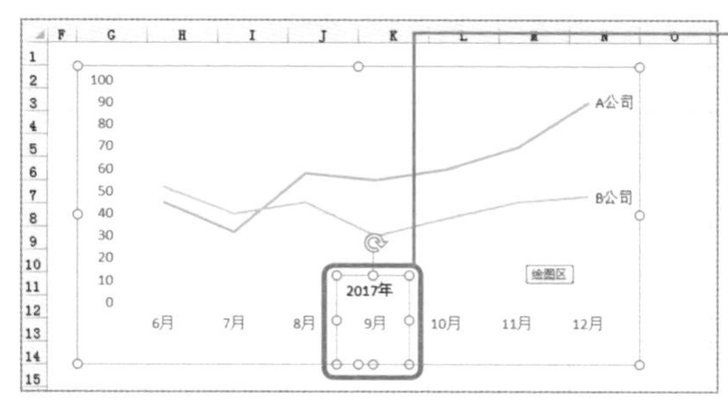

❹出现文本框，输入“2017年”，调整大小。

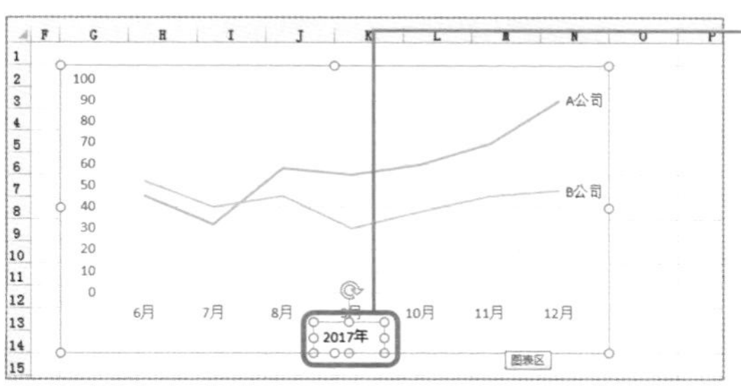

❺拖拽文本框，调整位置。

要点❸ 在数据轴上标注单位

Excel图表没有显示轴上计量单位的功能。因此，图表制作完成后，为了能快速理解图表上的数值表示的是什么，**建议在轴的上方设置文本框，标明单位**。只需标清单位，图表的可视度再上一个台阶。

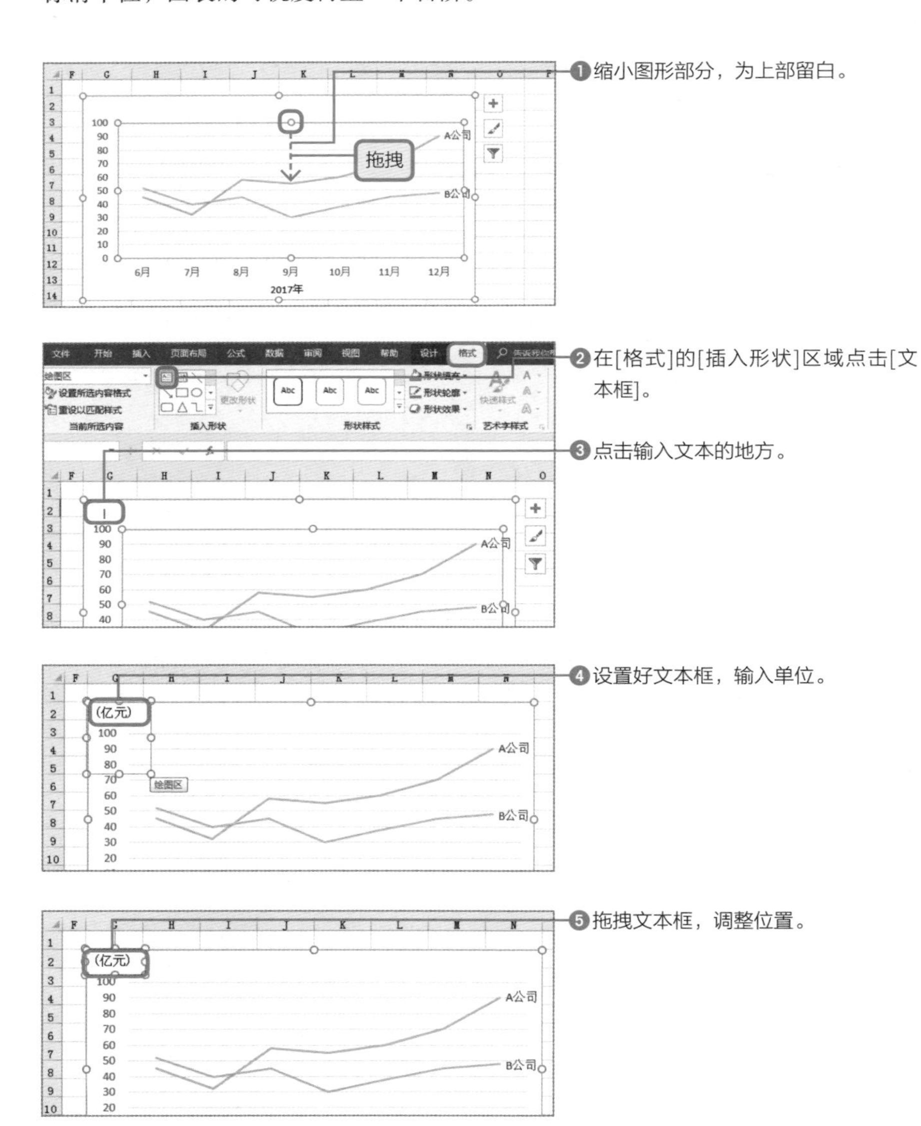

要点❹ 刻度线减至3～4个

默认状态下，图表刻度线过多，影响视觉。图表制成后，将刻度单位按"500"、"250"、"100"等可满足需要的最小值重新设置。

按以下步骤操作减少刻度线。

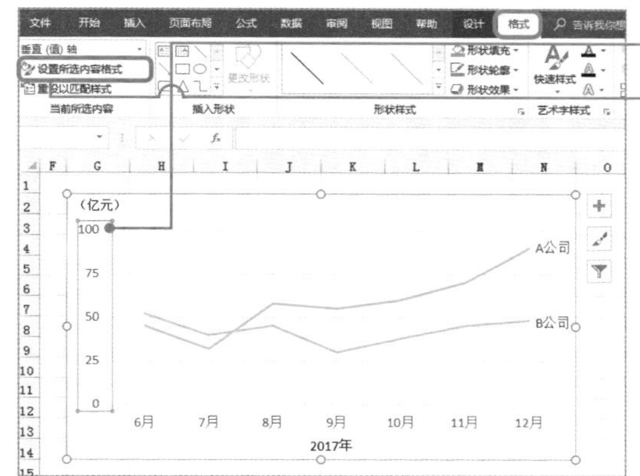

❶点击数值轴，选定。

❷点击[格式]选项卡下的[设置所选内容格式]。

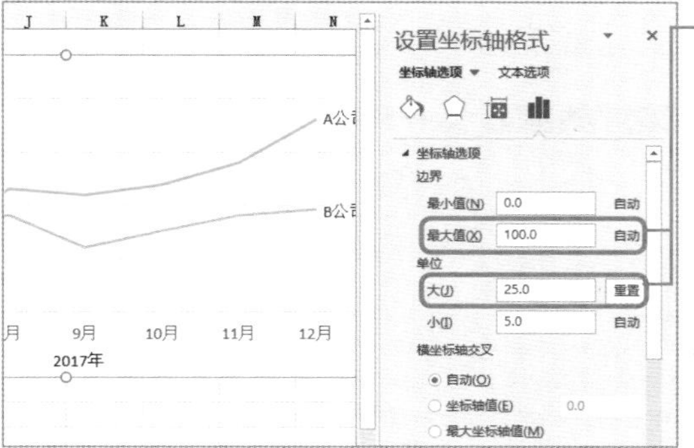

❸设置[单位]的[大]为任意数值。[最大值]的数值设置为可以被3或4整除的数值。

将位于数值轴上端的值设为小值时，在[最大值]内输入任意值。如果在[最小值]内输入任意值，数值轴的下端将显示该数值。

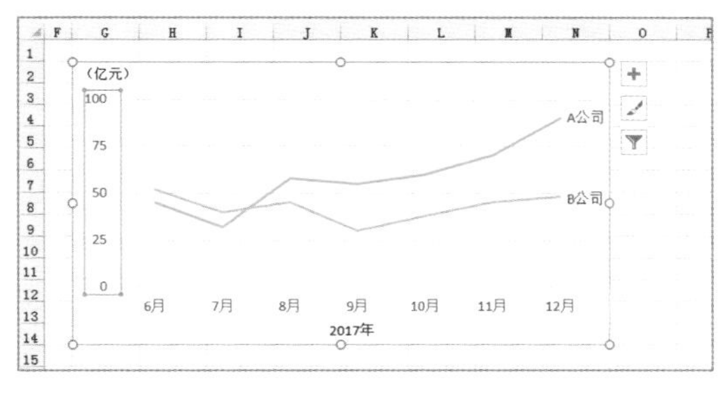

❹数值轴刻度单位变成25，刻度线减少至4个。

要点❺ 设置刻度线为细线

虽说刻度线是把握数值时的标准，但如果刻度线过于显眼，会导致整个图表看上去质量不高。因此，在能够看清的范围之内，尽量用细且浅的线来表示，给人留下清晰干练的印象。另外，Excel 2013以后的版本中，默认刻度线的颜色比较淡，可以保持原状不做修改。

按以下操作步骤更改刻度线的粗细。

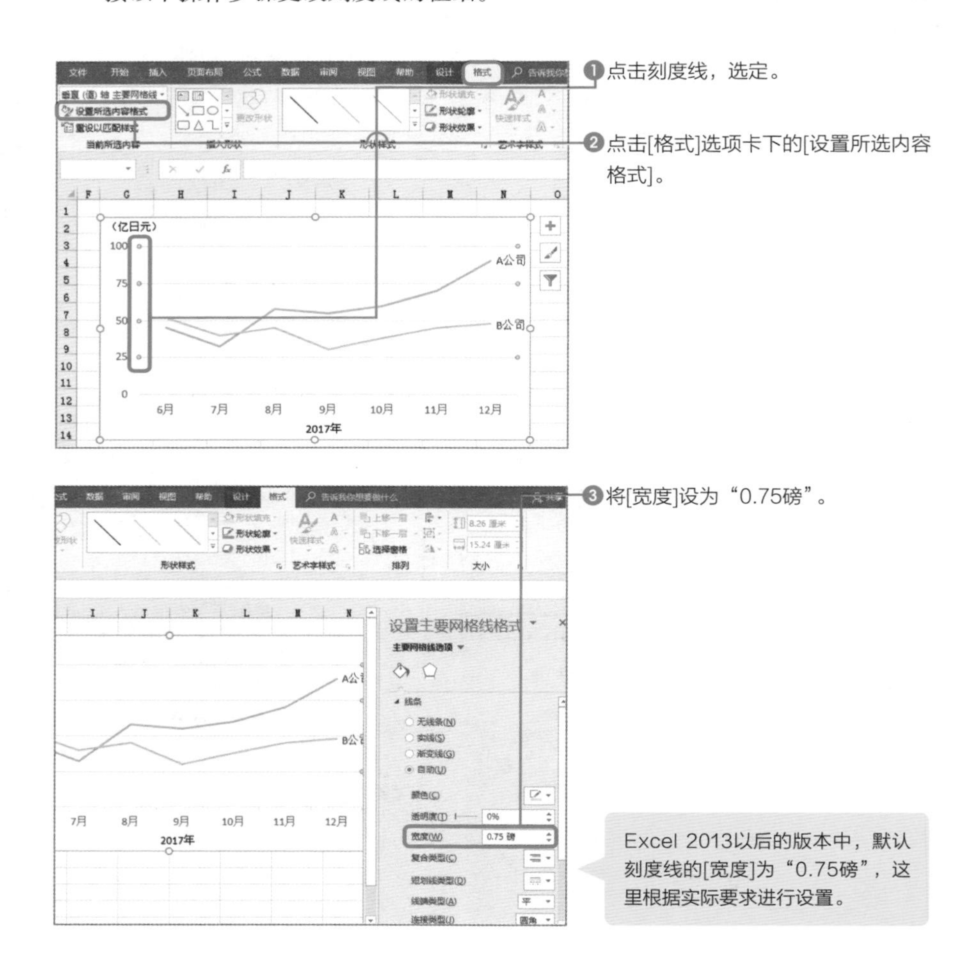

相关内容 图表的基本操作→p.260 掌握基础用色，迅速提升图表魅力值→p.267

第9章

选择最合适的图表

选择最合适的图表

实际业绩/预测数据图表选用折线图

“折线图”展示数据的时间序列走势

提到“图表”，很多人首先想到的是柱形图，但实际上在商务中使用频率最高的是**折线图**。折线图可以清晰展示“**数据走势**”。制作文件资料时，如果犹豫选择哪种图表，先试试折线图。

● **通过折线图查看销售额的走势**

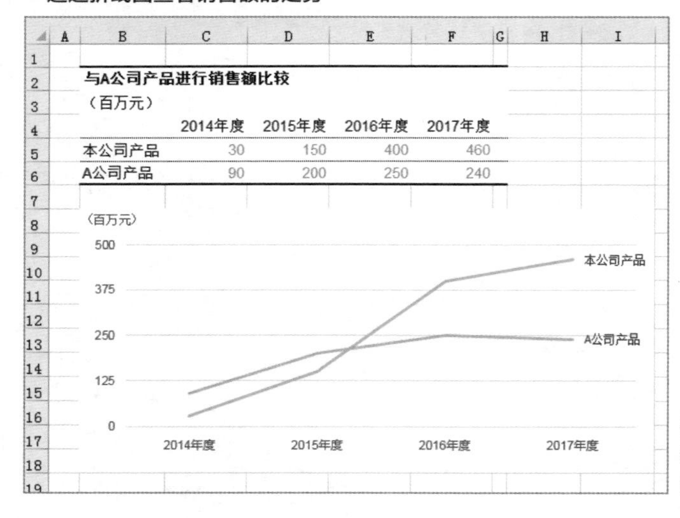

与A公司产品进行销售额比较

（百万元）

	2014年度	2015年度	2016年度	2017年度
本公司产品	30	150	400	460
A公司产品	90	200	250	240

使用折线图，可以观察销售额的时间序列走势，一眼便能看出业绩好坏。

Excel自带6种折线图，区别在于有无数据标记和堆积等。**一般情况下，最简单的折线图的利用率较高**。

● 折线图的种类

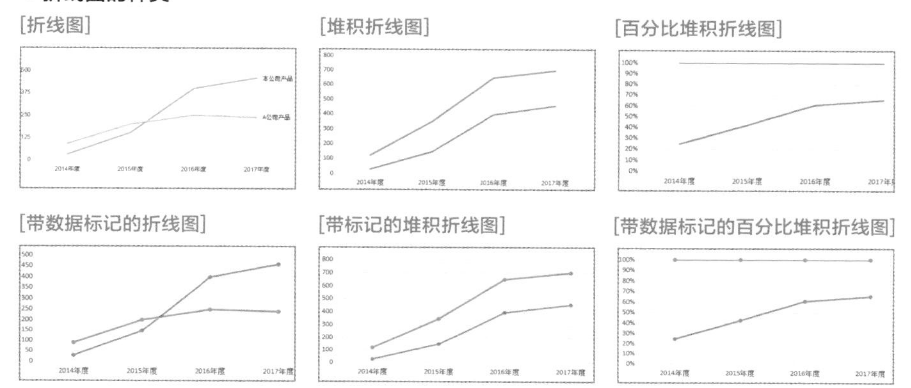

“单一时间点上的数据”无法生成折线图

折线图是“**观察在几年、几个月、几天这样的连续时间内数据如何变化的图表**”。因此，只有某一个时间点的数据时，无法生成有意义的折线图。至少需要两个时期的数据才可以。

● 无法生成折线图的数据

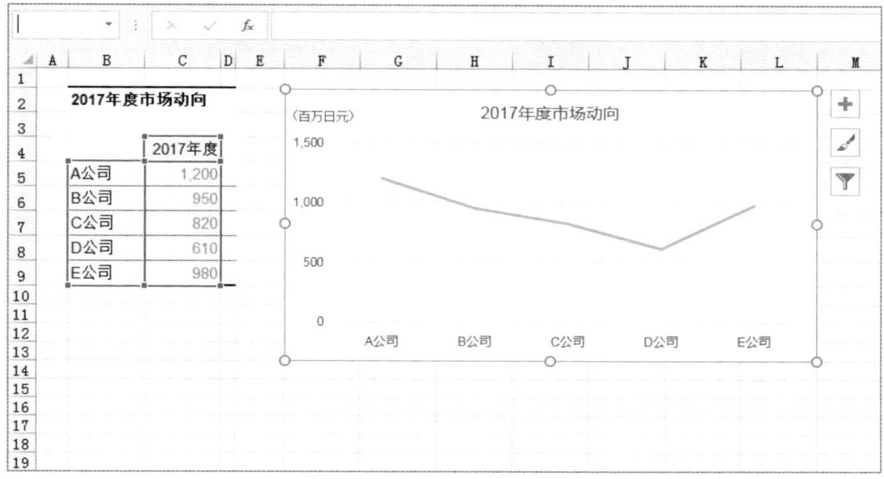

用5个公司的数据生成的折线图也没有任何意义。这种情况下应该选用柱形图。要赋予折线图意义，至少需要两个时期的数据。

强调增长率时缩窄图表宽度

折线图有一个特点，**拉宽图表整体宽度时数据之间的差被弱化**（图表内线条的倾斜变缓），反之**缩窄宽度时数据之间的差被强化**（图表内线条的倾斜变陡）。

记住这个特点，制作者只需要调整图表的宽度，就可以把自己想表达的信息传达给观看的人。**不过，千万不要做过于极端或可能引起对方误解的调整**。

● 缩窄图表宽度，强调数据的差

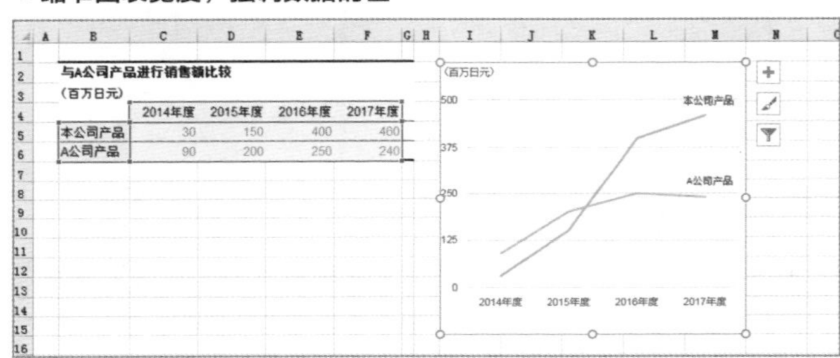

缩窄宽度后数据之间的差比原图表（p.284）更明显。调整后的图表中，销售额呈快速增长态势。

将实际业绩和预测数据放在一条线上

制作年度实际业绩的走势折线图时，如果想在**中途插入预测数据**（尚不确定的数据），需要在制作数据上下些功夫。如果不做任何处理，一旦将实际业绩和预测数据放入同一个表中，就会出现像下图一样的情况，线条颜色相同，难以分清哪部分是实际业绩，哪部分是预测数据。

● 图表中实际业绩和预测数据的分界线不明

将实际业绩数据（2016年）和预测数据（2017年）放入同一行中，生成的图表中的线段颜色相同，数据的分界线不清。

把实际业绩和预测数据放在一个折线图上时，**“实际业绩用橙色，预测数据用淡蓝色”**，这样设置的话，无论是谁马上就能明白区别。在Excel中，按以下操作步骤制作如下折线图。

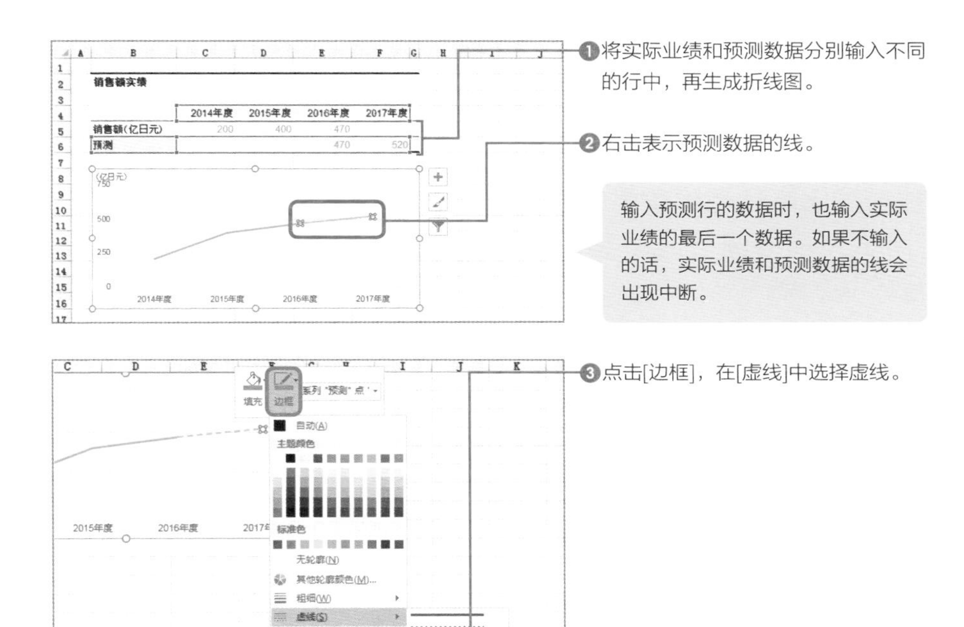

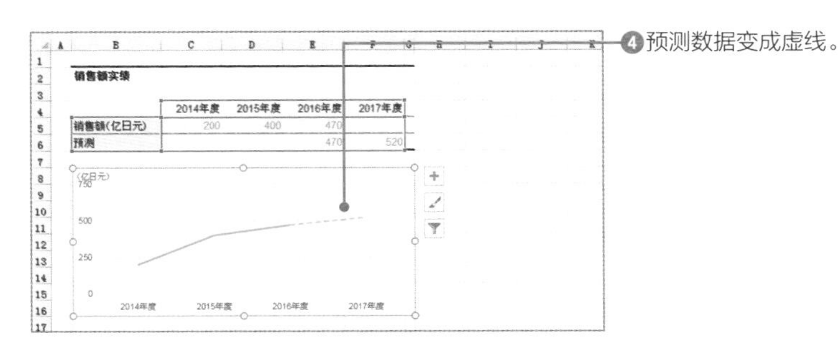

这也很重要!

多个数据的实绩和预测

用上述技巧，可以把A公司实绩和预测、B公司实绩和预测、C公司实绩和预测等多个数据的实绩和预测放在一个折线图上。操作技巧本身很简单，只要有想法，就可以快速制作出高级的图表。

相关内容　图表的基本操作→p.260　掌握基础用色，迅速提升图表魅力值→p.267

选择最合适的图表

展示现状时选用“柱形图”

柱形图比折线图更适用的情况

前一节中介绍的折线图，按时间顺序展示数据的变化，强调“**比之前高还是低**”。这是折线图的优点之一，但有时候不是要和之前的数据作比较，而是想展示数据的现状。

例如，想展示“所占份额位列No.1”时，如果使用折线图，可能会出现观看的人不经意间将注意力放在之前的数据上的情况，“呀呀，去年和前年才第3”。

像本例中，希望关注“现状”时，不要使用折线图而是使用**柱形图**。柱形图，没有过去的数据也可以生成，适合用在仅展示现在状况的情况下（也可以同时记录下采用时间序的过去的数据）。

● **根据是展示走势，还是展示当下的情况选择图表种类**

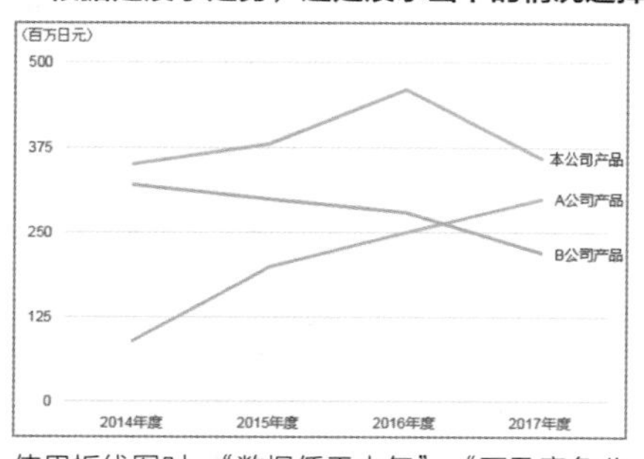

使用折线图时，“数据低于去年”、“不及竞争公司”等情况也变得明显。

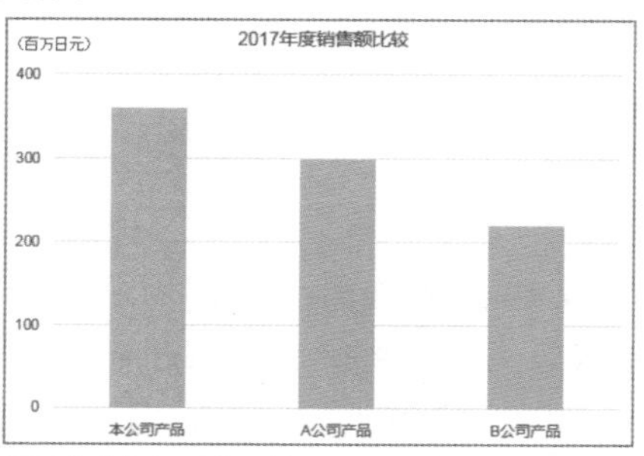

相同的数据如果使用柱形图，只比较2017年度的销售额，可以展示出本公司的优势。

按照以下操作步骤制作柱形图。

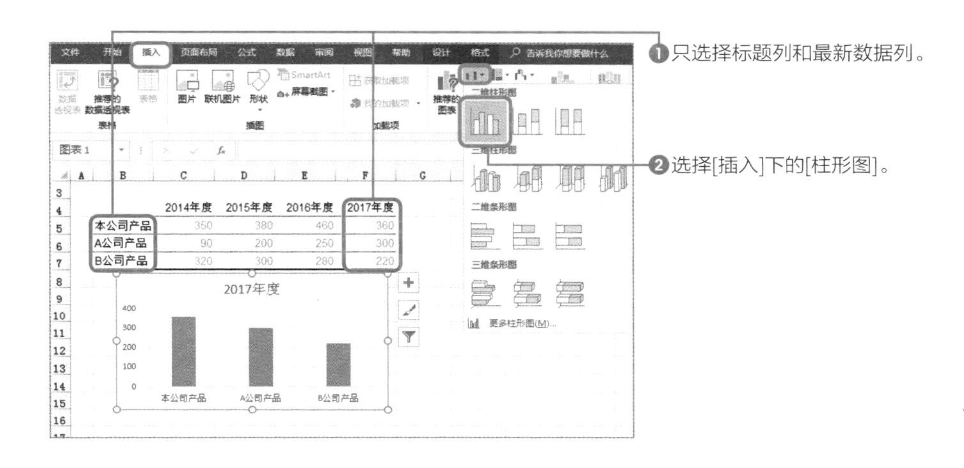

设置“间隙宽度”加粗数据柱

默认设置下生成的柱形图中，数据柱间隙较大，柱较细。改变它的粗细时，点击**[设置所选内容格式]→[间隙宽度]**。降低[间隙宽度]的%值，间隙缩小，数据柱加粗。数据柱加粗，可以给人留下更牢靠的印象。

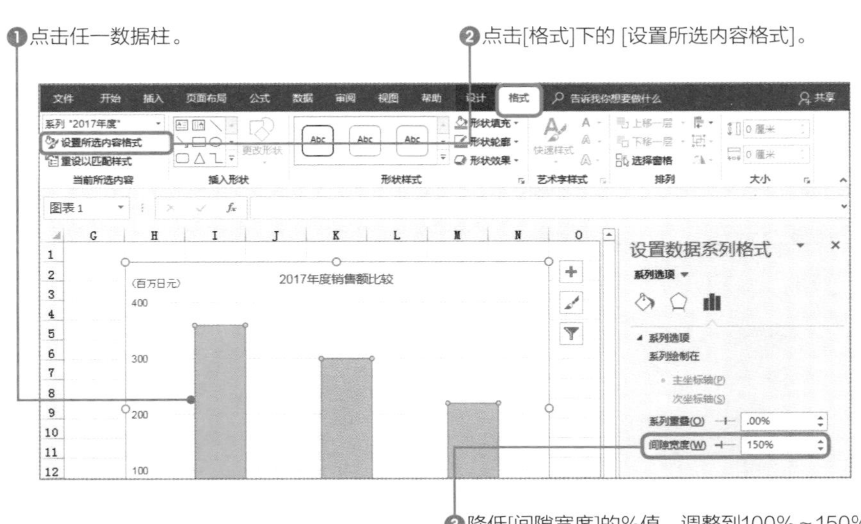

选择最合适的图表

调整竖轴刻度，改变图表印象

调整竖轴，强调“差”别

在柱形图中，竖轴（数值轴）的设置不同，整体图表的印象会有很大不同。通常，原数据全部为正值时，竖轴的最小值为0，最大值是比数据中的最大值略大的一个数值。例如，数据的最大值是320万元时，竖轴的最大值是在400万元左右。

但是，在这种普通的柱形图中，相互比较的数据之间的差值如果不大，各数据柱的高度区别也不大。

数据之间的差值虽然不大，却也想强调差别时，提高竖轴的最小值，缩小竖轴的刻度范围。

例如，把竖轴的刻度范围从默认的0～400改成200～350。数据柱的下半部分被删除，上半部分被拉长，数据之间的差别变得明显。

● **改变竖轴上值的范围后，图表发生很大变化**

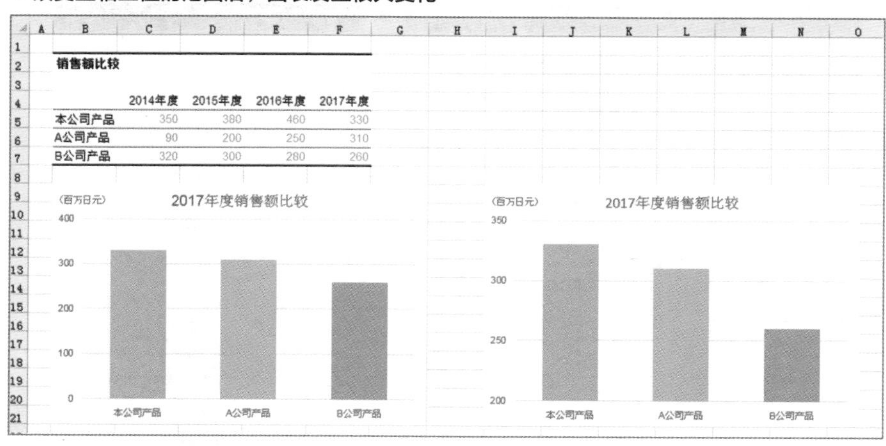
销售额比较

	2014年度	2015年度	2016年度	2017年度
本公司产品	350	380	460	330
A公司产品	90	200	250	310
B公司产品	320	300	280	260

同样的数据，之间的差值在竖轴值是200～350的图表中比在0～400的图表中更明显。

稍有差池便是欺诈，谨慎使用

调整竖轴的技巧虽然非常实用，但也不是可以用在所有场合。**如果用错地方，可能会引起客户的误解，弄巧成拙的话甚至会被当作是有欺诈性质的资料**。所以，大家在使用时一定要小心。

例如，即使这个做法可以用在介绍商品的销售专用资料中，但是在进行正式的数据分析时未必可取。这些操作可能会误导看资料的人，无法做出正确的判断，导致得出错误的结论。无论对图表做怎样的调整，都要注意，不要只考虑如何展示对自己有利，更重要的是站在对方的立场上想问题，并充分考虑图表的用途和目的。切记这一点。

设置柱形图的竖轴

调整时一边留意不要影响图表的视觉效果，一边修改轴的刻度单位。具体操作步骤如下。

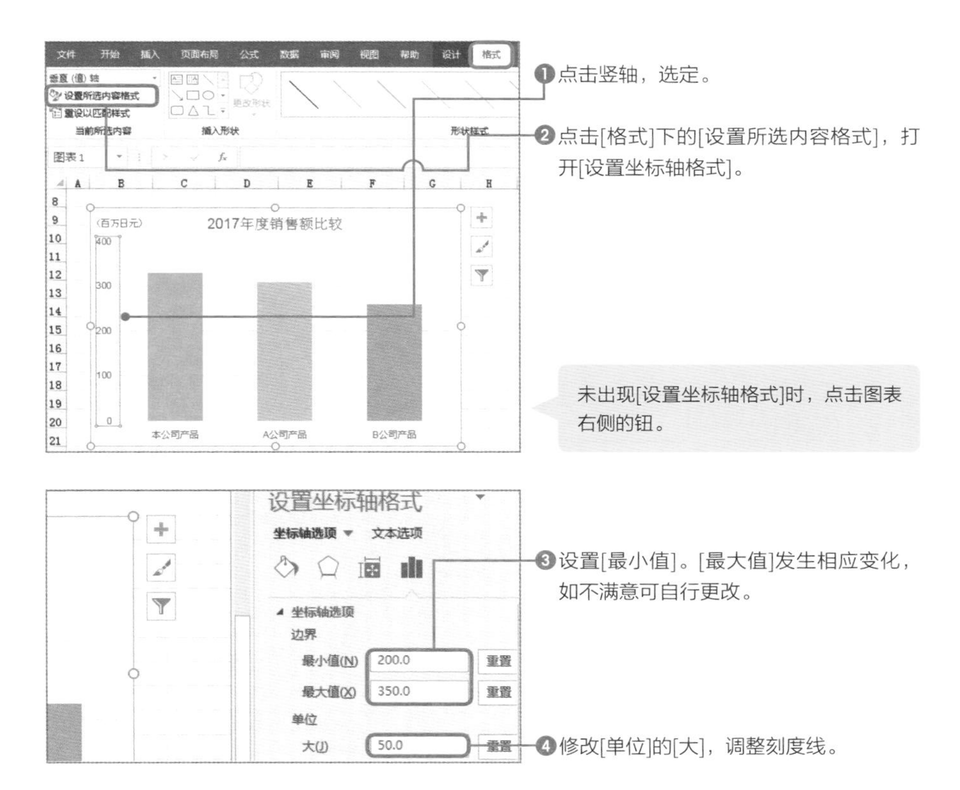

相关内容　图表的基本操作→p.260　柱形图的制作方法→p.288　条形图的用法→p.292

选择最合适的图表

与排名相关的数据适用“条形图”

条形图可以完整显示长标签

条形图，容易给人留下“**是横向放置的柱形图**”的印象。但它其实是适用于很多商务场合的非常好的一种图表。

条形图的最大的特点，是可以显示较长项目名称的全称。同时，即使项目很多，也不会影响视觉效果。所以，项目名称较长（或者长度不一）的数据、项目较多的数据，最适合用条形图展示。

刚开始时不好判断什么样的数据适用条形图，这时可以先生成柱形图，柱形图的视觉效果不好时，不要犹豫再试一试条形图。与排名等相关的数据，毫无疑问，条形图更好懂。

● **柱形图和条形图的区别**

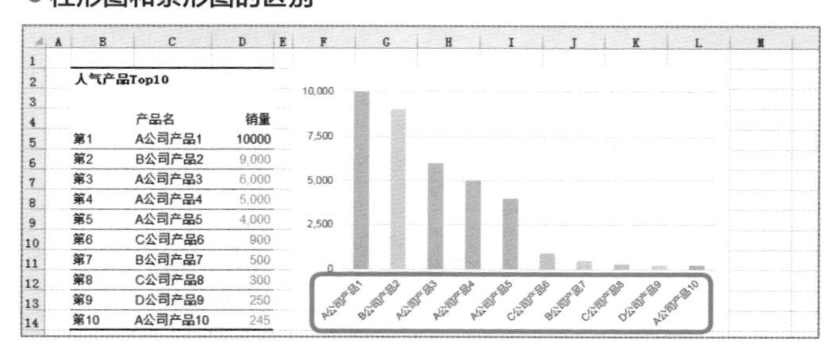

人气产品Top10

	产品名	销量
第1	A公司产品1	10000
第2	B公司产品2	9,000
第3	A公司产品3	6,000
第4	A公司产品4	5,000
第5	A公司产品5	4,000
第6	C公司产品6	900
第7	B公司产品7	500
第8	C公司产品8	300
第9	D公司产品9	250
第10	A公司产品10	245

标签较长时，在柱形图呈斜向排列，不好看懂。为了避免这种情况发生，图表要足够宽。

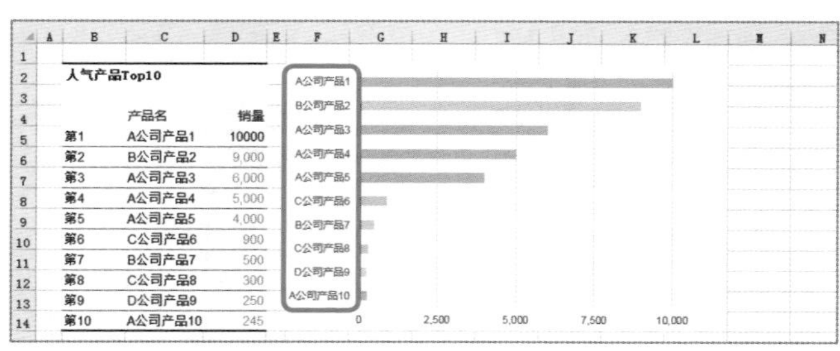

人气产品Top10

	产品名	销量
第1	A公司产品1	10000
第2	B公司产品2	9,000
第3	A公司产品3	6,000
第4	A公司产品4	5,000
第5	A公司产品5	4,000
第6	C公司产品6	900
第7	B公司产品7	500
第8	C公司产品8	300
第9	D公司产品9	250
第10	A公司产品10	245

如果是条形图，相同大小的地方足可以完全收录数据。

在条形图中选择逆序排列

制作条形图时，如果直接将表里的数据转化成图表，位于原表中最上部分的项目，会被放在图表的最下部，需要多加注意。如果需要这种效果则没有任何问题，但大多数场合下，为了让条形图的效果更好，会让竖轴呈逆序排列，再将数值轴的标签向下移动。具体操作参考以下内容。

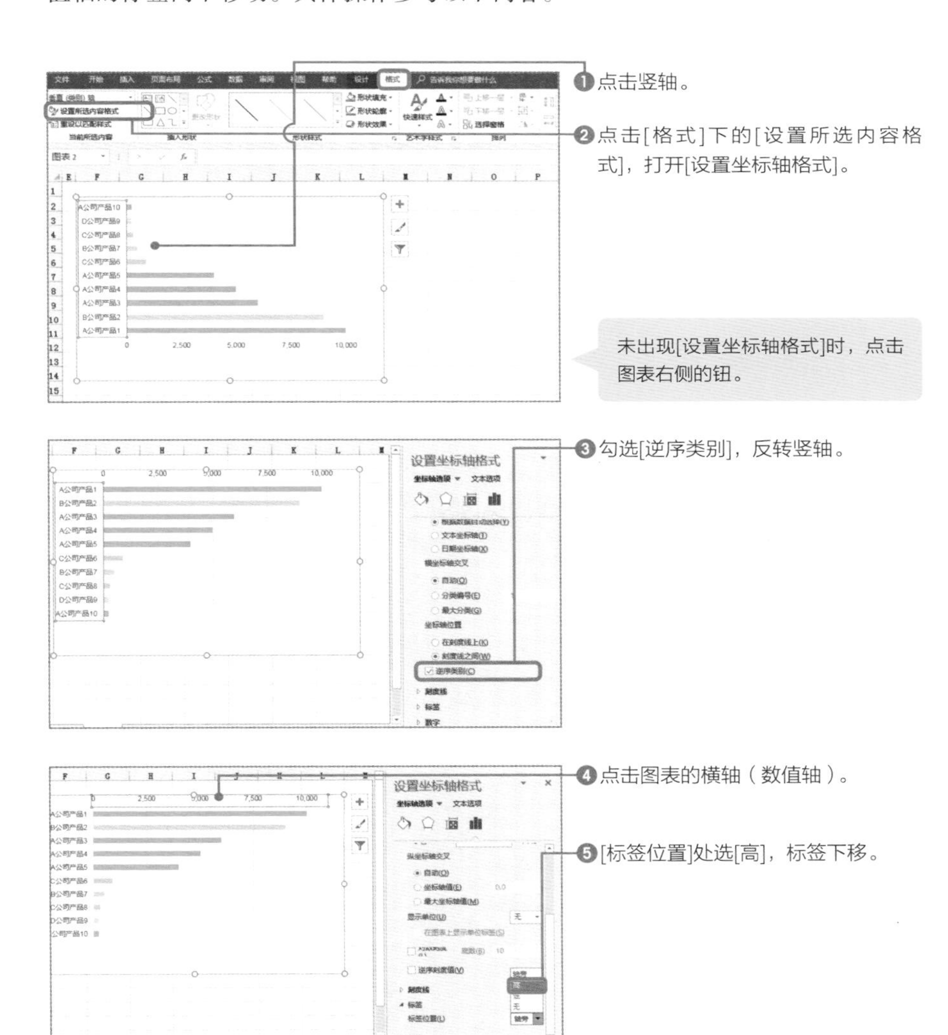

相关内容 图表的基本操作→p.260 掌握基础用色，迅速提升图表魅力值→p.267

比较各公司所占份额时用“饼图”

饼图的使用窍门

饼图，是用来表示**各要素分别占100%中的多少**的图表。能表示比例的图表还有“堆积柱形图”和“面积图”，不过，饼图是其中使用频率最高的图表。

虽然饼图图表在展示各要素所占比例方面非常好用，但对有些数据也无能为力。具体来看，把以下数据转换为图表时，需要多多注意。

- 数据种类较多
- 各数据之间的差值较小

饼图适合表示3～8种数据。如果数据有10种、20种之多，饼图内哪部分表示的是哪个数据，就会不好理解。

同时，各个数据之间差别不大时也需要注意。如果所占比例大体相同，制成饼图后，不好判断哪个值是最大值。

● 不适合用饼图的数据

数据种类过多，导致不好理解

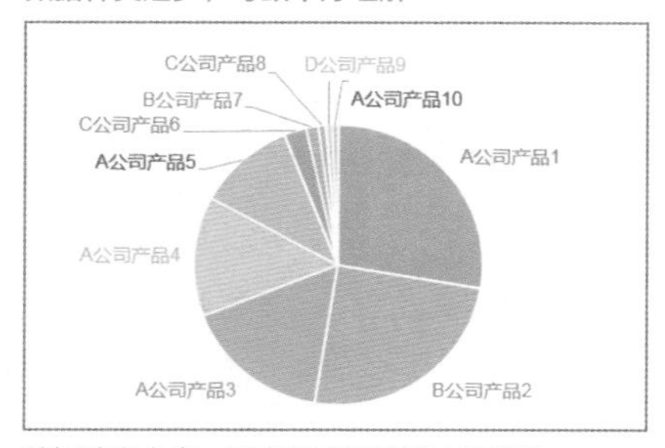

数据种类太多，不容易看清值较小的数据。

数据之间的差过小，导致不好理解

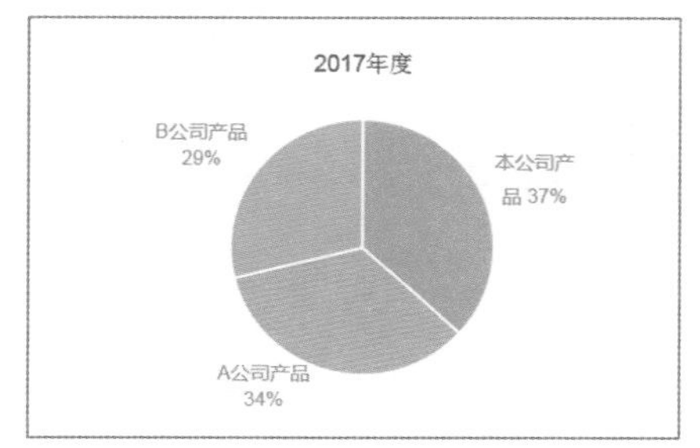

各数据之间的差很小时，不容易看出数据之间的差别。

数据种类较多时，归纳入“其他”

在饼图中，如果数据种类（项目数）太多，会不容易分清。特别是小值的地方，占的弧度短还都集中在饼图的左上部分，不好区分。标注“数据标签”时也比较费力。

数据的种类最好保持在3～8种之间，超出这个范围时试着把小值数据全部纳入“其他”。

● **把小值数据归入“其他”**

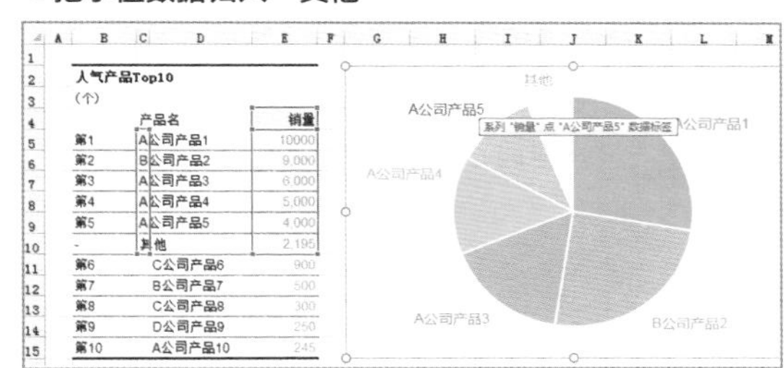

把排在最末5位的数据，统一划入“其他”类。

设置数据标签

在饼图中，需要显示除项目名称之外的其他信息时，点击**[设置数据标签格式]**，可以选择显示“值”、“百分比”、连接标签和圆弧的“引导线”等。

● **设置数据标签格式**

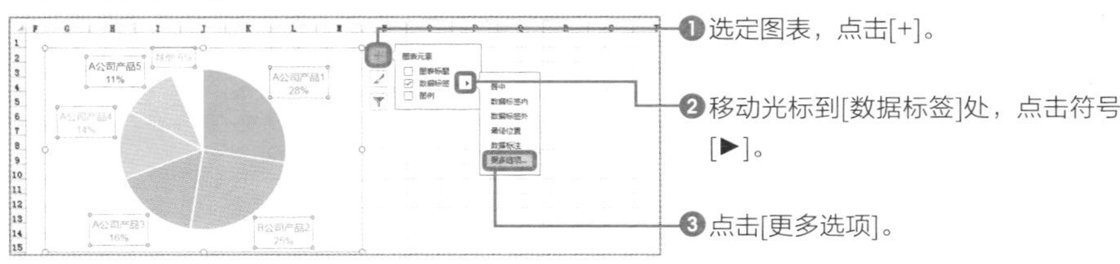

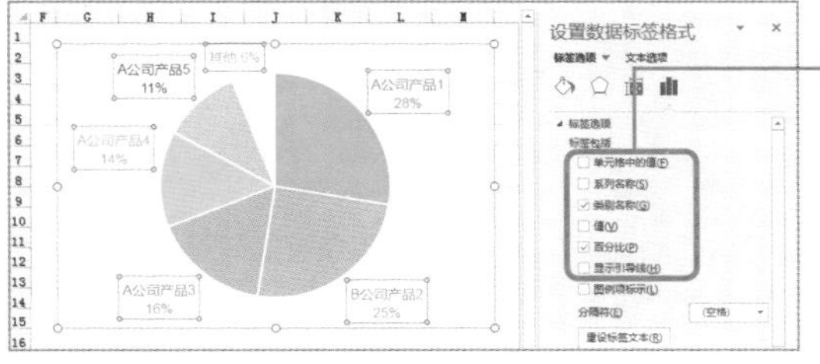

❹勾选想显示的项目，饼图中出现数据标签。

相关内容　掌握基础用色，迅速提升图表魅力值→p.267　制作图表的5个技巧→p.276

选择最合适的图表

展示增长率要因的“堆积柱形图”

将国内和国外的销售额图表化

堆积柱形图，是将**各项目的数据柱纵向叠加的**一种图表。叠加后的整体柱长表示该项目的合计值，所以在这个图表里既可以看到各项目的值，也可以看到各项目的合计值。例如，将国内和国外的销售额制成堆积柱形图后，各自的增长率和各自的合计增长率显示在同一个图表中。

● **堆积柱形图的特点**

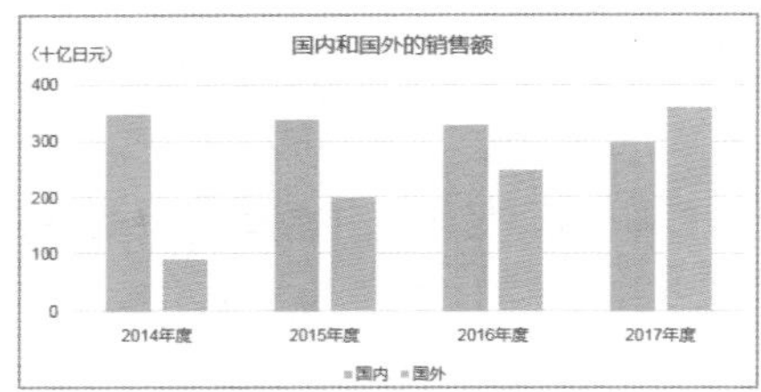

在簇状柱形图里，可以显示各项的销售额走势，但无法显示合计值的走势。

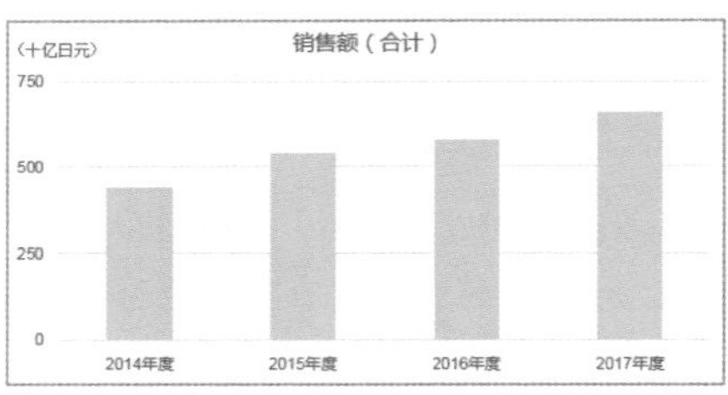

在表示合计值的柱形图里，看不出国内・国外的比率。

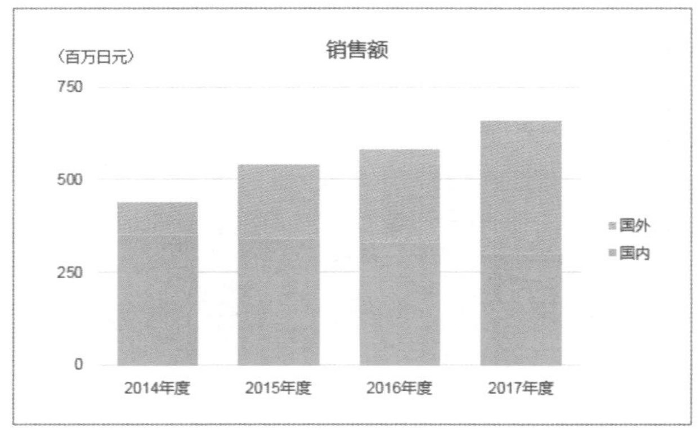

使用堆积柱形图，可以一次性查看各项的销售额走势和合计值的走势。

添加系列线

在堆积柱形图中，想要更清楚明白地表示各项目的走势时，设置“**系列线**”。设置系列线的操作如下。

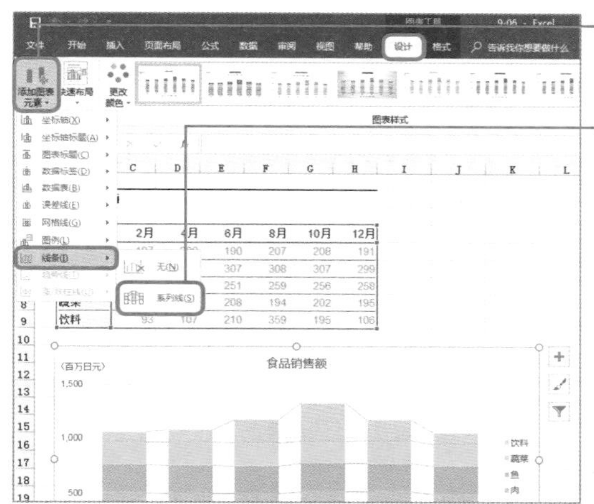

❶选定图表，点击[设计]下的[添加图表元素]。

❷选择[线条]→[系列线]。

系列线也可以用在堆积条形图上。

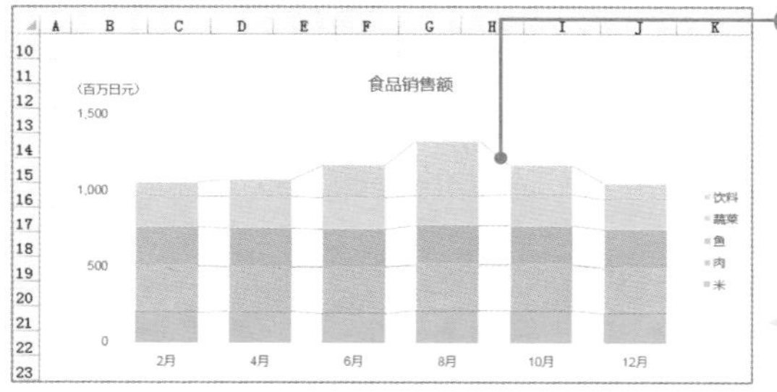

❸给堆积柱形图添加系列线。

如果想删除系列线时，点击[线条]→[无]。

这也很重要!

在堆积柱形图中显示季节因素

表示“因季节产生的变动” 因素时，经常用到堆积柱形图。商品的销售额和利润随季节变化有较大变动时（例如，夏季饮品的销售额等），使用堆积柱形图可以同时查看整体销售额。

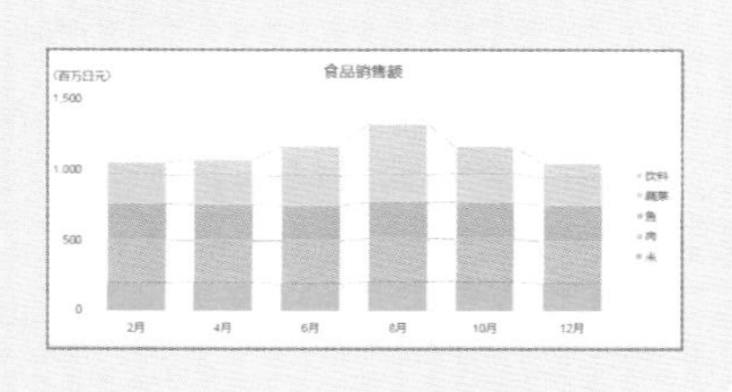

【推荐！】在数据柱上部显示全体合计

Excel生成的堆积柱形图的默认设置中，并不显示各项的**全体合计值的数值**。但是，考虑到显示合计值的数值更利于进行比较，能增加图表的好懂性，因此除非有特别的理由，还是推荐显示合计值的数值。

要在堆积柱形图里显示全体的合计值的数值，操作稍显复杂。操作步骤如下。关键是“**制作含合计值数值的图表**”。

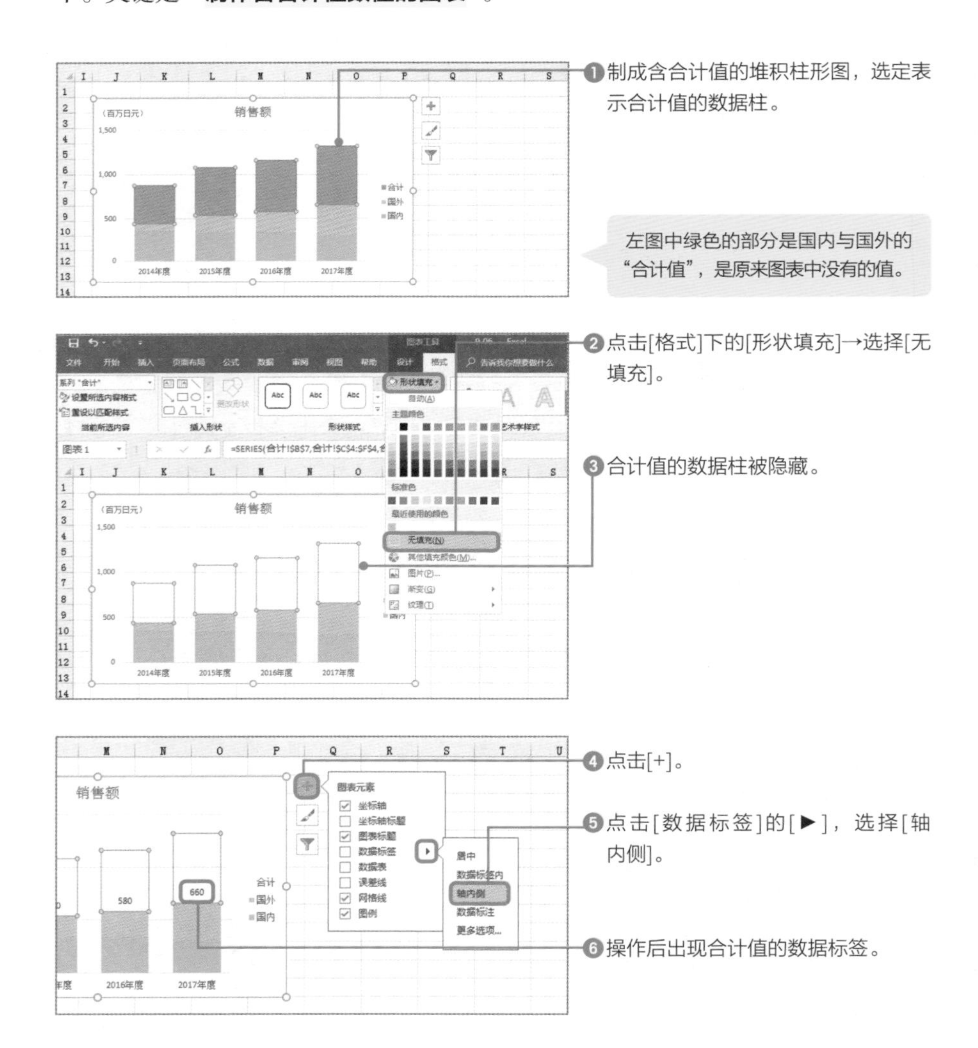

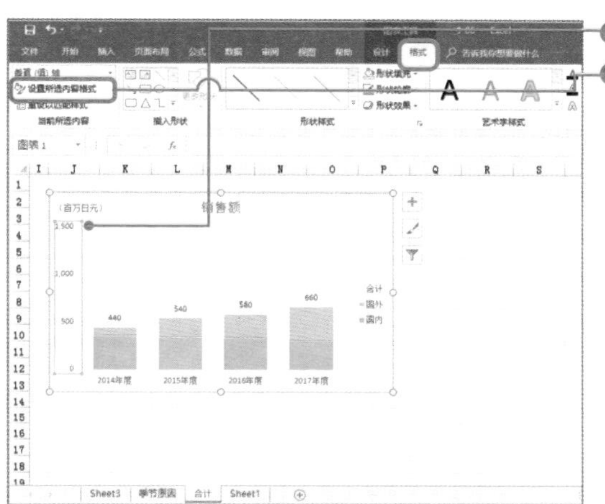

⑦点击竖轴。

⑧点击[格式]选项下的[设置所选内容格式]。

⑨修改竖轴的[最大值]和[单位]，将删除合计值后的图表调整到最佳大小。

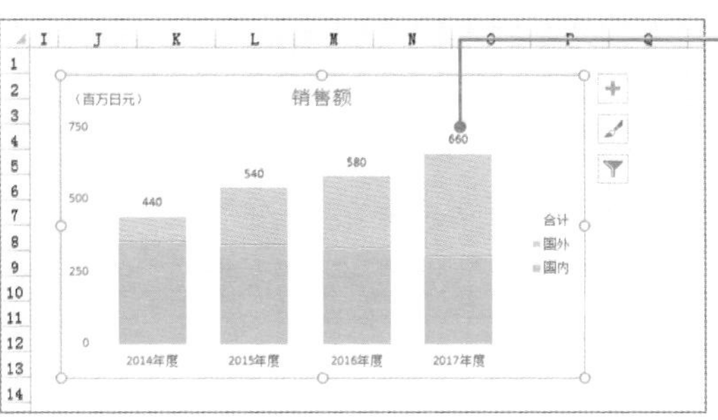

⑩堆积柱形图中显示合计值数值。

相关内容　图表的基本操作→p.260　掌握基础用色，迅速提升图表魅力值→p.267

选择最合适的图表

最适合查看比例变化走势的图表

“百分比堆积柱形图”的特点

百分比堆积柱形图是柱形图的一种。**它将数据柱整体当作100%，分别调整构成数据柱的各个数据部分的高度**，竖轴的单位是“%”。

这种图表最大的特点，是可以同时**查看详细内容和走势**。通过观察各个数据柱可以查看“**各项在该数据柱整体中所占的比例**”，通过对所有数据柱进行比较可以确认“**哪一项所占比例增加，哪一项减少**”。所以，如果不是比较绝对值，而是查看所占比例的变化走势时，百分比堆积柱形图是最好的选择。

●“堆积柱形图”和“百分比堆积柱形图”的区别

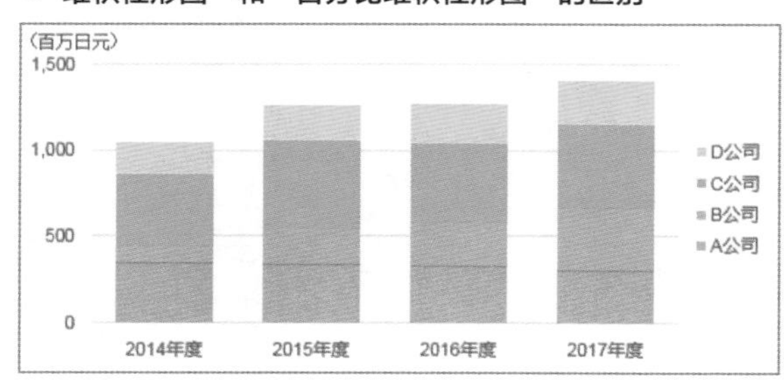

堆积柱形图，相比展示各项中各个值所占的比例，更加侧重展示整体的走势。

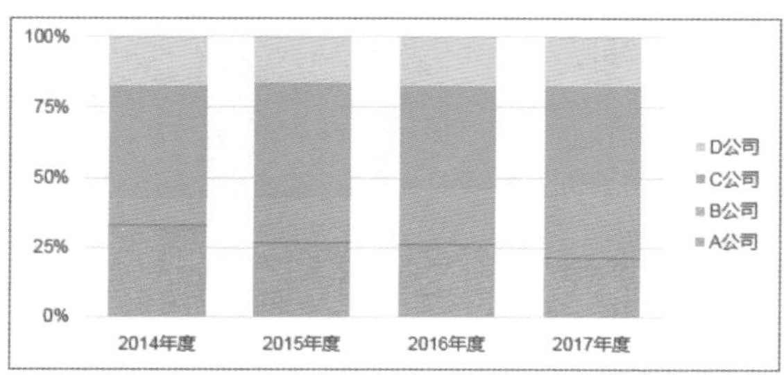

观察百分比堆积柱形图，可以详细看出各个值所占比例是如何变化的。

用饼图显示“走势”的操作较复杂

展示各要素所占比例和比率时，很多人选择使用**饼图**。确实，饼图非常适合展示“某一时点的比例和比率”，但并**不适用于同时展示“比例和比率”与“时间的推移”**的情况。

原因在于，单个饼图无法表现时间的推移。如果要同时表现时间的推移和比率两个内容时，需要像下图一样制作多个饼图。这样，制作起来不仅费时，而且不能像百分比堆积柱形图一样横向排列各项，想比较走势情况也比较困难，所以并不推荐用饼图。需要比较多个年份的数据时，相比较饼图而言，更建议使用百分比堆积柱形图。

● **饼图不适合表现数据随时间发生的变化**

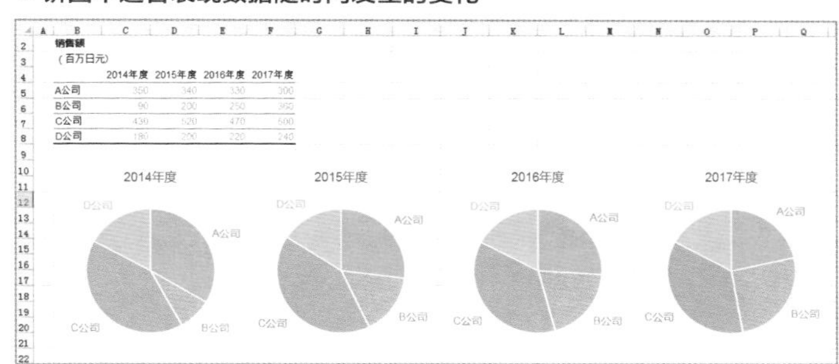

选用饼图时必须制作4个图。不仅占地方，还不好比较所占比例的变化情况。

这也很重要!

活用百分比堆积条形图

项目名称较长或需要比较的项目数较多时，使用“百分比堆积条形图”。生成条形图，较长的项目名称也可以完整显示，即使项目数增加也可以完全收纳在一个页面上。这个特点和“条形图”（p.292）完全一样，复习一下条形图的制作方法吧。另外，需要注意的是，生成的百分比堆积条形图，项目的顺序与原数据表的顺序正相反。这一点也和条形图一样。

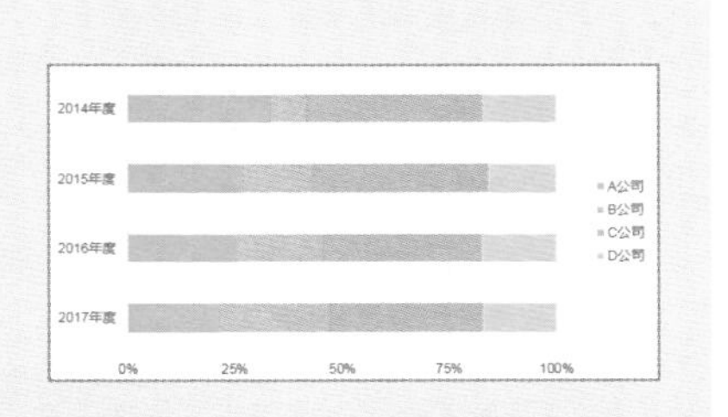

相关内容　图表的基本操作→p.260　堆积柱形图的制作→p.296

选择最合适的图表

展示市场动向时用“面积图”

图表化较长时期内的比例变化走势

面积图，是指在**折线图内部填充颜色**的图表。面积图有3种，“面积图”、“堆积面积图”和“百分比堆积面积图”。

在面积图中，线条交差部分的情况不好分辨，所以一般使用将值累加在一起表示的堆积面积图和百分比堆积面积图。

● **面积图的种类**

二维面积图

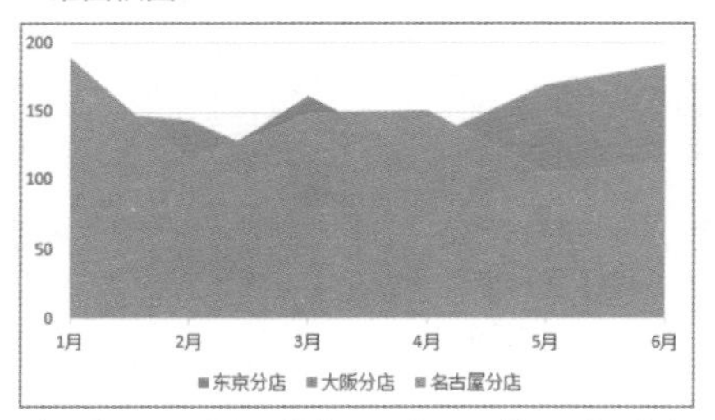

普通的面积图（二维）。因为不是堆积型，线条交差部分的情况不好确认。商务工作中不常用。

堆积面积图

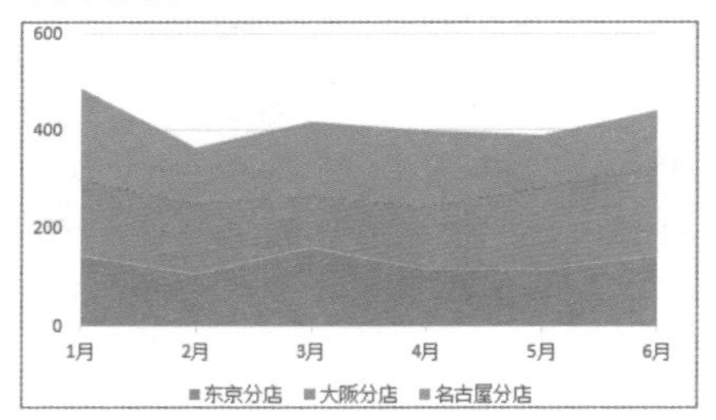

堆积面积图。各项的值被叠加，可以查看整体合计值的走势的同时，还可以确认各项所占的比例情况。

面积图主要用在“**将较长一段时期内的所占比例的变化情况图形化，展示市场动向**”等方面。适合展示如OS所占份额、智能手机和功能手机所占份额等市场动向信息。

百分比堆积面积图是基础

堆积面积图虽然有“**可以查看整体合计值的走势**”的优点，但因为图形本身有起伏，导致不好看清各个项详细的内部情况。另一方面，百分比堆积面积图有“**查看时间走势的同时，还可查看各个项的内部详情**”的特点，但无法查看合计值的内容。

掌握两种图各自的优缺点，制作图表时考虑好想展示给对方的内容，慎重选择图表种类。

● **使用百分比堆积面积图展示OS所占比例**

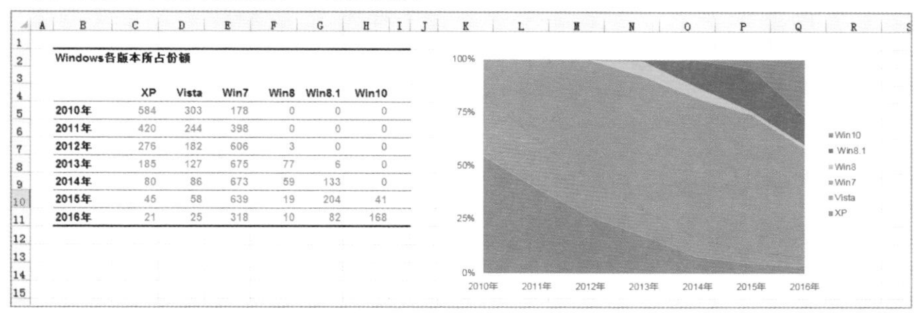

Windows各版本所占份额

	XP	Vista	Win7	Win8	Win8.1	Win10
2010年	584	303	178	0	0	0
2011年	420	244	398	0	0	0
2012年	276	182	606	3	0	0
2013年	185	127	675	77	6	0
2014年	80	86	673	59	133	0
2015年	45	58	639	19	204	41
2016年	21	25	318	10	82	168

展示市场动向时也多用百分比堆积面积图。观察这个图表，能一眼看出在2016年末，Windows7所占比例最高。

另外，在之前介绍的“堆积柱形图”（p.300）和“百分比堆积柱形图”（p.300）中，也可以同时显示时间的推移和各项的值，但这两种图表有一个共同的特点，随着数据的统计期间变长，数据柱的数量增加，视觉效果会越差。

● **百分比堆积面积图和堆积面积图的区别**

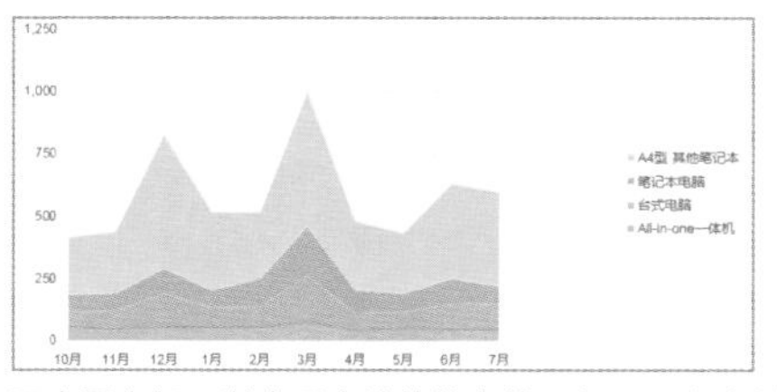

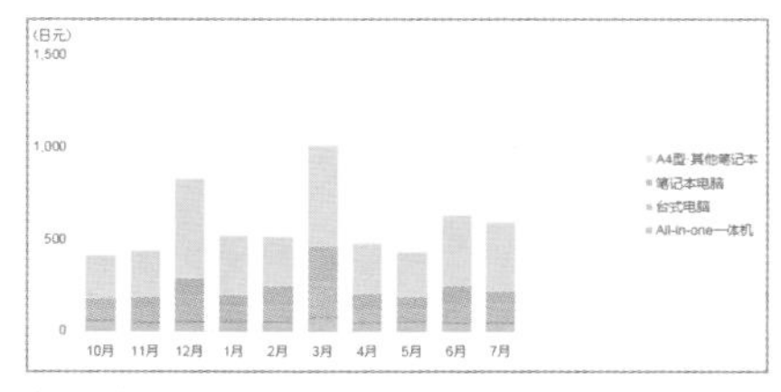

两个图表都可以查看合计值的走势和各项所占比例，但如果统计的期间较长的话，堆积柱形图中的数据柱会有所增加，观察起来较难。

相关内容　掌握基础用色，迅速提升图表魅力值→p.267　饼图的用法→p.294

COLUMN

其他的Excel图表

到目前为止，本章中共介绍了“柱形”、“拆线”、“饼形”、“面积”4种图表的做法，知道这些，基本可以应对所有的商务工作需要。与其学习各种图表的制作方法，更重要的是牢牢掌握这4种基本图表的用法。

不过，Excel中还有其他类型的图表，根据具体情况有时也会用到它们。接下来再简单介绍几种本章中未涉及却也适用于商务的图表。

● 雷达图

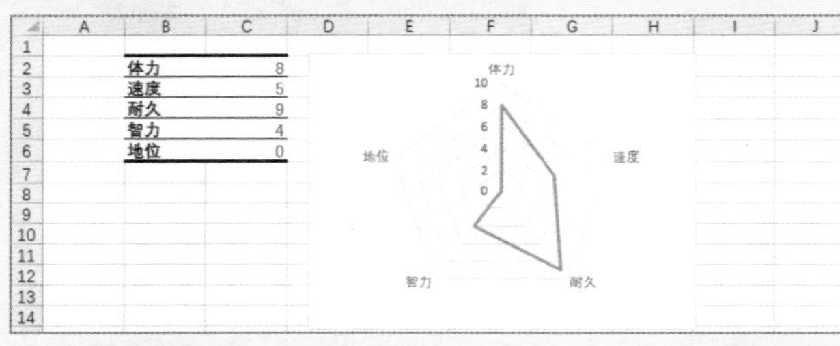

体力	8
速度	5
耐久	9
智力	4
地位	0

用来展示成绩、规格等数据，可以看出各项的优点、缺点和是否平衡。这种图在书籍和杂志中经常看到，但它并不能清楚地展示出差别和平衡等，并不推荐。

● 散点图

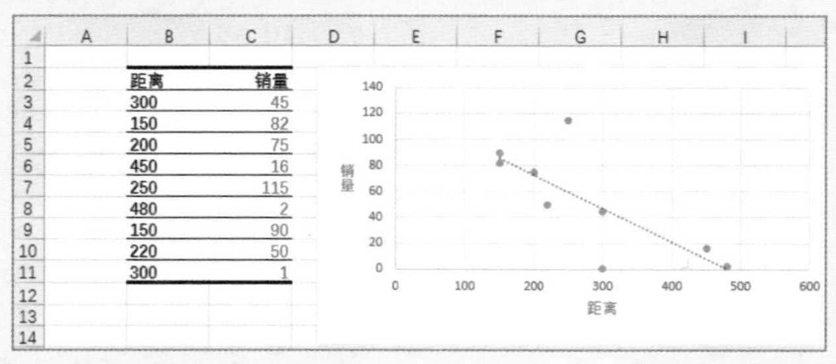

距离	销量
300	45
150	82
200	75
450	16
250	115
480	2
150	90
220	50
300	1

用于找出两个数据的相关性。另外还有用圆形来表示数据的气泡图。

● 股价图

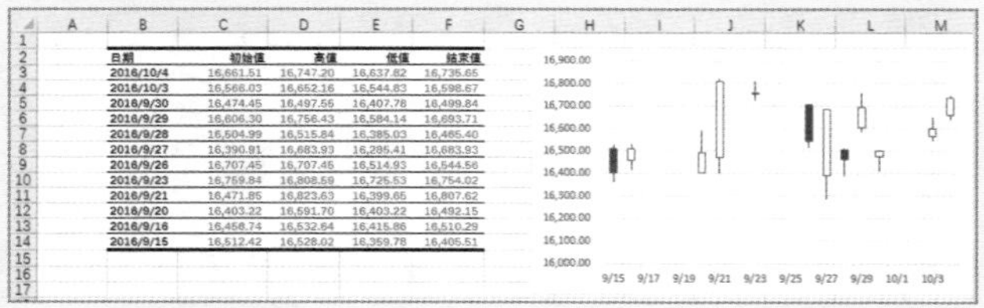

日期	初始值	高值	低值	结束值
2016/10/4	16,661.51	16,747.20	16,637.82	16,735.65
2016/10/3	16,566.03	16,652.16	16,544.83	16,598.67
2016/9/30	16,474.45	16,497.56	16,407.78	16,499.84
2016/9/29	16,606.30	16,756.43	16,584.14	16,693.71
2016/9/28	16,504.99	16,515.84	16,385.03	16,465.40
2016/9/27	16,390.91	16,683.93	16,285.41	16,683.93
2016/9/26	16,707.45	16,707.46	16,514.93	16,544.56
2016/9/23	16,759.84	16,808.59	16,725.53	16,754.02
2016/9/21	16,471.85	16,823.63	16,399.65	16,807.62
2016/9/20	16,403.22	16,591.70	16,403.22	16,492.15
2016/9/16	16,458.74	16,532.64	16,415.86	16,510.29
2016/9/15	16,512.42	16,528.02	16,359.78	16,405.51

专用来表示股价的图表。用烛状图形表示初始值、高值、低值、最终值4个数值。

第10章

10分钟学会打印Excel

实现自由打印

正确理解Excel的打印功能

摆脱“只会用”的困境

Excel是一款非常优秀的软件，即使使用者不进行详细设置，打印效果依旧很好。不过，为了在工作中更好地使用Excel，理解它的打印这一“基本功能”的一些特点也非常重要。在本章中，将对使用Excel过程中必须知道的一些基本功能进行说明。

在Excel中打印表时，点击**[文件]→[打印]**（快捷键Ctrl+P），显示打印界面。

打印界面分左右两部分，左侧是与**打印关联的各项设置**，右侧是**现有设置下的打印预览**。通过该界面确认各项设置，设置完成后点击界面左上的[打印]键。

● **后台视图的[打印]界面**

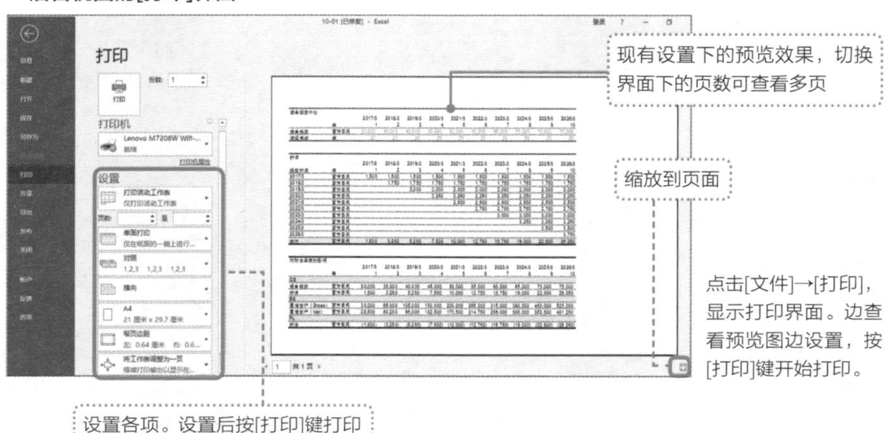

设置打印范围

开始打印前，先设置需要打印的范围。选定工作表内需要打印的部分，点击**[页面布局]→[打印区域]**，设定选定范围为打印对象。

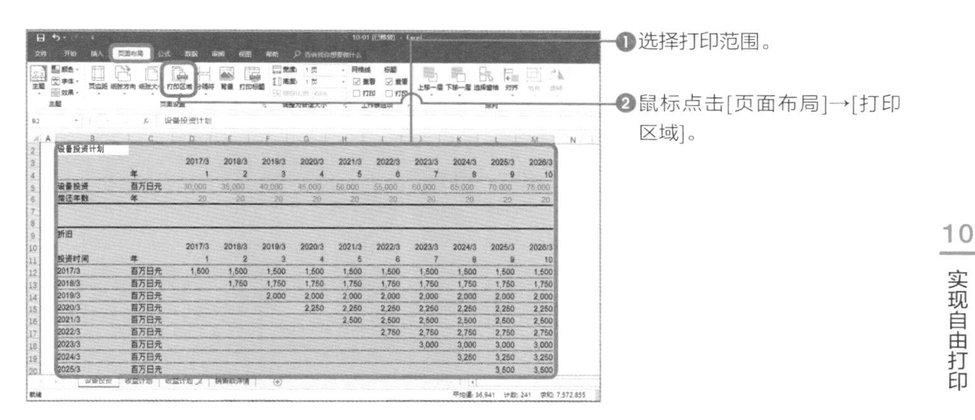

另外，不进行设置时，**默认工作表内的所有单元格**均在打印范围内。因此，如果表中有一些不需要打印的单元格，如一次性的公式、未记录数据却设置有背景色的单元格等，需要事先设置打印范围。

同时，如果表是按照“**工作表中第1行和第1列留白**”（p.12）的原则制成，很重要的一点是打印时需要事先统一是否将第1行和第1列纳入打印范围。如果打印前决定好如何处理这些细节，即使打印的资料有很多页，也能保证整体统一。

这也很重要！

显示/隐藏打印范围的边框

设置打印范围后，所选单元格范围周围出现淡色的线。保存并关闭文件，重新打开后淡色的线消失。如果想隐藏这些线，点击[文件]→[选项]→[高级]→[此工作表的显示选项]，指定对象工作表，取消勾选[显示分页符]。

设置纸张方向和大小

设置好打印范围后，设置纸张方向和大小。打印**横向表格**时设为“横向”，再指定纸张大小。默认A4纸，根据表格大小选择合适的纸张大小。

另外，**如果资料和环境允许，尽量使用大纸张，把表格打印在一页上**。表格较大时建议使用A3纸。成本与A4差别不大，但视觉感更好。

● 调整纸张方向和大小，尽量将表格打印在一页上

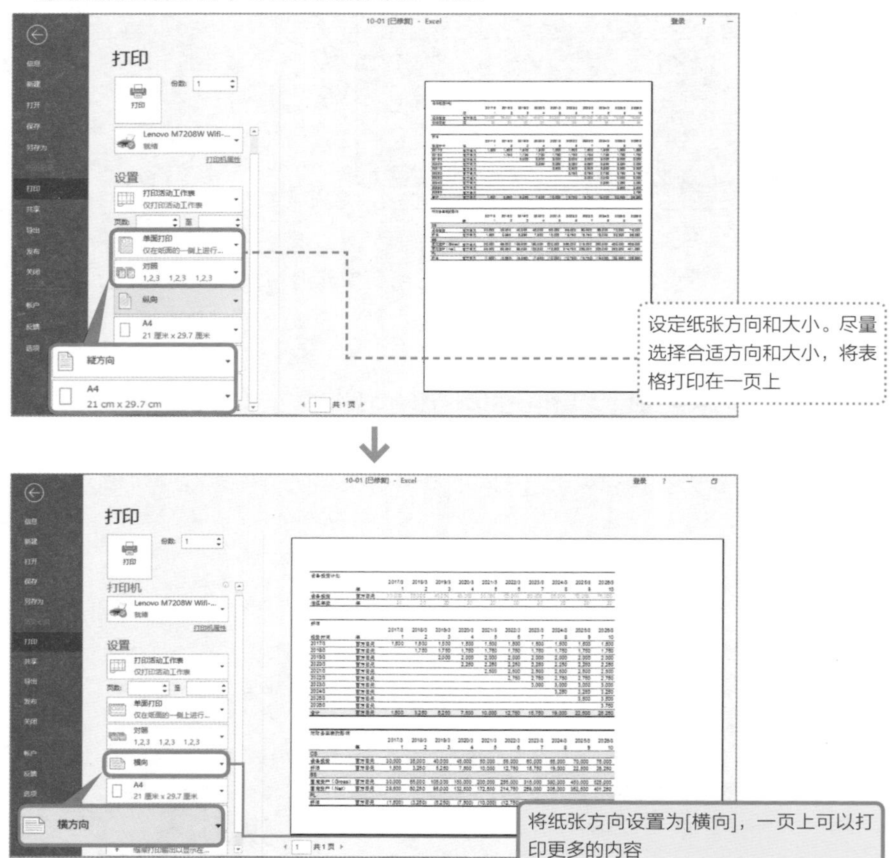

边距大小和缩放

表过大，难打印在一页上时，首先考虑**更改边距大小**。点击位于纸张类型下的[自定义边距]，选择**[窄]**。

还是无法放在一页上时，点击位于[自定义边距]下的[缩放]，选择**[将工作表调整为一页]**。这样，会根据设定好的纸张方向和大小，自动按比例调整表的大小，打印在一页上。

工作表被缩小后，打印出来的文字和数值也会相应变小，所以，如果工作表很大时还是分开打印为好。根据具体情况决定是进行缩小处理打印在一页上，还是优先考虑文字的阅读性分开打印。不过，尽量避免在默认状态下打印，导致“仅最后3行在第2页”上的情况发生。如果只多余几行，适当缩小打印在一页上，更方便阅读。

● 边距与缩放比例的设定

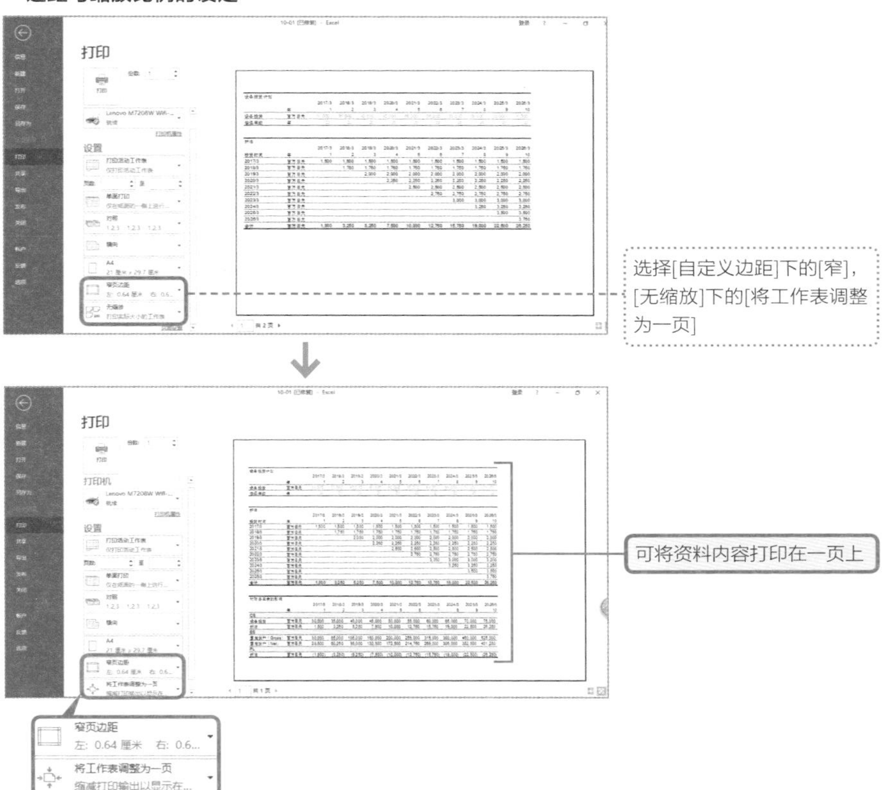

相关内容　统一打印多个工作表→p.312　编辑页眉/页脚→p.314　导出PDF→p.318

实现自由打印

变更分页位置时的注意事项

在[分页预览]界面确认分页位置

将较大工作表分开打印在几页纸上时，Excel会自动设置分页位置。确认或更改分页位置时，点击[视图]下的[分页预览]，显示**[分页预览]界面**，[分页预览]是确认打印范围和分页位置的专用画面。

在[分页预览]界面中，整体打印范围用**蓝框**表示，分页位置用**蓝色虚线**表示。拖拽蓝框和虚线，更改打印范围和分页位置。

退出[分页预览]时，点击[分页预览]左侧的**[普通]键**。

● **[分页预览]**

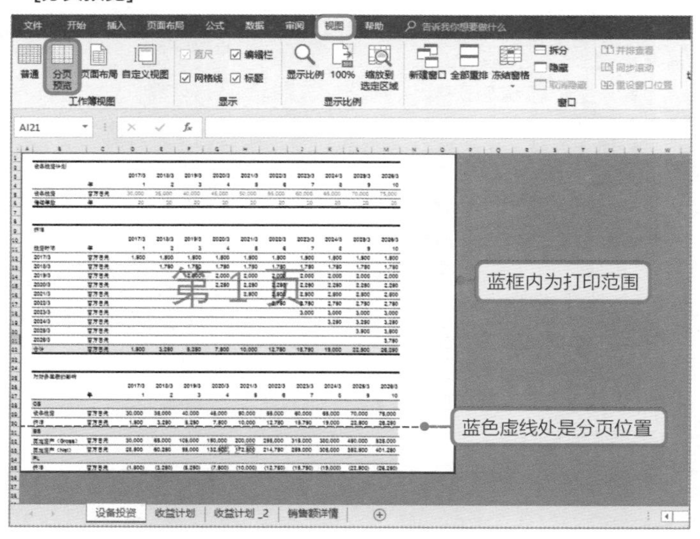

点击[视图]下的[分页预览]，显示[分页预览]界面。打印范围用蓝框表示，分页位置用蓝色虚线表示。可以看出在该图中，工作表内的第2个表的分页位置不合适。

更改分页位置时“尽量小”

分页位置可以通过拖拽蓝色虚线更改，但在更改时要注意，改成比**默认设置的位置更靠上比较好**。当更改后的位置比原来的位置靠下时，为了将所选范围全部打印在一页上，工作表会自动缩小，这样打印出来的表的大小会不一样。但从整体来看，表的大小统一，资料看上去更整齐，看起来更方便，牢记这一点。

插入新的分页位置时，选择全部行或全部列，再选择**[右击]→[插入分页符]**。

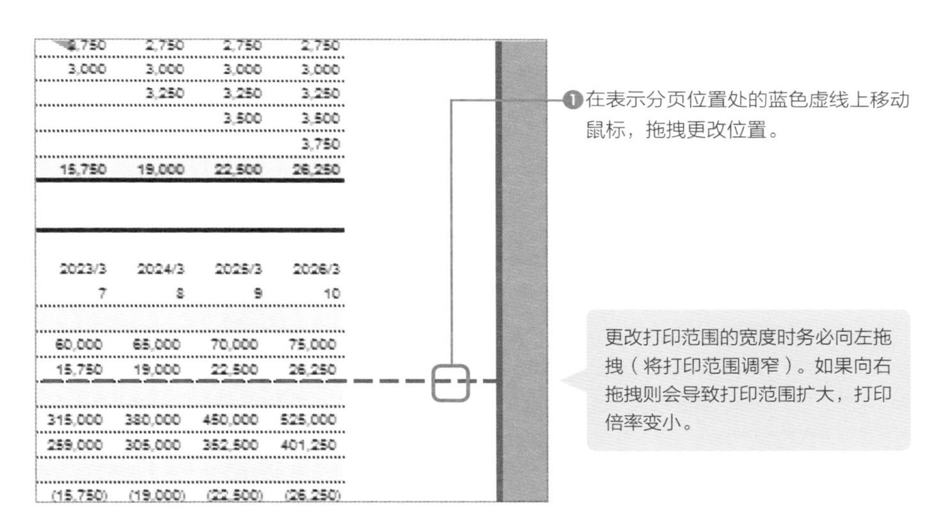

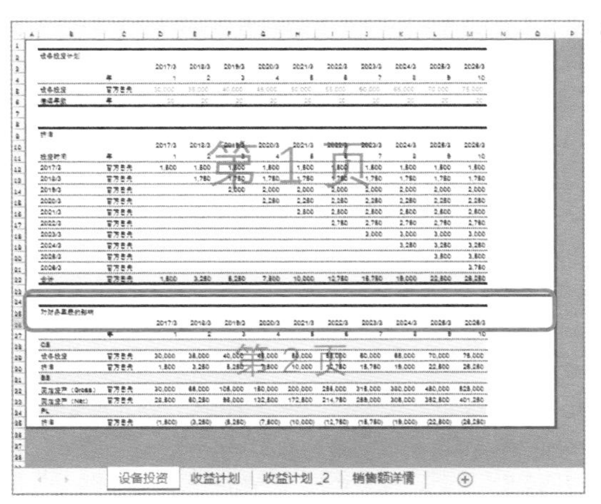

❷更改分页位置，将工作表内的两个表分别打印在两页纸上。
另外，Excel自动设定表示分页的线为虚线，更改后会变为实线。

相关内容　打印功能的基本操作→p.306　对照打印→p.316

一次打印多个工作表

实现自由打印

组合要打印的工作表

一次性打印多个工作表时，事先设置每个表的打印范围、纸张方向、纸张大小等（p.308）。

设置完后，在下方工作表栏处选择要打印的工作表。同时打印多个工作表时，选择第1个工作表后，按Ctrl键并点击选择其他需要打印的工作表。这样同时选择多个工作表的操作就叫“**组合工作表**”。

将工作表组合后按Ctrl+P键，即可打印所选工作表。

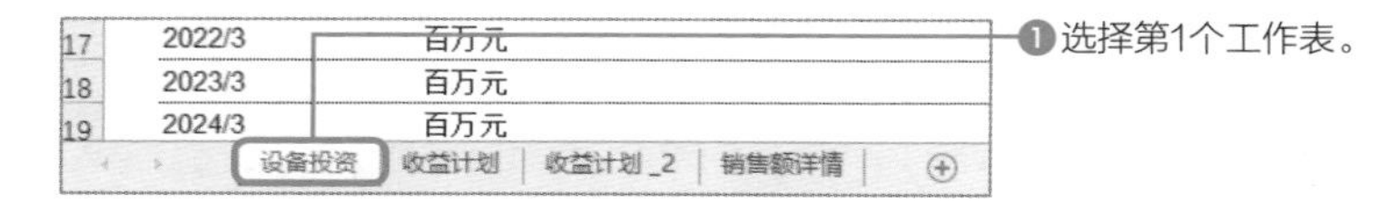

❶选择第1个工作表。

13	2018/3	百万元	1,750	1,750
14	2019/3	百万元		2,000
15	2020/3	百万元		
16	2021/3	百万元		
17	2022/3	百万元		
18	2023/3	百万元		
19	2024/3	百万元		

设备投资 | 收益计划 | 收益计划_2 | 销售额详情

❷按Ctrl键的同时点击第3个工作表，即可同时选择第1个和第3个工作表。

不需要组合工作表时，在工作表任意处点击右键，选择[取消组合工作表]。

这也很重要!

一次选择多个工作表

在选定某个工作表的状态下，按Shift键而非Ctrl键，同时点击另外的工作表名，即可选择第一次选定的工作表到最后点击的工作表之间所有的工作表。例如，选择第1张工作表后，按Shift键同时按第4个工作表，则可选择1～4所有的工作表。同时打印多个工作表时，这个方法更快捷方便。

打印工作簿内所有的工作表

需要打印工作簿内的全部工作表而不是某一个工作表时，先对各工作表进行设置，再将打印界面中的[打印对象]设为**[打印整个工作簿]**。这时，纸张大小和指定页码等设置项，会自动显示出各工作表的具体打印参数。

● **打印工作簿内所有的工作表**

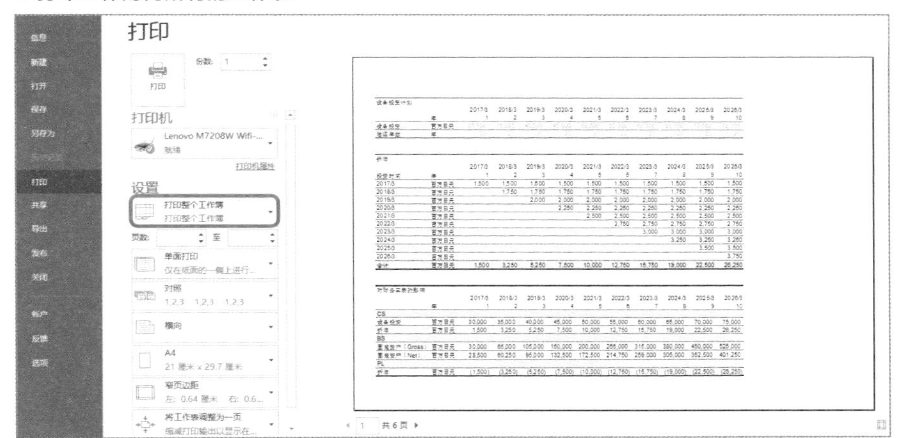

打印全部工作表时，将打印界面中的[打印对象]设为[打印整个工作簿]后再进行打印。

这也很重要！

只打印选定的单元格范围（区域打印）

在Excel中，除可以打印全体工作表外，还可以**打印选定的单元格区域**。打印选定的单元格区域时，将[打印对象]设为**[打印选定区域]**后再进行打印。

这个功能里也有些**实用小技巧**。选定第1个区域后，按Ctrl键同时再选择其他区域。这样操作后，可以将选定的第1个区域和第2个区域分别打印在不同的纸张上。想要打印工作表内的部分数据或者只打印工作表的某一部分时，这个方法很实用。

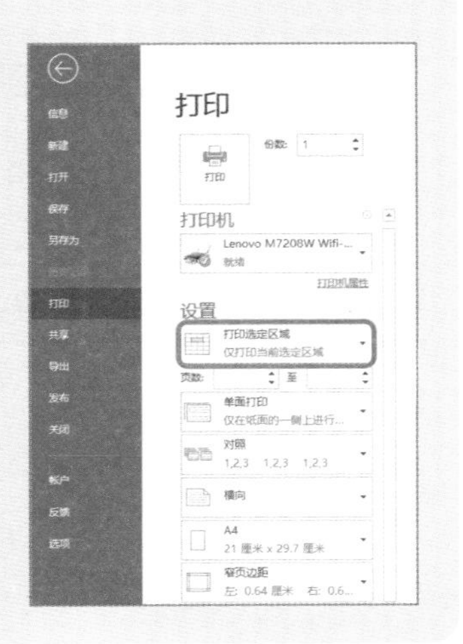

相关内容　更改分页位置→p.310　编辑页眉/页脚→p.314　对照打印→p.316

实现自由打印

将重要的文件信息标注在页眉处

标注文件信息，确保资料的正确性

打印的资料有多页时，建议在纸张的页眉（上部）和页脚（下部）处标注出工作薄的**文件名**、**打印时间**和**页码**等。

对于有些资料而言，“**何时的资料**”（是否最新）、“**有否漏页或跳页**”（是否完整）等信息非常重要。这时，需要在开始时便确认好分发的资料是否无误。如果在分发资料的页眉和页脚处标注出文件信息，确认工作将进行得更顺畅。如果资料只有2～3页，确认起来不会花费太多时间，但如果资料有30页、40页，以上操作就很有必要。

● **在资料的页眉和页脚处标注文件信息**

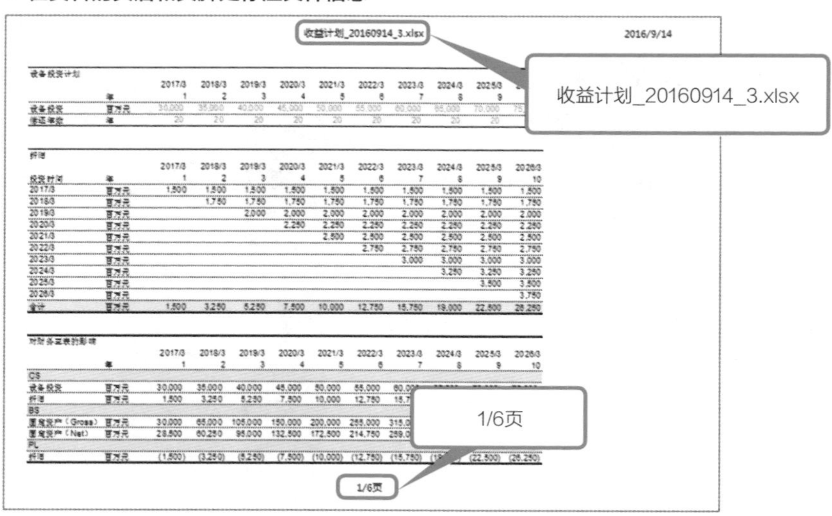

设备投资计划

		2017/3	2018/3	2019/3	2020/3	2021/3	2022/3	2023/3	2024/3	2025/3	[illegible]
	年	1	2	3	4	5	6	7	8	9	[illegible]
设备投资	百万元	30,000	35,000	40,000	45,000	50,000	55,000	60,000	65,000	70,000	75[illegible]
偿还年数	年	20	20	20	20	20	20	20	20	20	[illegible]

折旧

		2017/3	2018/3	2019/3	2020/3	2021/3	2022/3	2023/3	2024/3	2025/3	2026/3
投资时间	年	1	2	3	4	5	6	7	8	9	10
2017/3	百万元	1,500	1,500	1,500	1,500	1,500	1,500	1,500	1,500	1,500	1,500
2018/3	百万元		1,750	1,750	1,750	1,750	1,750	1,750	1,750	1,750	1,750
2019/3	百万元			2,000	2,000	2,000	2,000	2,000	2,000	2,000	2,000
2020/3	百万元				2,250	2,250	2,250	2,250	2,250	2,250	2,250
2021/3	百万元					2,500	2,500	2,500	2,500	2,500	2,500
2022/3	百万元						2,750	2,750	2,750	2,750	2,750
2023/3	百万元							3,000	3,000	3,000	3,000
2024/3	百万元								3,250	3,250	3,250
2025/3	百万元									3,500	3,500
2026/3	百万元										3,750
合计	百万元	1,500	3,250	5,250	7,500	10,000	12,750	15,750	19,000	22,500	26,250

对财务报表的影响

		2017/3	2018/3	2019/3	2020/3	2021/3	2022/3	2023/3	2024/3	2025/3	2026/3
	年	1	2	3	4	5	6	7	8	9	10
CS											
设备投资	百万元	30,000	35,000	40,000	45,000	50,000	55,000	60,0[illegible]	[illegible]	[illegible]	[illegible]
折旧	百万元	1,500	3,250	5,250	7,500	10,000	12,750	15,7[illegible]	[illegible]	[illegible]	[illegible]
BS											
固定资产（Gross）	百万元	30,000	65,000	105,000	150,000	200,000	255,000	315,0[illegible]	[illegible]	[illegible]	[illegible]
固定资产（Net）	百万元	28,500	60,250	95,000	132,500	172,500	214,750	259,0[illegible]	[illegible]	[illegible]	[illegible]
PL											
折旧	百万元	(1,500)	(3,250)	(5,250)	(7,500)	(10,000)	(12,750)	(15,750)	(1[illegible]	(22,500)	(26,250)

事先在纸张的页眉和页脚处，标注文件名、打印时间和页码等重要的文件信息，这一点很重要，尤其是分发多页资料时。

页眉/页脚的设置

按以下步骤设置页眉和页脚。

页眉/页脚的内容，除了可以在已预设好的模式中选择外，还可以自己设置。自己设置时，点击[自定义页眉]或[自定义页脚]，手动输入页码和文件名等信息。

相关内容 打印功能的基本操作→p.306 对照打印→p.316

实现自由打印

改变资料的打印顺序，方便装订

灵活运用[对照打印]

资料由多页内容构成并需要同时打印多份时，要在打印界面里设置**[份数]**，再将[打印方式]设为**[对照]打印**。

如果不设置[对照]打印，那么在打印5份由3页构成的资料时，会按照第1页5份→第2页5份→第3页5份的顺序打印，这样打印完成后，装订时花费的时间较长。设置为[对照]打印后，会按1～3页为1组，分别打印5组，打印完成后便可直接装订分发。资料需分发时，上述打印方法更有效率，请牢记。

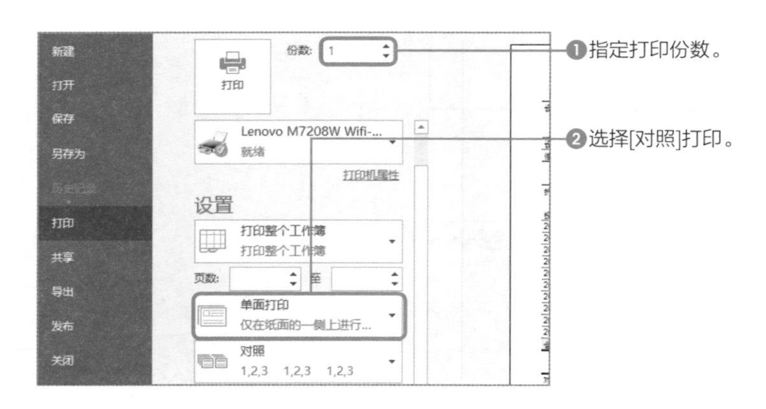

这也很重要!

灵活运用打印机特有的设置

有些打印机有一些独特的设置，如“双面打印”、“缩放打印”等，打印资料时可以酌情使用。有这些设置时，打开[页面设置]对话框（p.315），点击[页面]下的[选项]，即可进入设置界面（打印机不同，操作可能不同）。

相关内容 统一打印多个工作表→p.312 编辑页眉/页脚→p.314 导出PDF→p.318

实现自由打印

每页第一行均打印标题行

打印纵向表时的必备技巧

打印较长的无法打印在一页上的纵向表时，建议**设置成在各页的第一行打印标题行**。特别是列较多时，一旦跨页，不好分清各列分别记录的是什么数据，所以本节中介绍的这个技巧可以说是确保表的易懂性的一个必要技巧。按以下步骤操作。

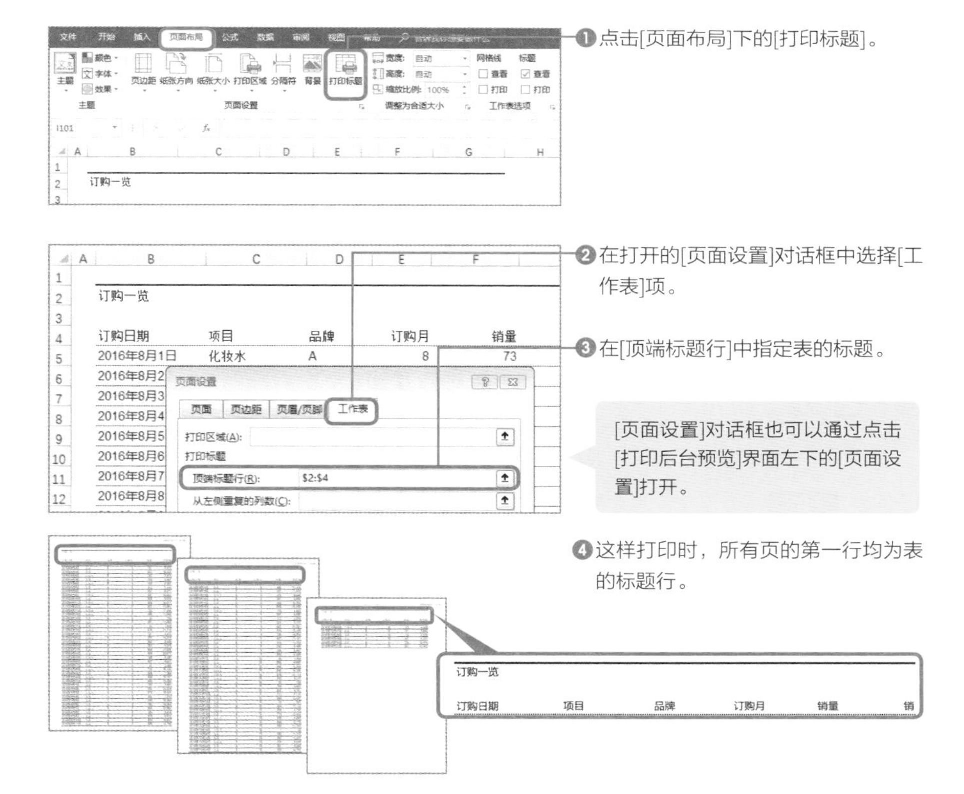

COLUMN

导出PDF格式，方便在手机和平板上使用

将用Excel制作的表导出为PDF格式的文件时，需要先在打印界面中设置再**[导出]**，点击**[创建PDF/XPS文档]**。这样，Excel的内容便可以按照打印设置好的样式导出PDF文件。

PDF是一种适用性更好的文件类型，在未装 Excel的环境下，手机和平板等设备上都可以打开。近来开始流行无纸化办公，阅读会议资料时也越来越多地使用iPad等平板。

● **导出PDF**

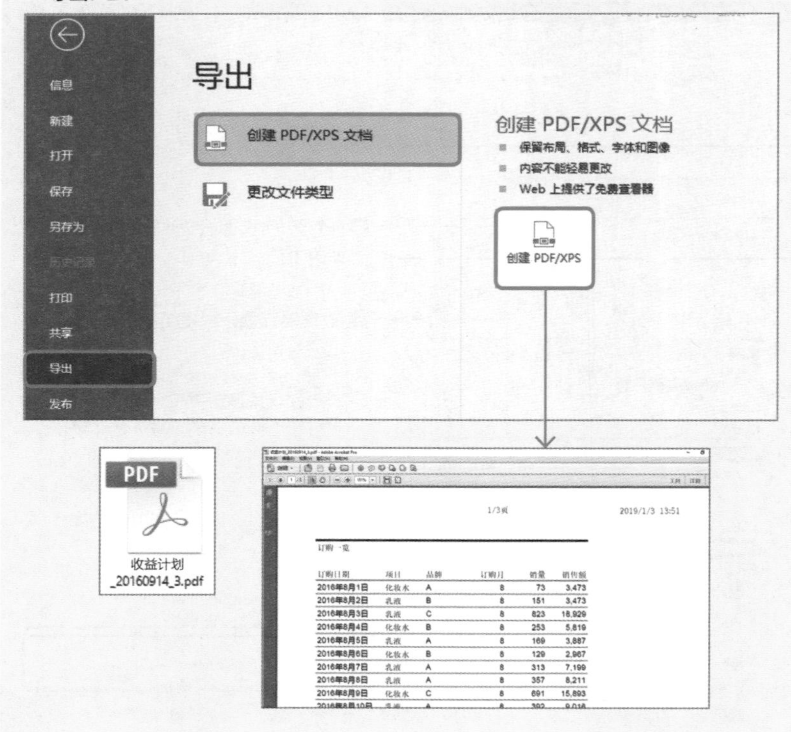

订购日期	项目	品种	订购月	销量	销售额
2016年8月1日	化妆水	A	8	73	3,473
2016年8月2日	乳液	B	8	151	3,473
2016年8月3日	乳液	C	8	823	18,929
2016年8月4日	化妆水	B	8	253	5,819
2016年8月5日	乳液	A	8	169	3,887
2016年8月6日	化妆水	B	8	129	2,967
2016年8月7日	乳液	A	8	313	7,199
2016年8月8日	乳液	A	8	357	8,211
2016年8月9日	化妆水	C	8	691	15,893

第11章

Excel自动化带来的超高效率

复杂的操作交给Excel

使用自动化功能，需1日完成的操作可在数秒内完成

“重复操作”最适宜自动化

Excel中的“宏”功能，可以将一连串的操作自动化。**使用宏功能，可以在短短数秒内完成手动需1天时间的重复作业**。

例如，使用宏来更改大量的表的设计，非常有效。手动操作时需挨个更改各个表的格式，调整单元格宽度和高度，添加下划线等，无论有多少时间都不够用，如果使用宏功能，几秒便可完成。如果仅更改1个或2个表的设计，选择手动操作一点点来也没关系，但如果有10、20个表之多的话，使用“宏”功能更有效、准确。

● **宏操作的自动化例**

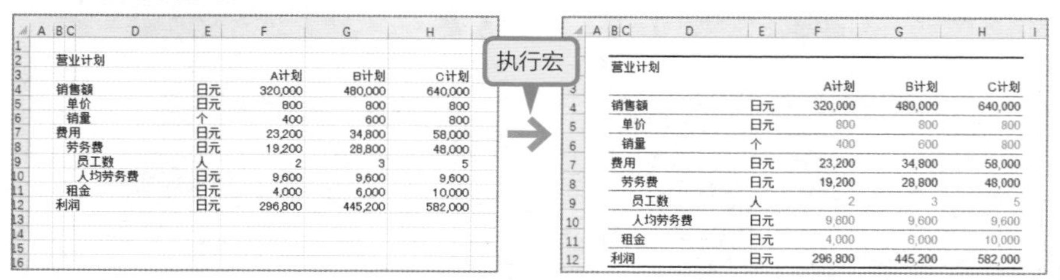

		营业计划			
			A计划	B计划	C计划
销售额	日元		320,000	480,000	640,000
单价	日元		800	800	800
销量	个		400	600	800
费用	日元		23,200	34,800	58,000
劳务费	日元		19,200	28,800	48,000
员工数	人		2	3	5
人均劳务费	日元		9,600	9,600	9,600
租金	日元		4,000	6,000	10,000
利润	日元		296,800	445,200	582,000

营业计划		A计划	B计划	C计划
销售额	日元	320,000	480,000	640,000
单价	日元	800	800	800
销量	个	400	600	800
费用	日元	23,200	34,800	58,000
劳务费	日元	19,200	28,800	48,000
员工数	人	2	3	5
人均劳务费	日元	9,600	9,600	9,600
租金	日元	4,000	6,000	10,000
利润	日元	296,800	445,200	582,000

使用Excel的宏功能，对上图中表的格式进行更改操作，仅几秒便可完成。手动操作至少需要几分钟。除此之外，统计分散在多个工作簿中的数据、从大量数据中抽取出必要的信息等操作也是宏功能所擅长的领域。

使用Excel的机会越多，宏功能所带来的好处越大。在有限的时间里，对于至今仍通过加班来提高业务成绩的人来说，通过学习宏功能，可以得到巨大的好处，大到甚至可以达到改变自己可以自由分配使用的人生时间的程度。这一点都不夸张。通过将烦琐单调的作业交给宏功能，可以将更多的时间用于分析重要数据、市场调查和销售战略等。

将“自己的喜好”设置为自动化

宏将“**Excel的操作顺序记录为程序·文本，通过按顺序执行自动完成一系列操作**”。下图为进行以下一系列5个操作的宏的记录示例。

- 将所有表格的字体设为“宋体”
- 字号设为“11”
- 将所有表格的数据字体设为“Arial”
- 设表的行高为“18”
- 设第一列（A列）的单元格宽为“3”

● **宏的记述例及执行方法**

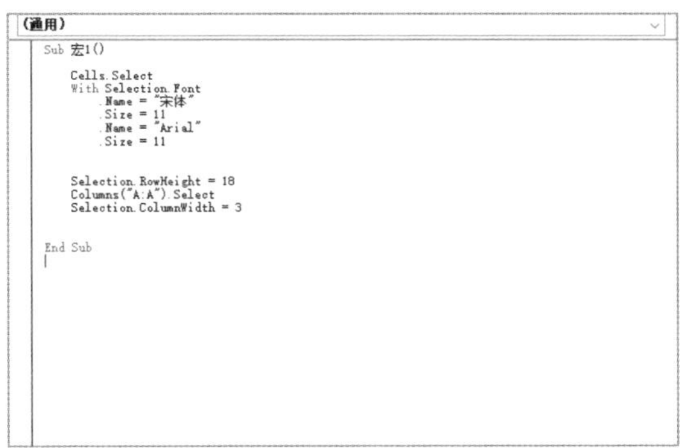

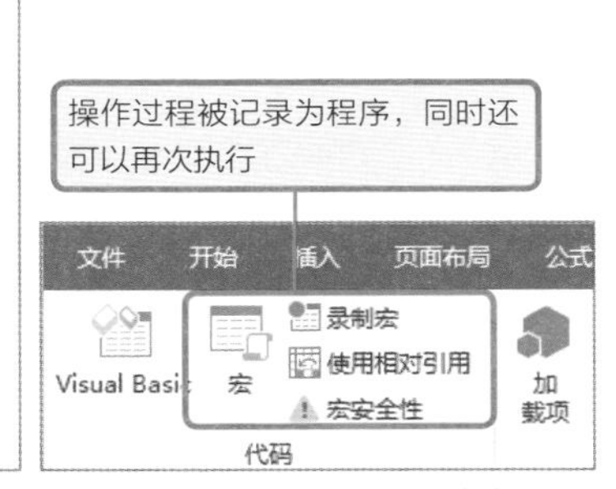

记录下宏执行内容的程序·文本。Excel有[录制宏]功能，可自动将实际操作内容记录为程序·文本。

详细写法将在下一节介绍，宏的语法接近英语，看上图大概可以了解它的处理内容。**执行该宏，可以同时进行5项操作**。

另外，Excel中有自动将实际操作过程记录为宏的**[录制宏]功能**（p.323）。使用这个功能，不需要自己动手写程序·文本。只需要记录下平时的操作，便会自动处理。

宏，与本书之前介绍的其他功能相比较难，但非常值得费些时间掌握。

相关内容　宏的基础→p.322　记录宏→p.323　执行宏→p.324

自动化第一步

复杂的操作交给Excel

与宏操作相关的[开发工具]项

要详细说明宏的自动处理功能，可以单独写一本书，所以在本章中无法介绍完全。但本章内容可以帮助大家了解**宏的初步操作，踏出操作第一步**。至今尚未使用过宏的人请务必看看本章内容。本章中介绍了使用**[录制宏]功能**制作宏的顺序、使用方法以及编辑方法。

Excel的宏，无法在默认状态下使用。使用宏时，首先需要在功能区添加**[开发工具]项**。按以下顺序操作。

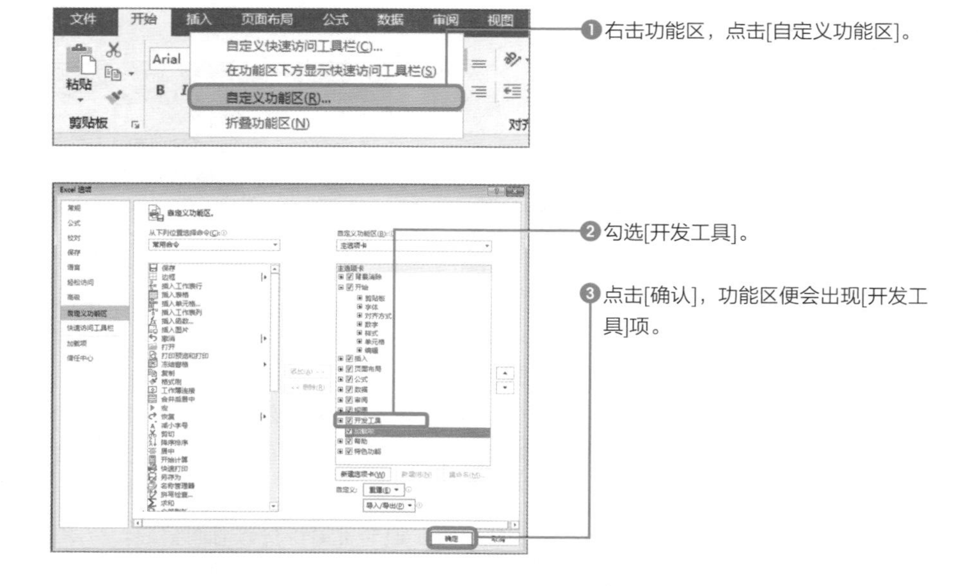

用[录制宏]功能制作宏

准备好后，记录宏并执行。

制作新工作簿，点击[开发工具]下的**[录制宏]**。出现[录制宏]对话框❶，输入[宏名]（随后要执行的一系列操作）❷，点击[确定]❸，至此完成了记录操作的准备工作。

执行记录好的一系列操作❹，最后点击**[停止记录]**❺，完成。

● **使用[录制宏]功能制作宏**

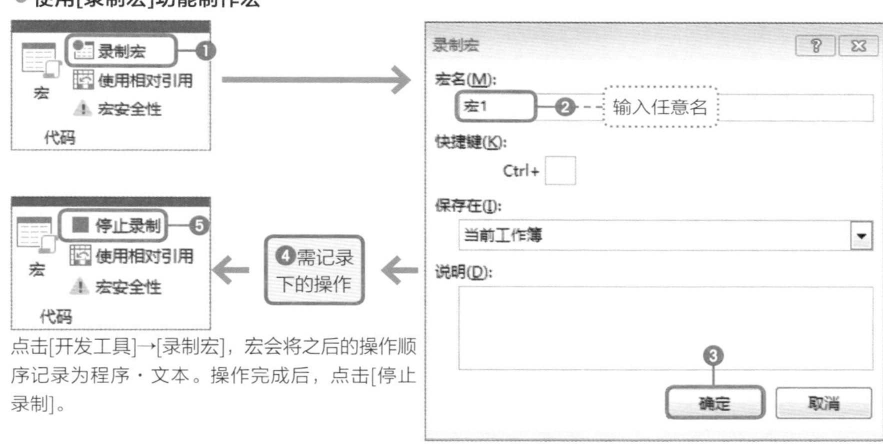

点击[开发工具]→[录制宏]，宏会将之后的操作顺序记录为程序・文本。操作完成后，点击[停止录制]。

该例中，在[宏名]中输入“宏1”，点击[录制宏]对话框中的[确定]，进行以下一系列操作。

①点击表左上的选择全部单元格键，选择所有单元格

②字体变更为“宋体”、“11”

③字体变更为“Arial”、“11”

④点击[开始]下的[格式]→[行高]，设置行高为“18”

⑤选定全部A列，点击[开始]下的[格式]→[列宽]，设置列宽为“3”

上述5项操作完成后，点击[停止录制]。至此宏的制作完成。以后，要进行这5项操作时，用下页中记述的方法执行“宏1”即可自动执行。

执行记录好的宏

执行记录好的宏时，点击[开发工具]下的**[宏]**，打开[宏]对话框。显示宏一览表，选择要执行的宏，点击[执行]。执行记录在宏中的一系列操作。例如，在新表中执行前页中所记“宏1”，可以快速更改该表的字体、行高、A列列宽等。

[使用相对引用]功能

记录宏时，点击打开[开发工具]下的**[使用相对引用]**，单元格以及单元格范围的选择将被记录为“相对性操作”。例如，在选定单元格A1的状态下开始记录，给右邻的单元格B1标注颜色后，宏里会记录下“为右邻单元格着色”的操作。

将宏添加至快速访问工具栏内

还可以将制好的宏添加到**快速访问工具栏**内。添加到快速访问工具栏内后，可一键轻松执行一系列操作。常用的宏请务必添加至此。

另外，添加进去后会自动为其分配Alt系快捷键（p.142），也可以通过键盘快速执行操作。

通过以下操作将宏添加入快速访问工具栏。

❶首先点击[文件]→[选项]，打开[Excel选项]对话框。

❷点击[快速访问工具栏]。

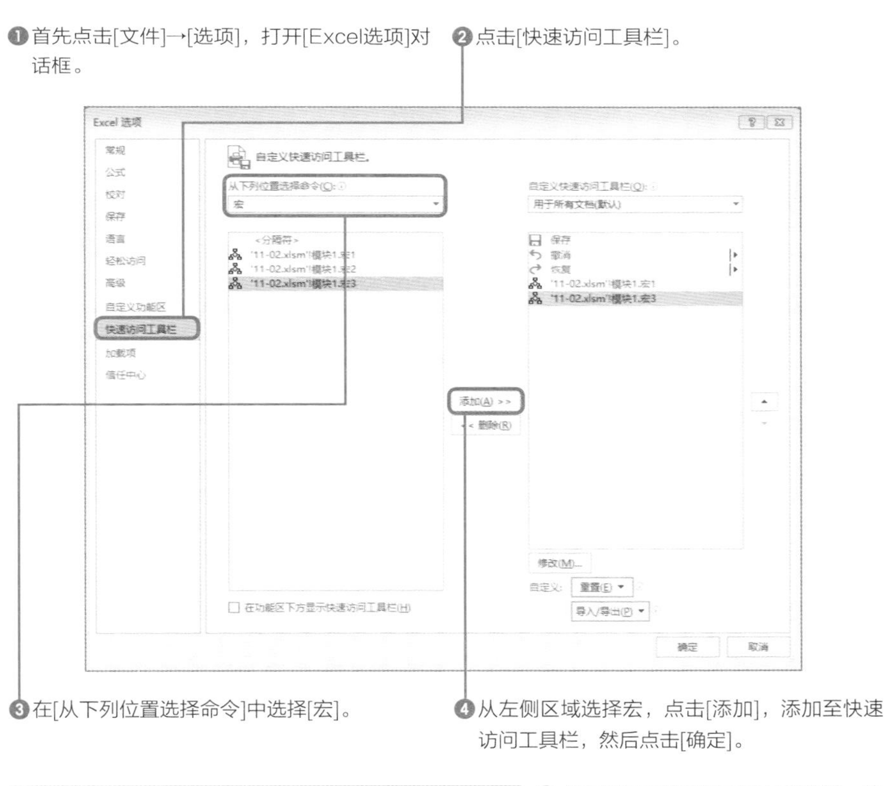

❸在[从下列位置选择命令]中选择[宏]。

❹从左侧区域选择宏，点击[添加]，添加至快速访问工具栏，然后点击[确定]。

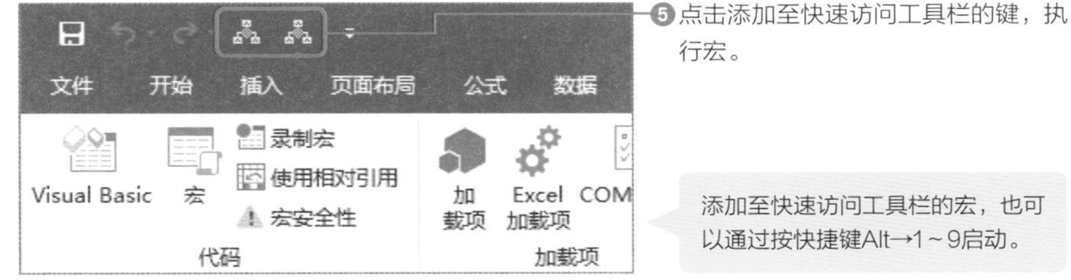

❺点击添加至快速访问工具栏的键，执行宏。

添加至快速访问工具栏的宏，也可以通过按快捷键Alt→1～9启动。

确认・编辑宏的内容

确认・编辑已经制好的宏的内容时，点击位于[开发工具]项左端的**[Visual Basic]**。打开“**VBE**”（Visual Basic Editor）专用页面，在此处确认・编辑宏的内容。

下图中，以前页记录下的宏为蓝本编辑了程序内容，进行“为所选范围的上下端划粗实线，第2行以下横向划细实线，纯文本数值标涂（蓝色）”一系列操作。宏名变更为“表整形”。执行宏后的效果在下一页显示。这样，通过编辑宏的内容，实现自动执行符合自身业务要求的操作。

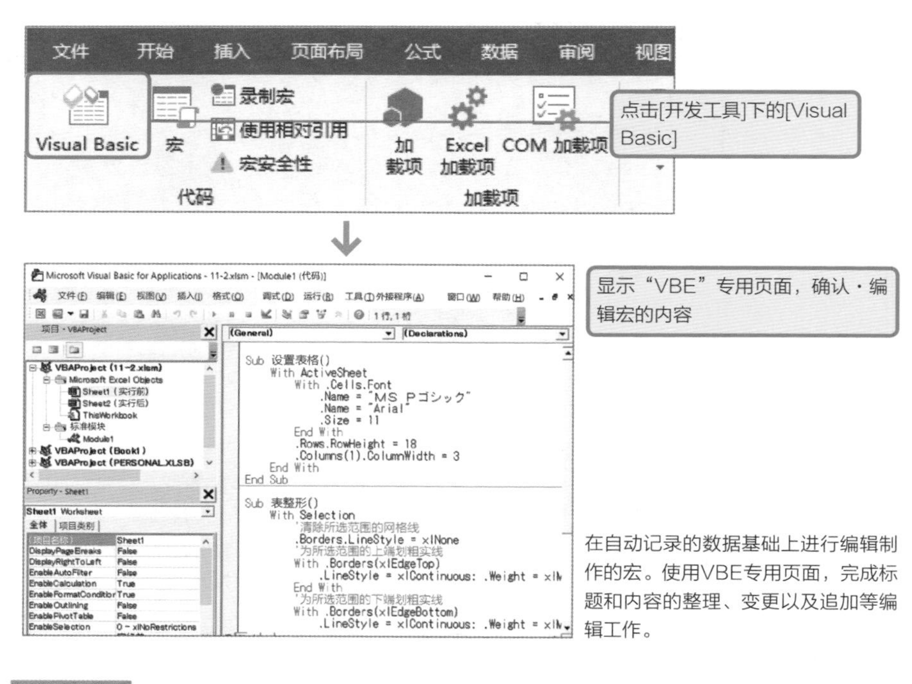

在自动记录的数据基础上进行编辑制作的宏。使用VBE专用页面，完成标题和内容的整理、变更以及追加等编辑工作。

这也很重要!

VBE和VBA

编辑宏的页面称为“VBE”，相应地把宏程序的记述规则称为“VBA”（Visual Basic for Applications）。

● **使用宏后，自动生成与操作内容相符的工具**

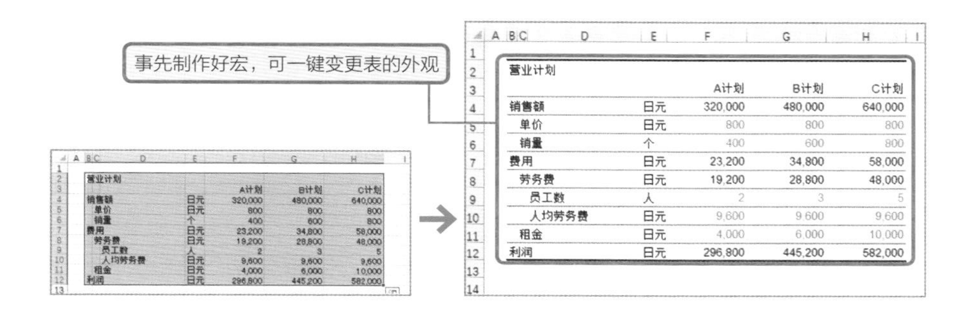

保存好的宏用于其他工作簿

制作有宏的工作簿（Excel文件）的**保存方法应与普通工作簿区别开来**。使用[另存为]等，指定[文件类型]为**[Excel启用宏的工作簿]**再进行保存。

以此文件类型保存的工作簿扩展名为“xlsm”。同时，工作簿的图标也和普通工作簿不同，可明确看出是含宏的工作簿。

另外，Excel中根据“宏的用法”（希望如何使用），对宏有下述3种不同的保存方法。

● **宏的保存方法**

保存方法	说明
xlsm格式	宏内容保存至单个工作簿中的方法。有必要与普通工作簿区分开，以“xlsm格式”保存。宏仅用于个别特定工作簿时，适用此方法
个人用宏工作簿	将宏保存至专用工作簿中的方法。如果想使宏也可用于其他工作簿时适用此方法
加载add-in	制作全部由宏组成的特别工作簿“加载工作簿”的保存方法。执行宏时，选择[开发工具]→[Excel加载项]

这样，在Excel中，根据宏的目的和用途，选择恰当的方式保存宏。因篇幅原因，本书中无法对各保存方法进行详细说明，请在Web上自行检索。

相关内容　宏和VBA→p.328　宏的安全设置→p.329

自动化第二步

复杂的操作交给Excel

向希望更上一层楼的你推荐的功能

Excel的宏，并不是一项仅能把手动操作整理成自动化的功能。使用宏，还可以进行自动切换根据单元格的值和日期、公式结果等执行处理的内容的“**条件分歧处理**”，和多次重复相同操作的“**重复处理（分组处理）**”。例如，可轻松实现隔行重复进行特定处理100次（总计200行）等操作。

同时，灵活运用可自行指定处理对象的“**配列**”，可以将“为利润、销售额、费用3项的任一项列添加背景色”等只使用[录制宏]功能无法实现自动化的复杂处理自动化。

这些功能非常强大，能够熟练组合应用的话，可以在几秒之内完成“**将记录在特定文件夹内的多个工作簿中的销售额数据，统计到一个工作簿中**”的复杂操作。而且，计算无误。不存在人工计算时容易出现的“粗心错误”。无论处理对象如何增加，都可以正确且快速进行相同操作。这就是将“复杂的操作交给Excel”最大的好处之一。

● **向希望学习更多的你推荐**

VBA	说明
条件分歧（If）	根据单元格值和算式结果等，变更执行操作。可以指定比IF函数（p.94）更复杂的条件分歧处理
分组处理（For）	可如“重复100次相同操作”、“对所有表执行操作”、“重复执行操作至50个”等，重复执行宏的内容。可以一次性进行大量处理，是高效率的关键
配列（Array函数等）	如“为利润、销售额、费用3项的任一项列添加背景色”，可将处理对象指定为组，灵活指定处理对象

与宏相关的关键词“自动化”、“宏”、“VBA”

打开有宏的工作簿，有时会出现安全警告提示。**这是一项为了防止宏自动执行不被希望的操作的功能**。根据工作环境的变化，如公司和学校等，有时需要禁止使用宏。

宏的功能非常强大，给人带来便利的同时，也会被拿来恶意使用，所以请务必不要执行非可信赖的人制作的宏。特别是从网上下载的文件中设置有宏时，务必注意。随意执行，有可能造成巨大的损失。

● **执行宏时必须设置安全性**

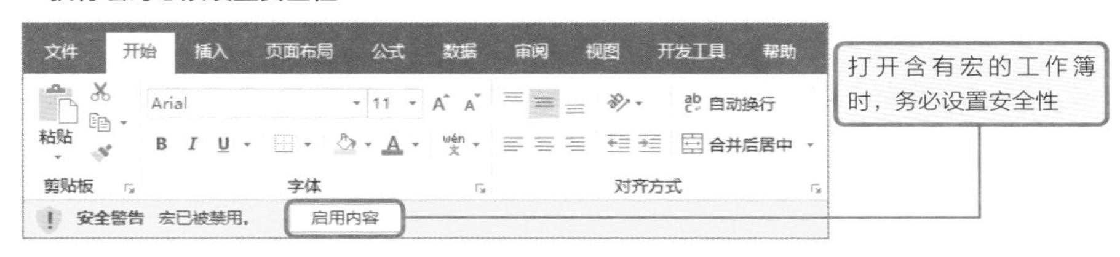

看到这里，也许会有人认为宏功能是一项非常复杂危险还很难的功能，但决不是这样。能正确使用的话，没有比宏更方便的功能。而且，宏的学习也并没有那么难。认真学习一定能学会。**学会使用宏，大家的工作效率会大幅提高**。笔者的学生们也常说，“以前要花1天的活儿几秒就搞定了。早学会宏就好了”。

关于宏，笔者再给今后要深入学习的人一些建议。如果觉得自己的工作中可以用到宏，首先买一本专门讲述Excel宏操作的书籍，掌握全体构造和基础。在此基础上，与业务内容相关的个别内容，加上“宏”、“自动化”、“VBA”等关键字进行搜索。与Excel宏相关的信息都是公开的，很快便能找到想要的信息。请务必尝试一下。

相关内容　宏的基础→p.322　录制宏→p.323　执行宏→p.324

索引

符号 · 数字

英文字母

a行

Ka行

Sa行

Ta行

Na行

Ha行

Ma行

Ya行·Ra行·Wa行